임베스트
정보보안(산업)기사
문제풀이집

임베스트
정보보안(산업)기사
문제풀이집

임호진 **지음**

이담
Books

임베스트 정보보안전문가 로드맵

임베스트와함께 정보보안전문가로 가는 길 ～
국가 보안전문가로 가는 단계적 전략……!

임베스트 정보보안 로드맵은 정보보안전문가로 가는 가장 빠르고 현실적인 방법을 제시합니다. 또한 지속적인 사회 활동과 장농면허가 아닌 사회에서 활용될 수 있는 현실적인 접근방법을 제시합니다.

국가공인 정보보안 (산업)기사

임베스트 정보보안기사

보안전문가 CISSP
IT감사 전문가 CISA

국제인정 보안자격증

임베스트 CISSP 및 CISA

ISMS 인증 심사원

PIMS 인증심사원

정보보호체계 ISO 27001

개인정보보호

임베스트 정보보안기술사
임베스트 & 세리
정보처리기술사

01

임베스트&세리
정보시스템감리사

02

공인 정보보안전문가 사이버 침해대응

정보보안기사 및 CISSP, CISA

- 해킹 및 사이버 테러의 증가로 50인 이상 사업장에 정보보호전문가 배치
- 정보보호 전문가로 인정받는 공인 자격증으로 대기업 및 공공기관 입사 시에 혜택부여

정보보안기술사 및 정보처리기술사

- 정보보안기사 이후 향후 정보보안기술사 제도 시행 예상 현재로써는 정보처리기술사(정보관리기술사 및 컴퓨터 응용시스템 기술사)가 대행하여 수행
- 기술사 취득과 합격 수석감리원증 자동 발급

정보보안시스템 및 개인 정보 인증 심사원

ISMS 및 PIMS 인증 심사원

- 2013년부터 ISMS 인증 심사 의무화
- 개인정보보호에 관한 법률에 근거하여 개인정보에 객관적 인증 평가 PIMS
- 인증심사, 정가심사, 사후 및 갱신심사 실시

정보시스템감리사 & 수석감리원

- 의무감리제도 시행으로 공공 정보화 사업 감리 수행 정보시스템감리사 취득으로 수석감리원증 발급

임베스트 정보보안(산업)기사 전문 e-Learning Service

www.Boangisa.com

· 국내 최초의 정보보안(산업)기사 전문 사이트

· 국내 최초로 정보보안(산업)기사 서적 집필

· **임베스트 보안(산업)기사 1,300명 이상이 참석하였습니다**(필기 및 실기 모두 기출풀이).

 [임베스트 정보보안(산업)기사 종합반 참석자는 모든 책을 무료로 받을 수 있습니다. 종합반

 비용 16만 원]

임베스트 정보처리기술사(www.LimBest.com)

· 정보처리기술사 온톨로지 학습기 개발 및 특허 취득
· (임베스트 정보처리기술사 600명 이상 참석, 세리 정보처리기술사 2,000명 이상 참석 달성)
· 정보처리기술사 학습방법, 과목별 범위, 기술사 효과 및 진로 등 다양한 정보제공
  (국내 최저 비용의 정보처리기술사 학습 66만 원)

저자소개

임호진

現) SPE 기술사 컨설팅 CEO, 서울과학기술대학교 박사수료,
   한국 공인감리단 감리원, ISMS 인증 심사원
前) IBM 소프트웨어 컨설팅 서비스 차장, LIG시스템 기술서비스팀 차장,
   동양종합금융증권 과장

74회 정보관리기술사, 수석감리원, PMP, ITIL, MCSE, OCP,
교원자격, ISMS/PIMS/PIPL 인증 심사원

메일 limhojin@lycos.co.kr, limhojin123@naver.com
전화 010-9043-5223

임베스트 종합반 무료 오프라인 참석자

·매달 마지막주 무료 오프라인 실시

목차

정보보안기사

문제편

제1회 정보보안기사 모의고사 / 13
제2회 정보보안기사 모의고사 / 27
제3회 정보보안기사 모의고사 / 40
제4회 정보보안기사 모의고사 / 52
제5회 정보보안기사 모의고사 / 63
제6회 정보보안기사 모의고사 / 75

해설편

제1회 정보보안기사 모의고사 / 91
제2회 정보보안기사 모의고사 / 142
제3회 정보보안기사 모의고사 / 192
제4회 정보보안기사 모의고사 / 247
제5회 정보보안기사 모의고사 / 299
제6회 정보보안기사 모의고사 / 355

정보보안기사

문제편

제1회 정보보안기사 모의고사

◆ 시스템 보안

1. 폰노이만이 제시한 컴퓨터 아키텍처는 CPU, Memory, Disk와 같은 계층구조를 이루고 이러한 계층구조에서 CPU는 오직 메모리를 사용해서만 데이터 참조가 가능하다. CPU가 메모리를 참조할 때 자신이 원하는 데이터가 메모리에 존재해야 하는 Hit율이 중요한데, 이러한 Hit율과 관련이 있는 것은 무엇인지 선택하시오.
   1) Thrashing
   2) Locality
   3) Bank's 알고리즘
   4) CPU의 Instruction Cycle

2. 아래 그림은 운영체제의 프로세스 상태 전이에 대해서 나타내고 있다. 아래의 내용에 가장 올바른 것은 무엇인가?

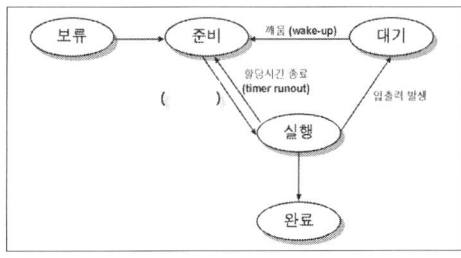

   1) dispatch   2) Start
   3) exit   4) Buffer

3. CPU가 이전의 프로세스 상태를 Register에 보관하고 또 다른 프로세스의 Register들을 적재하는 과정을 무엇이라고 하는가?
   1) Thrashing
   2) Wake up
   3) Program Counter
   4) Context Switch

4. CPU의 명령처리 단계인 Instruction Cycle에서 아래의 내용이 무엇인지 선택하시오.

   ```
   · Load AC
   C0: MAR ← IR(addr)
   C1: MBR ← M(  ?  )
   C2: AC ← MBR
   ```

   1) Program Counter
   2) MBR
   3) MAR
   4) MBR + PC

5. CPU 스케줄링은 비선점형의 우선순위, 기한부 스케줄링, FCFS, SJF, HRN기법이 있고 선점형 스케줄링에는 라운드로빈, SRT, Multilevel Queue, Multilevel Feedback Queue가 있다. 아래 그림은 이 중에서 어떤 것을 나타내는 것인지 선택하시오.

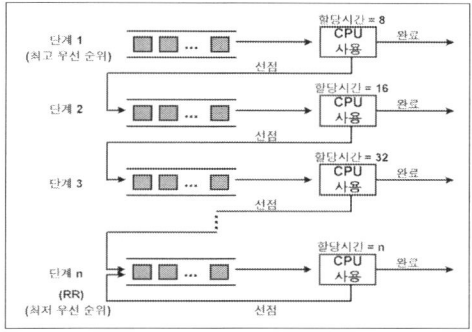

   1) SRT
   2) HRN
   3) Multilevel Queue
   4) Multilevel feedback Queue

6. 유닉스 운영체제는 사용자가 로그인할 때마다, 사용자 환경에 대한 것을 자동으로 실행한다. 이 파일은 종종 악성코드를 실행하게 설정할 수도 있어서 중요하게 관리되어야 한다. 해당되는 파일은 무엇인가?

1) /etc/passwd　　　　2) /etc/profile

3) .login　　　　4) /etc/hosts

7. 유닉스 시스템은 기동 시에 Run Level이라
   는 것을 수행한다. 현재 Run Level은 Multiuser
   Mode이다. 이러한 경우 기동 시마다 자동
   으로 프로그램을 실행하게 수정하려고 한다
   면, 가장 올바른 것은 무엇인가?

   1) at 유틸리티를 사용하여 Run Level Activity
      를 등록
   2) /etc/init.d를 수정
   3) /etc/rc.d/rc3.d
   4) /var/rc.d 모두 수정

8. /etc/passwd 파일에 대한 설명으로 올바른
   것은 무엇인가?

   1) /etc/passwd 파일의 첫 번째 필드는 사
      용자에 대한 암호화된 패스워드
   2) /etc/passwd와 /etc/shadow 파일의 동기
      화를 위해서 pwconv 명령어를 사용할
      수 있다.
   3) /etc/passwd 파일에는 존재하지 않고 /etc/
      shadow 파일에만 존재하는 내용으로 /etc/
      passwd 파일을 갱신할 수 없다.
   4) pwconv 명령은 /etc/passwd 파일의 패스워
      드를 /etc/shadow 파일에 저장하도록 한다.

9. 다음은 기억장치 참조 기법이다. 이 중에
   서 국부성의 특성을 사용하여 기억장치의
   페이지를 교체하는 알고리즘으로 가장 오
   랫동안 사용되지 않는 페이지를 관리하는
   것은 무엇인가?

   1) FIFO　　　　2) LRU

   3) LFU　　　　4) second change

10. 아래의 내용으로 잘못된 것을 선택하시오.

    ┌─────────────────────────────────────┐
    │ ┬-sr-xr-x root home 2048 Dec 1 11:20 │
    │ /etc/limbest   │
    └─────────────────────────────────────┘

1) 파일 소유자는 limbest 파일을 읽거나
   실행시킬 수 있다.
2) limbest 파일은 setgid가 설정되어 있다.
3) limbest 파일 실행 중에 일반 사용자가
   Root 권한이 부여될 수 있다.
4) limbest 파일은 실행파일이다.

11. 아래 질문의 (　　) 안에 가장 알맞은 것
    을 선택하시오.

    ┌─────────────────────────────────────┐
    │ 솔라릭스 시스템에서 패키지에 대한 설치, 수정, │
    │ 삭제 등에 관한 명령어는 (　　), (　　), (　　), │
    │ (　　)가 있다.   │
    └─────────────────────────────────────┘

    1) 모두 admintool
    2) pkgadd, pkgmodify, pkgdel, pkginstall
    3) pkginfo, pkgadd, pkgrm, pkgchk
    4) pkginsert, pkgdel, pkgmodify, pkginfo

12. 아래의 내용 중 유닉스 시스템의 lost + found
    Directory에 대한 설명으로 틀린 것을 선
    택하시오.

    1) lost+found는 모든 디렉토리에 존재하
       고 fsck만 생성시킨다.
    2) 파일의 오류로 인하여 잃어버린 상태
       가 될 수 있는 파일을 말한다.
    3) 시스템 부팅단계에서 fsck가 실행되어
       디스크 오류 파일을 검색하고 그 내용
       을 lost + found 폴더에 저장한다.
    4) 잃어버린 파일에 대한 디렉토리로 어
       떤 디렉토리에도 속하지 않는다.

13. 아래의 예제와 같이 시스템 계정에 최종
    접근내역을 확인할 수 있는 것으로 올바
    른 것을 선택하시오.

    ┌─────────────────────────────────────┐
    │ - kkk ttyp1 xxx.149.42.117 Thu Dec 9 │
    │   20:49 - 20:57 (00:10)   │
    │ - moof ttyp2 98AE63EE.ipt.aol Thu Dec 9 │
    │   19:21 - 19:30 (00:09)   │
    │ - moof ttyp2 98AE63EE.ipt.aol Thu Dec 9 │
    │   19:23 - 19:24 (00:00)   │
    └─────────────────────────────────────┘

1) who 명령어로 utmp를 조회한다.

2) lastcomm 명령어로 sulog를 조회한다.

3) last 명령어로 wtmp를 조회한다.

4) w 명령어로 utmp를 조회한다.

14. 아래 예제의 로그에 대한 설명으로 가장 올바른 것은 무엇인가?

```
- 9:11pm up 3 days, 5:01, 2 users, load
  average: 0.00, 0.00, 0.00
- USER TTY FROM LOGIN@ IDLE JCPU
  PCPU WHAT
- chi pts/0 192.11.2.26 Mon11am 7:20m
  0.19s 0.04s telnet xxx.xxx.151.39
- lim pts/1 lim.limbest.com 5:59pm 0.00s
  0.11s 0.01s w
```

1) who 명령어로 utmp를 조회한다.

2) lastcomm 명령어로 sulog를 조회한다.

3) last 명령어로 wtmp를 조회한다.

4) w 명령어로 utmp를 조회한다.

15. 아래의 내용은 syslogd 데몬 프로세스가 시스템에 대한 정보를 기록하고 Error 메시지를 표현한 것이다. 아래의 메시지 중에서 위험 심각도 순으로 표현한 것으로 가장 올바른 것은 무엇인가?

1) emerg > alert > crit > err > warn > notice > info > debu

2) emerg > alert > crit > warn > err > notice > info > debu

3) emerg > alert > crit > err > info > notice > warn > debu

4) emerg > info > crit > err > warn > notice > alert > debu

16. 아래의 내용 중에서 cron daemon Log가 저장되는 것으로 가장 올바른 것은 무엇인가?

1) /var/cron/log

2) /var/admin/cron

3) /var/adm/cronlog

4) /var/adm/crontab

17. 아래의 내용은 /etc/passwd 파일에 대한 설명이다. 그 내용으로 가장 올바른 것은 무엇인가?

```
limbest:x:0:1::/home/limbest:/bin/sh
kimman:x:2101:1::/usr1/server:/usr/local/
bin/bash
parkman:x:2102:1::/usr1/parkman:/usr/lo
cal/bin/bash
```

1) 위의 3명의 사용자는 두 번째 필드인 패스워드 필드에 암호화된 패스워드가 존재하지 않으므로 패스워드 없이 로그인이 가능하다. 그러므로 3명의 사용자는 백도어로 판단된다.

2) kimman 사용자는 디폴트 디렉토리는 /usr1/kiman이고 Shell은 bash를 사용한다.

3) limbest의 패스워드 파일은 uid = 1, gid = 0을 갖는다.

4) 위의 패스워드는 별도의 /etc/shadow 파일을 사용한다.

18. 유닉스 시스템은 fsck 명령어를 사용하여 파일의 무결성을 점검하였다. 하지만, fsck 명령어가 점검하지 않는 것은 무엇인지 선택하시오.

1) Bad Sector

2) Directory Size

3) Link Count

4) Inode Format

19. 유닉스 파일 시스템에서 inode에 대한 설명으로 틀린 것을 선택하시오.

1) 침입자가 운영체제 파일을 변경해서 백도어를 설치한 경우 inode를 확인하여 침입 이후에 변경된 파일을 확인해야 한다.

2) 유닉스는 모든 하드웨어 및 소프트웨

어를 파일단위로 관리하고 이러한 파일들에 대한 정보가 inode이다.

3) inode는 파일형태, 접근 보호모드, 식별자, 크기, 파일 실체의 주소, 작성시간, 최종 접근시간 등에 관한 정보를 가진다.

4) 모든 파일은 하나 이상의 inode를 가질 수 있다.

20. /limbest라는 디렉토리를 조회한 결과 다음과 같이 출력되었다. 제일 뒤에 t의 의미는 무엇인가?

> drwxrwxrwt   limbest

1) GID bit 설정　　　 2) umask 사용
3) UID bit 설정　　　 4) sticky 설정

21. 유닉스 시스템에서 네트워크 파일 시스템(Network File System) 정보를 보기 위해서 마운트 정보를 가진 파일은 무엇인가?

1) /etc/mount　　　 2) /etc/mnttab
3) /etc/mounttab　　 4) /etc/mntlist

22. 보안에 위험한 setuid와 setgid를 검색하는 명령어로 가장 올바른 것은 무엇인가?

1) find / ‒perm ‒2000 ‒print
2) find / ‒perm ‒6000 ‒print
3) find / ‒perm ‒4000 ‒print
4) find / ‒perm ‒755 ‒print

23. 아래의 명령 중에서 네트워크 상태를 모니터링하고 패킷을 분석할 수 있는 것으로 올바르게 매핑된 것은 무엇인가?

1) netstat, snort
2) snort, wtmp
3) snort, netstat
4) tcpdump, netstat

24. 아래의 기억장치 사상 기법은 무엇인지 선택하시오.

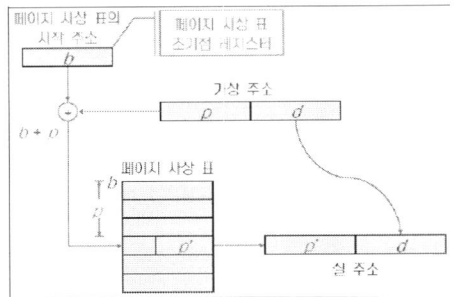

1) 직접사상 기법
2) 간접사상 기법
3) 연관사상 기법
4) 세그먼테이션 기법

25. 아래의 내용은 가상기억장치 관리기법이다. ( )에 가장 알맞은 것을 선택하시오.

> ( ): 고정(정적)할당 기법, 가변(동적)할당 기법
> ( ): 요구호출(Demand Fetch), 예상호출(Pre Fetch)
> ( ): First fit, Best fit, Next fit, Worst fit
> ( ): 최적(OPT), RANDOM, FIFO, LFU, LRU, NUR

1) 할당, 호출, 교체, 배치
2) 호출, 할당, 교체, 배치
3) 교체, 배치, 호출, 할당
4) 할당, 호출, 배치, 교체

◈ 네트워크 보안

26. 통신 프로토콜의 Error Control 기법 중에서 그 분류가 다른 것 하나를 선택하시오.

1) Stop & Wait　　　 2) Go Back N
3) CRC　　　　　　　 4) Selective

27. TCP/IP 프로토콜에 대한 설명으로 그 내용이 틀린 것을 선택하시오.

1) TCP, UDP, ICMP, IP, ARP, RARP 프

로토콜로 구성된다.

2) TCP 신뢰성 있는 데이터 전송을 수행하고 전송방식은 Slow Start 기법을 사용한다.

3) TCP에서 Error 발생 시에 메시지를 재전송하여 Error를 수정한다. 또한 수신자가 계속 수신을 못하는 경우 재전송 속도를 높여서 Error를 수정한다.

4) ARP는 IP 주소와 MAC 주소를 가지고 있는 ARP Cache 테이블을 유지하고 MAC 주소를 얻기 위해서 새롭게 기동된 컴퓨터는 ARP Broadcast를 전송한다.

28. 아래의 내용은 TCP 프로토콜의 Header 정보이다. 본 정보 중에서 Sliding Window에 관한 정보는 무엇인가?
   1) Receive Window
   2) Sequence Number
   3) Check Sum
   4) Ack Number

29. TCP 프로토콜의 기능 중에서 수신자의 Buffer Overflow를 방지하기 위한 기술은 무엇인가?
   1) Error Control
   2) Congestion Control
   3) Flow Control
   4) Hamming Code

30. Network 계층의 라우팅 프로토콜은 라우팅 알고리즘을 통해서 최단경로를 결정하는 역할을 수행한다. 아래의 라우팅 프로토콜 중에서 Link State 기반의 알고리즘을 선택하시오.
   1) RIP
   2) BGP
   3) OSPF
   4) Hop 수

31. 인터넷 보안 프로토콜 중에서 IPSEC에 대한 설명이다. 이 중 그 내용이 틀린 것을 선택하시오.
   1) IPSEC은 각 Packet마다 인증의 처리는 Authentication Header가 수행한다.
   2) IPSEC은 IP Header에 대해서 암호화를 수행하여 Sniffer를 통해서 Packet을 훔쳐보아서 그 내용을 확인할 수 없다. IPSEC의 암호화는 이러한 장점으로 인하여 일방향 암호화를 수행한다.
   3) IPSEC은 IPv6에 탑재되어서 IPv6의 보안성을 강화하고 VPN(Virtual Private Network)에서 터널링 기술로 활용된다.
   4) IPSEC의 운영모드는 터널링 모드와 트랜스포트 모드로 분류된다.

32. 아래의 내용은 TCP Header 중에서 Flag 값에 대한 내용이다. 그 내용이 틀린 것을 선택하시오.
   1) TCP의 3-Way Handshaking 연결 시에 SYN, SYN ACK, ACK Flag를 사용한다.
   2) TCP의 연결을 정상적으로 종료하는 경우 FIN ACK, ACK를 사용한다.
   3) 연결 종료 시에 RST만을 보낸다.
   4) 수신자가 Packet을 수신하면 Ack를 되돌린다.

33. 네트워크 토폴로지 구성은 Peer to Peer, Star, Bus, Mesh형이 존재한다. 이 중에서 Bluetooth가 사용하는 네트워크 토폴로지는 무엇인가?
   1) Peer to Peer
   2) Star
   3) Bus
   4) Mesh

34. 아래의 내용은 네트워크의 Error 검출에 대한 설명이다. 그 중 그 내용이 틀린 것은 무엇인가?
   1) Parity Bit는 가장 간단한 방법으로 짝

수 및 홀수 패리티 비트가 존재한다.

2) TCP의 Check Sum은 CRC를 사용해서 수행한다. 하지만 Check Sum은 비신뢰성 통신을 수행하는 UDP에는 사용하지 않는다.

3) OSI 7계층에서 Segment를 Frame으로 만들기 위해서 Frame에 오류검출 코드를 삽입할 수 있는데, 이러한 검출 코드는 문자, 바이트, 비트 채우기 기법이 존재하고 비트 채우기 기법이 가장 문제점이 적다.

4) 패리티 비트는 블록의 합을 통해서 검사를 수행한다.

35. 아래의 ARP Table의 내용 중 그 설명이 가장 올바르지 않은 것은 무엇인가?

```
#arp -v
Address HWtype HWaddress Flag Mask Iface
192.168.0.3  ether  00:C0:26:65:93:5C  C
eth1
linux.sis.net  ether  00:C0:9F:03:AD:11  C
eth0
Entries : 2 Skipped : 0
```

1) arp -v 명령을 통해서 ARP Cache 테이블의 정보를 보여주고 있다.

2) ARP Redirect 공격은 ARP Cache 테이블을 변조하고 그것을 Sniffer를 통해서 훔쳐보는 기법이다.

3) 위의 예에서 eth1과 eth0이 물리적으로 한 개만 존재한다면 그것은 VLAN(Virtual Lan)기술을 사용한 것이다.

4) ARP Spoofing을 방지하기 위해서는 ARP Cache Table을 암호화하고 ARP Broadcasting을 차단한다.

36. 다음은 Bridge Loop를 방지하기 위한 Spanning Tree에 대한 설명이다. 그 내용이 틀린 것은 무엇인가?

1) Bridge Loop와 같은 현상은 네트워크

비효율의 극단적 예이다.

2) Spanning Tree를 구성할 경우 순환이 발생되게 한다.

3) Spanning Tree는 최단 경로를 통해서 데이터를 효율적으로 전송한다.

4) Multicast Spanning Tree는 IGMP(Internet Group Management Protocol)에 등록된 그룹을 사용하여 구성한다.

37. 아래의 내용은 Router에 대한 ACL(Access Control List) 설정이다. 아래의 설명 중에 올바른 것을 선택하시오.

```
(Access-list 101 permit udp 200.10.172.0
0.0.0.255 any eq 53)
```

1) 200.10.172.0/24에서 DNS(Domain Name Service)로 접근하는 노드에 대한 허용 설정이다.

2) permit는 라우터에 대한 접근통제 거부를 의미한다.

3) 53은 Service Number이다.

4) 200.10.172.1을 서버로 사용하여 Client에 대한 접근허용이다.

38. 아래와 같은 Router Access Control List에 대한 해석으로 가장 올바른 것을 선택하시오.

```
# access-list 180 permit ip {local network}
{local network mask} any
# access-list 180 deny ip any any
# interface serial 0
# ip access-group 180 out
```

1) 내부자의 IP Spoofing을 방지한다.

2) DDoS 공격에 대한 대책이다.

3) 외부에서 Router에 대한 접속을 차단한다.

4) 불필요한 서비스가 외부에 응답하지 않도록 한다.

39. 아래의 내용은 LAN(Local Area Network)에 대한 설명이다. 그 내용이 틀린 것을 선택하시오.
   1) LAN은 근거리 네트워크 통신기술로 유선 LAN의 경우 CSMA/CD, 무선 CSMA/CA라는 MAC(Multi Access Channel) 기법이 사용된다.
   2) 무선 LAN의 경우 커버리지가 50m 정도 되고 2.4GHz ISM 밴드를 사용한다.
   3) Fragment Free LAN Switch 방식은 Frame을 전송하기 위해서 512Bit가 수신될 때까지 대기 후 전송하는 방식이다.
   4) LAN Switch 방식은 Cut-through와 Store and Forward 방식이 있다.

40. 아래의 Broadcasting 기법 중에서 Broadcasting 폭풍이 발생하지 않는 기법을 선택하시오.
   1) N-Way Unicasting
   2) Uncontrolled Flooding
   3) Controlled Fooling
   4) Multicast

41. Network Packet의 Header를 검사하고 보안정책 적용과 목적지 주소로 전송할 수 있도록 하는 장비를 선택하시오.
   1) Gateway   2) Switch
   3) Bridge   4) Screened Router

42. ICMP Flooding을 차단하기 위해서 ICMP를 모두 차단했다. 그럴 경우 제약을 받는 서비스가 아닌 것은 무엇인가?
   1) Window 계열의 tracet
   2) UNIX 계열의 traceroute
   3) ping
   4) Routing의 최단경로 Broadcast

43. 아래의 내용은 ICMP의 Error Message에 대한 설명이다. 이 중에서 Router가 Host에게 경로를 바꾸게 하는 메시지는 무엇인가?
   1) 근원지 억제(Source Quench)
   2) 시간초과(Time Exceeded)
   3) 목적지 도착 불가(Destination Unreachable)
   4) 방향전환(Redirect)

44. OSI 계층에서 암호화를 수행할 수 없는 계층은 무엇인가?
   1) 물리계층
   2) 애플리케이션 계층
   3) 트랜스포트 계층
   4) 데이터 링크 계층

45. 침입차단 시스템에서 물리적 NIC(Network Interface Card)를 2개 탑재하여 외부망과 내부망을 분리하는 것을 무엇이라고 하는가?
   1) Screened Router
   2) Bastion Host
   3) Dual Home Gateway
   4) Web Firewall

46. 침입탐지시스템에서 공격을 차단할 수 있도록 Switched 네트워크 환경에서 침입탐지를 수행하기 위해서 필요한 것은 무엇인가?
   1) TAP장비   2) Honeypots
   3) Anomaly   4) Hub

47. 아래 Log의 원인분석에 대한 설명으로 가장 올바른 것을 선택하시오.

   (snort 결과)
   reply.com 〉 200.100.1.1 : icmp: echo reply
   reply.com 〉 200.100.1.1 : icmp: echo reply

   1) ICMP Echo Request를 Replay.com에 보낸다.

2) TFN 프로그램이 수행되고 있다.

3) ICMP로 통신하는 Convert Channel 통신일 수 있다.

4) MTU 사이즈가 맞지 않아 단편화가 발생하고 있다.

48. 다음의 물음에 답하시오.

/var/log/httpd/apache Directory에서 httpd log
를 확인했다.
Httpd log
"GET /mmback.gif HTTP / 1.0" 404 204

위의 로그에 대한 설명으로 가장 올바른 것은 무엇인가?

1) HTTP에 대해서 승인 없는 접근이다.
2) 요청된 페이지 혹은 문서를 찾을 수 없는 오류이다.
3) 누가 언제 접속했는지 파악할 수 있다.
4) FTP 및 Telnet 접속로그도 기록된다.

49. 아래의 보기는 파일을 업로드하거나 다운로드할 때 사용할 수 있는 FTP(File Transfer Protocol)에 대한 설명이다. 그 내용이 틀린 것을 선택하시오.

1) FTP는 TCP 프로토콜을 사용하여 파일을 업로드하거나 다운로드한다.
2) FTP의 파일을 보안을 위해서 sFTP를 사용하면 암호화 기능을 사용할 수 있고, 빠르게 업로드 및 다운로드를 위해서는 UDP를 활용하는 tFTP를 사용할 수 있다.
3) FTP는 데이터를 전송할 때 데이터 채널과 명령채널이 존재하고 명령채널은 서버는 21번 Port를 사용하고 클라이언트는 1023번 이상의 Port를 사용한다.
4) FTP가 데이터 채널을 설정할 때 일반모드와 수동모드가 존재하고 일반모드는 데이터 채널로 28번 Port를 사용한다.

50. 아래는 tFTP에 대한 inetd.conf 파일이다. 그 설명으로 틀린 것을 선택하시오.

tftp dgram udp wait root /usr/sbin/in.tftpd -s
/home/limbest

1) tftp를 사용하지 않으면 inetd.conf 파일에서 위의 내용을 삭제하는 것이 좋다. 즉, 삭제를 하면 클라이언트는 tftp를 통해서 연결할 수 없다.
2) inetd.conf 파일에서 -s 옵션을 삭제하면 모든 디렉토리를 모두 다운로드할 수 있다.
3) -s 옵션은 tftp 사용자에게 디렉토리 변경을 가능하게 해서 편의성 있게 자료를 다운로드할 수 있게 한다.
4) xinetd를 사용하면 tftp에 대한 설정은 /etc/xinetd.d/tftp 파일이다.

◆ 애플리케이션 보안

---

51. 무분별한 FTP 사용을 제한하기 위해서 Li mBest라는 사용자가 FTP로 접속하는 것을 제한하려고 한다. 이러한 경우 어떤 파일에 사용자를 등록해야 하는가?

1) /etc/access
2) /etc/hosts
3) /etc/ftpaccess
4) /etc/ftpusers

52. 보안상의 취약점을 해소하기 위해서 ftp, telnet과 같은 원격접속을 제한하려고 한다. 이에 대한 설명으로 틀린 것을 선택하시오.

1) 침입차단시스템에 Access Control List를 설정하여 접근을 제어한다.
2) TCP Wrapper 사용하여 호스트의 접근제어를 실행한다.
3) 침입탐지 시스템에 접근제어를 설정한다.
4) Network device에 Access Control을 설정한다.

53. 아래의 내용 중에서 전자우편과 관련이
    있는 것을 선택하시오.
    1) X.400   2) X.500
    3) X.509   4) X.600

54. DNS(Domain Name Service)는 일반 프로
    그램의 Resolving Query는 UDP (   )번,
    Port와 Zone 데이터베이스 정보 전송을
    위해서 TCP (   )번 Port을 사용한다.
    1) 53, 54   2) 20, 21
    3) 53, 53   4) 54, 55

55. 전자우편의 노출문제를 해소하기 위해서
    고려해야 할 내용으로 가장 올바른 것을
    선택하시오.
    1) 메시지 다이제스트 및 채널에 대한 암
       호화
    2) 메시지 암호화 및 채널 암호화
    3) 전자서명 및 메시지 다이제스트
    4) 부인봉쇄 및 암호화

56. DNS를 사용하는 해킹 기법은 무엇인가?
    1) 피싱   2) 파밍
    3) 스미싱   4) 비싱

57. 최근 전자우편과 전자서명을 활용하여
    전자우편으로 인감 서비스를 하려고 한
    다. 해당 서비스의 이름은 무엇인가?
    1) S/MIME   2) PGP
    3) #Mail   4) Smart Mail

58. DNS를 운영할 때 올바르지 않은 것을
    선택하시오.
    1) DNSSEC 기능을 사용한다.
    2) recursion 모드로만 사용하는 것이 좋다.
    3) Zone Transfer를 제한한다.
    4) Dynamic Update는 IP 혹은 TSIG Key
       를 사용해서 제한한다.

59. 아래의 내용은 tftp에 대한 설명이다. 그
    내용이 틀린 것을 선택하시오.
    1) /etc/ftpusers 파일로 접근 가능한 사용
       자를 제한한다.
    2) /etc/inetd.conf 파일에서 tftp 설정에 ¬s
       옵션을 주어서 상위 디렉토리로 변경
       하는 것을 제한할 수 있다.
    3) tftp는 UDP를 사용한다.
    4) TCP Wrapper로 호스트를 제한할 수
       있다.

60. SET와 전자투표에서 사용되는 것으로 올
    바르게 연결된 것은 무엇인가?
    1) 공정서명, 은닉서명
    2) 이중서명, 지불서명
    3) 이중서명, 은닉서명
    4) 공정서명, 지불서명

61. 아래의 내용은 전자우편에 대한 보안 프
    로토콜이다. 해당되지 않는 것을 선택하
    시오.
    1) PGP   2) PEM
    3) S/MIME   4) AES

62. DNS 서버인 BIND 서버 운영 시 해당
    서버의 버전 정보를 보여주지 않기 위해
    서는 다음과 같이 설정한다. 아래의 내용
    을 설정하는 파일은?

```
options {
directory "/var/named";
version "x.x.x";
};
```

    1) /etc/nscd.conf
    2) /etc/resolv.conf
    3) /etc/named.conf
    4) /etc/intd.conf

63. 서로 다른 여러 개의 시스템을 하나의 호스트 이름으로 매핑하는 것은 무엇인가?

1) Mapping I/O
2) Integration Service
3) RRDNS
4) Service Zone

64. 사용자는 ps -ef | grep httpd 명령어를 사용해서 출력된 것이다. 설명으로 틀린 것은 무엇인가?

```
root    26911    1  0  Jul21  ?  00:00:05
/usr/local/apache/bin/httpd
limbest 2732 26911 0 Jul23 ? 00:00:02
/usr/local/apache/bin/httpd
limbest 2735 26911 0 Jul23 ? 00:00:01
/usr/local/apache/bin/httpd
```

1) 웹서버 구동 시에 자식 프로세스의 User와 Group로 생성되었다.
2) 웹서버는 절대로 root 권한으로 실행되면 안 된다.
3) 멀티프로세스 방식이다.
4) limbest 이외에 다른 사용자 ID를 원하면 서버에 권한이 적은 ID를 생성하여 사용하는 것이 좋다.

65. 아래의 내용은 SSL에 대한 설명이다. 그 내용이 틀린 것은 무엇인가?

1) SSL은 무선에서 WTLS로 활용된다.
2) SSL은 전송구간 암호화 기법과 저장소 암호화 기법으로 사용될 수 있다.
3) SSL은 양방향 암호화를 수행한다.
4) SSL은 https로 실행된다.

66. 클라이언트와 서버 간의 암호화 및 인증을 수행하고 RSA 방식과 X.509를 사용하며 암호화 소켓 채널을 통해서 전송하는 방식은 무엇인가?

1) SSL   2) SHTTP
3) SET   4) IPSEC

67. 아래의 그림은 SSL Handshaking 과정이다. ( )는 무엇인가?

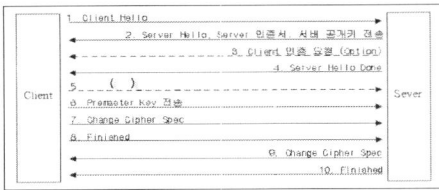

1) Client 암호화
2) Client Key 전송
3) Client 식별자 전송
4) Client 인증서 전달

68. SSL의 구성요소 중에서 Key 교환, MAC 암호화, Hash 알고리즘이 사용되는 것을 클라이언트와 서버 간에 공지하는 것은 무엇인가?

1) SSL Record Protocol
2) SSL Alert Protocol
3) SSL Change Cipher Spec Protocol
4) SSL Handshaking

69. 전자우편 보안 프로토콜 중에서 SMTP를 사용하는 전자우편의 취약점을 해결한 보안 프로토콜은 무엇인가?

1) PGP   2) PEM
3) S/MIME   4) X.400

70. 전자우편 보안 프로토콜 중에서 공개적인 검토를 통해서 안정성을 확인한 보안 프로토콜이고 메시지 암호화는 RSA, IDEA를 사용하는 것은 무엇인가?

1) PGP   2) PEM
3) S/MIME   4) X.400

71. RSA사가 개발했고 X.509 인증서를 지원하는 전자우편 보안 프로토콜은 무엇인가?

1) PGP   2) PEM
3) S/MIME   4) X.400

72. 공격자는 DNS를 공격해서 가짜 포털 사이트를 만들고 개인정보를 불법적으로 수집했다. 이러한 공격을 막기 위한 DNS 설정과 관련이 없는 것은 무엇인가?
   1) recursive 모드 해지
   2) Named가 응답할 때 Query를 제한
   3) Named가 응답할 때 recursive Query를 제한
   4) Named를 설정할 때 Root 권한으로 실행

73. 아래의 내용은 데이터베이스 보안과 관련된 내용이다. 이 중에서 데이터베이스에 있는 데이터에 대해서 대외비, 공개 등을 설정하는 것을 무엇이라고 하는가?
   1) Plug-In 방식의 DB 암호화
   2) Access Control List
   3) Gateway
   4) Security Label

74. 아래의 데이터베이스 보안에 관련해서 틀린 것은 무엇인가?
   1) Gateway 방식은 접근통제 및 DB 접근에 대한 Log도 관리할 수 있고 성능도 우수해서 많이 활용된다.
   2) DB 암호화는 Plug-In 방식과 모듈을 사용하는 방식이 있다.
   3) 스니핑 기법은 데이터베이스에서 실행되는 SQL Log를 기록한다.
   4) DB 암호화는 양방향 및 일방향 암호화를 지원한다.

75. 애플리케이션의 취약점을 이용한 공격기법 중에서 Buffer Overflow를 유발할 수 있는 것은 무엇인가?
   1) strncpy()   2) snprint()
   3) gets()   4) getwd()

76. 기밀성은 암호화를 통해서 메시지를 암호화하여 원본의 노출을 막고 무결성은 임의적 메시지에 대해 변경하는 것을 차단하는 정보보안의 특성이다. 아래의 내용 중에서 기밀성과 무결성 측면에서 위협요소가 아닌 것은 무엇인가?
   1) 위조   2) 차단
   3) 변조   4) 가로채기

77. 사용자 인증 방법 중에서 Challenge/Response 방식이란 서버에서 보내온 (   )와 클라이언트 정보를 (   )한 값을 서버의 기대 값과 비교하는 인증 방식으로 (   )에서 사용된다.
   1) 메시지, 대칭, 스마트 카드
   2) 메시시, 비대칭, 클라우드 컴퓨팅
   3) 난수, 해시, OTP
   4) PIN번호, 해시, Web Service

78. 접근통제에서 주체와 권한을 선형 순차 리스트 형태로 연결하는 접근통제 방식이 무엇인가?
   1) Access Control List
   2) Capability List
   3) BIBA
   4) MAC

79. 아래의 내용으로 가장 알맞은 것은 무엇인지 선택하시오. (Access Control List)

(1번)	(2번)		
		(3번)	

   1) 그룹, 권한리스트, 권한

2) 주체, 권한리스트, 속성

3) 주체, 권한리스트, Security Label

4) 주체, 객체, 권한

80. 아래의 시나리오에 알맞은 것은 무엇인가?

관리자는 A라는 사용자에게 Object 1번에 대한
Read 권한을 부여했다.

1) DAC

2) MAC

3) RBAC

4) Access Control List

81. 아래의 시나리오에 알맞은 것은 무엇인가?

관리자는 Object 1번부터~10번까지의 Read 권
한을 Tester라는 권한의 묶음으로 만들었다. 그리
고 관리자는 Tester를 A라는 사람에게 권한을 부
여했다.

1) DAC

2) MAC

3) RBAC

4) Access Control List

82. 아래의 내용 중에서 그 의미가 다른 것
한 개를 선택하시오.

1) 정보보호 정책 수립

2) 정보보안 조직 구성과 책임, 역할 정의

3) Firewall 도입으로 내부망과 외부망 분리

4) 지속적인 보안 교육

83. 아래의 설명으로 가장 올바른 것을 선택
하시오.

조직의 정보보호 활동에 대한 기본원칙, 방향, 근
거를 제시하고 정보보호에 대한 책임과 역할을 명
확히 하며, 최고 경영자에게 승인을 받고 배포되
는 문서

1) 정보화 윤리

2) 정보보안 규정

3) 정보보안 가이드

4) 정보보호 정책

84. 정보보안 위험관리에 대한 설명으로 그
내용이 틀린 것을 선택하시오.

1) 위험관리는 조직의 정보자산을 식별
하고 관리하기 위한 식별번호를 부여
하고 지속적으로 관리해야 한다.

2) 정성적 위험분석은 정보자산에 대해
서 위험의 발생가능성과 영향도를 파
악하고 우선순위를 부여하는 활동이다.

3) 정량적 위험분석은 위험발생 시에 위
험의 영향도를 수치화하는 것이다. 정
량적 위험분석 기법에는 Delphi기법
이 있다.

4) 위험은 항상 긍정적인 것과 부정적인
것으로 분류될 수 있다.

85. 아래의 설명으로 가장 올바른 것을 선택
하시오.

모든 정보시스템에 대해서 표준화된 보안대책을
제시하며 Check List로 보안대책이 있는지 판단
한다. 즉, 적용되지 않은 보안대책을 적용하는 위
험분석방법

1) 정성적 위험분석

2) 정량적 위험분석

3) 상세 위험분석

4) 베이스라인 접근법

86. 아래의 위험분석기법 중에서 그 의미가
가장 상위에 있는 것을 선택하시오.

1) 정성적 위험분석

2) 정량적 위험분석

3) 민감도 분석

4) 상세 위험분석

87. 아래의 내용 중에서 위험의 정의로 가장
올바른 것을 선택하시오.

1) 위험 = 위협이 성공할 가능성 × 위
협 성공시의 손실 크기

2) 위험 = 위협이 성공할 가능성 + 위
협 성공시의 손실 크기

3) 위험 = 위협이 나타날 가능성 × 위협
　　성공시의 손실 크기
4) 위험 = 위협이 나타날 가능성 + 위협
　　성공시의 손실 크기

88. 정보보안담당자로 정보보안 정책서를 만들기로 했다. 아래의 내용 중에서 정보보안정책서에 포함되어야 할 항목으로 가장 올바른 것은 무엇인가?
　　1) 절차, 배경, 범위, 정책 기술, 행위
　　2) 목적, 배경, 책임, 지침, 책임
　　3) 목적, 배경, 범위, 정책 기술, 행위, 책임
　　4) 절차, 목적, 범위, 정책 기술, 책임

89. 아래의 시나리오를 보고 단일손실기대치와 연간손실기대치를 계산하시오?

> 1,000명의 종업원을 가진 회사의 종업원의 25%가 1주에 1시간에 해당하는 업무시간에 웹 서핑을 하고 있다. 각 종업원의 시간당 평균임금은 50원이며, 각각 1년에 50주를 근무한다고 가정한다.

　　1) 12,500원, 525,000원
　　2) 12,500원, 650,000원
　　3) 13,500원, 625,000원
　　4) 12,500원, 625,000원

90. BCP는 비즈니스 측면에서 기업의 연속성을 보장하기 위한 계획이다. 이러한 BCP는 건설업체를 중심으로 재난 및 화재 등에 대한 보호체계를 수립하였고 BS25999라는 국제표준을 가지고 있다. BCP에서 업무 복구목표, 위험분석, 복구 우선순위 수행하는 단계는 무엇인가?
　　1) RPO　　　　　　2) RTO
　　3) BIA　　　　　　4) RSO

91. 2002년 미국 테러공격 이후 국내 금융권에서 DRS 구축이 이슈화되었다. 아래의 DRS에 대한 설명으로 그 내용이 틀린 것을 선택하시오.
　　1) DRS에서 가장 완벽한 이중화를 위해서 Mirror 사이트로 구축한다. 하지만 Mirror 사이트는 초기 구축비용이 과다하게 발생한다. 또한 유지보수 비용도 지속적으로 증가하는 특성이 있다.
　　2) BCP를 수립하는 기업은 DRS를 구축한다.
　　3) DRP는 재해복구에 대한 IT 서비스 연속성 계획으로 일반적으로 DRS 구축을 유발한다. 그리고 DRP 수립 시에 DRS를 어떤 유형으로 할지도 포함되어야 한다.
　　4) 국내 금융권은 대부분 DRS를 이미 구축했다. 메인 시스템과 DRS 시스템 간에 데이터 동기화를 위해서 Replication, CDC 등의 기술이 사용된다.

92. BCP에서 위험발생 시에 영향을 최소화하는 행위는 무엇인가?
　　1) 위험평가　　　　　　2) 위험분석
　　3) 위험대응　　　　　　4) 위험전가

93. 정보통신서비스 제공자가 개인정보를 수집하거나 이용 또는 제3자에게 제공하고자 할 때 (　　)세 미만의 아동은 법정대리인의 동의를 얻어야 한다.
　　1) 만 13세　　　　　　2) 만 14세
　　3) 만 18세　　　　　　4) 만 19세

94. 제22조 개인정보 수집, 이용 동의 등에서 정보통신서비스 제공자는 이용자의 개인정보를 이용하려고 수집하는 경우에는 모든 사항을 이용자에게 알리고 동의를 받아야 한다. 이에 해당되지 않는 것은?
　　1) 개인정보 수집, 이용 목적
　　2) 수집하는 개인정보의 항목
　　3) 개인정보 사용처 및 폐기방법
　　4) 개인정보의 보유, 이용기간

95. 정보통신서비스 제공자 등이 개인정보를 취급할 때는 개인정보의 분실, 도난, 누출, 변조 또는 훼손을 방지하기 위하여 (   )으로 정하는 기준에 따라 (   ), (   ) 조치를 하여야 한다.
   1) 법무부령, 물리적, 개념적
   2) 국무총리령, 기술적, 물리적
   3) 대통령령, 기술적, 관리적
   4) 안전행정부령, 관리적, 물리적

96. 전자서명법에서 공인인증기관으로 지정받을 수 있는 자는 국가기관, 지방단체 또는 (   )에 한한다. 공인인증기관으로 지정받고자 하는 자는 대통령령이 정하는 (   )능력, (   )능력, 시설 및 장비 기타 필요한 사항을 갖추어야 한다.
   1) 기업, 보안, 기술
   2) 기업, 기술, 재정
   3) 법인, 보안, 기술
   4) 법인, 기술, 재정

97. (   )이란 개인정보를 쉽게 검색할 수 있도록 일정한 규칙에 따라 체계적으로 배열하거나 구성한 개인정보의 집합물(集合物)을 말한다.
   1) 개인정보
   2) 민감 데이터
   3) 개인 프로파일
   4) 개인 정보파일

98. 아래의 내용은 개인정보에 대한 제3자 제공에 대한 내용이다. 이 중 틀린 것은 무엇인가?
   1) 정보주체의 동의를 받을 경우
   2) 개인정보를 수집한 목적 범위 내에서 개인정보를 제공하는 경우
   3) 개인정보를 국외에 제공할 경우 정보주체의 동의가 있어도 불가능하다.
   4) 14세 미만의 경우 법정대리인의 동의가 필요하다.

99. 개인정보를 취급, 활용하는 정보시스템을 신규 구축하거나 기존 정보시스템의 중대한 변경 시 개인정보에 미치는 영향을 사전에 조사, 예측, 검토하여 개선방안을 도출하는 체계적인 절차에 대한 설명으로 그 내용이 틀린 것은 무엇인가?
   1) 사후에 개인정보 침해요인을 파악한다.
   2) 공공기관 의무적으로 수행하고 민간기업은 자율적으로 수행할 수 있다.
   3) 개인정보보호법을 근간으로 만들어졌다.
   4) 별도의 교육과 시험을 통과한 사람만이 본 평가 수행이 가능하다.

100. 개인정보영향도 평가를 수행하기 위해서 「개인정보 보호법」에서의 고려사항이 아닌 것은 무엇인가?
   1) 처리하는 개인정보의 수
   2) 개인정보의 제3자 제공 여부
   3) 대통령령이 정한 사항
   4) 개인정보의 위치

제2회 정보보안기사 모의고사

◈ 시스템 보안

1. 병행 시스템에서 프로세스가 두 개 이상의 동작을 동시에 수행하려고 할 때 발생하는 비정상적인 상태를 무엇이라고 하는가?
   1) Thrashing
   2) Race Condition
   3) Working set
   4) Deadlock

2. 프로세스 메모리 영역에서 Static 변수가 저장되는 영역을 무엇인가?
   1) Text Area   2) Stack Area
   3) Data Area   4) Buffer Area

3. 유닉스 시스템에서 su(switch user) 명령어에 대해서 로그를 기록하려고 한다. 어떤 것을 수정하여야 하는가?
   1) /etc/su.conf   2) /etc/syslog.conf
   3) /etc/inetd.conf   4) /etc/hosts

4. 프로그램 실행 중 응급상태가 발생하여 CPU는 긴급처리를 위해서 현재 수행 중이던 프로그램을 중단하고 이를 처리하는 것을 인터럽트라고 한다. 이러한 인터럽트에서 전원공급, 타이밍 소자 등에 요인에 의해서 발생되는 인터럽트를 무엇이라고 하는가?
   1) 외부 인터럽트
   2) 기계착오 인터럽트
   3) 입출력 인터럽트
   4) 수퍼바이저 호출

5. Cache 교체 알고리즘 중에서 최초 참조비트를 1로 설정하고 1인 경우 0으로 세트, 0인 경우 교체를 수행하는 Cache 교체 알고리즘은 무엇인가?
   1) Random
   2) LRU
   3) LFU
   4) Second Chance Replacement

6. Cache 메모리의 일관성 유지 방법에서 Cache와 Memory 간의 불일치를 해결하기 위해서 Cache 메모리에 기록하고 메모리에 나중에 기록하는 방법은 무엇인가?
   1) write back   2) write through
   3) write delay   4) write batch

7. 아래의 그림이 의미하는 것이 무엇인가?

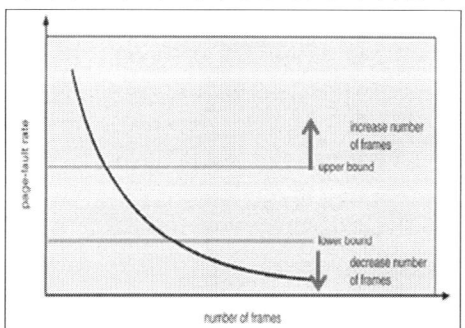

   1) Locality
   2) Working Set
   3) Page Fault Frequency
   4) Multi Programming

8. 입출력 장치 중에서 CPU가 버스를 사용하지 않는 사이클에만 버스에 접근하는 것을 무엇이라고 하는가?
   1) DMA   2) Cycle Stealing
   3) Indirect Bus   4) Direct Bus

9. 다음은 유닉스 명령어에 대한 설명이다. 그 내용이 틀린 것을 선택하시오.
   1) file: 파일 타입을 확인 할 수 있다.
   2) find: 파일 계층을 검색할 수 있다.
   3) whereis: 이진 파일을 검색한다.
   4) which: 전체 디렉토리에서 실행이 가능한 파일을 검색한다.

10. 아래의 유닉스 명령어의 실행결과는 무엇인가?

```
$ umask 022
$ touch hellotest
$ ls -l hellotest
( ) 1 limbest other 0 Jul 14 14:41 hellotest
```

   1) -rw-rw-rw-   2) -rx-x-x
   3) -rw-r--r--   4) -rw-------

11. 유닉스의 History 설정에서 History Size에 대한 설명으로 틀린 것은 무엇인가?
   1) csh계열: set history = 100
   2) ksh계열: export HISTSIZE = 100
   3) sh계열: set savehist = 100
   4) bash계열: export HISTSIZE = 100

12. 유닉스 시스템에서 패키지가 있는 디렉토리 정보가 모여 있는 것은 무엇인가?
   1) /var/spool/package
   2) /var/spool/patch
   3) /var/adm/patch
   4) /var/sadm/patch

13. 커널 시스템의 자원인 CPU, Memory 등의 관리하기 위해서 커널을 수정하는데 사용되는 파일은 무엇인지 선택하시오.(Solaris)
   1) /etc/system   2) /etc/kernel
   3) /etc/access   4) /dev

14. 아래의 내용 중에서 윈도우 운영체제에서 지원하지 않는 파일 시스템이 무엇인지 선택하시오.
   1) EXT2   2) NTFS
   3) FAT32   4) FAT16

15. 사용자들이 패스워드를 3~4자로 대부분 만들고 있다. 그래서 보안관리자가 유닉스 시스템에서 패스워드의 길이를 제한하려고 한다. 어떤 파일에서 길이를 제한할 수 있는가?
   1) /etc/login.defs   2) /etc/login
   3) /etc/hosts.conf   4) /etc/hosts.allow

16. 아래와 같은 limbest.tar라는 백업본을 가지고 있다. 시스템의 장애발생으로 백업받은 파일을 복원하려고 한다. 복원시키는 명령어로 가장 올바른 것은 무엇인가?
   1) tar -xvf limbest.tar
   2) tar -cvf limbest.tar
   3) tar -tvf limbest.tar
   4) tar -mvf limbest.tar

17. Inode가 보유하고 있는 내용으로 틀린 것은 무엇인가?
   1) 파일명   2) 파일 타입
   3) 파일 접근시간   4) 파일 접근권한

18. 유닉스 파일 시스템의 구성에 파일 시스템의 크기, Free 블록의 수와 같은 정보를 가지고 있는 블록은 무엇인가?
   1) Boot Block   2) Super Block
   3) Directory Block   4) Data Block

19. 아래에 대한 설명으로 그 내용이 틀린 것을 선택하시오.
   1) SUID, SGID, Sticky bit 설정은 파일의 실행과 관련이 있으므로 해당 파

일에 실행 권한이 있을 때만 의미가 있다.

2) SUID가 설정된 파일을 실행하면 EUID (Effective UID)와 Real UID가 모두 변한다.

3) SUID가 설정된 파일을 실행하는 경우에는 잠시 동안 그 파일의 소유자의 권한을 가지게 된다.

4) SUID, SGID, Sticky bit 의 설정 시 대문자 S, T(예: rwSr-r)인 경우는 파일에 실행 권한이 없는 상태이다.

20. 아래의 내용 중에서 프로세스 메모리 이미지를 가지고 있는 파일은 무엇인가?
   1) dump file
   2) core file
   3) log file
   4) image file

21. 아래의 명령어 중에서 윈도우 컴퓨터가 언제 기동(Booting)되었는지 파악하려고 한다. 명령어로 알맞은 것은 무엇인가?
   1) net statistics workstation
   2) net time boot
   3) net localgroup
   4) net computer boot time

22. 아래의 내용은 윈도우 시스템에 대한 보안점검 사항이다. 그 내용으로 틀린 것을 선택하시오.
   1) 익명 사용자를 위해서 Guest계정을 활성화
   2) 불필요한 공유폴더를 제거
   3) Access Control List를 설정
   4) 최신버전으로 패치함.

23. 윈도우 운영체제에서 최신버전의 패치를 확인할 수 있는 명령어는 무엇인가?
   1) hfnetchk.exe
   2) winhelp.exe
   3) wuauclt.exe
   4) runas.exe

24. 윈도우 보안 탬플릿으로 올바르지 않는 것은
   1) 계정정책
   2) 로컬정책
   3) 레지스트리
   4) 네트워크 정책

25. 윈도우 레지스트리 중에서 파일의 각 확장자에 대한 정보와 파일과 프로그램 간 연결에 대한 정보를 가진 것은 무엇인가?
   1) HKEY_CLASSES_ROOT 계층
   2) HKEY_LOCAL_MACHINE 계층
   3) HKEY_USERS 계층
   4) HKEY_CURRENT_CONFIG 계층

◆ 네트워크 보안

26. 네트워크 장비 중에서 LAN과 LAN을 연결하기 위해서 사용되며 MAC 프로토콜의 변환을 수행하는 장비는 무엇인가?
   1) Repeater
   2) Gateway
   3) Bridge
   4) Router

27. NAT를 사용하는 근본적인 이유로 가장 올바른 것을 선택하시오.
   1) IP주소 부족 문제를 해결
   2) 데이터 암호화
   3) 네트워크 세그먼테이션
   4) 네트워크 전송 속도 향상

28. 아래의 내용 중에서 TCP 프로토콜의 기능으로 올바르지 않은 것을 선택하시오.
   1) 중복 Packet 폐기함.
   2) 세그먼트를 분할 전송
   3) 흐름제어
   4) 바이트 스트림 교환

29. 다음은 네트워크의 상태를 실시간으로 모니터링할 때 사용하는 SNMP에 대한

설명이다. SNMP의 보안 취약점을 설명한 것으로 가장 틀린 것을 선택하시오.

1) SNMP 1.0에서 암호화를 수행
2) SNMP에 접근하는 IP에 대한 접근제어
3) SNMP 커뮤니티명을 영문자, 숫자, 특수기호를 사용해서 복잡하게 조합
4) SNMP 커뮤니티에 대해서 접근제어를 수행

30. 아래의 내용은 에러검출코드인 Parity Check에 대한 설명이다. 그 내용 중에서 올바르지 않은 것을 선택하시오.

1) 2Bit의 에러검출
2) 오류를 검출하기 위해서 체크 디지트 추가
3) 블록단위 문자에러를 검출
4) 짝수와 홀수 패리티 비트 존재

31. 아래의 내용은 TCP 3-Way Handsha king 이다. 그 순서로 가장 올바른 것을 선택하시오.

```
(가) SYN 50000
(나) SYN 3000, ACK 50001
(다) ACK 3001
```

1) (가) -> (나) -> (다)
2) (다) -> (나) -> (가)
3) (나) -> (가) -> (다)
4) (가) -> (다) -> (나)

32. 아래의 네트워크 프로토콜 중에서 특정 포트 번호가 없어도 통신을 할 수 있는 것은 무엇인가?

1) TCP   2) ARP
3) RARP   4) ICMP

33. 아래의 iptables 명령어 중에서 201.1.1.1 주소에 유입되는 모든 패킷을 차단하는 것을 선택하시오. 즉, 201.1.1.1에서 유입

되는 모든 패킷 차단, TCP 프로토콜을 모두 허용을 선택하시오.

```
가. iptables -A INPUT -d 201.1.1.1 -j DROP
나. iptables -A INPUT -d ! 201.1.1.1 -j
    ACCEPT
다. iptables -A INPUT -p TCP -j ACCEPT
라. iptables -A INPUT -p TCP -dport 80 -j
    DROP
```

1) 가, 다   2) 나, 다
3) 다, 라   4) 가, 라

34. 동적으로 IP주소를 할당 받기 위해서 DHCP를 사용한다. DHCP에서 IP주소를 할당 받기 위해서 브로드캐스트 기법을 사용하는데 이 중 유니캐스트 방식을 사용하는 것은 무엇인가?

1) DHCP Discover
2) DHCP Offer
3) DHCP Request
4) DHCP Ack

35. NAT는 사설IP를 공인IP로 변경한다. NAT 종류 중에서 외부IP와 사설IP를 1:1로 매핑 하는 것은 무엇인가?

1) Normal NAT
2) Reverse NAT(Static NAT)
3) Redirect NAT
4) Exclude NAT

36. 아래의 NAT 종류 중에서 장애처리 시에 유용하게 사용될 수 있는 것을 선택하시오.

1) Normal NAT
2) Reverse NAT(Static NAT)
3) Redirect NAT
4) Exclude NAT

37. 아래의 내용은 IP Datagram을 분석한 내용이다. 아래의 내용을 보고 어떤 공격이

의심되는지 선택하시오.

Datagram Offset 모니터링 내용
- IP 패킷의 Offset: 1000~2000, 19000~
  3000, 30001~40000

1) Hulk DDoS   2) Hash DDoS

3) Tear Drop   4) SYN Fooling

38. DDoS 공격기법은 무엇인가?

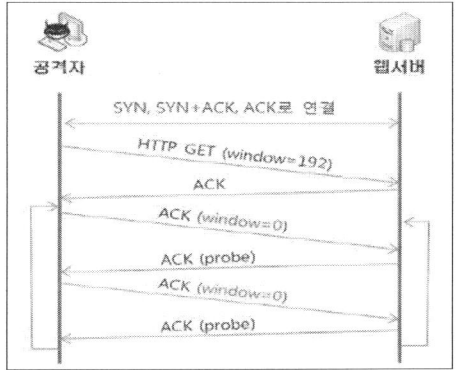

1) Hulk DDoS
2) Hash DDoS
3) Ping of Death
4) Slow HTTP Read DoS

39. 아래의 내용은 TCP Segment Format에 대한 설명이다. 그 내용이 틀린 것을 선택하시오.
   1) TCP는 Check Sum의 CRC(Cyclic Redundancy Check)는 Header와 Data 필드의 무결성을 검사
   2) TCP은 Flow Control 기능을 위해서 Buffer ing을 수행할 수 있고 이러한 Buffering을 위해서 사용되는 것이 Window Size임.

3) 송신자와 수신자의 Port 번호를 통해서 Multiplexing 및 DeMultiplexing을 수행
   4) TCP는 Physical한 Connection Oriented Service임.

40. 다음은 ARP 및 RARP에 대한 설명이다. 그 내용이 틀린 것을 선택하시오.
   1) ARP Spoofing에 대비하기 위해서 arp ‑a 명령을 사용해서 Static한 MAC 주소를 부여 한다.
   2) ARP는 IP주소를 전송하여 MAC주소를 할당하는 인증서비스이다.
   3) RARP는 Diskless Host에서 사용된다.
   4) RARP는 MAC 주소를 전송하여 IP주소를 할당받는다.

41. Point to Point 프로토콜에서 라우터와 라우터 간의 연결 및 호스트와 네트워크 간의 연결을 제어하기 위한 프로토콜은 무엇인가?
   1) NCP(Network Control Protocol)
   2) HDLC(High Level Data Link Control)
   3) MPLS(Multi Protocol Label Switch)
   4) Flow Control

42. 아래의 내용 중에서 TCP와 UDP에서 사용할 수 있는 Port 범위를 선택하시오.
   1) 1~2048   2) 1000 이상
   3) 1~65534   4) 1000~65534

43. ICMP 프로토콜 Header의 Type 필드에서 Echo Request 혹은 Reply에 해당되는 것은 무엇인가?
   1) 3   2) 4
   5) 8 혹은 0   4) 17 혹은 18

44. Error Control 기법 중에서 아래의 그림에 해당되는 것은 무엇인가?

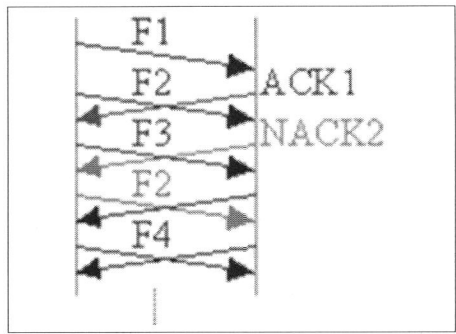

1) Stop and Wait
2) Go-Back-N
3) Selective Repeat
4) Hybrid ARQ

45. SMTP 중에서 TCP 110번 포트를 사용하고 메일을 읽은 후에 메일 서버에서 해당 메일을 삭제하는 것은 무엇인가?

1) MTA   2) MDA
3) POP3   4) IMAP/IMAP3

46. HTTP 프로토콜의 Header와 Body를 구분하는 식별자는 무엇인가?

1) STX   2) ETX
3) /r/n   4) EOF

47. 아래의 내용은 HTTP 프로토콜에 대한 설명이다. 그 내용이 틀린 것을 선택하시오.

1) HTTP 프로토콜은 TCP를 사용한다.
2) HTTP 1.0은 연결할 때 3-Way Handshaking 기법을 사용하고 한번의 요청에 모든 페이지를 수신받는다.
3) HTTP 1.1은 HTTP 1.0에 비해서 연결이 빈번하지 않다.
4) State-less 방식이다.

48. 인터페이스를 통해 전달되는 라우팅 업데이트를 제어하는 데 사용되는 명령은 무엇인가?

1) passive-interface
2) passive-interface update
3) passive-routing
4) passive-route update

49. RIP(Routing Information Protocol)는 Distance Vector 라우팅 알고리즘을 사용하고, 매 30초마다 모든 전체 라우팅 테이블을 Active Interface로 전송한다. 다음 원격 네트워크에서 RIP에 의해 사용되는 최적의 경로 결정 방법은 무엇인가?

1) TTL(Time To Live)
2) Routed Information
3) Count to information
4) Hop count

50. VLAN에서 스위치 사이에 필요한 것으로 프레임이 어떤 VLAN에 속했는지 식별하기 위해서 Tagging이라는 기능이 사용된다. 아래의 표준 중에서 Tagging 표준에 해당되는 것은 무엇인가?

1) 802.10   2) 802.1q
3) 802.3a   4) 802.1z

◈ 애플리케이션 보안

51. 아래의 설명으로 가장 올바른 것을 선택하시오

1단계:	클라이언트는 서버의 TCP/21번 포트로 접속 후 두 번째 PORT를 질의
2단계:	서버는 클라이언트에게 데이터 연결을 위한 두 번째 PORT(TCP/1024후)를 알려줌
3단계:	클라이언트는 서버가 알려 준 두 번째 PORT로 접속

1) ftp sequence mode
2) ftp native mode

3) ftp passive mode

4) ftp active mode

52. 아래의 내용은 FTP 보안 취약점에 대한 설명이다. 인증절차가 없어서 설정이 잘못되어 있으면 누구나 해당 호스트에 접근하여 파일을 다운로드할 수 있는 것은 무엇인가?

1) Bounce Attack

2) tFtp Attack

3) Brute Force Attack

4) Anonymous Ftp Attack

53. FTP의 Bounce Attack 공격을 통해서 전자메일을 발송하는 공격을 (   )이라고 한다.

1) Anonymous FTP Attack

2) Fack Mail

3) Hulk Mail

4) Spam Mail

54. 아래의 내용은 패킷분석의 결과이다. 아래의 내용을 보고 알 수 있는 것으로 가장 올바른 것은 무엇인가?

```
62 trim > ftp [SYN] Seq=0 win=16384 Len=0 MSS=1460 S
62 ftp > trim [SYN, ACK] Seq=0 Ack=1 Win=16384 Len=0
54 trim > ftp [ACK] Seq=1 Ack=1 Win=17424 Len=0
```

1) 클라이언트가 FTP를 사용하고 있다.

2) trim은 서버이름이고 클라이트 호스트 이름이 FTP이다.

3) FTP를 사용해서 TCP 3 Way-hanshaking을 하고 있다.

4) trim이 클라이언트이고 ftp가 서버이다.

55. 아래의 파일은 inetd.conf 파일이다. 아래의 커멘드로 ftp는 로그파일을 기록한다. 해당 로그파일의 명으로 올바른 것은 무엇인가?

```
ftp stream tcp nowait root /var/sbin/in.ftpd in.ftpd ┐
```

1) access.log

2) sure.log

3) loginlog

4) xferlog

56. 전자화폐는 불추적성, 오프라인성, 가치이전성, 분할성, 독립성, 이중 사용방지, 익명성 취소 등의 특징을 가지고 있다. 이러한 전자화폐의 특성 중에서 사생활 보호에 가장 해당되는 것은 무엇인가?

1) 오프라인성

2) 가치이전성

3) 익명성 취소

4) 불추적성

57. 전자화폐 중에서 가장 대표적인 전자화폐시스템으로 해외에서 사용할 수 있고 외환거래가 가능한 전자화폐는 무엇인가?

1) 몬덱스

2) 비자캐시

3) PC Pay

4) Ecash

58. 전자서명은 은닉서명, 대리서명, 그룹서명, 다중서명, 수신자 지정 서명, 이중서명 방식이 있다. 이 중에서 전자결제시스템 혹은 전자계약시스템에 응용 가능한 방식은 무엇인가?

1) 그룹서명

2) 대리서명

3) 다중서명

4) 수신자 지정 서명

59. 아래의 IC카드형 전자화폐 중에서 은닉서명 기술을 사용하는 것은 무엇인가?

1) NetCash

2) Ecash

3) PC Pay

4) 비자캐시

60. 디지털 콘텐츠 보호기술 중에서 마치 DNS와 가장 유사한 것은 무엇인가?

1) DRM

2) MPEG 21

3) DOI

4) INDECS

61. 다음 중 메일 그룹 보안 및 메시지 폭풍에 대한 설명으로 옳지 않은 것은 무엇인가?

1) 메시지 폭풍은 악의에 찬 사용자가 시

스템의 성능을 저하시키려고 하는 경
우에만 발생한다.

2) 받은 편지함의 오버플로에 당황한 사
용자는 모든 사용자들에게 중지할 것
을 촉구하는 전체 회신 메시지를 보
내게 되며 이것이 상황을 더욱 악화
시킨다.

3) Exchange server에는 메일 그룹 보안
을 설정할 수 있는 DL이 있다. 가장
큰 DL을 잠그거나 업무상 반드시 필
요할 경우에만 그 DL을 사용하도록
제한하는 것이다.

4) 메시지 폭풍이 진행되는 동안에는 시
스템 전체의 성능이 저하된다.

62. 다음 중 FTP 프로토콜에 대한 설명으로
틀린 것은?

1) FTP는 TCP/IP를 기반으로 한 파일 전
송 서비스이다.

2) 파일 전송 명령어 GET은 RECV 명령
어와 같은 작용을 하며, PUT은 SEND
명령어와 같은 작용을 한다.

3) 일반적으로 FTP는 데이터를 전송할
때 21번 포트를 사용한다.

4) FTP에서 이용되는 2개의 연결 방식은
데이터 전송을 위한 데이터 연결과
데이터의 연결을 제어하기 위한 제어
연결이다.

63. S/MIME에 있는 함수이다. 다음 중 S/MIM
E이 수행하는 기능이 아닌 것은?

1) Signed data

2) Clearsigned data

3) Signed and enveloping data

4) Data filtering

64. One-time password에 대한 설명으로 적절
한 것은?

1) One-time pad와 같은 의미이다.

2) 기존 패스워드에 대한 재생 공격(replay
at tack)을 막을 수 있다.

3) 안전하지 않은 인증 방법이다.

4) Challenge-response 인증 방식 보다 안
전하다.

65. FTP프로토콜이 OSI레이어에 의존하여
TCP를 사용하기 때문에 연결과정에서 사
용되는 것을 무엇이라고 하는가?

1) IP(Internet Protocol)

2) 소켓(Socket)

3) 포트(Port)

4) 프로토콜(Protocol)

66. 일반 사용자가 특정 프로그램을 실행시켜
해당 시스템에 접근할 수 있는 백도어를
만들게 하거나 시스템에 피해를 주는 공격
은 무엇인가?

1) 액티브 컨텐츠 공격

2) 버퍼오버플로우 공격

3) 트로이잔 목마 공격

4) 스팸 메일 공격

67. 다음은 안전한 E-mail운영 방법으로 제공
되는 기본적인 암호 알고리즘이 아닌 것을
고르시오.

1) RSA 암호 알고리즘

2) DES 암호 알고리즘

3) IDEA 암호 알고리즘

4) AES 암호 알고리즘

68. 미국의 NIST에서 1991년 8월 30일 발표
한 표준 디지털 서명 안은 무엇인가?

1) ElGamal 서명 방식

2) DSS 서명 방식

3) Schnorr 서명 방식

4) RSA 복호형 디지털 서명 방식

69. 현재 인터넷에서 가장 많이 사용하고 있는 포트 스캐너의 nmap이다. nmap에서 제공하는 다양한 포트 스캐닝 방법이 아닌 것은?
    1) SYN 스캔
    2) XMAS 스캔
    3) Null 스캔
    4) Host 스캔

70. S-HTTP 보안 특성에 대한 설명이다. 옳지 않은 것을 고르시오.
    1) 커버로스와 같은 키 유포 체계들은 물론 개인키 및 공용키 암호를 비롯한 많은 암호 포맷을 지원한다.
    2) 개인끼리 사전에 정렬되고 사전에 배포된 개인키를 이용하여 일방적인 공용키 암호화를 제공한다.
    3) S-HTTP 브라우저/서버 간의 대화마다 타협을 거쳐 보호 조치들을 결정한다.
    4) 웹 서버와 웹 브라우저 사이의 응용 매커니즘 지원을 추가 한다는 것을 목적으로 한다.

71. FTP 제어 파일에 대한 내용으로 옳지 않은 것을 고르시오.
    1) E-mail 명령으로 FTP 관리자의 전자 우편 주소를 적는다.
    2) Loginfails은 뒤에 표기된 값 이상으로 로그인 실패할 경우 repeated login failures 메시지를 기록한다.
    3) Message는 FTP 접속하거나 어떤 디렉토리 안으로 들어갈 때 표기되는 메시지이다.
    4) Log transfer는 ftp 서버를 통해 누가 접속했는지에 대한 기록을 남긴다.

72. SSL 프로토콜에서 사용되는 메시지의 내용이다. 잘못된 것을 고르시오.
    1) Hello Request: 서버가 클라이언트에게 전송하는 초기 메시지이다.
    2) Client Certificate: 서버로부터 클라이언트 인증서를 요청할 경우 클라이언트는 자신의 인증서를 보내야 한다.
    3) Client Key Exchange: 비밀 세션 하는 단계로서 임의의 비밀 정보인 48바이트 pre-master-secret 키를 생성하게 된다.
    4) Certificate Verify: 서버의 요구에 의해 전송하는 클라이언트 인증서를 서버가 쉽게 확인할 수 있도록 클라이언트 종결 메시지에 암호화 값을 전송하게 된다.

73. IPSEC의 SA의 3가지 구성요소 중에서 틀린 것은 무엇인가?
    1) SPI(Security Parameter Index)
    2) IP Destination Address
    3) Security Protocol Identifier
    4) Service Security

74. IPSEC AH(Authentication Header)의 헤더에 대한 내용으로 잘못된 것을 고르시오.
    1) Next Header: 페이로드 타입을 식별하는 8bit 필드이다.
    2) 일련번호: 일련번호를 정의하는 부호 없는 32비트 필드를 일정하게 증가하는 카운터 값을 포함한다.
    3) 암호화를 위한 패딩: 패딩 필드의 사용이 필요한 것은 사용하는 암호화 알고리즘에서 평문이 정수 배 바이트 길이가 될 것을 요구하는 경우
    4) 인증 데이터: 인증 데이터는 패킷에 대한 무결성을 체크하는 값을 포함하는 가변 길이 필드이다.

75. SET에서 사용되는 암호 기술이 아닌 것을 고르시오.
    1) 공개키 암호
    2) 대칭키 암호
    3) 서명
    4) 키복구

1) BCP   2) BIA
3) DRP   4) RTO

76. 기업의 정보보안 취약점 중에서 가장 취약하다고 생각되는 것을 선택하시오.
  1) 기술적 취약점   2) 물리적 취약점
  3) 인적 취약점   4) 웹 취약점

77. 아래의 내용 중에서 기밀성 및 무결성의 위협요소가 아닌 것은 무엇인가?
  1) 차단   2) 위조
  3) 변조   4) 가로채기

78. 아래의 내용은 정보보안정책에 대한 설명이다. 가장 올바른 것을 선택하시오.
  1) 보안정책은 한번 정의되면 수정이 필요 없지만, 법률이 변경될 때는 수정한다.
  2) 메일을 관리하기 위한 보안정책은 공통정책으로 할 수가 없다.
  3) 개인 보안정책은 무조건 승인을 받아야 한다.
  4) 보안정책은 반드시 문서화되고 경영층의 승인과 지원을 받아야 한다.

79. 천재지변과 같은 자연재해처럼 손실을 발생시키는 원인이나 행위자를 나타내는 것은 무엇인가?
  1) 위험   2) 위협
  3) 취약점   4) 보호

80. 아래의 내용 중에서 소극적인 공격기법에 해당되는 것을 선택하시오.
  1) 스미싱   2) DDoS
  3) 변조   4) 스니핑

81. 아래의 내용 중에서 업무복구 목표와 복구를 위한 우선순위를 결정하는 것은 무엇인가?

82. 개인정보보호에 대한 인증인 PIMS 인증에 대한 설명이다. PIMS는 3가지 요구사항이 있는데 해당되지 않는 것을 선택하시오.
  1) 관리적 요구사항
  2) 물리적 요구사항
  3) 보호대책 요구사항
  4) 생명주기 요구사항

83. PIMS의 관리적 요구사항은 정책수립, 범위설정, ( ), 구현, 사후관리로 이루어진다.
  1) 개인정보 분석
  2) 민감 데이터 분석
  3) 내부통제계획
  4) 위험분석

84. 아래의 내용 중에서 사회공학적 기법이다. 사회공학적 기법 중에서 관련 내용이 가장 부족한 것을 선택하시오.
  1) 설득
  2) 질문과 도출
  3) 프리텍스팅(Pretexting)
  4) 웹 취약점

85. 아래의 내용은 무엇에 대한 설명인가?

> 국내외 표준, 외국 컨설팅 업체의 기본 통제 등을 참조하는 위험관리 방법론으로써, 위험분석을 위한 자원이 필요하지 않고, 보호대책 선택에 들어가는 시간과 노력이 줄어드는 장점이 있다. 만약 기업이 선정한 기본 통제표준과 같은 환경에서 운영되는 조직의 시스템이 많고, 사업 필요성이 비교 가능하다며 비용 효과적인 선택이 될 것이다. 고려사항으로 기본적인 보호대책이 너무 높게 설정되었다면, 어떤 시스템에 대해서는 비용이 너무 많이 들고, 너무 제한적이 되어 버리고, 기본적인 보호대책이 너무 낮게 설정되었다면, 어떤 시스템에 대해서는 보안 결핍을 가져올 수 있다.

1) 기본통제접근법   2) 상세 위험분석
3) 정량적 위험분석 4) 정성적 위험분석

86. 아래의 내용으로 가장 올바른 것은 무엇인가?

구분	설명
( )	적극적인 공격형태로 정상적인 참여자로 자신을 위장하여 메시지 통신에 참여, 악의적인 메시지를 보내는 등의 직접적인 공격을 수행
( )	공격자는 송신자의 메시지를 가로챈 뒤 메시지 전부 혹은 일부를 변조하여 수신자에게 전송
( )	수신자에게 전송되는 메시지의 전부 또는 일부가 공격자에 의해 삭제된 것으로 적극적인 공격임
( )	공격자가 전송되는 메시지를 중간에 가로채어 그 내용을 확인하거나 노출시키는 공격행위로 소극적 공격임

1) 도청, 변조, 제거, 위장
2) 변조, 제거, 위장 도청
3) 위장, 변조, 도청, 제거
4) 위장, 변조, 제거, 도청

87. 다음 중 「정보통신망 이용촉진 및 정보보호 등에 관한 법률」에서 정의한 개인정보로 볼 수 없는 것은 무엇인가?
1) 성명 및 주민번호
2) 성명 및 신용카드
3) 종이로 출력된 주민등록등본
4) 성명 및 IP주소

88. (   )란 처리되는 정보에 의하여 알아볼 수 있는 사람으로 그 정의 주체가 되는 사람을 말한다. (   )이란 개인정보를 쉽게 검색할 수 있도록 일정한 규칙에 따라 체계적으로 배열하거나 구성한 개인정보의 집합물을 말한다.
1) 개인정보처리자, 개인정보파일
2) 개인정보처리자, 접속기록

3) 정보주체, 개인정보파일
4) 정보주체, 개인정보취급자

89. 정보통신서비스 제공자 등 주민등록번호, 신용카드번호 및 계좌번호에 대해서는 안전한 암호 알고리즘으로 암호화 하여 저장해야 한다. 가장 권고하는 대칭키 알고리즘은 무엇인가?
1) DES
2) DES, ARIA-192
3) SEED, ARIA-128, AES-128
4) ARIA-256, 2TDEA

90. 아래의 내용 중에서 일방향 암호화 대상을 모두 고르시오.

가. 음성	나. 정맥
다. 얼굴	라. 필적

1) 가   2) 가, 나
3) 가, 나, 다   4) 가, 나, 다, 라

91. 개인정보 수준 진단 지표 항목 중 수집 동의 단계 지표에 해당되지 않는 것은 무엇인가?
1) 개인정보를 수집 시 정보주체의 동의 여부
2) 제3자 제공에 대한 고지 및 동의 여부
3) 고유식별정보에 대한 별도의 동의 여부
4) 만 14세 미만 아동의 개인정보를 처리할 때 법정대리인의 동의 여부

92. 기업에서 직원의 퇴사 시에 근무기록 등은 퇴사 후 몇 년간 보관해야 하는가?
1) 1년 이내   2) 2년 이내
3) 3년 이내   4) 5년 이내

93. 개인정보의 가치산정을 위해서 익명성, 반복성, 통제된 Feedback, 합의도출을 기본원칙으로 하는 방법은 무엇인가?

1) 가상가치 산정법
2) 개인정보 영향평가
3) Delphi 기법
4) 가치역산정법

94. 다음과 같은 속성을 지니는 저장 장치와 연산 장치로 구성된 정보 시스템의 가용성은 몇 %인가? (소수점 넷째 자리 이하는 절삭)

- 저장 장치와 연산 장치가 모두 사용 가능한 상태인 경우에 정보 시스템의 서비스를 제공할 수 있다.
- 저장 장치의 MTTF(Mean Time To Failure)는 999 시간이다.
- 저장 장치의 MTTR(Mean Time To Repair)은 1시간이다.
- 연산 장치의 MTTF는 470시간이다.
- 연산 장치의 MTTR은 30시간이다.

1) 93.523%   2) 93.906%
3) 97.889%   4) 97.933%

95. 대칭키 알고리즘과 공개키 알고리즘의 차이에 대한 아래 설명 중 틀린 것은?
1) 대칭키 알고리즘은 공개키 알고리즘에 비하여 계산 속도가 빠르다.
2) 대칭키 알고리즘은 통신의 참여자들이 동일한 키를 공유하고 있어야 한다.
3) 공개키 알고리즘은 통신의 참여자들이 동일한 키를 공유하지 않아도 된다.
4) 공개키 알고리즘은 메시지에 대한 기밀성을 제공하지만, 대칭키 알고리즘은 그렇지 못하다.

96. 다음 빈 곳에 들어갈 내용으로 올바르게 짝 지워진 것은?

WTLS는 두 응용간의 기밀성, 사용자 인증, 메시지 무결성 등의 보안 서비스를 제공하나, (   ) 서비스는 제공하지 않는다. 기밀성 서비스는 (   ) 등과 같은 대칭키 암호 알고리즘을 사용하며, 대칭키 암호를 위한 세션키는 클라이언트와 서버 간의 Handshake 프로토콜을 이용하여 세션개시

시에 생성된다. 클라이언트와 서버 간의 상호 인증은 핸드세이크 과정에서 (   )과 무선 X.509 인증서를 이용하여 수행된다. 메시지 무결성 서비스는 (   ) 기법을 이용하여 데이터 변조 여부를 확인할 수 있다.

1) 부인방지 - RSA, IDEA - 키분배 암호방식 - SHA1withDSA
2) 부인방지 - DES, IDEA - 공개키 암호방식 - HMAC
3) 부인방지 - DES, AES - 비밀키 암호방식 -HMAC
4) 부인방지 - Diffie-Hellman, IDEA - 비밀공유방식 - SHA1withDSA

97. 암호화의 강도가 가장 강력한 암호화는?
1) Transposition Cipher
2) Substitution Cipher
3) Product Cipher
4) Permutation Cipher

98. 다음 전자서명에 대한 설명 중 틀린 것은?
1) 서명하는 사람이 동일하면, 서명되는 메시지가 다르더라도 전자서명 값은 같다.
2) 전자서명 알고리즘에는 RSA(Rivest, Shamir, Adleman), DSA(Digital Signature Algorithm) 등이 있다.
3) 전자서명만을 사용하여 메시지의 기밀성(Confidentiality)을 제공할 수는 없다.
4) 전자서명은 서명한 사람이 서명한 사실을 부인하지 못하게 하는 부인 봉쇄의 기능을 제공한다.

99. 정보보호관리 프로세스의 구체적인 과정으로 올바른 것은?

(1) 전사적인 정보보호정책 수립
(2) 정보보호조직의 역할과 책임
(3) 위험분석전략의 선택
(4) 정보시스템에 대한 정보보호 정책 및 계획 수립
(5) 위험의 평가 및 정보보호(통제)대책의 선택

(6) 정보보호(통제)대책의 설치 및 보안의식 교육	
(7) 보안감사 및 사후관리	

    1) 1 - 2 - 3 - 4 - 5 - 6 - 7

    2) 1 - 2 - 4 - 3 - 5 - 6 - 7

    3) 1 - 4 - 2 - 3 - 5 - 6 - 7

    4) 1 - 2 - 3 - 5 - 4 - 6 - 7

100. 다음 중 인터넷 인증과 암호화에 사용
    되는 방법 중에 나머지 세 가지와 성격
    이 다른 하나는?

    1) SET(Secure Electronic Transaction)

    2) S/HTTP(Secure HTTP)

    3) SSL(Secure Socket Layer)

    4) DES(Data Encryption Standard)

제3회 정보보안기사 모의고사

◆ 시스템 보안

1. 아래의 그림에 대한 설명으로 틀린 것은 무엇인가?

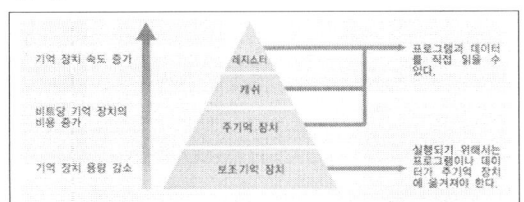

   1) 위의 기억장치 계층구조에서 캐시 메모리는 CPU 내에 존재할 수도 있고 주기억장치 내에 존재할 수도 있다.
   2) 보조기억장치에 있는 데이터를 읽기 위해서 SCAN 방식이 존재한다.
   3) 주기억장치와 캐시 메모리를 동기화하기 위해서 Write-back 방식과 Write-batch 방식이 존재한다.
   4) 레지스터는 CPU 내에 존재하는 임시 기억장치로 MBR, MAR, IR, PC 등이 존재한다.

2. 아래의 그림에 대한 설명으로 틀린 것을 선택하시오.

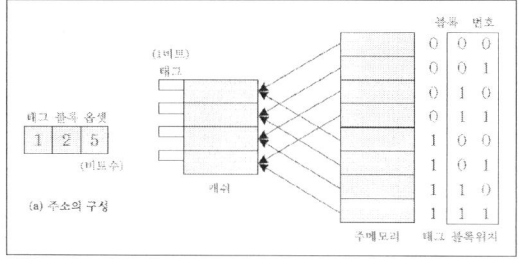

   1) 캐시 메모리 매핑 방식이다.
   2) 매핑 절차가 복잡하다.
   3) 높은 캐시 Miss율이 발생한다.
   4) 직접 매핑기법이다.

3. 아래의 표의 내용으로 맞는 것을 선택하시오.

종류	세부내용
(가)	- CPU가 요청한 주소 지점에 인접한 데이터들이 앞으로 참조될 가능성이 높은 현상
(나)	- 최근 사용된 데이터가 재사용될 가능성이 높은 현상
(다)	- 분기가 되는 한 데이터가 기억장치에 저장된 순서대로 순차적으로 인출되고 실행될 가능성이 높은 현상

   1) 가: 순차적, 나: 시간적, 다: 공간적
   2) 가: 순차적, 나: 공간적, 다: 시간적
   3) 가: 지역성, 나: 시간적, 다: 순차적
   4) 가: 공간적, 나: 시간적, 다: 순차적

4. 캐시 메모리 교체 알고리즘 중에서 향후 가장 참조되지 않을 페이지를 교체하는 방법과 참조비트와 수정비트를 사용하는 방법은 무엇인가?
   1) Random, SCR
   2) LRU, NUR
   3) LFU, SCR
   4) Optimal, NUR

5. 아래의 입출력 방식은 어떤 방식에 대한 설명인지 선택하시오.

   - 하드웨어 방식과 동일하나 버스 중재기에 프로그래밍 가능한 프로세스를 탑재
   - 하드웨어 방식에 비하여 속도는 느리지만, 융통성은 높음(우선순위 조정이 가능함)
   - 결함 발생 시 해당 장치를 제거하는 결함 대응도 가능

   1) Channel에 의한 입출력
   2) DMA
   3) Memory Mapped 입출력
   4) 소프트웨어 폴링

6. 아래의 그림은 무엇을 이야기하는 것인가?

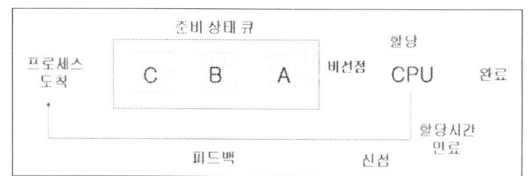

   1) FCFS
   2) SJF
   3) Round Robin
   4) HRN

7. CPU 스케줄링 기법 중에서 어떤 작업이 시스템의 자원을 차지할 것인지를 결정하는 것은 무엇인가?
   1) 단기 스케줄러
   2) 중기 스케줄러
   3) 장기 스케줄러
   4) Wait up

8. 아래의 내용은 디스크 접근시간에 대한 것이다. 올바른 것은 무엇인가?

Disk 접근 시간	상세 설명
(가)	−탐색 시간 현 위치에서 특성 실린더(트랙)로 디스크 헤드가 이동하는데 소요되는 시간
(나)	−가고자 하는 섹터가 디스크 헤드까지 도달하는 데 걸리는 시간
(다)	−전송 시간데이터를 전송하는데 걸리는 시간

   1) 탐색시간, 회전 지연시간, 전송시간
   2) 탐색시간, 전송시간, 회전 지연시간
   3) 전송시간, 회전 지연시간, 탐색시간
   4) 전송시간, 탐색시간, 회전 지연시간

9. 파일시스템 중에서 암호화 지원, 압축, 대용량 파일시스템을 지원하고 가변 클러스터 크기 (512~64KB)를 지원하고 트랜잭션을 통한 복구, 오류 수정이 가능한 파일 시스템은 무엇인가?
   1) FAT16
   2) FAT32
   3) NTFS
   4) EXT

10. 리눅스 파일 시스템으로 16Tera Btye까지 파일을 지원하고 1 Exa byte까지 볼륨을 지원하는 파일 시스템은 무엇인가?
   1) EXT
   2) EXT2
   3) EXT3
   4) EXT4

11. RAID와 가장 반대되는 개념이라고 할 수 있는 것은 무엇인가?
   1) Disk Mirror
   2) Hamming Code
   3) Parity Bit
   4) Disk Spanning

12. 아래의 그림은 RAID 중 어떤 것에 해당되는지 선택하시오.

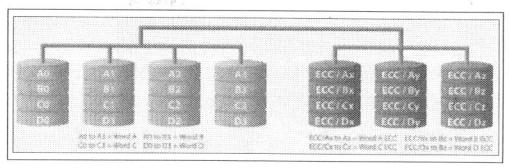

   - 위의 기법은 Error Correction Code를 가지고 있고 Hamming Code를 활용한 기법
   1) RAID 0
   2) RAID 1
   3) RAID 2
   4) RAID 3

13. 유닉스 파일 시스템에서 아래의 정보를 가지고 있는 것은 무엇인가?

   −파일 소유자의 사용자 ID
   −파일 소유자의 그룹 ID
   −파일크기
   −파일이 생성된 시간
   −최근 파일이 사용된 시간
   −최근 파일이 변경된 시간
   −파일이 링크된 수
   −접근모드
   −데이터 블록 주소

   1) /etc/proc
   2) inode
   3) 심볼링크
   4) stick Bit

14. 아래의 디렉토리 구조에서 환경설정과 관련된 정보를 보관하는 디렉토리는 무엇인가?

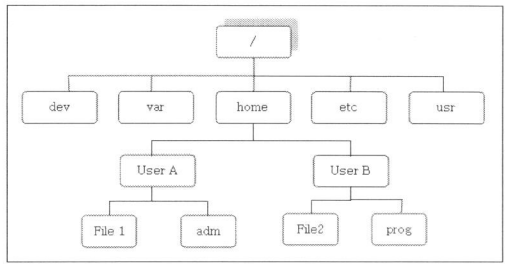

   1) dev
   2) var
   3) usr
   4) etc

15. 유닉스 부팅 단계인 Run Level에서 공유 자원을 가지지 않는 다중 사용자 단계는 무엇인가?
1) 0   2) 1
3) 2   4) 3

16. 유닉스 로그파일 중에서 로그인 실패 시도에 대한 기록을 가지고 있는 로그파일은 무엇인가?
1) utmp   2) wtmp
3) last log   4) logging

17. netstat 명령으로 확인한 결과 상태가 TIME-WAIT로 조회되었다. 의미는 무엇인가?
1) 대기상태
2) 원격 호스트에 연결 요청
3) 연결이 종료되지 않고, 마지막 메시지를 받는 상태
4) 연결이 종료되었지만, 메시지를 위해서 열어둔 상태

18. 윈도우 시스템에서 다양한 하드웨어를 쉽게 추가할 수 있는 서비스의 근본적인 기능은 무엇인가?
1) Hardware Abstraction Layer
2) IO Manager
3) Object Manager
4) Local Process Call

19. 아래의 내용은 윈도우 파일 시스템의 구성이다. 빈칸에 가장 알맞은 것은 무엇인가?

1) FAT32
2) Super Block
3) Master Boot Record
4) Activity list

20. 윈도우 인증방법에서 계정과 암호를 검증하기 위해서 암호화 모듈을 로딩하고 계정을 검증하는 것은 무엇인가?
1) Winlogon   2) GINA
3) LSA   4) SAM

21. 윈도우 계정에서 로컬 사용자 계정을 생성할 수 있고 자원을 공유하거나 멈출 수 있다. 시스템 전체 권한은 없지만, 시스템을 관리할 수 있는 계정은 무엇인가?
1) Admin   2) Users
3) Power Users   4) Guests

22. 리눅스 시스템에서 사용자의 계정을 생성하는 명령은 useradd이다. useradd에서 계정의 유효일자를 가장 정확하기 지정한 것은 무엇인가?
1) useradd -f -30 limbest
2) useradd -e 2015-01-01 limbest
3) useradd -g 1000
4) useradd -g 30

23. 리눅스 시스템에서 파일 혹은 디렉토리에 대한 권한 설정에 관련된 파일은 무엇인가?
1) /etc/login
2) /etc/adduser.conf
3) /etc/services
4) /etc/umask

24. 아래의 내용은 무엇에 대한 설명인가?

시스템에서 일어나는 모든 상황들이 기록되는 데몬으로 외부 비인가자가 루트 권한을 획득한 후 제일 먼저 kill시키는 행동을 할 만큼 시스템의 모든 기능을 관리 기록하는 데몬

1) xinetd   2) inetd
3) syslogd   4) system

25. TCP Wrapper는 네트워크 접근제어 환경설정을 구성하는 프로그램이다. 사용 시 설정해야 할 설정환경 파일 중 옳은 것을 선택하시오.
1) /etc/passwd
2) /var/log/syslog
3) /etc/rc.d/init.d/lpd
4) /etc/hosts.allow, /etc/hosts.deny

◈ 네트워크 보안

26. OSI 7계층에서 반이중, 전이중, 완전이중과 같은 연결방식을 결정하는 계층은 무엇인가?
1) 애플리케이션　　　2) 세션
3) 트랜스포트　　　　4) 네트워크

27. OSI 7계층에서 Multiplexing과 같은 작업을 수행하는 계층은 무엇인가?
1) 애플리케이션　　　2) 세션
3) 트랜스포트　　　　4) 네트워크

28. 네트워크 장비 중에서 네트워크와 네트워크의 구조가 다른 경우 연결 기능을 가진 네트워크 장비는 무엇인가?
1) Gateway　　　　　2) Switch
3) Bridge　　　　　　4) Repeater

29. 아래의 그림은 HTTP 프로토콜에 대한 것이다. 가장 정확한 것을 선택하시오.

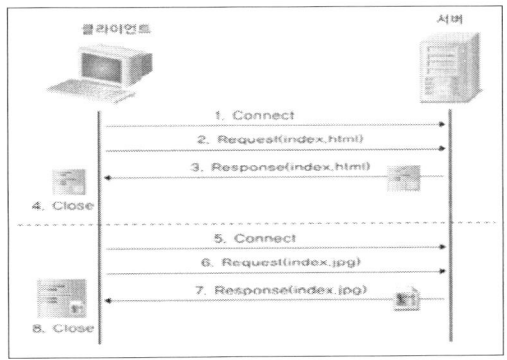

1) HTTP 1.0 방식
2) HTTP 2.0 방식
3) Connection Service를 제공하고 있음.
4) Close는 완전 Disconnection을 수행하지 않고 다음의 연결을 위해서 일정기간 유지함.

30. 아래의 내용은 HTTP 프로토콜에 대한 설명이다. 그 내용이 틀린 것을 선택하시오.
1) HTTP 프로토콜의 연결방식은 3-Way handshaking 기법을 사용하고 페이지를 요청할 때마다 연결하여 페이지를 요청 및 전송 받는다.
2) HTTP 프로토콜은 State-less 방식이다.
3) HTTP 프로토콜은 연결종료는 서버가 FIN-WAIT1을 클라이언트에게 보내고 클라이언트는 CLOSE-WAIT, 다시 서버는 FIN-WAIT2를 보내면 종료된다.
4) HTTP 프로토콜은 개방형 표준 프로토콜이고 Get 방식과 Post 방식이 존재한다.

31. HTTP Get과 Post방식에 대한 설명으로 그 내용이 틀린 것을 선택하시오.
1) Get 방식은 Get Request와 Response로 이루어지고 Header에 요청 메시지를 담아 전송하며, Body는 표준 메시지를 넣어서 전송한다.
2) Get방식은 메시지의 크기를 나타내는 Contents_Length 필드를 보유하고 이것을 사용해서 Slow Http Get Flooding 공격이 이루어진다.
3) Post방식은 Body에 요청 정보를 담아 전송하고 요청하는 메시지에는 길이 제한이 없다.
4) No_Cache 필드를 사용하여 Cache Control 공격이 가능하다.

32. 아래의 설명 중에서 틀린 것을 선택하시오.
1) 쿠키는 클라이언트에 정보를 저장할 수 있는 저장소로 최대 4Kbyte까지 정보를 저장할 수 있다.

2) 쿠키는 Text 형식으로 정보를 저장한다.

3) 한 도메인당 20개, 쿠키 하나당 100개까지 가능하다.

4) 좀비쿠키란 클라이언트 저장된 정보를 불법적으로 취득하는 악성코드를 의미한다.

33. SMTP 프로토콜에 대한 설명으로 그 내용이 틀린 것을 선택하시오.
   1) SMTP는 메일에 사용되는 프로토콜로 OSI 7계층 응용계층에서 수행된다.
   2) SMTP는 UDP 25번 포트를 사용한다.
   3) SMTP의 MTA는 메일을 전송하는 서버를 의미한다.
   4) SMTP의 MDA는 MTA에게 받은 메일을 사용자에게 전달한다.

34. 네트워크의 트래픽 정보를 전송하는 SNMP에 대한 설명으로 그 내용이 틀린 것을 선택하시오.
   1) SNMP는 NMS 솔루션에서 사용되는 UDP 기반(162 Port)의 프로토콜이다.
   2) SNMP는 get-request, get-response, get-next-request 등이 있고 trap은 SNMP Manager 가 요청 시에 정보를 전달한다.
   3) MIB는 SNMP에서 사용하는 저장소로 모니터링해야 하는 Object를 관리한다.
   4) SNMP의 MIB는 계층형 구조로 되어 있다.

35. 특정 목적지로 접속할 경우 NAT가 적용받지 않게 하는 것은 무엇인가?
   1) Normal NAT
   2) Reverse NAT(Static NAT)
   3) Redirect NAT
   4) Exclude NAT

36. 아래의 내용은 OSI 7계층의 네트워크 계층에 대한 매핑 내용이다. 그 내용이 다른 하나는 무엇인가?
   1) TCP/IP 프로토콜의 인터넷 계층

2) IP 프로토콜과 ICMP 프로토콜

3) TCP 프로토콜

4) ARP와 RARP 프로토콜

37. 아래의 내용은 Subnet mask와 관련된 내용이다. 아래의 내용 중에서 IP주소를 효율적으로 할당하기 위한 방법으로 서로 다른 크기의 Subnet을 지원하고 필요한 호스트의 수를 계산해서 호스트의 수가 많은 Subnet를 먼저 계산하는 방식은 무엇인가?
   1) Variable Length Subnet Mask
   2) CIDR
   3) Supernet
   4) Subnet

38. 아래의 내용은 TCP Segment Format에 대한 설명이다. 그 내용이 틀린 것을 선택하시오.
   1) TCP는 Check Sum의 CRC(Cyclic Redundancy Check)는 Header와 Data 필드의 무결성을 검사
   2) TCP은 Flow Control 기능을 위해서 Buffering 을 수행할 수 있고 이러한 Buffering을 위해서 사용되는 것이 Window Size임.
   3) 송신자와 수신자의 Port 번호를 통해서 Multiplexing 및 deMultiplexing을 수행
   4) TCP는 Physical한 Connection Oriented Service임.

39. 아래의 내용은 네트워크 애플리케이션이 사용하는 Port에 대한 정보이다. 그 내용이 틀린 것을 선택하시오.
   1) FTP 21번   2) Telnet 23번
   3) Pop3 110번   4) SSH 28번

40. 아래의 애플리케이션 서비스 중에서 UDP를 사용하지 않는 것을 선택하시오.
   1) SNMP
   2) NetBIOS Datagram

3) NetBIOS Name Service

4) sFTP

41. 아래 두 개의 그림에 해당되는 전송방법은 무엇인가?

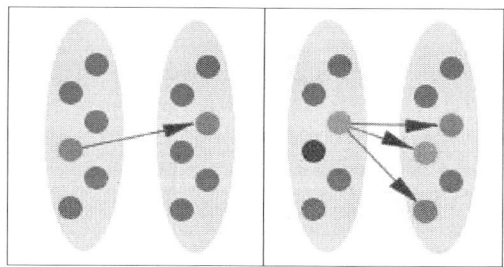

1) Broadcast, Anycast

2) Anycast, Multicast

3) unicast, Multicast

4) Multicast, Broadcast

42. Tcpdump 명령어 중에서 특정 카운트 수만큼 패킷을 수신받는 옵션은 무엇인가?

1) -c

2) -e

3) -F

4) -i

43. 아래의 그림은 ARP Spoofing에 대한 내용이다. ARP Spoofing을 방지하기 위해서 IP 주소와 MAC주소를 ARP Cache 테이블에서 고정하기로 했다. 올바른 방법은 무엇인가?

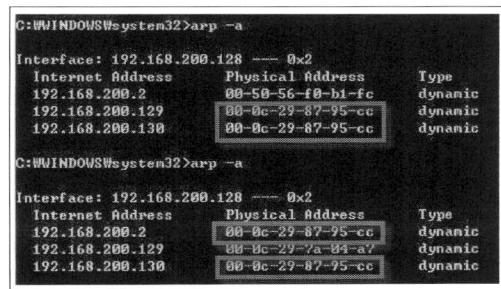

1) arp -a 명령사용

2) arp -b 명령사용

3) arp -s 명령사용

4) arp -f 명령사용

44. 아래의 소스코드와 가장 관련성이 있는 DDoS 공격기법은 무엇으로 판단되는가?

```
63  #builds random ascii string
64  def buildblock(size):
65      out_str = ''
66      for i in range(0, size):
67          a = random.randint(65, 90)
68          out_str += chr(a)
69      return(out_str)
70
```

1) Hash DDoS

2) Hulk DDoS

3) HTTP Cache Control

4) Slow HTTP Read DoS

45. 침입차단 시스템의 구축 유형 중에서 가장 올바른 것을 선택하시오.

· 전 계층에서 동작
· 세션 추적기능. 헤더를 해석하여 순서에 위배되는 패킷 차단
· 패킷 필터링 기술 사용

1) Circuit Gateway

2) Application Gateway

3) Packet Filtering

4) Stateful Inspection

46. 침입차단시스템 구성에서 두 개의 NIC(Network Interface Card)를 가지는 방식은 무엇인가?

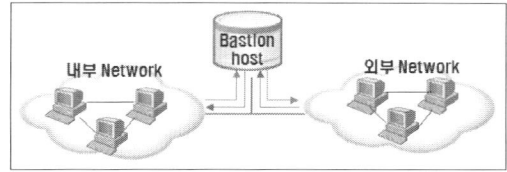

1) Screening Router

2) Bastion Host

3) Dual Home Host

4) Packet Filtering

47. 침입차단 시스템의 탐지방법 중에서 아래의 그림에 해당되는 것은 무엇인가?

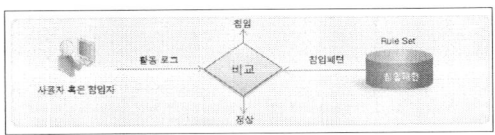

1) Misuse   2) Anomaly
3) 신경망   4) Rule Test

48. Zero day 공격과 같은 형태의 탐지방법으로 유용하다고 생각되는 것을 선택하시오.
1) Misuse   2) Anomaly
3) 패턴매칭   4) 전문가 시스템

49. 댁내에서 본사 시스템에 접속하여 결제업무를 처리하고자 한다. 이러한 작업을 할 때 별도의 클라이언트 소프트웨어를 설치하지 않고 할 수 있는 것은 무엇인가?
1) IPSEC VPN   2) SSL VPN
3) MPLS VPN   4) L2TF VPN

50. IPSEC의 구성요소 중에서 UDP 프로토콜을 사용하고 키 교환을 담당하는 것은 무엇인가?
1) AH   2) ESP
3) ISKMP   4) IKE

◆ 애플리케이션 보안

51. 아래의 설명은 BOOTP와 DHCP에 대한 설명이다. 그 내용으로 틀린 것을 선택하시오.
1) BOOTP는 DHCP 이후에 개발된 것으로 동적 IP주소를 임대한다.
2) BOOTP는 IP주소 임대 만료일은 30일이다.
3) BOOTP는 제한된 부팅 기능을 가지고 있고 디스크가 없는 워크스테이션을 구성하기 위해서 개발되었다.
4) tftp를 사용하여 부팅 이미지 파일을 전송한다.

52. telnet에 대한 설명으로 그 내용이 틀린 것은 무엇인가?
1) Telnet은 클라이언트가 서버에 접속하여 구동되는 서비스로 23번 Port를 사용한다.
2) Telnet은 네트워크 가상 단말기(NVT)라는 표준 포맷을 사용하여 문자 혹은 문자열로 구성된 명령어들을 사용하여 서로 통신한다.
3) 명령을 위해서 사용되는 문자집합은 ACSII 형태이며, 모든 입출력은 ASCII로만 전송된다.
4) 네트워크 가상 단말기 포맷은 모든 명령어들과 데이터를 6Bit를 사용하여 코드화된다.

53. Telnet 운영모드에서 사용자가 자판을 입력한 내용을 대부분 처리를 위해서 즉시 리모트 시스템으로 보내는 모드는 무엇인가?
1) Character at a time 모드
2) Old line by line 모드
3) 명령모드
4) Trap 모드

54. DNS 레코드 중에서 호스트의 이름을 지정하는데 사용되는 것은 무엇인가?
1) A   2) AAAA
3) NS   4) CNAME

55. DNS Query는 DNS 서버에 이름 확인을 요청하는 것을 의미한다. DNS Query 중에서 Local DNS 서버에 Query를 보내 완성된 답을 요청하는 Query는 무엇인가?
1) 일시   2) 순환
3) 반복   4) 단순

56. 최근 사회적으로 사이버 테러가 많은 문제가 발생하고 있다. 2008년도 발생한 아래의 사례는 어떤 공격인가?

> - 영국RBS 월드페이 해킹사건
> 2008년 러시아의 해킹 그룹이 영국RBS은행의 월드페이 시스템에 침투하여 신용카드 정보를 훔치고 복제카드를 만들어 미국, 러시아, 우크라이나, 이탈리아, 홍콩, 일본, 캐나다 등의 ATM기기에서 약 950만 달러 인출사건

* 2013년 3월 20일 국내에서 발생한 사이버 테러도 이와 동일한 방법으로 수행된 것으로 판단되었다.
   1) Zero day
   2) Replay Attack
   3) APT
   4) 사회공학적

57. 아래의 설정내용은 Apache에서 관련된 것이다. 무엇을 대비하기 위해서 만든 것으로 생각되는지 가장 올바른 것을 선택하시오.

```
<.htaccess>
<FilesMatch "\.(ph|inc|lib)">
 order allow,deny
 deny from all
</FilesMatch>
AddType text/html .html .htm .php .php3 .php4 .phtml .phps .in .cgi .pl .shtml .jsp
```

   1) SQL Injection
   2) DLL Injection
   3) File upload 취약점
   4) Directory Listing 취약점

58. Injection 공격방법에서 MySQL과 가장 관련된 공격방법으로 MySQL의 프로시저를 실행하는 공격방법은 무엇인가?
   1) Code Injection
   2) Command Injection
   3) DLL Injection
   4) SQL Injection

59. 세션이 가지고 있는 쿠키값을 가로채어 공격하는 방법은 무엇인가?
   1) 바운스 공격
   2) Replay Attack
   3) SYN Flooding
   4) Zombie Cookie

60. Apache 웹서버 세션관리 보안설정 중에서 HTTP 1.1의 세션 유지와 가장 의미적으로 관련이 있는 것은 무엇인가?
   1) Timeout
   2) MaxKeepAliveRequests
   3) KeepAliveTimeout
   4) KeepAlive

61. 윈도우 기반의 IIS(Internet Information Server)에 대한 설명으로 그 내용이 틀린 것을 선택하시오.
   1) IIS의 격리모드는 실행 중인 애플리케이션을 기본적으로 Remote System 계정으로 실행된다.
   2) 격리모드는 해당 컴퓨터의 모든 리소스를 접근하거나 변경할 수 있다.
   3) 격리모드는 HTTP.sys에 사용자 요청이 도착하고 HTTP.sys는 유효성을 확인한다.
   4) HTTP.sys는 작업 프로세스가 처리 결과를 보내고 그 결과를 클라이언트에게 전송한다.

62. 웹 서버의 웹 로그를 확인한 결과 다음과 같다. HTTP 200의 의미는 무엇인가?

```
[05/Nov/2003:17:20:40 +0900] "GET /index.htm
HTTP/1.1" 200 2854
[05/Nov/2003:17:20:41 +0900] "GET /counter/-
limbest.php HTTP/1.1" 200 4752
[05/Nov/2003:17:20:44 +0900] "POST / limbest.
php HTTP/1.1" 200 3496
[05/Nov/2003:17:20:47 +0900] "POST / limbest.-
php HTTP/1.1" 200 3636
```

   1) Switching Protocols
   2) OK
   3) Created
   4) Accepted

63. 웹 서버의 로그 관련 설정에서 로그파일의 위치를 지정할 수 있는 지시어는 무엇인가?
   1) ErrorLog
   2) TraceLog
   3) TranferLog
   4) CustomLog

64. 아래의 웹서버의 로그를 보고 답하시오

```
211.199.132.77  - -  [05/Nov/2003:17:20:40
+0900] "GET /index.htm HTTP/1.1" 200 2854
```

위의 로그를 보면 - - 가 나온다. 여기서 두 번째 -의 의미는 무엇인가?

1) 단순 식별자
2) Common Log Format를 위한 구분자
3) 인증이 있는 경우에 사용
4) 최초 접속 일자

65. 아래의 내용은 HTTP Get Request이다. 아래의 내용과 차단할 수 있는 보안 솔루션으로 가장 올바른 것은 무엇인가?

```
GET /limbest.php?cx%5B%5D%5B%5D%5B%5D%−
5B%5D%5B%5D%5B%5D%5B%5D%5B
%5D%5B%5D%5B%5D%5B%5D%5B%5
D%5B%5D%5B%5D%5B%5D%5B%5D%5
B%5D%5B%5D%5B%5D%5B%5D%5B%5
D%5B%5D%5B%5D%5B%5D%5B%5D%5
B%5D%5B%5D%5B%5D%5B%5D%5B%5
D%5B%5D%5B%5D=%5B%3Cscript%3Ealert%28
%27Watchfire+XSS+Test+Successful%27%29%3C
%2Fscript%3E%5D HTTP/1.0
```

1) 침입차단시스템   2) 침입탐지시스템
3) 허니팟   4) 웹 방화벽

66. DNS에서 캐시 포이즈닝과 DNS 보안 취약점을 보완하기 위해서 등장한 기술은 무엇인가?

1) DNSSEC   2) DNS Zone Transfer
3) 웹 방화벽   4) DNS 격리모드 운영

67. 데이터베이스 보안위협 요소에서 추론(Inference)은 Raw Data로부터 민감한 데이터를 유출하는 행위와 같은 것이 발생할 수 있다. 이러한 추론에 대한 보안대책은 무엇인가?

1) 암호화   2) 접근통제
3) 다중 인스터스화   4) Log 기록

68. 데이터베이스 보안기법에서 보안적용 후 성능에 가장 영향이 적은 것은 무엇인가?

1) 데이터베이스 암호화
2) 데이터베이스 스니핑
3) 데이터베이스 게이트웨이
4) 데이터베이스 로그관리

69. IC카드형 전자화폐에서 스마트 카드와 카드 리더기로 구성된 PC Pay Device와 Interface Software로 구성된 것은 무엇인가?

1) 몬덱스   2) 비자캐시
3) PC Pay   4) Ecash

70. 아래의 그림과 같은 OTP단말방식은 무엇인가?

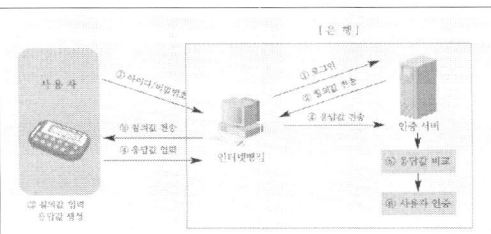

– 사용자가 은행의 OTP 인증서버로부터 받은 질의 값(Challenge)을 OTP 생성매체에 직접입력 하면 응답 값(Response)가 생성
– 사용자가 직접 OTP 생성매체에 질의 값을 입력해야 하며 응답 값인 OTP가 생성되기 때문에 전자금융 사고 발생 시 명백한 책임소재를 가릴 수 있고 보안성도 높은 방식
– 직접 질의 값을 확인하여 OTP 생성매체에 입력해야 하므로 은행이 별도의 질의 값을 관리해야 함

1) Challenge-Response   2) Time 동기화
3) Event 동기화   4) Sensor 기반

71. 디지털 컨텐츠 보호기술에서 Dual Water mark의 기능을 가지고 있는 것은 무엇인가?

1) 스테가노그래픽   2) 핑거프린트
3) DRM   4) 워터마크

72. 인터넷 또는 허용된 네트워크에 보안 기능을 제공하여 두 네트워크 단의 인가된 네트워크를 형성하는 방법으로, 터널링이나 인증기술을 필요로 하는 방법은 무엇인가?

1) PGP   2) SET

3) X.509 　　　　　　　　　4) VPN

73. DNS가 사용하는 프로토콜은 무엇인가?
　　1) TCP 　　　　　　　　　2) UDP
　　3) TCP와 UDP 　　　　　4) ICMP

74. 인터넷 응용 서비스 중 원격지에서 해당 서버의 쉘에 로그인할 수 있어 외부 비인가자가 리모트 공격 시 주로 사용하는 프로토콜은 무엇인가?
　　1) Telnet 　　　　　　　2) SNMP
　　3) IMAP 　　　　　　　　4) HTTP

75. SSL(Secure Socket Layer)은 웹환경에서의 데이터 암호화를 위해 개발된 프로토콜이다, 다음 중 SSL에 대한 설명으로 올바르지 않은 것은 무엇인가?
　　1) TCP/IP 기반의 모든 서비스에 사용 가능하다.
　　2) 웹브라우저에서 'http://'대신 'shttp//'를 사용한다.
　　3) 통신채널의 양방향 암호화를 지원한다.
　　4) X.509 인증서를 지원한다.

◆ 정보보호개론

76. 암호학의 발전과정에서 ENGIMA를 사용한 시대는 언제인가
　　1) 고대 암호화 　　　　　2) 근대 암호화
　　3) 현대 암호화 　　　　　4) 시스템 암호화

77. 아래의 내용은 암호화가 해독되는 이유이다. 그 내용으로 틀린 것은 무엇인가?
　　1) 암호화 알고리즘이 공개된 경우
　　2) 해당 문자의 치우침에 따라 통계가 가능한 경우
　　3) 해당 암호에 대한 예문을 많이 보유하고 있는 경우
　　4) 암호화 알고리즘이 활용률이 좋은 경우

78. 암호화 알고리즘 중에서 One Time Pad와 같은 1회용 암호화를 실현한 사람은 누구인가?
　　1) 시저 　　　　　　　　　2) 다익스트라
　　3) 멧칼프 　　　　　　　　4) 버넘

79. 아래의 내용 중에서 스트림 암호화 방법은 무엇인가?
　　1) DES 　　　　　　　　　2) IDEA
　　3) RC4 　　　　　　　　　4) SEED

80. 아래의 그림은 블록암호화 운영모드에서 어떤 것을 의미하는가?

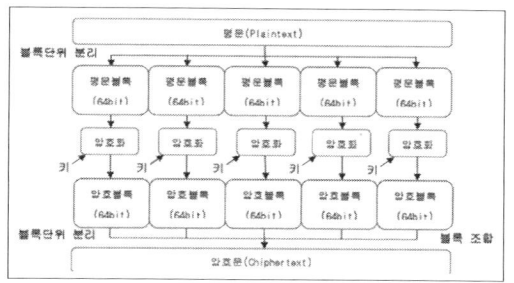

　　1) ECB 　　　　　　　　　2) CBC
　　3) CFB 　　　　　　　　　4) OFB

81. 아래의 내용은 DES에 대한 설명이다. (　　)에 알맞은 것은 무엇인가?

> DES는 (　　) 암호와 (　　) 암호를 혼합한 혼합 암호(Product Cipher)를 사용한다.

　　1) 전치, 순열 　　　　　　2) 순열, 치환
　　3) 치환, 전치 　　　　　　4) ECB, OFB

82. DES를 대신할 차세대 표준 암호화 알고리즘으로 미국상무성 산하 NIST표준 알고리즘으로 그 특징에 대한 내용으로 알맞은 것은 무엇인가?
　　1) 블록길이 128, 192, 256Bit 3종류로 구성됨.
　　2) 공개키 암호화 알고리즘
　　3) 영국 OGC 표준
　　4) 이론적으로 크기의 제한이 있음.

83. IPSEC에서 IKE의 디폴트 키 교환 알고리즘으로 채택된 최초의 공개키 알고리즘은 무엇인가?
    1) RSA
    2) ECC
    3) Diffie-Hellman
    4) Needham-Schroeder

84. Diffie-Hellman 키 교환 프로토콜에서 man-in-the-middle 공격이 가능한 이유는 무엇인가?
    1) 타임 스탬프를 사용하지 않기 때문이다.
    2) 메시지의 인증 과정이 없기 때문이다.
    3) 유효기간이 표시되지 않기 때문이다
    4) 난수를 사용하지 않기 때문이다

85. 아래의 내용은 무엇에 대한 설명인가?

> 국내외 표준, 외국 컨설팅 업체의 기본 통제 등을 참조하는 위험관리 방법론으로써, 위험분석을 위한 자원이 필요하지 않고, 보호대책 선택에 들어가는 시간과 노력이 줄어드는 장점이 있다. 만약 기업이 선정한 기본 통제표준과 같은 환경에서 운영되는 조직의 시스템이 많고, 사업 필요성이 비교 가능하다며 비용 효과적인 선택이 될 것이다. 고려사항으르 기본적인 보호대책이 너무 높게 설정되었다면, 어떤 시스템에 대해서는 비용이 너무 많이 들고, 너무 제한적이 되어 버리고, 기본적인 보호대책이 너무 낮게 설정되었다면, 어떤 시스템에 대해서는 보안 결핍을 가져올 수 있다.

    1) 기본통제접근법   2) 상세 위험분석
    3) 정량적 위험분석   4) 정성적 위험분석

86. 다음 중 조직의 자산을 보호하기 위하여 자산에 대한 위험을 분석하고 비용 효과적인 측면에서 적절한 보호 대책을 수립함으로써 위험을 감수할 수 있는 수준으로 유지하는 일련의 과정은 무엇인가?
    1) 위험관리   2) 보안관리
    3) 위험분석   4) 정책수립

87. 해시함수에 대한 설명으로 그 내용이 틀린 것은 무엇인가?
    1) 임의의 해쉬값이 주어졌을 때 그것에 해당

하는 입력을 구하는 것이 계산적으로 불가능해야 한다.
    2) 가변 길이의 입력을 받아 가변 길이의 해쉬값을 출력한다.
    3) 같은 해쉬값을 가지는 서로 다른 입력을 찾아내는 것이 계산상 불가능해야 한다.
    4) 어떤 길이의 입력이 주어지더라도 해쉬값을 구하는 것이 쉬워야 한다.

88. 비대칭 암호화 방식을 이용하여 전자서명 생성키로 생성한 정보로서 당해 전자문서에 고유한 것을 무엇이라 하는가?
    1) 전자서명   2) 인증업무
    3) 사이버몰   4) 인증

89. 정보통신망법과 개인정보보호법이 상충될 경우 (   )을 적용한다.
    1) 동일하게   2) 각각 적용
    3) 개인정보보호법   4) 정보통신망법

90. 「전자상거래 등에서의 소비자보호에 관한 법률」에서 이용자가 개인정보에 대한 동의를 철회하는 경우는 어떻게 해야 하는가
    1) 즉시 이용자의 개인정보를 파기한다.
    2) 정보통신망법에 규정에 따라 처리한다.
    3) 개인정보보호법의 규정에 따라 1년 이내 폐기한다.
    4) 파기하지 않고 보존해도 된다.

91. 개인정보를 취급하는 기관은 중요 개인정보를 암호화(전송구간)해야 한다. 중요 개인정보에 해당되지 않은 것은 무엇인가?
    1) 주민번호   2) 계좌번호
    3) 신용카드 번호   4) 이름

92. 양방향 암호화 알고리즘으로 합당하지 않는 것은 무엇인가?
    1) AES   2) ARIA
    3) SEED   4) SHA 256

93. PIMS인증을 위한 평가 요구사항에 해당되지 않는 것으로 가장 올바르지 않는 것은 무엇인가?
1) 개인정보관리적 요구사항
2) 개인정보보호대책 요구사항
3) 생명주기 요구사항
4) 개인정보기술적 요구사항

94. 정보통신기반보호법 제17조에 따라 정보통신부 장관이 주요정보통신기반시설의 취약점 분석·평가 업무 및 주요 정보통신 기반시설 보호대책 의 수립 업무를 안전하고 신뢰성 있게 수행할 능력이 있다고 인정되는 자를 (   )로 지정할 수 있다. (   ) 속에 들어 갈 적합한 단어는?
1) 정보전문업체
2) 정보보호컨설팅전문업체
3) 정보보호컨설팅업체
4) 정보보호컨설팅전문법인

95. 정보화촉진기본법 제5조 제1항에 의하면 정부 는 정보화촉진 등을 위하여 몇 년의 기간을 단위로 하여 정보화촉진기본계획을 수립하여 야 하는가?
1) 1년
2) 2년
3) 3년
4) 5년

96. 「정보통신망 이용촉진 및 정보보호 등에 관한 법률」('본 법'이라 한다)과 다른 법률에서 정 보통신망이용촉진및정보보호 등에 관한 특별 한 규정('다른 법률상의 특별규정'이라 한다) 과의 관계를 바르게 설명한 것은?
1) 정보통신망 이용촉진 및 정보보호 등에 관 하여는 어떠한 경우에도 본 법이 가장 우 선적으로 적용된다.
2) 정보통신망 이용촉진 및 정보보호 등에 관 한 한 본 법의 규정은 다른 법률상의 특별 규정의 상위법이 된다.
3) 정보통신망 이용촉진 및 정보보호 등에 관하 여 본 법의 규정과 다른 법률상의 특별 규정

이 모순되는 경우 본 법이 우선 적용된다.
4) 정보통신망이용촉진 및 정보보호 등에 관 하여 다른 법률 상에 특별규정이 있으면 그 규정이 본 법보다 우선하여 적용된다.

97. 전자거래기본법상 전자거래를 함에 있어서 전자 서명에 관한 사항은 어느 법률에 따라야 하는가?
1) 민법이 정하는 바
2) 전자거래기본법이 정하는 바
3) 전자서명법이 정하는 바
4) 정보화촉진 기본법이 정하는 바

98. 위험분석 방법에서 미지의 사건을 추정하는 데 사용되는 방법으로 통계적 편차를 사용하 여 최저, 보통, 최고의 위험평가를 예측할 수 있는 방법은 무엇인가?
1) 델파이법
2) 시나리오법
3) 확률 분포법
4) 수학공식 접근법

99. 어떤 기대대로 발생하지 않는다는 사실을 근 거하여 일정 조건하에서 위협에 대한 발생 가 능한 결과들을 추정하는 방법은 무엇인가?
1) 델파이법
2) 시나리오법
3) 확률 분포법
4) 수학공식 접근법

100. 전자상거래 등의 e-business 환경에서 유통되 는 정보의 안전성과 신뢰성을 확보하기 위 해 공개키 암호화 알고리즘과 인증서의 사 용을 가능하게 해주는 새로운 기반구조가 필 요하게 되는데 이러한 공개키 암호화 기술 을 지원하는 기반구조인 (①)가 있고, 이를 무선환경으로 확장한 것이 (②)이다. 이 공 개키 기반 구조에서 사용되는 인증서는 ITU-T에서 개발한 (③) 형식을 사용한다.
1) ① WPKI, ② PKI, ③ X.500
2) ① PKI, ② VPN, ③ X.500
3) ① PKI, ② WPKI, ③ X.501
4) ① PKI, ② WPKI, ③ X.509

제4회 정보보안기사 모의고사

1. UNIX에서 업무상/보안상 불필요한 telnetd, ftpd 등의 서비스를 제거하려고 한다. 이때 시스템 Administrator가 수정하는 파일은 무엇인가?
   1) /var/adm/sulog
   2) /etc/passwd
   3) /etc/crontab
   4) /etc/inetd.conf

2. 운영체제의 인증 프로토콜 중에서, 클라이언트가 디렉토리 정보에 접근할 수 있도록 하기 위해 만든 것은?
   1) SSL
   2) SNMP v3
   3) LDAP
   4) AAA

3. 생체학적 접근 통제 기법에는 지문, 망막, 음성 등이 사용된다. 사전에 등록된 바이오 정보와 비교하여 같은 사람인지 여부를 판별하는 방식을 무엇이라고 하는가?
   1) Identification
   2) Authentication
   3) Authorization
   4) Accountability

4. 유닉스에서 실시간 처리를 위해 사용하고 있는 Round Robin 스케줄링방식에서 time quantum의 크기가 무한히 커질 경우 유사한 효과를 내는 기법은 무엇인가?
   1) SJF 스케줄링
   2) SRT 스케줄링
   3) FIFO 스케줄링
   4) MLQ 스케줄링

5. 다음 악성코드나 해킹에 대한 설명 중 잘못된 것은 무엇인가?
   1) 웜/바이러스: 자기 복제 및 자체 메일 전송을 통한 복제가 가능
   2) 스니퍼(Sniffer): 거짓 IP넷 주소로 시스템에 접근해 정보를 수집함.

3) 트로이목마: 자기복제 기능 없고, 특정 시스템에서만 피해를 준다.
   4) 백도어: 불법적인 비인가된 시스템 접근이 가능하다.

6. John the ripper에 대한 설명으로 부적절한 것은?
   1) john the ripper는 패스워드 크래킹 도구이다.
   2) 사전 파일을 이용한 패스워드 공격이 가능하다.
   3) 취약한 패스워드를 사용하는 계정으로 경고 메일을 발송한다.
   4) 패스워드 크랙의 원리는 역암호화 알고리즘을 사용한다.

7. 전산실의 서버 관리자가 시스템의 보안 최적화를 수행하는 작업 중 부적합한 것은 무엇인가?
   1) 유닉스의 경우 /etc/inetd.conf에서 불필요한 서비스를 제거한다.
   2) 백업정책을 만들어 주기적으로 백업을 수행한다.
   3) 최신 버전 OS가 나올 때마다 업그레이 한다.
   4) PAM을 사용해 인증 프로세스를 최적화 시킨다.

8. 새로운 페이지나 세그먼트가 적재될 주기억장치의 공간이 없을 때 주기억장치에 있는 페이지나 세그먼트들 중에 어느 것을 제거할 것인가를 결정짓는 전략을 재배치 전략이라고 한다. 재배치 기법에 대한 설명 중에서 옳지 않은 것은?
   1) LRU 기법: 사용횟수가 가장 적은 페이지를 찾아 교체한다.
   2) NUR 기법: 최근에 사용되지 않은 페이지를 찾아 교체한다.
   3) OPT 기법: 앞으로 가장 오랫동안 사용되지 않을 페이지를 교체한다.
   4) LFU 기법: 임의의 페이지를 찾아서 교체한다.

9. 둘 이상의 프로세스들이 서로 다른 프로세스가 차지하고 있는 자원을 요구하여 무한정 기다리게 함으로 인해 결국 해당 프로세서의 진행이 중단되는 현상을 교착상태(Deadlock)라고 한다. 다음 중 교착 상태가 발생하는 필수조건에 해당하지 않는 것은?

1) 상호배제: 각각의 프로세스들이 필요한 자원에 대해 배타적 통제권을 요구할 때
2) 비선점: 프로세스에 할당된 자원은 끝날 때까지 강제로 중단할 수 없을 때
3) 점유와 대기: 프로세스가 다른 자원을 요구하면서 할당받아 점유하고 있는 자원을 해제하지 않을 때
4) 선점: 필요시 프로세스를 중단하여 프로세서를 할당할 수 있을 때

10. 외부의 불법접근에 대한 차단을 수행하는 방화벽에 대한 설명 중 잘못된 것은 무엇인가?

1) 패킷 필터링 유형은 패킷을 분석 후 허가된 패킷만 통과시키는데, XSS, SQL Injection 공격에 취약
2) DMZ에는 가장 안전한 내부 네트워크를 위치시키고, 인가되지 않은 외부에서의 접근은 완전 차단
3) Dual-homed Gateway 유형은 두 개의 NIC를 장착
4) 프록시 서버는 캐시를 통해 성능향상과 함께, 방화벽 기능을 제공

11. 적절한 패스워드 보호 및 관리체계에 대해 잘못 설명한 것은 무엇인가?

1) 패스워드를 주기적으로 변경한다.
2) 패스워드는 영문, 숫자, 특수문자를 포함하여 8글자 이상으로 만든다.
3) OTP의 유형인 Challenge Response 방식은 토큰이라 불리는 소형 기기가 필요하다.
4) OTP에서 S/Key방식이 Challenge Response 보다 안전하다.

12. 법정에서 수용되는 방법으로 저장매체에 남아있는 디지털 증거를 확보, 식별 및 보존, 분석 후 리포팅하는 프로세스를 가지는 수사기법을 무엇이라고 하는가?

1) IDS
2) E-Discovery
3) Computer Forensic
4) Honeynet

13. 귀하는 보안담당자로서 윈도우 시스템의 보안 점검 리스트를 만들고 있는데, 다음 중 잘못된 것은 무엇인가?

1) 불필요한 ODBC/OLE-DB 데이터 소스와 드라이버 제거
2) 익명 사용자를 위해 guest 계정을 활성화한다.
3) 도메인 구성원이 해당 컴퓨터의 암호를 변경해야 하는 기간의 결정을 점검
4) 알려진 취약점에 대해 hotfix를 설치한다.

14. 다음 중 시스템 내부에 침입한 트로이목마나 백도어 프로그램을 탐지하는 데 사용하는 도구는 무엇인가?

1) Nlog
2) Saint
3) Tripwire
4) Snort

15. 프로세스가 일련의 시간 동안 특정 메모리 영역을 집중적으로 참고하는 것을 부르는 용어는 무엇인가?

1) swapping
2) thrashing
3) locality
4) DMA

16. 다음 C언어의 함수 중 포맷 스트링 취약점이 존재하는 함수가 아닌 것은 무엇인가?

1) printf
2) fprintf
3) sprint
4) socket

17. 다음 중 UNIX 시스템의 보안을 위한 방법으로 적합하지 않은 것은?

1) root 권한을 가진 다른 일반 계정을 점검한다.

2) /var/adm/messages, /var/adm/sulog 등을 주
기적으로 점검한다.

3) 관리자 편의를 위해 'r' commands를 설정
한다.

4) root는 콘솔 상에서만 로그인할 수 있게 한다.

18. 다음 보기 중 Unix의 디렉토리 권한관리에 대
한 설명으로 적합한 것을 모두 선택하시오.

> 가. 읽기 권한은 있으면 실행권한이 없어도 파일 리스
> 트를 볼 수 있다.
> 나. 디렉토리 권한을 0700으로 설정하면 소유자만 디
> 렉토리 내의 파일을 읽을 수 있다.
> 다. 디렉토리 소유자라도 해당 디렉토리에 대한 실행
> 권한이 없으면 디렉토리 내의 파일에 접근할 수 없다.
> 라. 디렉토리 실행 권한이 있으면 디렉토리로 들어갈
> 수 있다.

1) 가   2) 가, 나
3) 가, 나, 다   4) 가, 나, 다, 라

19. 다음 중 윈도우 운영체제의 공유폴더 사용의
취약성을 이용한 공격에 대한 설명 중 잘못된
내용은?

1) NetBIOS over TCP/IP 기능이 악용된다.
2) Microsoft 파일/프린터 공유 프로그램 서비
스가 공격 대상이 된다.
3) 반드시 해킹툴이 필요하다.
4) 동일 망의 사용자가 원격 PC의 공유된 디
스크나 폴더에 접근한다.

20. 다음 해킹도구 중 사용자의 key stroke를 훔치
는 키로거는 무엇인가?

1) Carko   2) Voob
3) Passpy   4) Nuke

21. 유닉스 운영체제에서 사용하는 자료구조로서,
파일 시스템 내부의 파일을 유지하는 중요한
정보를 담고 있는 것은 무엇인가?

1) super block   2) inode
3) directory   4) file system

22. 주기억장치에 프로그램을 할당하고 반납하는
과정을 반복하면서 사용되지 않고 남는 기억
장치의 영역을 단편화라고 한다. 이 중 내부
단편화(internal fragmentation)에 대한 해결 방
법은 무엇인가?

1) Coalescing/Compaction
2) Thrashing
3) Paging
4) Swapping

23. 유닉스계열 운영체제에서 컴파일 되며 자신
의 컴퓨터나 네트워크뿐만 아니라 원격지 네
트워크에서 타겟 시스템의 취약점을 스캔할
수 있고, HTML 형식으로 결과를 리포팅하
며, 연관된 호스트의 스캐닝이 가능해서 네트
워크의 구조를 파악하기 편리한 시스템 취약
점을 스캔하는 도구는?

1) SAINT   2) Nuke
3) Revelation   4) Winspoof

24. MIME 데이터를 안전하게 송수신할 수 있도
록 하는 S/MIME 전자우편 보안 프로토콜에
대해 잘못 설명하고 있는 것은?

1) 전자우편 SW업체와 보안 서비스 업체들에
의해 제공되고 있다.
2) MIME에 보안기능을 추가된 전자우편 프
로토콜이다.
3) RSA암호화 시스템을 사용하여 전자우편을
안전하게 보낸다.
4) S/MIME은 전자인증이 필요 없다.

25. 윈도우즈 운영체제에서 악성 프로그램이 사
용하는 자동 실행 설정 방법이 아닌 것은?

1) 자동 시작 폴더를 이용하는 방법
2) Bat 파일을 이용하는 방법
3) 레지스트리를 사용하는 기법
4) 바탕화면에 숨김 파일로 두는 방법

26. Defacto Standard인 TCP/IP에 대한 설명으로 틀린 것은?
    1) OSI 7계층보다 실제 많이 사용되고 있는 프로토콜이다.
    2) TCP/IP는 4계층으로 구성된다.
    3) TCP는 비연결형 서비스이다.
    4) TCP는 OSI 7계층의 전송계층에 대응한다.

27. 이더넷 환경의 유선랜 환경에서 동시에 data를 전송할 경우 충돌을 일으키게 된다. 이러한 충돌을 감지하여 추후 비어있는 채널을 재사용하게 하는 방식은?
    1) CSMA/CA   2) CSMA/CD
    3) Broadcast   4) Token-bus

28. 정보보안의 3대 요소는 기밀성, 가용성, 무결성이다. 이 가운데 정보의 무결성을 보장하기 위한 방법은 무엇인가?
    1) 대칭키 알고리즘   2) 해쉬 알고리즘
    3) PKI 알고리즘   4) SEED 알고리즘

29. TCP/IP프로토콜은 보안 취약점을 가지고 있다. 이로 인한 다양한 공격기법 중 IP를 속여서 공격하는 기법을 무엇이라고 하는가?
    1) IP Spoofing   2) Syn flooding
    3) Denial of service 4) Buffer Overflow

30. Victim서버에 많은 수의 거짓 Source IP를 가진 SYN요청을 보내고, ACK를 받을 수 없게 만들어 결국 Victim서버 listen queue가 오버플로우를 일으키게 하는 공격기법은 무엇인가?
    1) Buffer Overflow   2) IP Spoofing
    3) Denial of Service 4) SYN Flooding

31. DDoS 공격에서 HTTP Content_Length의 크기를 크게 하는 기법은 무엇인가?
    1) Slow HTTP Get Flooding
    2) Slow HTTP Put Flooding
    3) HTTP Header DDoS
    4) HTTP Window DDoS

32. 소극적 네트워크 보안공격 기법인 스니핑/도청/감청 등의 특성에 해당하는 것은?
    1) 적발이 용이하다.
    2) 물리적 조치가 필요하다.
    3) 예방이 불가능하다.
    4) 예방이 가능하다.

33. Crack/Keygen 등의 SW를 이용하여 패스워드나 Serial Number 등을 추측해내기 위해 모든 조합의 경우의 수를 시도하면서 원하는 공격을 시도하는 해킹기법은 무엇인가?
    1) IP Spoofing   2) Brute force attack
    3) Denial of service 4) Session Hijacking

34. 네트워크 보안기술 체계인 가상사설망(VPN)에 대한 설명으로 적합하지 않은 것은 무엇인가?
    1) VPN 시스템은 IPSEC VPN, SSL VPN, MPLS VPN 등이 있다.
    2) 공중망을 통해 사용자 간의 사설 보안망을 설정할 수 있다.
    3) 공중망을 통해 그룹 간의 사설 보안망을 설정할 수 있다.
    4) 터널링 기능은 제공하지 않는다.

35. SITE TO CLINET의 보안향상을 위해 사용하는 Defacto Standard 기술인 SSL 프로토콜에서 세션정보와 연결정보를 공유하기 위해 이용되는 프로토콜을 무엇이라고 하는가?
    1) Handshake 프로토콜
    2) Alert 프로토콜

3) Change Cipherspec 프로토콜

4) Record 프로토콜

36. 다음 중 TCP 프로토콜의 설명으로 부적절한 것은?

1) Transport Layer의 대표적 프로토콜

2) 흐름제어와 오류제어 메커니즘을 제공

3) 연결지향 및 신뢰성 있는 전송을 보장

4) 최소한의 오류제어 기능만 지원

37. 다음 중 TCP 프로토콜의 설명으로 부적절한 것은?

1) Transport Layer의 대표적 프로토콜

2) 흐름제어와 오류제어 메커니즘을 제공

3) 연결지향 및 신뢰성 있는 전송을 보장

4) 최소한의 오류제어 기능만 지원

38. 침입차단시스템(Fire Wall)이 제공하는 기능으로 부적절한 것은 무엇인가?

1) 접근 통제를 통한 내부 네트워크 보호

2) 접근자에 대한 인증

3) Audit Trail 및 Administration

4) 바이러스의 확산 방지 및 SQL Injection 방지

39. 네트워크 간에 물리계층, 데이터 링크계층, 네트워크 계층의 프로토콜 변환을 수행하는 장비는 무엇인가?

1) 리피터   2) 브리지

3) 라우터   4) 게이트웨이

40. 다음 중 프락시 서버(Proxy Server)의 기능을 올바르게 설명한 것은?

1) 데이터의 일관성을 보장

2) Email 보안 서비스 기능 제공

3) HTTP 서비스만 지원

4) 캐쉬기능 및 인증기능을 제공

41. 다음 중 네트워크 가상과 기술인 VLAN의 역할은 무엇인가?

1) Collision 도메인을 분리한다.

2) Routing 도메인을 분리한다.

3) Broadcast 도메인을 분리한다.

4) Fragmentation Segment를 제공한다.

42. DDoS(Distribution Denial Of Service)에 대한 설명 중 부적절한 것은?

1) 인터넷 분산 환경을 이용하는 공격방식이다.

2) 봇넷을 통해 대량의 패킷을 공격 대상 시스템에 전송한다.

3) 다수의 봇이 VICTIM을 공격하게 되어 공격자를 찾기 어렵다.

4) 시스템을 복구할 수 없게 만든다.

43. 기업의 침입 차단 시스템 구축을 위한 관리적 보안 정책/전략으로 적합하지 않은 것은?

1) 권한의 다양화

2) 망분리를 통한 내부 네트워크 보호

3) 임무의 분리

4) 취약점 점검과 보완

44. 다음 중 Dos(Denial Of Service) 공격이 아닌 것은?

1) 스머프 공격   2) SYN FLOOD

3) Ping Of Death   4) 패킷 필터링

45. 다음 중 SSL의 특징으로 부적절한 것은?

1) 웹에서의 데이터 보호를 위해 많이 사용함

2) 응용계층의 데이터를 보호하는 데 있어 이상적임.

3) End-to-End간의 보안을 위해 TCP계층에 부가적으로 설계됨.

4) 네트워크 계층에서 사용함.

46. 다음 중 접근통제 매커니즘의 분류에 속하지 않는 것은?

1) ACL(Access Control List)

2) CL(Capability List)

3) SL(Security Label)

4) 운영체제

47. 해커가 취약성을 가진 서버에 침입하도록 유도하여 해킹 수법이나 해킹 경로 등을 관찰함으로써 해커의 기술수준과 공격의도를 파악할 수 있도록 하는 보안 기술로, 해커 몰래 실시간 모니터링 및 침입 기록 등을 감시하는 능동적 보안기술은 무엇인가?

1) SSO

2) ESM

3) EAM

4) HONEYPOT

48. 해커가 정상 서비스를 제공하는 시스템들을 활용하여 VICTIM서버의 IP로 많은 연결요청을 보내면서, 응답 패킷이 VICTIM으로 집중되어 정상 서비스를 못하게 하는 공격기법은 무엇인가?

1) DOS

2) DDOS

3) DRDOS

4) 피싱

49. 다음 중 Standard access list에서 사용되는 access list의 번호는 무엇인가?

1) 1-10

2) 1-99

3) 10-99

4) 100-199

50. 침해대응과정에서 다음의 패킷로그를 기준으로 검토해 보았다. 어떤 공격 기법인가?

```
-Source: 203.234.212.10
-Destination: 203.234.212.10
-Protocol: 6
-Source Port: 21845
-Destination Port: 21845
```

1) Land Attack

2) Syn flooding Attack

3) Smurf Attack

4) Ping of Death Attack

◆ 애플리케이션 보안

51. c언어로 프로그래밍시 버퍼 오버플로우를 예방하는 방법 중 프로그래머가 코딩시 입력버퍼의 경계값을 검사하는 안전한 함수를 사용하는 방법이 있다. 다음 중 여기에 해당하지 않는 함수는?

1) strncpy()

2) snprintf()

3) fgets()

4) getopt()

52. Mysql 데이터베이스 기동 시 다음과 같이 아이디와 패스워드를 입력하여 실행했을 때의 문제점은 무엇인가?

```
# mysql -u〈UID〉 -p〈Password〉 〈DB name〉
```

1) mysqldump를 실행할 수 없다.

2) mysql 서버에 부하가 걸린다.

3) 다른 사용자가 DB의 내용을 볼 수 있다.

4) 다른 사용자가 ps -ef했을 때 패스워드를 볼 수 있다.

53. 다음 중 오라클 DB서버를 관리할 경우 보안상 적절하지 않은 것은?

1) Data Owner와 개발자 계정은 분리시킨다.

2) 디폴트 사용자 ID를 lock시키고 기간 만료시켜야 한다.

3) Data Dictionary는 특정 계정만 접근할 수 있도록 한다.

4) DB서버의 OS패치는 수행하지 않는다.

54. C 언어로 ftp 서버와 클라이언트 프로그램을 작성하고 있다. 이때 TCP를 사용하기 때문에 클라이언트와 서버의 연결과정에서 사용되는 것은 무엇인가?

1) Data Link

2) 소켓(Socket)

3) 포트(Port)

4) IP address

55. 국내 공인 인증기관이 아닌 곳을 고르시오.
    1) 한국정보인증　　　2) 금융결제원
    3) KOSCOM　　　　 4) KT

56. 보안성이 강화된 E-mail을 운영하기 위해 사용하는 안전한 암호화 알고리즘이 아닌 것은 무엇인가?
    1) RSA 암호 알고리즘
    2) 3DES 암호 알고리즘
    3) MD5 암호 알고리즘
    4) DSA암호 알고리즘

57. OSI 7 계층에서 수행되는 인터넷 서비스로서 신뢰성 있는 자료의 전송을 목적으로 하는 것은 무엇인가?
    1) Telnet　　　　　 2) DNS
    3) SMTP　　　　　 4) SNMP

58. S-HTTP에 대한 설명으로 부적절한 것은 무엇인가?
    1) 거인 키 및 공용 키 암호를 지원한다.
    2) 사용자 인증을 위한 전자서명을 포함한다.
    3) S-HTTP 브라아저/서버 간의 대화별 보호조치를 결정한다.
    4) 443 포트를 사용한다.

59. HTTP 트랜잭션의 특징이 아닌 것은 무엇인가?
    1) 연결당 하나의 트랜잭션이 수행
    2) 클라이언트에 대한 정보가 서버에 저장되지 않음.
    3) TCP서비스를 이용하지만, HTTP는 STATE-LESS 프로토콜임.
    4) 70번 포트를 이용

60. 해킹도구로 사용되는 nmap은 포트 스캐닝 도구이다. 다음 중 nmap에서 제공하는 포트 스캐닝 방법이 아닌 것은?
    1) SYN 스캔　　　　2) FIN 스캔
    3) XMAS 스캔　　　4) Host 스캔

61. CGI에 대한 설명으로 부적합한 것은?
    1) 서버와 클라이언 사이의 통신 인터페이스이다.
    2) 브라우저로부터 사용자의 정보를 입력을 받아 CGI를 실행한다.
    3) CGI수행 결과가 클라이언트의 웹브라우저로 전송된다.
    4) 보안 취약점은 발생하지 않는다.

62. 대부분의 기관이 기술적/물리적 보호조치를 수행해왔지만, 내부자에 의한 보안사고 발생과 피해사례가 지속적으로 보고되고 있다. 인적자원에 의한 의도적 위협 요소가 아닌 것은?
    1) HW 절도/파괴
    2) 개인정보 유출
    3) 데이터위조/변조/삭제
    4) 모니터링, 감사

63. 특정 시스템이나 사람에게 대량의 전자우편을 보내는 Mail Bombs에 대한 내용으로 옳지 않은 것은?
    1) 시스템의 정상 서비스를 저해한다.
    2) 발신자 추적 방해를 위해 전자우편 중계 서버를 사용한다.
    3) 스팸메일과 같은 의미이다.
    4) 정보통신망법이나 정보통신기반보호법 등으로 법적 조치를 당할 수 있다.

64. SSL 프로토콜의 메시지에 대한 설명으로 부적절한 것은?
    1) Hello Request: 서버가 클라이언트에게 전송하는 초기 메시지
    2) Server Hello: 서버가 압축 방법, Cipher suit등의 정보를 선택해 클라이언트에게 전송한다.
    3) Client Certificate: 서버가 클라이언트 인증서를 요청할 경우 클라이언트는 자신의 인증서를 보내야 한다.
    4) Certificate Verify: 서버의 요구에 의해 전송하는 클라이언트 인증서를 서버가 쉽게 확

인할 수 있도록 클라이언트 종결 메시지에 암호화 값을 전송하게 된다.

65. 계층의 보안향상을 위한 IPSec 프로토콜에 대한 설명으로 옳지 않은 것은 무엇인가?
   1) 전송모드와 터널모드를 모두 지원한다.
   2) 접근통제, 비연결형 무결성, 데이터 근원인증, 리플레이방지, 기밀성 제공
   3) IPv6에서는 기본 탑재된다.
   4) AH는 암호화를 지원하고, ESP는 인증을 지원한다.

66. 가상사설망(VPN)에서 사용하는 기술에 대한 설명으로 적절하지 못한 것은?
   1) PPTP, LT2P: 인터넷 기반 Access VPN에 사용하는 터널링 프로토콜
   2) PPTP: IP, IPX, NetBEUI 트래픽 암호화하고 IP헤더를 캡슐화하여 전송하는 프로토콜
   3) MPLS VPN: 패킷에 VPN 레이블을 붙여 스위칭하는 기술로, 전송품질 보장서비스는 제공하지 못함.
   4) L2TP: PPTP와 Cisco의 L2F의 장점을 결합한 PPP Encapsulation Protocol

67. SSL의 무선환경의 표준인 WTLS에서 제공하는 기능과 거리가 먼 것은?
   1) 데이터 무결성   2) 프라이버시
   3) 인증   4) 부인 봉쇄

68. IPv6의 기본 헤더 구조의 내용으로 옳지 않은 것을 고르시오.
   1) Version: 4비트로서 버전의 내용이 표기
   2) Traffic Class: 8비트 우선 순위 값
   3) Flow Label: 20비트, flow label 값
   4) Destination Address: 32비트

69. 인터넷 프로토콜인 IPv4와 IPv6 간의 차이점에 대한 설명으로 옳은 것은?
   1) 주소 크기: IPv4는 128비트, IPv6는 32비트

   2) Flow Label: IPv4만 제공
   3) Header Checksum: IPv6만 제공
   4) IPSec: IPv4 옵션, IPv6기본 탑재

70. 전자화폐 시스템 중에 그 종류가 다른 전자화폐를 고르시오.
   1) 선불 카드형   2) 네트워크형
   3) 현금형   4) 신용카드형

71. 다음 중 B2B 전자지불 서비스 모델에 아닌 것은?
   1) 구매 전용 카드
   2) 은행 공동 B2B 전자 결제 시스템
   3) 기업구매자금 대출
   4) 신용카드 기반 전자지불 시스템

72. DSS에서 생성하는 디지털 서명의 length는?
   1) 64bit   2) 80bit
   3) 128bit   4) 160bit

73. PKI인증서에 접근할 때 가장 많이 사용하는 프로토콜은 무엇인가?
   1) SSL   2) LDAP
   3) CA   4) SSH

74. DBA 관점에서 보안관리 기준으로 부적합한 것은?
   1) 허가된 사용자만이 접속하도록 통제해야 한다.
   2) 용량이 작은 경우 보안은 중요하지 않다.
   3) 대용량 통합 데이터베이스 일수록 보안이 더욱 중요하다.
   4) DBA는 RBAC기반 사용자 권한 관리를 수행해야 한다.

75. WPKI (Wireless Public Key Infrastructure)에 대한 설명으로 올바른 것은?
   1) 인증서 검증 메커니즘의 복잡도를 높여야 한다.

2) 표준화가 용이하다.

3) WTLS(Wireless Transport Layer Security) 인증서의 사용을 권고하고 있다.

4) 인증서 검증 시간을 늘림으로써 보안을 강화할 수 있다.

◆ 정보보호개론

76. 암호 시스템을 사용하는 일반적인 원칙에 대한 설명으로 거리가 먼 것은 무엇인가?

1) 암호 시스템에서 키를 제외한 모든 부분은 공개됨을 가정한다.

2) 암호 알고리즘은 비공개가 원칙이다.

3) 암호 키는 자주 변경해야 한다.

4) 암호 알고리즘은 주기적인 재평가가 이루어져야 한다.

77. 다음의 암호 공격기법에 대한 설명 중 부적절한 것은?

1) 단독 공격(Ciphertext OnlyAttack): 암호문만을 가지고 키나 평문을 알아내고자 하는 방식

2) 기지 평문 공격(Known Plaintext Attack): 사전에 동일한 키로 암호화된 여러 개의 암호문과 대응하는 평문 쌍을 획득한 후 주어진 암호문에 대응하는 평문 또는 키를 알아내고자 하는 방식

3) 선택 평문 공격(Chosen Plaintext Attack): 공격자가 임의의 평문에 대한 암호문을 확보할 수 있을 때, 암호문에 대응하는 평문이나 키를 알아내고자 하는 방식

4) 선택 암호문 공격(Chosen Ciphertext Attack): 임의의 암호문을 선택하면 대응하는 평문을 획득할 수 있는 능력을 보유하고서 주어진 암호문에 대응하는 평문이나 키를 알아내고자 하는 방식

78. 위험분석의 의미와 특징에 관한 설명 가운데 부적절한 것은?

1) 위험분석은 정보보호 대책 구현보다 선행한다.

2) 효과적 정보보안 프로그램의 초석이다.

3) 반드시 정량적 분석방법을 활용해서 정확한 위험수준을 결정한다.

4) 자산식별, 위협분석, 취약성 평가, 영향 평가, 대책선정, 권고안 작성 순으로 진행한다.

79. BCMS에 대한 구체적 실행 대안으로서 Hot site, Mirror site, Warm site가 있는데 이 중 가장 빠르게 백업을 제공하고 업무를 재개 할 수 있는 것을 순서대로 나열한 것은?

1) Hot site, Warm site, Mirror site

2) Hot site, Mirror site, Warm site

3) Mirror site, Warm site, Hot site

4) Mirror site, Hot site, Warm site

80. 정보보호 관리책임자(CSO)의 역할로 적절하지 못한 것은 무엇인가?

1) 조직의 전략 및 계획에 부응되는 정보보호 계획수립

2) 정보보호 대책에 대한 실제적 구현과 운영

3) 정보보호 인식제고 / 교육 및 훈련 프로그램 개발

4) 정보보호 목적, 전략 및 정책을 결정

81. 「정보통신망 이용촉진 및 정보보호 등에 관한 법률」상 개인정보보호와 관련하여 이용자에게 인정되는 권리로 부적합한 것은 무엇인가?

1) 이용자가 개인정보의 이전을 원하지 아니하는 경우 동의를 철회할 수 있는 방법과 절차

2) 개인정보 열람 요구

3) 개인정보 오류정정 요구

4) 자료요청권

82. 공인 인증기관이 발급하는 인증서(x.509 v3)에 포함되지 않는 정보는 무엇인가?

1) 가입자의 전자서명 검증키

2) 인증서 포맷 버전
3) 인증서의 일련번호
4) 가입자의 전자서명 생성키

83. 시스템에 관한 전문적인 지식을 가진 전문가의 집단을 구성하고 위험을 분석 및 평가하여 정보 시스템이 직면한 다양한 위협과 취약성을 토론을 통해 분석하는 위험분석 기법은 무엇인가?
1) 신경망기법
2) PI Matrix
3) 델파이법
4) 몬테카를로 시뮬레이션

84. 다음 중 암호화 방식별로 적용된 수학적 기법에 대한 매핑이 적절한 것은 무엇인가?
1) RSA - 이산대수 문제
2) ElGamal - 부분집합의 합 문제
3) DSA - 타원곡선 알고리즘 문제
4) Schnorr - 이산대수 문제

85. 정보보호 관점에서의 재난 및 위기관리 과정으로 적절한 것은?
1) 위협－신호 탐색－예방 및 준비－손실 축소－재난 복구－학습
2) 위협－신호 탐색－예방 및 준비－재난 복구－손실 축소－학습
3) 위협－예방 및 준비－신호 탐색－손실 축소－재난 복구－학습
4) 학습－신호탐색－위협－예방 및 준비－손실 축소－재난 복구

86. 내부 접근 통제를 위하여 사용되는 방법으로 부적합한 것은 무엇인가?
1) PASSWORD   2) ENCRYPTION
3) ACL   4) 802.11x

87. 이중서명을 제공하는 SET 알고리즘에서 사용되는 암호 기술이 아닌 것은 무엇인가?

1) 공개키 암호화 알고리즘
2) 대칭키 암호화 알고리즘
3) 키 복구
4) Message Digest

88. 사용자 인증을 위해 개인의 신분을 확인하는 방법은 크게 4가지로 나누어 볼 수 있는데, 적절하지 못한 것은 무엇인가?
1) 사용자가 알고 있는 것
2) 사용자가 가지고 있는 것
3) 사용자의 무의식적인 행동 양식
4) 사용자의 전자서명

89. 디지털 서명의 효율성을 높이고, 중요 정보의 무결성 확인을 위해 사용하는 해시 함수가 가져야 할 조건으로 옳지 않은 것은 무엇인가?
1) 고정 길이의 입력을 받아 가변 길이의 출력값을 만든다.
2) 메시지 원문을 구하는 것은 거의 불가능해야 한다.
3) 다른 메시지가 동일한 해시 값을 가질 확률은 0에 가깝다.
4) 메시지의 한 바이트만 바뀌어도 해시 값은 50%이상 바뀐다.

90. 대한민국 정보통신기반 보호법에서 정의하고 있는 "정보통신기반시설을 대상으로 해킹, 컴퓨터 바이러스, 논리·메일폭탄, 서비스거부 또는 고출력 전자기파 등에 의하여 정보통신기반시설을 공격하는 행위"를 무엇이라 하는가?
1) 전자금융 거래 침해   2) 전자거래 침해
3) 전자적 침해   4) 침해사고

91. 금융기관에서 정보 보호에 대한 정책을 개정하고자 한다. 이때 고려할 사항과 거리가 먼 것은 무엇인가?
1) 업무적/기술적/관리적 특성을 고려한다.
2) 정책 적용의 대상이 되는 조직을 충분히

파악해야 한다.

3) 개인정보보호법은 전자금융거래법보다 우선하여 적용한다.

4) 자회사는 지주회사의 정보보호 정책을 준수하면서 세분화한다.

92. 위협에 의해 정보자산의 보안에 부정적 영향을 줄 수 있는 정보자산의 속성이나 상태를 의미하는 것은 무엇인가?

1) 자산
2) 취약점
3) 손실
4) 위험

93. ECC는 타원곡선 문제를 적용한 공개키 암호화 알고리즘이다. ECC와 같은 타원곡선 암호 시스템에서 사용하는 알고리즘과 거리가 먼 것은 무엇인가?

1) 개인키/공개키 생성 알고리즘
2) 공개키 인증 알고리즘
3) 타원곡선 위의 점의 덧셈 알고리즘
4) 타원곡선 위의 점의 지수제곱 알고리즘

94. 상황에 따라서 하나의 문서에 여러 사용자가 서명을 하는 경우가 있다. 예를 들어 전자 결재 시스템에서 하나의 문서에 다수의 사용자가 서명을 해야만 한다. 이런 경우에 사용할 수 있도록 제안된 서명은 무엇인가?

1) 이중 서명
2) 은닉 서명
3) 전자 서명
4) 다중 서명

95. 조직에서 관리적/기술적/물리적인 보안의 취약점을 최소화하고, 외부로 정보의 유출을 막기 위한 조치로 부적절한 것은?

1) 개발자의 전산실에 출입을 통제한다.
2) Audit Trail 등 철저한 보안 감사와 평가가 이루어져야 한다.
3) 엔드포인트/네트워크 DLP 등의 솔루션을 적용한다.
4) 시큐어 코딩은 신규 시스템 개발에만 적용해도 된다.

96. 다음 공개키 알고리즘 중 국산 알고리즘은 무엇인가?

1) DSA
2) KCDSA
3) RSA
4) ElGamal

97. 위험분석기법은 정량적 분석과 정성적 분석으로 구분되는데, 다음 중 성격이 다른 하나는 무엇인가?

1) Scoring
2) 몬테카를로 시뮬레이션
3) 확률분포법
4) 순위결정법

98. 다음 중 개인정보의 암호화 조치 시 사용할 수 있는 안전한 암호화 알고리즘으로 부적절한 것은 무엇인가?

1) SEED
2) ARIA
3) SHA-1
4) KCDSA

99. 정보보호 정책의 유형에 대하여 옳지 못한 설명은 무엇인가?

1) 프로그램 정책: 전반적인 정보보호 프로그램을 다룬다.
2) 문제지향 정책: 특정한 관심 분야에 초점을 맞춘다.
3) 문제지향 정책: 환경변화에 무관하게 유지한다.
4) 시스템지향 정책: 특정 시스템에 대한 상세한 보안 정책을 기술한다.

100. 「정보통신망 이용촉진 및 정보보호 등에 관한 법률」에서 다루는 분야가 아닌 것은 무엇인가?

1) 개인정보의 보호
2) 정보통신에서 이용자의 보호
3) 정보통신망의 안전성 확보
4) 인적 보안

제5회 정보보안기사 모의고사

◆ 시스템 보안

1. 모든 프로세스는 PCB(Process Control Block)을 가진다. PCB는 프로세스에 대한 정보를 보유하고 있는 메모리이다. PCB가 보유하고 있는 정보로 그 내용이 틀린 것을 선택하시오.
   1) 다음에 실행될 프로세스에 대한 포인터
   2) 현재의 프로세스 상태로 준비, 대기, 실행 등의 상태정보
   3) CPU 사용시간 및 실제 사용되는 시간 정보
   4) 입출력 상태 정보 및 사용되는 디스크 스케줄링 기법

2. 가상기억장치의 메모리 관리 기법은 할당기법, 호출기법, 배치기법, 교체기법이 존재한다. 이 중에서 배치기법은 요구된 페이지를 주기억장치 어디에 적재할 것인지를 결정하는 방법이다. 이러한 배치기법 중에서 가장 큰 메모리 영역에 기억장치를 할당하는 기법은 무엇인가?
   1) First Fit
   2) Pre Fetch
   3) Worst Fit
   4) Paging

3. 아래의 내용은 윈도우에서 net share라는 명령을 실행한 결과이다. 이 중에서 네트워크 프로그램 간의 통신을 위해서 사용되고 네트워크 서버의 원격관리로 사용되는 것은 무엇인가?

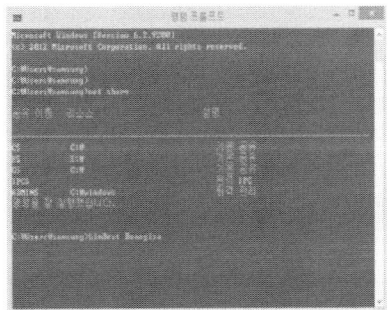

1) C$
2) G$
3) IPC$
4) ADMIN$

4. 윈도우 레지스트리 중에서 프로그램 간의 연결 정보를 가지고 있는 것은 무엇인가?
   1) HKEY_CLASSES_ROOT
   2) HKEY_CURRENT_USER
   3) HKEY_USERS
   4) HKEY_CURRENT_CONFIG

5. 컴퓨터 시스템에 악성코드, 정보유출, 자원고갈 등의 악영향을 발생시키는 것을 무엇이라고 하는지 가장 적당한 것을 선택하시오.
   1) 애드웨어
   2) 스파이웨어
   3) 트로이 목마
   4) 맬웨어

6. 아래의 내용은 윈도우 시스템에 관련한 프로세스에 대한 설명이다. 그 내용으로 올바른 것을 모두 선택하시오.

   > 가. csrss.exe: 윈도우 콘솔을 관리하면서 신규 스레드를 생성하거나 삭제하는 역할을 수행한다.
   > 나. taskmgr.exe: 윈도우 시스템 내에서 실행되는 프로세스 정보를 제공한다.
   > 다. lsass.exe: 시스템에 접하는 사용자를 확인하는 역할을 수행한다.
   > 라. mstsc.exe: 원격으로 데스크 톱(Desktop)을 실행하는 경우 사용된다.

   1) 가
   2) 가, 나
   3) 가, 나, 다
   4) 가, 나, 다, 라

7. 유닉스의 프로세스 간의 통신기법인 IPC(Inter Process Communication)는 다양한 기법들을 가지고 있다. IPC 기법 중에서 운영체제가 지원하는 상호배제 메소드를 이용한 동기화 방식은 무엇인가?
   1) Signal
   2) Message Queue
   3) Named Pipe
   4) Semaphore

8. 유닉스의 프로세스 간의 통신 기법 중에서 가장 오래된 방법 중의 하나로 하나 이상의 프로세스에 비동기적으로 사건을 알리기 위해서 신호를 전달하는 방법이 Signal이다 이러한 Signal에서 인터럽트 Signal을 전송하는 것은 무엇인가?

1) SIGHUP   2) SIGINT

3) SIGKILL   4) SIGTRAP

9. 윈도으 패스워드 설정에 대한 설명이다. (   ) 에 올바른 것을 선택하시오.

> • 패스워드 길이는 최소 (   ) 이상이어야 한다.
> • 패스워드는 영문대문자, (   ), 기본 (   )개 숫자 세 가지 문자를 포함해야 한다.
> • 사용자 (   )이나 연속되는 문자 (   )개를 초과하는 사용자 전체 이름의 일부를 포함하지 않아야 한다.

1) 6자, 영문소문자, 10, 계정이름, 2

2) 8자, 특수문자, 9, 이전이름, 3

3) 6자, 영문소문자, 10, 이전이름, 3

4) 8자, 특수문자, 10, 계정이름, 4

10. 리눅스 시스템에서 로그인 실패 정보를 보유한 것은 (   )이고 이것을 보고 위한 프로그램은 (   )이다.

1) btmp, lasta   2) btmp, lastb

3) wtmp, lasta   4) wtmp, lastb

11. 201.1.1.1로 접근하는 특정 IP를 차단하려고 한다. 가장 올바른 것을 선택하시오.

1) iptables -A INPUT -s 201.1.1.1 -j DROP

2) iptables -C INPUT -d 201.1.1.1 -J DEL

3) iptables -A INPUT -d 201.1.1.1 -J DEL

4) iptables -A OUTPUT -s 201.1.1.1 -j DROP

12. 유닉스 Shell은 Bourne Shell, C Shell, Korn Shell, Bash Shell이 존재한다. 이 중에서 AT&T에서 개발된 것으로 대부분의 유닉스에서 기본적인 Shell은 무엇인가?

1) C Shell   2) Korn Shell

3) Bourne Shell   4) Bash Shell

13. 윈도우 시스템에 대한 설명으로 그 내용이 틀린 것을 선택하시오.

1) net share 명령을 통해서 공유 폴더를 확인할 수 있다.

2) $C, $D, $ADMIN의 기본 공유폴더는 Everyone 그룹에게 모든 권한이 주어진다.

3) 윈도우 파일 시스템은 FAT 16, FAT 32, NTFS가 존재하며, NTFS는 윈도우 NT, 윈도우 2000, 윈도우 XP에서 사용된다.

4) 윈도우에서는 Manager에게 작업을 분담시키고 하드웨어를 제어하는 것은 Object Manager이다.

14. 세마포어는 자원을 경쟁적으로 사용하는 다중 프로세스에서 상호배제 및 동기화 기술을 지원한다. 세마포어는 2가지 변수로 상호배제를 실현하고 있다. 아래의 (   )에 알맞은 것은 무엇인가?

```
P 함수

Wait(2);
s.count-;
if(    ){
  block this process
  place this process in S.queue
}
```

1) s.count = 0   2) s.count < 0

3) s.count <= 0   4) s.count > 0

15. 아래의 내용을 HRN으로 계산하시오.

프로세스	P1
수행시간	5
대기시간	0
우선순위	( )

1) 1   2) 2

3) 3   4) 4

16. 보안 소프트웨어에 대한 설명으로 올바른 것을 모두 선택하시오.

> 가. syslog는 로깅 메시지 프로그램 표준으로 다양한 프로그램이 생성하는 메시지들을 저장하고 이들 메시지를 이용해서 다양한 분석 등이 가능하도록 로그 메시지들을 제공한다.
> 나. AWstats는 웹로그 분석을 수행하는 프로그램으로 홈페이지에 접속한 사용자에 대한 분석이 가능하다.
> 다. Webablizer은 로그 분석을 하기 위한 툴로 홈페이지의 트래픽을 분석할 수 있다.
> 라. Nessus는 대표적인 스캐너 프로그램으로 대상 시스템에 대한 빠른 속도의 스캐닝 뿐만 아니라 다양 종류의 취약점 분석이 가능하다.

1) 가
2) 가, 나
3) 가, 나, 다
4) 가, 나, 다, 라

17. 방화벽 룰셋 정책의 적용여부를 확인할 수 있는 것은 무엇인가?
1) iptables -A
2) iptables -B
3) iptables -L
4) iptables -S

18. Nmap을 활용하여 UDP Packet을 발생시켜 전송하였다. 공격대상 시스템에서 ICMP unreachable이라는 패킷으로 응답하는 경우 어떤 상태인가?
1) 해당 Port가 닫혀있다.
2) 해당 Port가 열려있다.
3) UDP 패킷을 라우터가 Drop시켰다.
4) 잘못 전송되었다.

19. 아래의 내용 중에서 nmap에서 지원하는 Stealth 포트 스캐닝 방법만 선택하시오.
1) Xmas, Fin Scan, Null Scan
2) Ping Scan, TCP Syn Port Scan, Fin Scan
3) TCP Connect Port Scan, UDP Port Scan, Ping Scan
4) Xmas, Ping Scan, UDP Port Scan

20. RAID 구성에서 아래 그림에 해당되는 것은 무엇인가?

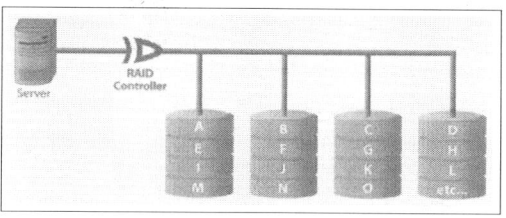

1) RAID 0
2) RAID 1
3) RAID 2
4) RAID 3

21. 실제 메모리가 부족할 경우 디스크 부분을 마치 메모리처럼 사용한 공간으로 메모가 부족할 경우 사용하는 공간은 무엇인가?
1) Real Memory
2) Main Memory Unit
3) Swap Space
4) paging

22. 유닉스 파일 시스템 중에서 inode 목록의 크기, 파일 시스템에 비여 있는 inode 수와 목록을 가지고 있는 것은 무엇인가?
1) 부트블록
2) 수퍼블록
3) 아이노드
4) 데이터 블록

23. 아래의 설명으로 맞는 것을 모두 선택하시오.

> 가. john the Ripper은 윈도우 및 리눅스, MAC 운영체제에서 패스워드 점검에 사용되는 패스워드 크랙 툴이다.
> 나. ipccrack는 패스워드에 대해서 사전공격을 지원한다.
> 다. Nuking는 레지스트리, 키 파일, 파일 시스템 등을 훼손시키는 악성 프로그램이다.
> 라. iceword는 윈도우에서 악성 프로그램을 탐지하는 프로그램이다.

1) 가
2) 나, 다
3) 다, 라
4) 가, 나, 다, 라

24. 서버 보안용 소프트웨어에서 (1) 파일의 무결성을 검사, (2) 오픈 소스로 웹 서버의 취약점 점검, (3) 유닉스 파일 시스템의 변조여부를 점검하는 도구를 선택하시오.
1) Hash, NIKTO2, Slipwire

2) Tripwire, NIKTO2, Fcheck

3) SATAN, NIKTO2, Slipwire

4) COSP, Slipwire, NIKTO2

25. 아래의 설명으로 가장 올바른 것을 선택하시오.

> • 클라이언트 서버 구조에서 동작
> • nmap을 기반하는 보안점검 도구
> • 플러그인 업데이트 및 HTML형태로 보고서를 제공

1) NESSUS
2) Aide
3) Samhal
4) SARA

◆ 네트워크 보안

---

26. 최근 기업에서는 클라우드 서비스를 지원하기 위해서 SBC(Server Based Computing)을 지원한다. SBC를 지원하기 위해서 네트워크 인프라, 네트워크 가상화 기술로 VPN을 기반으로 하고 있다. 아래의 내용은 VPN에 대한 설명이다. 그 내용으로 틀린 것을 선택하시오.

1) VPN은 암호화를 기반으로 하는 터널링을 지원하며, 이러한 터널링은 데이터그램 네트워크를 마치 전용 네트워크처럼 사용하는 효과를 부여한다.

2) VPN의 터널링 기법은 PPTP, L2TP, IPSEC, SSL, MPLS 등이 존재하며 VPLS(Virtual Private Lan Service)에서는 MPLS VPN이 사용된다.

3) Smart Work를 지원하기 위해서는 사용자의 편의성이 중요하고 사용자의 편의성을 증대하기 위해서 PC에 VPN 소프트웨어를 설치하지 않아도 되는 것이 IPSEC VPN이다.

4) VPN은 안전한 통신을 위해서 암호화를 기반으로 하는 터널링을 지원하지만 네트워크 QoS(Quality of Service)가 보장되지 않으면 사용하기 어렵다.

27. 128bit 주소체계를 지원하는 Ipv6는 3개의 주소유형을 제공한다. 이에 해당되지 않는 것은

무엇인가?

1) Unicast
2) Anycast
3) Multicast
4) Broadcast

28. 아래의 내용은 TCP에 대한 설명이다. 해당되는 것은 무엇인가?

> TCP Header 및 Data를 포함하여 TCP Segment의 Error를 체크하고 16Bit 단위의 1의 보수 합을 계산함.

1) Flag & offset
2) Data
3) Check Sum
4) Window Size

29. 메일 전송 프로토콜로 사용되는 SMTP는 25번 Port를 사용하고 메시지 전달을 위해서 ( ) 방식을 사용한다. 가장 올바른 것은 무엇인가?

1) Direct Send
2) End to End
3) Point to Point
4) Store and Forward

30. IP 주소체계에서 최상위 비트가 1110으로 시작하는 것은 무엇인가?

1) Class A
2) Class B
3) Class C
4) Class D

31. 스위치는 허브의 확장된 개념으로 패킷을 목적지로 전송하는 역할을 수행한다. 스위칭 기술은 여러 기술들이 존재한다. 스위칭 기술에서 Cut Through와 Store and Forward 방식의 중간으로 대용량의 자료를 많이 전송하는 환경에서 프레임 전송 전에 64Byte를 저장하고 프레임의 충돌을 방지하는 방법은 무엇인가?

1) Store And Forward
2) Cut Through
3) Fragment Free
4) Interim cut Through

32. 브릿지는 데이터 통신에서 같은 종류의 네트워크를 접속시키는 장비로 OSI 7계층에서 2계층으로 동작한다. 브릿지의 3가지 기능으로 해당되지 않는 것을 선택하시오.

1) Learning: 패킷 수신 시에 소스 주소를 확인

2) Filtering: 목적지 주소 확인 및 패킷 폐기

3) Forwarding: 주소 테이블을 검색하고 해당 포트로 패킷을 전송

4) Routing: 목적지 주소를 파악하고 경로를 결정

33. VLAN(Virtual LAN)은 불필요한 Broadcast Traffic를 차단하고 보안성을 향상시킬 수 있는 장비로 외부 침입자가 내부의 호스트 정보를 획득하는 것을 방지한다. 이러한 VLAN 에서 스위치 포트를 각 VLAN에 할당하는 것으로 같은 LAN에 속한 포트에 연결된 호스트들 간에 통신이 가능한 방식은 무엇인가?

1) Port기반 VLAN

2) MAC Address기반 VLAN

3) Network Address기반 VLAN

4) Protocol 기반 VLAN

34. 아래의 설명으로 가장 올바른 것을 선택하시오.

- 스위치 간에 VLAN 정보를 공유할 수 있는 기능을 가짐
- VLAN 정보를 동일하게 유지
- 추가된 VLAN의 정보를 실시간으로 정보 전송
- 작동모드는 Server 모드와 Client 모드를 가짐

1) VPN(Virtual Private Network)

2) VLAN Service Protocol

3) VLAN Trunking Protocol

4) VLAN Management Protocol

35. 아래의 내용은 무선LAN 표준이다. 무선LAN 표준 중에서 AES 암호화 기법을 사용하는 것은 무엇인가?

1) IEEE 802.11a   2) IEEE 802.11b

3) IEEE 802.11g   4) IEEE 802.11i

36. 윈도우 시스템의 운영체제 명령어로 DNS와 직접 연결하여 DNS 설정 상태를 조회할 수 있는 명령어는 무엇인가?

1) route   2) ipconfig

3) nslookup   4) ping

37. 패킷(Packet) 분석도구로 http Header에 관한 패킷을 분석할 수 있는 것은 무엇인가?

1) tcpdtat   2) ngrep, httpry

3) argus   4) syslog

38. 아래의 특징을 가지는 공격방법은 무엇인지 선택하시오.

- 침입탐지시스템 및 패킷필터링 장비를 우회하는 방법
- 패킷을 작은 2개로 나누어 목적지에 전송
- TCP 포트 번호가 첫 번째 패킷이 아닌 두 번째 패킷에 위치하게 함.
- 침입탐지시스템 및 패킷 필터링 장가가 첫 번째 패킷에 포트 번호가 없으므로 첫 번째 패킷을 통과시킴

1) Tiny Fragment Attack

2) Fragment Overlay Attack

3) TCP Flooding

4) Ping of Death

39. 아래의 특징을 가지는 공격방법은 무엇인지 선택하시오.

두 개의 패킷 조각을 생성하고 첫 번째 패킷에 포트번호를 기록하고 두 번째 패킷은 Offset을 아주 작게 조작하고 패킷이 재조합될 때 덮어쓰는 방식이다.

1) Tiny Fragment Attack

2) Fragment Overlay Attack

3) TCP Flooding

4) Ping of Death

40. 아래의 그림을 보고 유도되는 공격방법은 무엇인가?

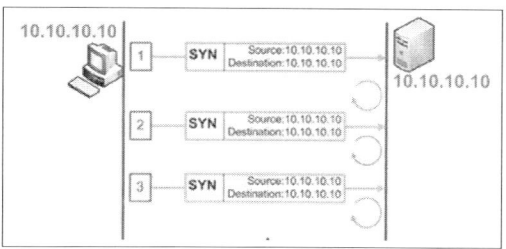

1) Ping of Death   2) Land Attack

3) NewTear Attack   4) Tear Drop

41. 아래의 특징을 가지는 공격방법은 무엇인지 선택하시오.

> · 작업 중에 저장되지 않는 데이터를 모두 삭제하는 공격방법으로 패킷을 전송할 때 단편화를 이용하여 수신자가 재조립 시에 정확한 조립을 위해서 오프셋을 더한다. 이러한 경우 큰 오프셋을 더해서 오버플로우 발생시키는 공격방법

1) Targa Attack
2) Tiny Fragment Attack
3) Fragment Overlay Attack
4) Slow Attack

42. (   )은 라우터에 유입되는 SYN 패킷 요청을 서버로 전송하지 않고, 라우터에서 가로채어 SYN 패킷을 요청한 클라이언트와 서버를 대신 연결하는 것이다.

1) Intercept Mode
2) Watch Mode
3) Session Mode
4) SYN Mode

43. SYN Flooding 공격에 대한 대응방법으로 맞는 것을 모두 선택하시오.

> 가. sysctl -w net.ipv4.tcp_max_syn_backlog = 1024
> 나. sysctl -w net.ipv4.tcp_syncookies = 1
> 다. 라우터 Watch mode
> 라. 라우터 Intercept Mode

1) 가, 나
2) 가, 다, 라
3) 가, 나, 다, 라
4) 나, 다

44. UDP 프로토콜을 제공하는 DNS에 대해서 DNS 쿼리 데이터를 다량으로 전송하여 DNS의 서비스를 방해하는 공격은 무엇인가?

1) IP Fragment Packet Flooding
2) DNS Query Flooding
3) Get Flooding
4) Slow HTTP Post DoS

45. 아래의 내용 중에서 DDoS 공격도구가 아닌 것을 선택하시오.

1) Trinoo
2) TCP Dump
3) Stacheldraht
4) TFN2K

46. IP Spoofing기법에서 송신자와 수신자 가운데 순차번호를 예측하여 중간에 끼어드는 방식은 무엇인가?

1) Blind Spoofing
2) Non-Blind Spoofing
3) DNS Spoofing
4) Session Hijacking

47. 패킷을 Null0 인터페이스로 보내 패킷 필터링을 수행할 때마다 소스IP로 ICMP unreachable이라는 에러 메시지를 전송한다. 이것을 무엇이라 하는가?

1) Blackhole 필터링
2) Session 필터링
3) Packet 필터링
4) Datagram 필터링

48. IPSEC에서 데이터 무결성과 IP 패킷의 인증을 제공하고 MD5, SHA-1 인증 알고리즘을 이용하여 Key값과 IP 패킷의 데이터를 입력한 인증값을 계산하여 인증 필드에 기록하는 것은 무엇인가?

1) AH
2) ESP
3) IKE
4) SA

49. 아래의 내용 중에서 스니핑에 대한 방지방법으로 틀린 것을 선택하시오.

> 가. VPN을 활용하여 터널링을 수행한다.
> 나. Telnet을 사용하지 않고 SSH를 사용한다.
> 다. 웹브라우저와 웹서버 간의 Request와 Response 시에 SSL을 사용한다.
> 라. SHTTP를 사용하여 기업 내부에서 웹브라우저와 웹서버 사이에 사용한다.
> 마. NAC(Network Access Control) 서버를 사용한다.

1) 가, 나
2) 가, 나, 다
3) 가, 나, 다, 라
4) 가, 나, 다, 라, 마

50. OSI 계층별 하드웨어 장비 중에서 네트워크 구간 케이블 전기적 신호를 재생하고 증폭하는 장비는 무엇인가?

1) Repeater   2) Bridge

3) Router   4) Gateway

◈ 애플리케이션 보안

51. FTP에 대한 설명으로 그 내용이 틀린 것을 선택하시오.
1) FTP에 대한 사용자 접근제어를 하기 위해서 /etc/ftpusers에 사용자를 등록한다.
2) FTP 전송방식은 Active Mode와 Passive Mode가 있고 이것은 명령과 데이터를 21번 포트를 활용하여 송수신한다.
3) FTP는 암호화 기능이 없고 보안기능이 강화된 sFTP가 존재한다.
4) FTP는 TCP방식으로 동작하고 UDP를 사용하는 tFTP가 존재한다.

52. FTP에서 Active Mode에서 Passive Mode로 변경하기 위해서 사용되는 명령어는 무엇인가?
1) PASV   2) PASS
3) CDUP   4) PWD

53. FTP 응답코드에서 요청된 행위가 강제 종료된 것을 나타내는 코드는 무엇인가?
1) 200   2) 500
3) 451   4) 553

54. FTP에 대한 공격방법 설명이다. 가장 올바른 것은 무엇인가?

> (1) 익명 FTP서버를 경유하고 호스트를 스캔
> (2) FTP서버를 통해서 임의의 네트워크 접속하고 릴레이를 수행함.
> (3) 메일 Header부분을 조작하여 거짓메일을 만듦.

1) Bounce Attack
2) tFTP Attack
3) Anonymous FTP Attack
4) FTP 서버 취약점

55. FTP 명령어 중에서 원격 디렉토리 제거를 수행하는 명령어는 무엇인가?
1) NOOP   2) PASV
3) PASS   4) RMD

56. FTP에 대한 설명으로 그 내용이 틀린 것을 선택하시오.
1) FTP 서비스 기동 시에 ㄱ 옵션을 부여하면 Xferlog 파일을 기록한다.
2) inetd.conf 파일에서 in.ftpd를 제거하면 FTP를 사용할 수 없다.
3) FTP TCP를 사용하여 송수신하고 서버가 데이터 전송 포트를 결정한다.
4) FTP OSI 7계층에서 동작하고 윈도우 시스템에서 FTP를 사용하려면 IIS가 설치되어야 한다.

57. eMail에 대한 설명으로 틀린 것을 선택하시오.
1) SMTP에서 Mail Transfer Agent가 메일을 목적지로 Replay하는 역할을 수행한다.
2) MTA는 Sendmail 혹은 Exchange 등이 존재한다.
3) Mail User Agent는 메일을 읽는 역할을 수행하고 MS의 Outlook이 존재한다.
4) Sendmail에서 /etc/mail/access는 사용자 메일이 저장되는 폴더이다.

58. 아래의 명령어는 어떤 것을 파악하는 것인가?

```
$ netstat -na | grep 25
```

1) FTP 서비스   2) inetd Daemon
3) SNMP   4) SMTP

59. 아래의 공격방법으로 올바른 것을 선택하시오.

> · 사용자가 메일 열람 시에 하는 공격
> · HTML이 포함된 메일
> · 스크립트를 실행해서 정보 유출을 수행하는 악성코드

1) PC 악성코드
2) Active Contents 공격

3) 트로이목마

4) Drive by download 공격

60. 아래의 메일 보안기술 중에서 Sendmail 등과 연동할 수 있으며 제목, 메일크기, 내용, 보낸 사람 등에 대한 필터링 기능을 지원하는 것이 무엇인가?

1) procmail

2) Sanitizer

3) SPF(Send Policy Framework)

4) RBL(Real time Black List)

61. 메일 내용을 스캔해서 메일의 In 혹은 Out 정책을 설정하고 첨부파일을 필터링할 수 있는 것은 무엇인가?

1) procmail
2) inflex
3) Spam Assassin
4) RBL

62. 아래의 기능을 지원하는 메일 보안기법은 무엇인가?

- 봉인된 데이터
- 서명된 데이터
- 순수한 서명
- 사용자 인증, 기밀성, 무결성, 부인방지 기능
- X.509 인증서 Version 3을 사용
- MIME 기능을 보강

1) PGP
2) PEM
3) S/MIME
4) 서명된 메시지

63. Apache 웹서버 Session 관리부분에서 300초라는 기본값을 가지고 클라이언트 요청에 대해서 서버가 대기하는 시간을 설정하는 것과 접속연결에 대한 재요청을 허용할 것인지를 설정하는 것은 무엇인가?

가. Timeout
나. Session Timeout
다. Maxtime
라. MaxKeepAliveRequest
마. KeepAliveTimeout
바. KeepAlive
사. KeepOn

1) 나, 마
2) 가, 바
3) 다, 사
4) 라, 사

64. DNS는 도메인 주소를 관리하는 시스템으로 도메인 단위로 관리를 수행하고 이러한 도메인 단위관리에서 도메인을 ( ) 이라고 한다. 또한 도메인 서버에서 도메인의 이름은 RFC 표준에 따라 영문자대문자, 영문자소문자, ( ), ( )가 사용된다.

1) Primary DNS, 특수문자, -
2) Cache Only DNS, 숫자, *
3) Zone, 숫자, -
4) 계층구조, 숫자, 특수문자

65. DNS에 대한 설명으로 그 내용이 틀린 것을 선택하시오.

1) DNS TCP/UDP 53번 포트를 사용한다.

2) DNS는 Zone은 Public Domain Zone과 Inverse Domain Zone이 존재하고 Public Domain Zone은 IP주소에 대한 도메인 주소로 번역한다.

3) DNS 종류 중에서 Cache Only DNS는 한 번 질의 받은 것은 Cache에 저장하여 대역폭의 소모를 줄일 수 있다.

4) Secondary DNS는 서버가 다운되면 주 영역을 대신해서 사용한다.

66. DNS에서 사용자가 내부정보를 수동으로 편집해서 인터넷에 적용되는 것은 무엇인가?

1) Primary DNS
2) Secondary DNS
3) Cache-Only DNS
4) SOA Record

67. 아래의 DNS 설정의 예를 보고 답을 고르시오.

```
# 호스트에 IP주소를 부여함
WWW    IN    (    )    201.1.1.1
Mail    IN    (    )    201.1.1.1
```

( ) 내에 알맞은 것은 무엇인가?

1) Name Server Record
2) Mail exchanger Record
3) CNAME
4) Address

68. DBMS 접근제어 방식은 Agent 방식과 Gateway 방식으로 나누어진다. Gateway 방식은 다시 Proxy 방식과 Inline 방식으로 분류할 수 있다. 아래의 내용 중에서 Gateway 방식에 대한 설명으로 틀린 것을 선택하시오.

1) Proxy 방법은 데이터베이스에 접속하는 모든 IP를 Proxy 서버를 통해서 접근하는 방법이다.
2) Proxy 방법은 강력한 접근제어를 실현하지만 작은 규모의 환경에서는 분리하다.
3) Proxy 방법은 이중화가 가능하므로 업무연속성을 확보한다.
4) Inline 방법은 규모가 크지 않는 환경에서 유리하다.

69. 다음 MS SQL 데이터베이스를 구축하고 보안점검을 하고자 한다. 올바른 활동을 모두 선택하시오.

```
가. 물리적 보안과 서비스 격리
나. 데이터베이스 서버와 인터넷 중간에 방화벽 설치
다. 최소한의 권한으로 계정생성
라. 최신 서비스 팩과 주기적 보안 패치를 실시
마. SA계정에 복잡한 패스워드를 설정하고 주기적으로 변경한다.
바. xp_cmdshell을 실행 할 수 있도록 설정한다.
사. Null 패스워드를 파악하고 제거 및 사용하지 않는 계정 삭제
```

1) 가, 나, 다, 라, 마
2) 가, 다, 라, 마, 사
3) 가, 나, 다, 라, 마, 바, 사
4) 나, 다, 라, 마, 사

70. 아래의 내용에 해당되는 공격방법은 무엇인지 선택하시오.

```
공격도구: Havij, Pangolin, HDSL
대응방법: 입력값 필터링, 입력값 크기 제한, ORM 사용,
        Stored Procedure 사용, Web Firewall 사용
```

1) SQL Injection
2) Command Injection
3) XSS
4) CSRF

71. 아래의 내용은 Mass SQL Injection에 대한 설명이다. ( ) 내에 올바른 것을 선택하시오.

```
( 1번 )가 아닌 ( 2번 )를 통해서 데이터가 전달되는 방식으로 대부분의 Web Application Firewall조차 ( 1번 )
방식만 검사하기 때문에 우회할 수 있는 통로로 활용되어 공격
```

1) 1번: Get   2번: Session
2) 1번: Post   2번: Cookie
3) 1번: Get/Post   2번: Session
4) 1번: Get/Post   2번: Cookie

72. XSS공격에서 취약한 웹페이지는 어떤 것인지 모두 선택하시오.

```
가. HTML을 지원하는 게시판
나. Search Page
다. Personalize Page
라. Join Form Page
마. 사용자로부터 입력 받아 화면에 출력하는 모든 페이지
```

1) 가, 나   2) 가, 나, 다
3) 가, 나, 다, 라   4) 가, 나, 다, 라, 마

73. XSS 공격 유형 중에서 Reflective XSS에 대한 설명으로 틀린 것을 선택하시오.

1) Non persistent
2) 공격자는 악성 스크립트를 포함한 URL을 Victim에 노출
3) 악성 스크립트는 서버에 저장되지 않음.
4) 악성 스크립트를 서버에 저장

74. 윈도우 웹서버인 IIS 서버에서 사용하는 인증 방법이 아닌 것은 무엇인가?
   1) PAM(Pluggable Authentication Module) 인증
   2) 윈도우 인증
   3) 다이제스트 인증
   4) 기본인증

75. 리눅스에서 사용하는 PAM인증에 대한 설명이다. 틀린 것을 선택하시오.
   1) PAM은 접근제어를 지원하고 모듈화된 방법을 제공한다.
   2) PAM 라이브러리는 /etc/pam.d 혹은 /etc/pam.conf로 설정한다.
   3) PAM 모듈은 /lib/security 혹은 /usr/lib/ security에 위치하고 정적으로 로딩된다.
   4) PAM에 대한 확인은 rpm -qi pam으로 확인할 수 있다.

◈ 정보보호개론

76. 아래의 내용 설명으로 가장 올바른 것은 무엇인가?

   -( ) 인증 시스템의 취약점 해결방법
   -Time Stamp로 인해서 시간 동기화가 필요함.
   -재생방지 공격에 유효기간을 표시
   -Time Stamp를 사용한 키 확인 과정을 수행
   -비밀키 변경이 필요함.

   1) SSO   2) Kerberos
   3) EAM   4) NAC

77. Kerberos에서 일정 시간 제한을 두어 다른 사람이 (1번) 복사하여 재사용 방지 및 재생공격을 방지하는 것은 (2번)이다.
   1) 1번: Time Stamp   2번: Ticket
   2) 1번: KDC   2번: Time Stamp
   3) 1번: Ticket   2번: Time Stamp
   4) 1번: TGS   2번: KDC

78. 아래의 내용 중에서 그 구성이 다른 것은 무엇인가?
   1) CCTV   2) 생체인식
   3) 직무분리   4) 경비원

79. 블록 암호화 운영모드에서 암호화가 각 블록에 독립적으로 작용하는 운영모드는 무엇인가?
   1) ECB   2) CBC
   3) OFB   4) CFB

80. 공격자가 Call Center에 전화를 걸어 패스워드를 알아내는 공격방법은 무엇인가?
   1) 무차별 공격   2) 사전공격
   3) 사회공학적   4) 전자적 모니터링

81. 아래의 내용은 생체인식이 가져야 할 특성 중에서 어떤 문제를 유발시킬 수 있는가?

   사용자 A는 오래된 현장 작업으로 지문이 손실되었다.

   1) 지속성   2) 유일성
   3) 보편성   4) 저항성

82. 다음 중 위험관리의 순서로 가장 적절한 것은?

   가. 위험분석   나. 정보보호대책 수립
   다. 위험평가   라. 정보보호계획 수립
   마. 위험관리 전략 및 계획 수립

   1) 가 - 나 - 다 - 라 - 마
   2) 가 - 다 - 나 - 라 - 마
   3) 마 - 가 - 나 - 라 - 다
   4) 마 - 가 - 다 - 나 - 라

83. 보안성 평가를 IT 위한 공통평가기준(Common Criteria)에서 보안기능을 포함한 IT 제품이 갖추어야 하는 보안 요구사항의 집합을 의미하는 것은?
   1) TOE(Target of Evaluation)
   2) PP(Protection Profile)
   3) ST(Security Target)
   4) EAL(Evaluation Assurance Level)

84. 개인정보관리체계(PIMS)는 조직의 전반적인 경영을 위한 관리구조의 한 부분으로, 조직의 사업목적을 달성하는 것을 방해하는 다음의 위험들을 관리해야 한다. 아래 표에서 '가', '나', '다'는 각각 어떠한 위험에 대한 설명인가?

| 가. 개인정보자산이 허가되지 않은 사람에게 노출되는가? |
| 나. 허가되지 않은 사람에 의하여 변경되거나 훼손되는가? |
| 다. 기술적 관리적 물리적 보호조치 또는 개인정보보호 관련 법률 같은 법률적으로 규정된 사항을 지키지 못하는가? |

	가	나	다
1)	기밀성	무결성	준거성
2)	기밀성	무결성	가용성
3)	무결성	기밀성	준거성
4)	무결성	기밀성	가용성

85. 다음 중 상위 등급의 주체가 하위 등급의 객체에 정보의 쓰기를 수행할 수 없도록 하는 속성(no write-down 속성)을 가진 보안 모델은?
   1) Take-Grant 모델
   2) Biba 모델
   3) Clark-Wilson 모델
   4) Bell-LaPadula 모델

86. 해시 함수에 대한 다음의 설명 중 가장 거리가 먼 것은?
   1) 해시 함수는 고정된 길이의 출력을 생성하여야 한다.
   2) 해시 함수는 임의의 길이의 데이터 블록에 적용될 수 있어야 한다.
   3) 주어진 데이터에 대한 해시 값을 계산하는 것은 어려워야 한다.
   4) 같은 해시 값을 가지는 서로 다른 데이터 X와 Y를 찾는 것은 계산상 불가능해야 한다.

87. 「정보통신망 이용촉진 및 정보보호 등에 대한 법률」 및 「개인정보 보호법」의 개인정보의 수집·이용에 관한 조항에서 정보주체에 반드시 알려야 하는 사항이 다르게 정의되어 있다. 공통적으로 정의되어 있지 않은 사항은?
   1) 개인정보의 수집·이용 목적
   2) 동의를 거부할 권리가 있다는 사실
   3) 개인정보의 보유 및 이용 기간
   4) 수집하려는 개인정보의 항목

88. 일정량의 평문에 대응하는 암호문을 알고 있는 상태에서 암호문과 평문의 관계로 부터 키를 추정하여 해독하는 공격 방법은?
   1) 암호문 단독 공격(ciphertext only attack)
   2) 알려진 평문 공격(known plaintext attack)
   3) 선택 평문 공격(chosen plaintext attack)
   4) 선택 암호문 공격(chosen ciphertext attack)

89. 다음 중 미국 국립기술표준원(NIST)으로부터 AES(Advanced Encryption Standard)로 선정된 Rijndael 암호 알고리즘에 대한 설명으로 가장 거리가 먼 것은?
   1) DES보다 안전하고 3중 DES보다 효율적이라는 선정 조건을 만족한다.
   2) 현대 블록 대칭키의 기본이 되는 Fiestel 구조를 잘 유지하고 있다.
   3) 키의 크기와 라운드 수를 가변적으로 설정하여 유연하게 사용이 가능하다.
   4) 구조가 간단하여 소프트웨어, 하드웨어, 펌웨어로의 구현에 모두 적합하다.

90. 아래의 지문은 「정보통신망 이용촉진 및 정보보호 등에 관한 법률」이다. 올바른 것을 선택하시오

| "( )"란 생존하는 개인에 관한 정보로서 성명·주민등록번호 등에 의하여 특정한 개인을 알아볼 수 있는 부호·문자·음성·음향 및 ( ) 등의 정보(해당 정보만으로는 특정 개인을 알아볼 수 없어도 다른 정보와 쉽게 ( )하여 알아볼 수 있는 경우에는 그 정보를 포함한다)를 말한다. |

   1) 개인정보, 바이오, 구성
   2) 정보시스템, 생체, 연결

3) 개인정보, 구성, 생체

4) 개인정보, 영상, 결합

91. (　　)는 사상, 신념, 과거의 병력 등 개인의 권리, 이익이나 사생활을 뚜렷하게 침해할 우려가 있는 개인정보를 수집하여서는 아니 된다. 다만, 제22조 제1항에 따른 이용자의 (　　)를 받거나 다른 법률에 따라 특별히 수집 대상 개인정보로 허용된 경우에는 그 개인정보를 수집할 수 있다. (　　)에 알맞은 정보통신망법은 무엇인가?

1) 개인정보 취급자, 합의

2) 개인정보 취급자, 동의

3) 개인정보 이용자, 동의

4) 정보통신서비스 제공자, 동의

92. 개인정보보호에서 동의를 받아야 할 정보통신망법상의 항목이 아닌 것은?

1) 개인정보의 파기

2) 개인정보의 이용기간

3) 개인정보의 수집 이용 목적

4) 수집하는 개인정브의 항목

93. 정보통신망법상 동의 없이 개인정보 수집이 가능한 경우는?

1) 세미나를 위한 경우

2) 홍보, 마케팅에 활용하려는 목적인 경우

3) 대리운전을 하기 위한 전화번호 제공하는 경우

4) 이벤트를 위해 경품을 제공하기 위한 경우

94. 정보주체로부터 제3자 제공 시 정보통신망법상 동의받을 사항이 아닌 것은?

1) 개인정보를 제공받는 자

2) 개인정보보호의 척임

3) 개인정보보호 항목

4) 거인정보를 제공받는 자의 개인정보 이용 목적

95. 「정보통신망 이용촉진 및 정보보호 등에 관한 법률」 중 정보통신망에서의 이용자 보호에 대

한 내용으로 틀린 것을 선택하시오.

1) 개인정보 수집 및 이용에 대한 동의 등

2) 청소년 보호를 위한 시책 마련 등

3) 불법정보의 유통금지 등

4) 영상 또는 음향정보 제공사업자의 보관의무

96. 아래의 내용 중에서 개인정보보호에서 해당되는 암호화 조치와 관련이 없는 것은 무엇인가?

1) 금융거래 시에 사용되는 계좌번호

2) 회원등록 시에 사용되는 주민번호

3) 개인에 대한 바이오 정보

4) 회원인증에 사용되는 패스워드

97. 아래의 내용 중에서 IDEA 암호화 시스템에 대한 설명으로 가장 올바른 것을 선택하시오.

1) 대칭키 암호화 방식, 64비트 키

2) 대칭키 암호화 방식, 128비트 키

3) 비대칭키 암호화 방식, 64비트 키

4) 비대칭키 암호화 방식, 128비트 키

98. 암호화 기법 중 스마트 폰, 스마트 카드에 활용할 수 있고, 하드웨어 및 소프트웨어로 구현할 때 코드의 간결성과 효율성이 특징인 암호화 기술은 무엇인가?

1) AES　　　　　　　2) MD5

3) SHA　　　　　　　4) RSA

99. BCP에서 가장 중요한 활동은 비즈니스 영향도 분석 작업이다. 비즈니스 영향 분석(BIA)을 수행하는 이유로 적당하지 않은 것은 무엇인가?

1) 핵심 업무프로세스 식별

2) 핵심 프로세스에 필요한 자원식별

3) 최대허용 유휴시간 산정

4) DRS 구축 비용산정

100. 대칭키 암호화 시스템인 DES 암호화 기법에서 Key의 길이는 무엇인가?

1) 16비트　　　　　　2) 56비트

3) 64비트　　　　　　4) 1024비트

제6회 정보보안기사 모의고사

◈ 시스템 보안

1. 아래의 내용은 운영 보안모드이다. 그 설명에 해당되는 것은 무엇인가?

   > 모든 사용자가 시스템에 의해 처리된 모든 정보에 접근하도록 허가 받았지만 모든 정보에 접근할 필요가 없다.

   1) 전용보안모드(Dedicated Security Mode)
   2) 시스템 최고 보안모드(System High Security Mode)
   3) 구획화 모드(Compartmented Security Mode)
   4) 다수준 보안모드(Multilevel Security Mode)

2. 소프트웨어 개발방법인 객체지향 방법론에서 제시된 것으로 시스템의 구성요소는 세부적으로 파악하지 않고 입력구문과 출력으로 표현되는 것만 파악하는 것은 무엇인가?

   1) 다형성
   2) 추상화
   3) 데이터 숨김
   4) 다중 인스턴스

3. 아래의 지문에 알맞은 것을 선택하시오.

   > CPU 스케줄링에 대한 것으로 일정한 시간 할당량 만큼 CPU를 점유하고 시간 할당량을 초과하면 다시 준비 큐로 되돌아 온다.

   1) 최소작업 우선 스케줄링
   2) 우선순위 스케줄링
   3) 순환할당 스케줄링
   4) 다단계 큐

4. 국내 사이버 침해사고인 1.25일 사이버 침해의 특징으로 가장 올바른 것은 무엇인가?

   1) 주로 개인용 PC를 대상으로 웜을 전파했다.

2) 사용자가 Active X를 다운로드 받고 좀비PC로 전환되었다.
   3) 불법적인 P2P 공유 프로그램 사용자에게 웜이 전파되었다.
   4) SQL Server 취약점을 이용했다.

5. 윈도우의 System Configuration Utility로 윈도우의 전체적인 설정 및 관리를 할 수 있는 도구이다. 이것은 system.ini, win.ini, boot.ini와 같은 내용을 열람할 수 있으며 시작 프로그램을 관리 할 수도 있는 것은 무엇인가?

   1) ipconfig
   2) Event View
   3) msconfig
   4) confmanager

6. HKLM\SYSTEM\CurrentControlSet\Services\lanmanserver\parameters에 관련된 것은 무엇인가?

   1) LAN 사용자 정보
   2) 공유폴더
   3) 시작 프로그램 순서 및 제어
   4) 서비스 등록 및 시작

7. 아래의 설정이 무엇을 의미하는지 선택하시오.

   1) Autologon 비활성화
   2) Null Session 접근제어
   3) DoS 예방
   4) 공유폴더 제한

8. 윈도의 취약점이 발견되어서 아래와 같이 윈도우 패치가 나왔고 패치를 자동적으로 업데이트 하는 hotfix이다. 이러한 hotfix를 도와주는 MS의 툴은 무엇인가?

```
windows xp 핫픽스 - kb82511S
windows xp 핫픽스 - kb82803E
windows xp 핫픽스 패키지 [자세한 정보:q319580]
windows xp application compatibility update [q319580]
windows xp hotfix - kb821557
windows xp hotfix - kb823182
windows xp hotfix - kb823980
windows xp hotfix - kb824105
windows xp hotfix(sp1)[see q311967 for more information]
windows xp hotfix(sp1)[see q313450 for more information]
windows xp hotfix(sp1)[see q314862 for more information]
windows xp hotfix(sp1)[see q315000 for more information]
windows xp hotfix(sp1)[see q315403 for more information]
windows xp hotfix(sp1)[see q317277 for more information]
windows xp hotfix(sp1)[see q318138 for more information]
windows xp hotfix(sp1)[see q320174 for more information]
windows xp hotfix(sp1)[see q323172 for more information]
windows xp hotfix(sp1)[see q324096 for more information]
windows xp hotfix(sp1)[see q324380 for more information]
windows xp hotfix(sp1)[see q326830 for more information]
windows xp hotfix(sp1)[see q328940 for more information]
```

1) patchinstall   2) covert

3) pam   4) fport

9. 아래의 설명으로 올바른 것은 무엇인가?

- 유닉스 계열에서 사용되는 접근제어 툴로 수퍼데몬으로 구동되는 서비스에 대한 접근제어와 로깅을 수행하는 보안도구
- 접근제어를 위한 /etc/hosts.allow와 /etc/hosts.deny 파일을 사용
- 클라이언트가 inetd로 구동되는 서버에 애플리케이션을 요청하고 Inetd는 tcpd에게 제어권을 넘김. Tcpd는 접근제어 목록인 hosts.allow 및 hosts.allow를 검사하고 애플리케이션 접근을 허용

1) tcp wrapper   2) httprint

3) ampa   4) xprobe

10. 다음 중 스파이웨어 감염을 파악할 수 있는 내용으로 가장 거리가 먼 것을 선택하시오.
    1) 원하지 않는 광고창이 발생
    2) 사용자가 광고 프로그램을 종료하지 못하거나, 삭제를 하지 못함.
    3) 홈 페이지에서 즐겨찾기 등이 특정 사이트

로 임의적 변경되었음.
    4) 대량의 트래팩을 발생시키는 좀비PC가 됨.

11. 아래의 내용은 서버의 접근통제를 할 수 있는 iptables 설정이다. 해당되는 내용은 무엇인가?

- iptables -A FORWARD -p udp -m udp - s port 53 -j ACCEPT
- iptables -A OUTPUT -p udp -m udp -dport 53 -j ACCEPT

1) ICMP ping을 허용하고 있다.
2) HTTP 서비스를 허용하고 있다.
3) FTP 서비스에 대한 허용이다.
4) DNS 서버에 대한 허용이다.

12. 유닉스 로그에 대한 설명이다. 그 내용이 틀린 것은 무엇인가?
    1) wtmp: 사용자 로그인과 로그아웃에 대한 정보
    2) pacct: 사용자가 로그인 후에 로그아웃할 때까지 입력한 명령과 시간, tty 등에 대한 정보
    3) lastlog: 루트에 대한 마지막 접근로그
    4) btmp: 5번 이상 로그인 실패 시에 기록

13. 다음 중에서 네서스(Nessus) 스캔을 통해서 파악할 수 있는 것이 아닌 것은 무엇인가?
    1) HTTP Request에 송신한 문자열을 그대로 반환하는 Method로 XST(Cross Site Tracing) 공격을 받을 수 있는 취약점 파악
    2) 서버의 php환경에 대해 자세한 내용
    3) 공격자의 로그인 흔적을 파악
    4) 웹 페이지 클라이언트의 쿠키 정보

14. 공격도구에 대한 설명으로 그 내용이 틀린 것은 무엇인가?
    1) Httprint: HTTP 서버 소프트웨어 버전을 탐지하고 HTTP 서버를 테스트하면서 수신한 시그니처와 저장된 시그니처를 비교
    2) nikto는 6500개 이상의 잠재적으로 위험

한 파일을 포함한 여러 항목을 웹서버에 대한 포괄적 테스트를 수행
3) xprobe는 웹서비스를 분석할 수 있다.
4) nmap은 네트워크 포트 스캔 툴이다.

15. 아래의 crontab에 대한 해석으로 올바른 것을 선택하시오.

```
10 2-5 * * * /home/user/limbest
```

1) 2시부터 5시까지 10분 마다 실행
2) 무조건 10분에 맞추어 limbest를 실행
3) 10분에 2번, 5번 limbest 실행
4) 10일날 2시에서 5시 사이에서 실행

16. Code Red Virus와 마찬가지로 DDoS를 실행하여 네트워크 부하를 유발하는 바이러스로 마이크로소프트의 데이터베이스 관리 시스템인 SQL서버의 취약점을 이용한 웜은 무엇인가?
1) 슬래머웜   2) 님다
3) 모리스   4) 코드레드 웜

17. 아래 웜 중에서 IIS의 버퍼오버플로우 약점을 이용하여 공격한 것은 무엇인가?
1) 슬래머웜   2) 님다
3) 모리스   4) 코드레드 웜

18. 운영체제의 정보를 알 수 있는 것을 모두 선택하시오.

```
가. nmap의 -O 옵션을 사용
나. host 명령
다. telnet을 사용하여 원하는 서버로 접속해봄.
라. ping 명령의 TTL 값으로 추정
```

1) 가   2) 나, 다
3) 가, 나, 다   4) 가, 다, 라

19. 아래의 공격기법에 대한 설명으로 틀린 것은 무엇인가?
1) Buffer Overflow는 지정된 버퍼의 크기보다 더 많은 데이터를 입력하여 비정상적

인 행위를 하게 하는 공격방법이다.
2) Race Condition은 여러 개의 프로세스가 하나의 자원을 사용하기 위해서 경쟁할 때 프로세스 권한을 이용한 공격이다.
3) Format String은 무작위로 단어를 입력하여 패스워드를 파악한다.
4) DOS는 해당 서비스를 사용하지 못하도록 부하를 유발한다.

20. 아래의 내용은 무엇인가?

```
hcjung   ftpd5812    123.45.4.80       Tue Apr 17 21:44 - 21:59  (00:15)
hcjung   pts/1       hcjung.kisa.or.k  Tue Apr 17 17:59  still logged in
yjkim    pts/1       123.45.2.149      Mon Apr 16 20:06 - 20:34  (00:28)
kong     pts/1       123.45.2.146      Mon Apr 16 16:36 - 18:13  (01:37)
chief    pts/0       123.45.2.26       Mon Apr 16 10:39 - 14:35 (2+03:56)
reboot   system boot                   Mon Apr 16 01:52
hcjung   pts/1       hcjung            Mon Apr 15 01:21 - crash  (00:30)
```

1) wtmp   2) utmp
3) sulog   4) lastlog

21. 아래의 설명으로 틀린 것은 무엇인가?
1) L0phtCrackdms 비밀번호 해독 프로그램으로 비밀번호로 사용될 문자를 추정하거나 무차별 대입 방식으로 비밀번호를 해독한다.
2) lceword는 윈도우 안티 루트킷이다.
3) chkrootkit는 리눅스 안티 루트킷이다.
4) tcpdump는 TCP 패킷으로 DDoS 공격도구이다.

22. 아래의 출력결과는 어떤 것에 해당되는가?

```
procs -----------memory---------- ---swap-- -----io---- --system-- -----cpu-----
r b  swpd  free  buff cache  si  so   bi  bo   in   cs us sy id wa st
0 7    0 75804   820 1709448  0  0 47116  468 38599 1975  0 22  8 70  0
1 7    0 68240   820 1716080  0  0 56484  556 44765 3087  0 24 14 62  0
0 7    0 70348   812 1715056  0  0 66044  712 54661 4169  0 30 11 60  0
0 8    0 71216   812 1714052  0  0 66028  468 55684 4796  0 28 10 62  0
0 2    0 72208   812 1712584  0  0 47120  580 40183 2691  0 21  4 76  0
0 7    0 68240   812 1716908  0  0 48160  796 37488 3190  0 22 28 50  0
```

1) Coalescing/ Compaction
2) Thrashing
3) Paging
4) Swapping

23. passwd ㅓ limbest는 무슨 명령인가?
    1) 패스워드 파일을 생성한다.
    2) 패스워드 상태를 출력한다.
    3) 패스워드 잠금기능을 수행한다.
    4) 패스워드를 NULL로 지정한다.

24. 아래의 내용 중에서 윈도우 공유폴더 포트가 아닌 것은 무엇인가?
    1) UDP 137
    2) UDP 138
    3) TCP 201
    4) TCP 445

25. 루트킷(Rootkit)은 시스템 침입 후 침입 사실을 숨긴 채 차후 침입을 위해서 백도워, 트로이목마 설치, 원격접근, 내부 사용흔적 삭제, 관리자 권한획득 등 주로 불법적인 해킹에 사용되는 기능을 제공하는 프로그램 모임이다. 그럼, 안티 루트킷 도구 중에서 시스템 내에 숨겨진 유해파일을 검색하고 복사 및 제어할 수 있는 도구는 무엇인가?
    1) GMER
    2) NMAP
    3) nbtscan
    4) MBSA

◆ 네트워크 보안

26. 높은 신뢰도 및 제어용 메시지가 필요 없고 비연결형 서비스에 사용되는 것은 무엇인가?
    1) ARP
    2) RARP
    3) UDP
    4) OSPF

27. 한번에 하나의 컴퓨터에서만 데이터를 전송하기 때문에 사용 경쟁이나 충돌이 발생하지 않으며, 케이블 트래픽이 쌓여 재전송을 해야 하는 경우가 발생하지 않는 것은 무엇인가?
    1) CSMA/CD
    2) Token Ring
    3) FDDI
    4) CSMA/CA

28. IEEE 802.1x인증이 널리 사용되고 있다. IEEE 802.1x를 사용하는 서버는 무엇인가?

1) CA서버
2) Kerberos 서버
3) RADIUS 서버
4) DNS 서버

29. IPSEC에서 보안정책을 수행하기 위한 정책 데이터베이스는 무엇인가?
    1) SPD
    2) AH
    3) ESP
    4) SAD

30. 다음 지문은 IPSEC에 대한 설명이다. 그 내용이 틀린 것을 선택하시오.
    1) IPSEC은 재생공격을 막기 위해서 Sequence Number를 붙여서 실현한다.
    2) IPSEC은 중간자 공격에 대해서 HMAC-(Hash based Message Authentication Code)를 사용하므로 불가능하다.
    3) ESP auth는 데이터 무결성을 위해서 HMAC를 계산한 것이다.
    4) AH는 인증과 무결성, 기밀성을 제공한다.

31. IPSEC의 핵심인 SA(Security Association)에 대해서 가장 바르게 설명한 것은 무엇인가?
    1) 송신자와 수신자는 하나의 SA를 공유하는 형태이다.
    2) SA는 목적지 단말과 사용되는 프로토콜로 구성된다.
    3) 보안연계는 전역적으로 유일한 값을 가진다.
    4) 하나의 SA는 단방향 데이터 전송에 적용되며 데이터 보호를 위해서 보안 파라메터를 포함한다.

32. IP 주소를 절감하기 위해서 사용되는 NAT 중에서 주소절감의 효과가 가장 큰 것은 무엇인가?
    1) Static NAT
    2) Dynamic NAT
    3) PAT
    4) Integration NAT

33. 아래는 라우팅 프로토콜에 대한 설명이다. 그
내용이 틀린 것을 선택하시오.
   1) 라우팅 프로토콜은 동작 방식에 따라 Distance
   Vector, Link State, Path Vector (Hybrid) 방
   식이 존재한다.
   2) 라우팅 프로토콜에서 동적경로는 정적경로
   보다 우선한다.
   3) 라우팅 프로토콜은 네트워크의 라우터 장
   비에 의해서 수행된다.
   4) 라우팅 프로토콜은 네트워크 경로 및 상태
   에 대한 정보를 송신한다.

34. Access-list 설정의 예이다. 그 해석으로 올바른
것을 선택하시오.

```
Router# config t
Router(config)# access-list 2 permit 130.100.0.0
0.0.255.255
Router(config)# access-list 2 deny any
Router(config)# exit
```

   1) 130.100.0.0에 있는 시스템에서 유입되는
   패킷만 중계하고 나머지는 모두 거부한다.
   2) 130.100.255.255의 패킷은 Drop된다.
   3) 포트가 다르게 하면 130.100.0.0이 아닌 주
   소도 라우터를 통과할 수 있다.
   4) 130.100.0.0에서 130.100.256.256까지 선택
   하시오.

35. 아래의 내용으로 알맞은 것을 선택하시오.

```
SYN Flooding은 많은 수의 (        ) 요청을 하고
(        )을 클라이언트가 보내주지 않는다.
```

   1) SYN, ACK   2) SYN, IP
   3) ACK, SYN   4) ACK, NACK

36. Nmap 옵션에 대한 설명으로 틀린 것을 선택
하시오.

```
Nmap [scan type][Option]  host
```

   1) Scan Type -sT는 TCP Connect() 함수를 사
   용해서 모든 포트에 대해 스캔하는 방식

2) Scan -sS TCP SYN Scan은 3 Way를 하지
않고 끊기 때문에 Half open 스캐닝이라고
한다.
   3) Scan Type -sU는 어떤 TCP 포트가 오픈
   되었는지 확인한다.
   4) Scan Type -b는 익명 FTP 서버를 이용 해
   그 FTP 서버를 경유해서 호스트를 스캔한다.

37. 아래의 공격은 어떤 공격인지 선택하시오.

```
· 암호화 되어 있고, TCP, UDP, ICMP를 사용할 수
  있음.
· TCP Syn Flooding, UDP Flooding, ICMP Flooding,
  Smurf 공격이 가능함.
· IP Spoofing 기능도 가짐
```

   1) Shaft   2) TFN2K
   3) TFN   4) Trinoo

38. 네트워크 공격기법에서 출발지 주소와 목적
지 주소를 같게 하여 공격하는 방법은 무엇
인가?
   1) Land Attack   2) DoS
   3) Session Hijacking   4) TCP Syn Flooding

39. SSL 보안 프로토콜에서 Man in the Middle 공
격에 대응할 수 있는 것은 무엇인가?
   1) 웹 브라우저가 검증되지 않는 서버 인증서
   는 사용하지 않는다.
   2) 송신되는 데이터를 송신자 컴퓨터의 전자
   서명 값을 추가하여 송신자의 신원을 확인
   한다.
   3) 클라이언트와 서버가 데이터를 암호화하고
   복호화 한다.
   4) 서버와 클라이언트 인증서를 사용한다.

40. 세션 하이재킹(Session Hijacking)에 대한 설명
으로 잘못된 것을 선택하시오.
   1) TCP의 취약점을 이용한 능동적 공격 방법
   이다.
   2) Telnet, FTP 등 TCP를 사용한 모든 세션의

갈취가 가능하다.
3) TCP의 Sequence Number를 이용한 공격이다.
4) TCP의 취약점을 사용하여 클라이언트와 서버 양쪽 모두 데이터 전송을 못하게 하는 공격이다.

41. 아래의 보안시스템은 무엇인가?

외부의 침입요소를 탐지하고 공격 및 유해 트래픽에 대한 자동 대응

1) IDS
2) ESM
3) IPS
4) SSO

42. 세션 하이재킹(Session Hijacking)에 대한 설명으로 잘못된 것을 선택하시오.
1) 원격지 공격(Remcte Attack)는 시스템 외부에 목표 호스트 컴퓨터에 침투하는 해킹 과정으로 주로 유닉스를 대상으로 한다.
2) 원격지 공격(Remote Attack)는 공격대상 시스템의 데몬이나 제공하는 서비스의 잘못된 환경설정을 이용하여 불법적으로 권한을 획득하는 공격이다.
3) NIS(Network Information System), NFS(Network File System) 등의 잘못된 서정, 이용자의 정보를 바탕으로 시스템을 공격하는 방식이다.
4) 원격공격의 가능성을 점검하는 도구는 L2K가 있다.

43. IDS의 비정상탐지 방법은 무엇인지 선택하시오
1) Delphi
2) 패턴비교
3) 전문가 시스템
4) 신경망

44. 침입차단 시스템의 설명으로 잘못된 것을 선택하시오.
1) 애플리케이션 게이트웨이 방식은 응용 프로그램 데이터까지 점검하므로 높은 보안 강도를 가진다.

2) 패킷 필터링 방식은 동작속도가 빠르다. 하지만 IP를 변조하는 IP Spoofing에 취약하다.
3) 패킷 필터링 방식은 헤더 주소가 변경된다.
4) 상태 기반 패킷 검사(Stateful Packet Inspection)은 OSI 전 계층에서 동작하고 패킷에 대해서 접속허용을 점검하고 응용 프로그램 데이터까지 점검이 가능하여 방화벽 표준으로 자리를 잡고 있다.

45. 아래의 보안시스템은 무엇인가?

외부의 침입요소를 탐지하고 공격 및 유해 트래픽에 대한 자동 대응

1) IDS
2) ESM
3) IPS
4) SSO

46. VPN에 대한 설명으로 그 내용이 틀린 것은 무엇인가?
1) 원격으로 LAN과 LAN을 인터넷을 통하여 연결하고 보안서비스를 제공한다.
2) 무결성을 확인하기 위해서 MAC를 사용한다.
3) 출발지와 목적지를 보호하기 위해서 암호화된 터널모드를 제공한다.
4) 공개키 암호 시스템으로 데이터 기밀성을 보장한다.

47. MTU보다 큰 패킷을 분할하여 전송한 후 패킷의 재조합 과정에서 문제점을 이용한 공격방법은 무엇인가?
1) Ping of Death
2) SYN Flooding
3) Teardrop Attack
4) Trinoo

48. 아래의 내용은 ICMP의 Error Message에 대한 설명이다. 이 중에서 Router가 Host에게 경로를 바꾸게 하는 메시지는 무엇인가?
1) 근원지 억제(Source Quench)
2) 시간초과(Time Exceeded)
3) 목적지 도착불가(Destination Unreachable)
4) 방향전환(Redirect)

49. FTP에 대한 설명으로 틀린 것은 무엇인가?
    1) FTP Bounce 공격은 PORT 명령 주소와 FTP 클라이언트 IP주소가 동일하지 않은 경우 발생할 수 있다.
    2) FTP 클라이언트가 동작하는 컴퓨터에 방화벽으로 인해 정상적인 동작이 이루어지는 않는 경우에 수동모드를 이용하여 명령어 전송을 위한 통신채널을 생성한다.
    3) FTP는 명령 전송 포트와 데이터 전송 포트가 분리되어 있고 명령 전송 포트는 TCP 22번 포트를 사용한다.
    4) FTP의 취약점은 서버가 데이터를 송신 시에 클라이언트를 파악하지 않고 전송하는 문제점을 가진다.

50. 아래의 IPSEC에 대한 설명으로 올바른 것은 무엇인가?

    | IPSEC는 네트워크 계층의 보안을 위해 (   ) 프로토콜과 (   ) 프로토콜을 사용하여 보안연계 서비스를 제공한다. |

    1) Land Attack
    2) Syn flooding Attack
    3) Smurf Attack
    4) Ping of Death Attack

◆ 애플리케이션 보안

51. 다음 중에서 FTP에 대한 설명으로 그 내용이 틀린 것은 무엇인가?
    1) FTP는 TCP/IP 네트워크 상에서 한 호스트에서 다른 호스트로 데이터 파일을 전송하는 표준 프로토콜로 IETF RFC 959이다.
    2) FTP Client와 Server는 2개의 Connection인 Protocol Interpreter와 Data Transmission Process로 나누어진다.
    3) FTP은 ID와 Password로 인증 시에 제어연결과 데이터 연결이 모두 이루어진다.
    4) FTP는 데이터 전송은 20번 포트, 1024 이후 포트를 사용한다.

52. FTP에 대한 설명으로 틀린 것을 선택하시오.
    1) TCP 21포트를 사용하여 서버에게 FTP 명령과 디렉터리 목록을 전송한다.
    2) TCP 20포트는 서버와 클라이언트 사이에서 데이터를 전달하고 데이터 전송이 완료되면 종료된다.
    3) FTP는 ASCII, Binary 파일의 제안된 파일 및 바이트 스트림, 레코드 형식을 지원한다.
    4) FTP는 Port Mode와 Passive Mode로 운영된다.

53. 다음은 tftp에 대한 설명이다. 그 내용이 틀린 것을 선택하시오.
    1) tftp는 별도의 인증 없이 빠르게 데이터를 송수신한다.
    2) tftp는 UDP를 사용하고 Port 69번을 활용하여 데이터를 전송한다.
    3) tftp는 하드디스크가 없는 장비들이 네트워크를 통해서 부팅할 수 있도록 제안된 프로토콜이다.
    4) access-list를 통해서 UDP 69번 포트를 오픈할 경우 연결은 되지만 데이터는 전송되지 않는다.

54. 다음은 PGP 인증에 대한 내용으로 그 내용이 잘못된 것은 무엇인가?
    1) PGP 메시지는 메시지 요소, 서명요소, 세션키 요소로 구성된다.
    2) 메시지 요소는 파일 이름과 생성된 시간의 타임스탬프, 전송되거나 저장될 실제적인 데이터를 포함한다.
    3) 서명요소는 타임스탬프, 메시지 다이제스트, 메시지 다이제스트의 상위 2바이트, 송신자 공개키의 키ID로 구성된다.
    4) 세션키는 암호화된 세션키와 세션키를 암호화하기 위해서 송신자가 사용한 송신자의 공개키 식별자를 포함한다.

55. PGP에서 사용되는 암호화 키 중에서 세션키 암호화 알고리즘으로 사용하는 것은 무엇인가?
    1) IDEA
    2) RSA
    3) DES
    4) SSL

56. X.509 인증서에서 필수 항목이 아닌 것은 무엇인가?
    1) Version
    2) Issuer
    3) Subject
    4) PolicyMappings

57. 다음은 스팸메일 보안도구에 대한 설명이다. 잘못된 것은 선택하시오.
    1) SpamAssassin은 스팸 탐지기술을 사용하여 DNS기반 퍼지 체크섬 기반 스팸탐지, 베이지안 필터링, 외부프로그램, 블랙리스트 및 온라인 데이터이스를 지원한다.
    2) mod Security는 공개용 웹 방화벽으로 아파치에서 모듈형태로 추가할 수 있는 툴이며 XSS, SQL Injection, SPAM 차단의 기능을 가진다.
    3) Sanitizer를 사용하여 확장자를 사용한 필터링이 가능하다.
    4) Inflex는 데이터를 완전 삭제할 수 있는 도구이다.

58. 전자메일 보안기술인 PGP와 S/MIME에 대한 설명이다. 그 내용이 틀린 것은 무엇인가?
    1) PGP 메시지는 메시지 요소, 서명요소, 세션키로 구성된다.
    2) S/MIME에서 사용자는 키 생성 등록 및 인증서 저장과 검색을 수행한다.
    3) S/MIME는 암호화된 서명방식으로 DSS, RSA를 사용하고 세션키 분배방식으로 Diffile-Helman, RSA 공개키 방식을 사용한다.
    4) S/MIME는 세션키를 이용한 컨텐츠 암호화 방식으로 DES를 사용한다.

59. 아래의 설명에 대해서 올바른 것을 선택하시오.

> 한 호스트에 계속 메일을 보내서 메일 시스템을 마비시키는 것은 메일을 처리하기도 전에 계속 메일이 오기 때문에 /var/spool/ mqueue에 계속 쌓여 시스템의 부하를 유발한다.

    1) Mail Storm
    2) Active Contents
    3) Mail용 Shell Script 공격
    4) 트로이 목마

60. Apache 웹서버의 디렉토리 리스팅에 대한 설명으로 잘못된 것은 무엇인가?
    1) 웹서버의 디렉토리에 접근할 경우 디렉토리 내의 파일목록이 출력되는 것이다.
    2) Apache의 httpd.conf 파일에서 디렉토리 리스팅을 설정할 수 있다.
    3) 비인가자는 웹서버 디렉토리 구조 파악 및 불법적인 파일 유출로 사용될 수 있다.
    4) listing 설정값을 On, Off하여 설정할 수 있다.

61. 신용카드 결제 프로토콜 SET에 대한 설명이다. 그 내용으로 틀린 것을 선택하시오.
    1) SET은 Master社와 VISA社에서 만든 신용카드 결제 프로토콜로 지불처리와 이중서명 기능을 가지고 있다.
    2) SET은 공개키 암호방식으로 1024비트 RSA를 사용한다.
    3) SET은 무결성 확인을 위해서 160비트의 SHA-1을 사용한다.
    4) SET은 비밀키 암호를 위한 128비트 AES를 사용한다.

62. 전자상거래 보안 기술인 S-HTTP에 대한 설명으로 잘못된 것을 선택하시오.
    1) S-HTTP는 서명을 위해서 RSA와 DSA를 사용한다.
    2) 암호화는 DES, RC2 알고리즘을 사용한다.
    3) 메시지 축약을 위해서 MD2, MD5, SHA를 사용한다.

4) 공개키로 PKCS-7 형식과 X.500를 사용한다.

63. 아래의 설명으로 올바른 것을 선택하시오.

(ㄱ)에 비해서 강력한 암호화를 실현할 수 있고 폭이 넓은 망의 통신규약에 대응하는 점에서 주목을 끌고 있다.
암호화에는 3개의 다른 데이터 암호화 표준(DES)키를 사용한 트리플 DES기술이 용용되고 있다.
(ㄱ)은 TCP/IP에서만 대응하지만 전송계층 보안은 네트워크나 순차 패킷교환, 애플토크 등의 통신망 통신규약에도 대응이 가능하다. 또 오류메시지 처리 기능이 개선되어 미국 마이크로소프트사, 넷스케이프사 (ㄴ)을 진화시켰다.

1) SSL, SHTTP   2) TLS, WTLS
3) SSL, TLS   4) WTLS, IEEE 802.1x

64. 아래의 무선랜 보안 표준은 무엇인지 선택하시오.

· Wi-Fi에서 권고하는 무선랜 표준
· WEP 문제를 해결함
· 현재 대부분의 무선기기에 사용

1) WPA2 혹은 IEEE 802.11i
2) WEP
3) WPKI
4) Wireless LAN Key

65. 아래의 내용 중에서 무선LAN에서 고정된 키가 아니라 동적으로 키를 생성하는 IEEE 802.11i 표준은 무엇인가?
1) WEP   2) TKIP
3) CCMP   4) WPA

66. 아래의 설명으로 올바른 것을 선택하시오.

가. RSA 암호 알고리즘이 소인수분해 문제의 어려움에 기반한다면 (ㄱ)은 이산대수 문제의 어려움에 기반한 알고리즘으로 난수 k를 이용하여 매 암호화 시 다른 암호문을 얻어 RSA에 비해서 더 안전하다고 볼 수 있다.

나. (ㄴ)는 1990년대 Hoffstein 등에 제안된 격자 기반 공개키 암호체계로 기존 공개키 암호와 비교하여 동일한 안정성을 제공한다. 암호화와 복호화 속도가 빠르고 양자 연산 알고리즘을 이용한 공격에도 강한 장점을 가진다.

1) ㄱ-NTRU, ㄴ- ElGamal   2) ㄱ-ElGamal, ㄴ- NTR
3) ㄱ-DSS, ㄴ- NTRU   4) ㄱ-NTRU, ㄴ- DSS

67. OTP(One time password)에 대한 설명 중 틀린 것을 선택하시오.
1) OTP는 매번 비밀번호를 다르게 발급할 수 있는 방법으로 동기방식과 비동기 방식이 있다.
2) OTP의 비동기방식은 Challenge Response로 일회용 패스워드를 발급한다. 이 방법은 사용자가 임의의 난수를 직접 OTP난수를 입력하여 생성된다.
3) OTP 비동기 방식은 시간 혹은 이벤트이 있고 시간 동기화는 매시간 비밀번호를 자동으로 생성하는 방식이다. 일정 기간 동안 OTP를 생성하지 않으면 시간 동기화는 OTP가 생성될 때까지 기다려야 하는 문제점을 가진다.
4) 이벤트 방식은 인증횟수를 기준값으로 동기화 하지만 시간 동기화 같은 대기가 발생한다.

68. 아래의 내용은 DNS(Domain Name Server)에 대한 설명이다. 그 내용이 틀린 것을 선택하시오
1) DNS은 URL을 해석하기 위해서 순환 및 반복 쿼리를 활용하여 URL을 IP주소로 변환한다.
2) DNS는 named 라는 데몬 프로세스가 실행되고 named는 named.conf를 참조하여 실행되고 named는 init 프로세스가 Fork를 통해서 자식 프로세스 형태로 기동시킨다
3) DNS는 DNSSEC를 사용하여 보안 기능을 제공할 수 있으며 DNSSEC는 암호화를 지

원하며 서명 기능은 지원하지 않기 때문에
별도의 서명 기능 모듈을 추가해서 운영해
야 한다.

4) DNS 레코드는 DNS에 정보를 제공하는
것으로 AAAA는 호스트의 이름을 IPv6 주
소로 매핑한다.

69. 아래의 메시지를 보고 발생할 수 있는 취약점
은 무엇인가?

> 예) HTTP/1.1 500 Internal Server Error
> 예) <p>SQL Server용 Microsoft OLE DB 공급자
> </font><font face="Arial" size=2)error '80040e37'
> </font>

1) 파일 업로드 취약점
2) 파일 다운로드 취약점
3) 디렉토리 리스팅
4) 에러 핸들링 차단

70. 다음은 (　　　　　　) Poisoning 차단에 대한
설명이다.

> 인증과 관련된 민감 데이터를 (　　　) 인증을 위한
> MAC(Message Authenticity Code)를 포함시켜 변조
> 를 차단
> 도메인 추가 시 보안키를 사용해서 MAC 값을 생성

1) DNS　　　　　　　2) ARP
3) Cookie　　　　　　4) Message

71. 아래의 내용 중에서 전자지불 시스템의 기술
요건으로 해당되지 않는 것을 선택하시오.
1) 전자지불 시스템 대형화
2) 전송 내용 암호화
3) 위조 및 변조, 부인방지
4) 거래 상대방 신원확인

72. Apache 웹 서버를 설치하고 아래와 같은 행
동을 했다. 이 중에서 가장 중요하다고 생각
되는 것은 무엇인가?
1) # chown 0 . bin conf logs
　 # chgrp 0 . bin conf logs

　 # chmod 755 . bin conf logs
　 # chmod 511 /usr/local/httpd/bin/httpd
2) /var/www/manual 및 /var/www/cgi_bin
삭제
3) index.cgi > index.html > index.htm의 순
서 결정
4) FollowSymLink를 제거

73. IIS 웹서버에 대한 설명이다. 그 내용이 틀린
것을 선택하시오.
1) IIS는 실행 중인 애플리케이션을 기본적으
로 Local System 계정으로 실행된다.
2) IIS는 In-process 및 out-process 요청이 inetinfo.-
exe 혹은 DLLHost.exe에 의해서 처리된다.
3) IIS는 익명의 계정이 IWAM_MACHINE이
고 웹 애플리케이션이 실행되는 계정이 IUSR_-
MACHINE이다
4) IIS의 패치적용 여부를 확인하는 보안툴은
MBSA이다.

74. 외부에서 들어오는 사용자 등이 특정 디렉토
리에 접근이 불가능하도록 하는 프로그램은
무엇인가?
1) chroot　　　　　　2) lpd
3) issac　　　　　　　4) pds

75. DNS 서버에 대한 대한 설명으로 잘못된 것
을 선택하시오.

> # cat /etc/resolve.conf
> nameserver 168.126.100.1
> nameserver 164.124.101.2

1) resolve.conf는 DNS 서버를 등록하는 것으
로 위의 설정은 주 DNS와 보조 DNS 서
버가 설정되어 있다.
2) /etc/hosts 파일에 210.1.1.1 www.limbe st.com
이 있으면 resolve.conf에 설정된 DNS 서버
가 아니라 hosts 파일을 먼저 실행한다.
3) hosts 파일과 resolve.conf 파일의 실행 우선

순위는 변경이 불가능하고 변경을 원하면
hosts 파일의 설정을 삭제하면 된다.

4) 168.126.100.1이 주 DNS 서버이다.

◆ 정보보호개론

76. 다음의 지문을 보고 PKI에 대한 설명으로 올바른 것을 모두 선택하시오.

> 가. 인증서를 발급하는 인증기관은 CA이다.
> 나. 인증서 형식은 X.509 인증서를 사용한다.
> 다. 인증서 취소목록이 CRL이다.
> 라. 인증기관 간의 상호인증을 위해서 OCSP 방식을 사용한다.
> 마. 인증기관의 구조는 계층형, 네트워크, 복합형 구조가 있다.

1) 가, 나, 다　　　　2) 가, 다, 라
3) 가, 다, 마　　　　4) 모두

77. MIT에서 개발한 Kerberos 시스템에서 재생공격(Replay Attack)을 방지하기 위한 것으로 올바른 것은 무엇인가?
1) 발급된 티켓에 대한 암호화
2) Timestamp
3) 티켓서버와 인증서버로 분리하여 관리
4) 클라이언트 인증처리

78. Kerberos에 대한 설명으로 올바르지 않은 것을 선택하시오.
1) 커버로스는 티켓발급와 인증서버를 분리한 구조이다.
2) 커버로스는 재생공격을 하기 위해서 티켓을 복사하여 공격할 수 있다.
3) 커버로스는 클라이언트가 티켓을 보관하는 것이 문제점이다.
4) 커버로스의 문제점을 해결하기 위해서 등장한 것이 EAM이다.

79. 블록 암호운영모드 중 스트림 암호화 사용하고 디지털화된 아날로그 신호를 암호화하는 경우 사용되는 암호화 모드는 무엇인가?
1) ECB(Electronic Code Block) 모드
2) CBC(Cipher Block Chaining) 모드
3) CFB(Cipher Block FeedBack) 모드
4) OFB(Output FeedBack) 모드

80. 아래의 설명에 해당되는 것으로 가장 올바른 것은 무엇인가?

> D.Chaum에 의해서 제안된 서명방식으로 서명용지 위에 묵지를 놓아 봉투에 넣어서 서명자가 서명문의 내용을 알지 못하는 상태에서 서명하는 방법

1) 은닉서명　　　　2) 부인방지 서명
3) 이중서명　　　　4) 위임서명

81. 블록 암호공격에 대한 설명으로 그 내용이 틀린 것은 무엇인가?
1) 암호문 단독 공격은 암호 해독자에게 불리한 방법으로 공격자는 단지 암호문만 가지고 공격을 수행한다.
2) 알려진 평문공격은 암호문에 대응하는 일부 평문이 가용한 상황에서의 공격으로 선형공격이다.
3) 선택 평문 공격은 평문을 선택하면 대응되는 암호문을 얻을 수 없는 상황에서 사용되는 공격이다.
4) 선택 암호문 공격은 암호문을 선택하면 대응되는 평문을 얻을 수 있는 상태에서의 공격으로 적당한 암호문을 선택하고 그에 대응하는 평문을 얻을 수 있다.

82. 정보시스템의 기밀성, 무결성, 가용성에 영향을 줄 수 있는 위협과 취약점을 분석하여 예상손실을 파악하는 것은 무엇인가?
1) 위험관리　　　　2) 위험분석
3) 보안관리　　　　4) 위험처리

83. 정보통신망법의 정보통신 서비스 제공자 및 이용자 책무에 대한 내용으로 틀린 것을 선택하시오.
    1) 정보통신서비스 제공자는 이용자의 개인정보를 보호하고 이용자의 권익보호와 정보이용능력 향상에 이바지해야 한다.
    2) 이용자는 건전한 정보사회가 정착되도록 노력해야 한다.
    3) 정부는 개인정보보호 및 청소년 보호 등의 활동을 지원할 수 있다.
    4) 정보통신 서비스 제공자는 정보통신망 표준화를 준수해야 한다.

84. 정보통신망법 4조 정보통신 이용촉진 및 정보보호 등에 관한 시책 마련에서 (   )에 알맞은 것은 무엇인가?

    > (ㄱ) 또는 (ㄴ)는 정보통신망의 이용촉진 및 안정적 관리, 운영과 이용자의 개인정보 등을 통하여 정보화사회의 기반을 조성하기 위한 시책을 마련해야 한다.

    1) 안전행정부, 방송통신위원회
    2) 안전행정부, 인터넷진흥원
    3) 안전행정부, 지식경제부
    4) 미래창조과학부, 방송통신위원회

85. 정보통신망법 제22조 「개인정보의 수집, 이용 동의 등에 관한 법률」에서 이용자의 개인정보를 수집하는 경우 이용자에게 알리고 동의를 받아야 하는 항목이 아닌 것은 무엇인가?
    1) 개인정보의 수집, 이용 목적
    2) 개인정보 폐기방법
    3) 수집하는 개인정보의 항목
    4) 개인정보의 보유, 이용 기간

86. 아래의 내용은 정보통신망법의 주민등록번호의 사용제한에 대한 내용이다. (   ) 안에 알맞은 것은 무엇인가?

    > ・법령에서 이용자의 주민등록번호 수집, 이용을 허용하는 경우

    > ・영업상 목적을 위해서 이용자의 주민등록번호 수집, 이용이 불가피한 정보통신서비스 제공자로서 (   )가 고지하는 경우

    1) 대통령   2) 미래창조과학부
    3) 방송통신위원회   4) 안전행정부

87. 정보통신망법의 개인정보 폐기에 대한 내용이다. 올바르지 않는 것을 선택하시오.
    1) 개인정보는 사용용도가 끝나면 지체 없이 파기해야 하며, 지체 없이는 사용용도가 끝난 시점에 삭제를 의미한다.
    2) 동의를 받은 개인정보의 보유 및 이용기간이 끝난 경우
    3) 동의를 받은 개인정보의 수집, 이용 목적을 달성한 경우
    4) 사업을 폐업하는 경우

88. 전자서명법 6조 공인진증업무준칙 등에 대한 내용에서 공인인증기관은 인증업무를 개시하기 전에 공인인증업무 준칙을 (   )에 신고해야 한다.
    1) 안전행정부장관
    2) 방송통신위원회
    3) 미래창조과학부장관
    4) 한국인터넷진흥원

89. 공인인증서 발급에 대한 내용에서 공인인증서에 포함되어야 하는 내용으로 올바르지 않는 것은 무엇인가?
    1) 가입자 이름(법인의 경우 대표이사 이름)
    2) 가입자의 전자서명검증정보
    3) 공인인증서 유효기간
    4) 공인인증기관 명칭

90. 아래의 지문에 해당되는 정보보호 서비스를 선택하시오.

> ・전자서명을 통해서 목적을 달성
> ・전자거래에서 반드시 있어야 하는 서비스
> ・송신자가 송신여부를 인정하지 않음.

1) 기밀성   2) 무결성
3) 인증   4) 부인방지

91. 음악, 비디오, 게임, 소프트웨어 등의 각종 디지털 정보 콘텐츠에 대해서 불법유통을 방지하는 서비스에 대한 설명으로 틀린 것은 무엇인가?
1) 디지털 저작권 관리에서 디지털 콘텐츠에 원저작자의 정보를 삽입하는 Watermarking 기술을 사용한다.
2) 건전한 디지털 콘텐츠의 유통을 유해서 콘텐츠 사용 시에 라이선스를 요구하고 인증된 사용자만 사용할 수 있다.
3) 국사 정보 및 테러정보 등과 같은 중요한 정보를 삽입하는 기술은 반드시 가시성을 확보해야 한다.
4) DRM은 콘텐츠의 유통을 관리하는 시스템이다.

92. 아래의 설명으로 올바른 것을 선택하시오.

> 전문지식을 가진 전문가의 집단을 구성하여 위험분석과 평가를 수행한다. 위험평가는 토론을 통해서 하고 자신의 의견은 익명성을 보장하는 방식으로 중재자를 활용한다.

1) 과거자료분석법   2) 전문가 감정
3) 델파이법   4) 순위결정법

93. 아래의 탐지방법은 무엇인가?

> 담장, 자물쇠, 경비원, 암호화, 방화벽

1) 예방   2) 탐지
3) 저지   4) 교정

94. 전자서명법에서 인증업무에 관한 설비의 운영에 관한 내용 중 공인인증기관의 시설 및 장비의 안전운영 여부를 (   )으로부터 정기적으로 점검받아야 한다.
1) 미래창조과학부   2) 정보화사회진흥원
3) 인터넷 진흥원   4) 안전행정부

95. 인증방법에 대한 설명으로 틀린 것은 무엇인가?
1) Password는 사용자를 인증하는 방법으로 지식에 의한 인증방법이다. 패스워드는 최소 6자리 이상으로 한다.
2) 생체인식은 사용자의 생체 정보를 사용하여 보편성, 유일성, 성능, 지속성의 특성을 갖추어야 하고 생체인식의 평가 기준은 오식율과 오거부율이 있다.
3) 통합인증 시스템에서 각 서브 시스템에 Agent가 설치되어서 인증되는 것은 SSO이고 SSO는 중앙집중적인 인증을 수행한다.
4) EAM는 3A의 기능을 지원하며 인사시스템과 연계하여 직원입사 시에 자동으로 권한이 부여된다.

96 해시함수에 대한 설명이다. 그 내용이 틀린 것을 선택하시오.
1) MD2는 Rivest란 사람이 개발한 것으로 8비트컴퓨터를 위해서 고안된 방법이다.
2) MD4는 MD2에 비해서 압축속도가 향상되었다.
3) MD5는 128비트 출력 해시 값을 생성하는 방법이다.
4) SHA-1은 미국표준 메시지 압축 알고리즘으로 160비트의 출력해시값을 생성하고 국내 공공기관에서 사용하는 방법으로 권고된다.

97. 아래의 설명에 해당되는 암호화 기법은 무엇인가?

> −강력한 암호화를 요구하는 컴퓨터들의 네트워크에서 잘 작동
> −작의 키의 사이즈로 공개키 암호화 대비 동일한 보안 수준을 제공

─짧은 키를 가지는 전자서명과 인증 시스템의 구성이
  가능
─하드웨어 및 소프트웨어 상에서 빠른 암복호화를 제공
─키길이에 따른 RSA와 동일 효과: 512/106, 768/-
  132, 1024/160, 2048/211, 5120/320
─제한된 공간에 보다 많은 키를 줄 수 있기 때문에
  스마트카드, 무선전화, 스마트 폰 등과 같은 작은
  H/W의 인증 및 서명에 사용(스마트 카드의 데이터
  암호화는 AES)

1) ECC
2) SEED
3) KSDSA
4) ECKSDSA

98. 속성 인증서를 발급하는 PMI에서 속성인증서
를 발급하는 상위기관은 어디인가?

1) SOA(Source of Authority)
2) AA(Attribute Authority)
3) Privilege Holder
4) Privilege Verifier

99. 개인정보보호법에서 개인정보처리자는 변경이
발생하는 경우 정보주체에 알려야 한다.
올바른 것을 모두 선택하시오.

가. 개인정보를 제공받는 자
나. 개인정보의 이용목적
다. 이용 또는 제공하는 개인정보의 항목
라. 개인정보의 보유 및 이용기간

1) 가, 나, 다
2) 나, 다, 라
3) 가, 나
4) 모두

100. 아래의 내용은 개인정보보호법에 대한 내용
이다. 올바른 것은 무엇인가?

(   )으로 정하는 기준에 해당하는 개인정보처리자는
정보주체가 인터넷 홈페이지를 통하여 회원으로 가입
할 경우 주민등록번호를 사용하지 아니하고도 회원으로
가입할 수 있는 방법을 제공하여야 한다(2013년 3월
시행됨).

1) 미래창조과학부장관
2) 안전행정부장관
3) 방송통신위원회
4) 대통령령

정보보안기사

해설편

제1회 정보보안기사 모의고사

시스템 보안

문제 1〉	폰노이만이 제시한 컴퓨터 아키텍처는 CPU, Memory, Disk와 같은 계층구조를 이루고 이러한 계층구조에서 CPU는 오직 메모리를 사용해서만 데이터 참조가 가능하다. CPU가 메모리를 참조할 때 자신이 원하는 데이터가 메모리에 존재해야 하는 Hit율이 중요한데, 이러한 Hit율과 관련이 있는 것은 무엇인지 선택하시오. 1) Thrashing　　　　　　　2) Locality 3) Bank's 알고리즘　　　　4) CPU의 Instruction Cycle
카테고리	시스템 보안

문제풀이

Locality는 자주 참조되고 사용되는 메모리의 집합으로 메모리 참조의 Hit율을 높인다. Locality는 특정 시간에 사용되는 시간 Locality와 특정 공간을 연속적으로 참조하는 공간 Locality가 존재한다.

정답　　2번

문제 2〉	아래 그림은 운영체제의 프로세스 상태 전이에 대해서 나타내고 있다. 아래의 내용에 가장 올바른 것은 무엇인가? 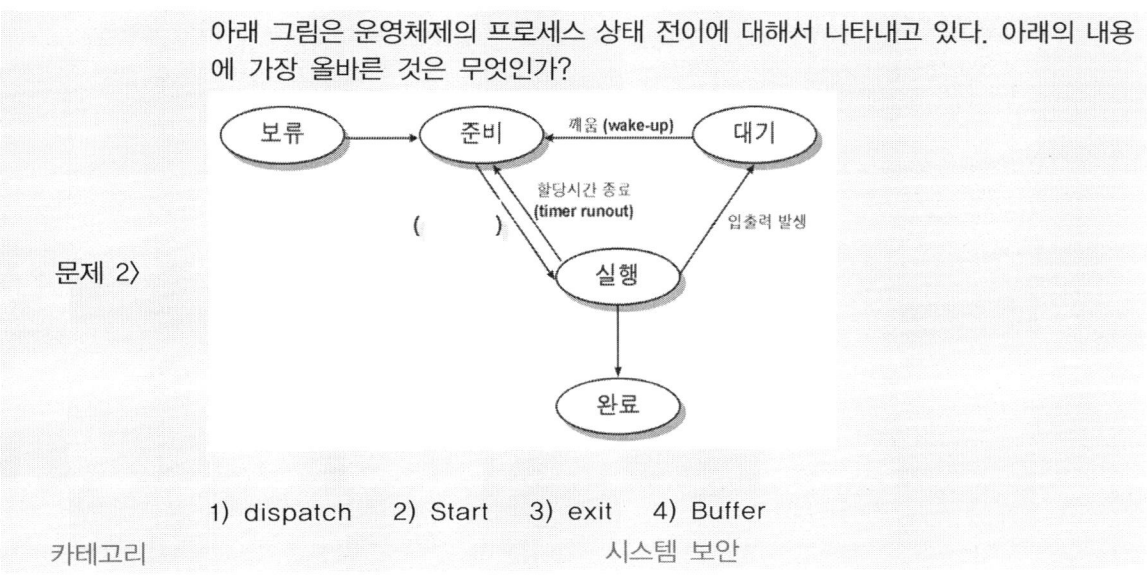 1) dispatch　　2) Start　　3) exit　　4) Buffer
카테고리	시스템 보안

Dispatch는 대기 큐(Queue)에 대기하고 있는 작업이 CPU를 점유하여 작업을 실행하는 것이다.

정답   1번

문제 3〉

CPU가 이전의 프로세스 상태를 Register에 보관하고 또 다른 프로세스의 Register들을 적재하는 과정을 무엇이라고 하는가?

1) Thrashing
2) Wake up
3) Program Counter
4) Context Switch

카테고리   시스템 보안

Context Switch는 CPU가 이전의 프로세스 상태를 Register에 보관하고 또 다른 프로세스의 Register들을 적재하는 과정이다.
(멀티 프로그래밍 환경에서 필수적으로 발생함)
프로세스가 준비에서 실행, 실행에서 준비, 실행에서 대기 등으로 상태가 변경될 때 발생된다.

정답   4번

문제 4〉

CPU의 명령처리 단계인 Instruction Cycle에서 아래의 내용이 무엇인지 선택하시오.

> ・Load AC
> C_0: MAR ← IR(*addr*)
> C_1: MBR ← M(?)
> C_2: AC ← MBR

1) Program Counter
2) MBR
3) MAR
4) MBR + PC

카테고리   시스템 보안

Instruction Cycle

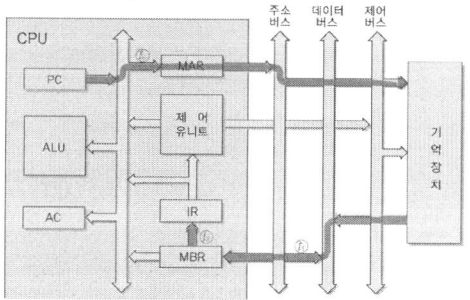

데이터 이동 예: LDA(Load AC) 명령에 대한 마이크로 연산

C_0: MAR ← IR(*addr*)

C_1: MBR ← M(MAR)

C_2: AC ← MBR

데이터 처리 예: ADD 명령에 대한 마이크로 연산

C_0: MAR ← IR(*addr*)

C_1: MBR ← M(MAR)

C_2: AC ← AC+MBR

정답   3번

CPU 스케줄링은 비선점형의 우선순위, 기한부 스케줄링, FCFS, SJF, HRN기법이 있고 선점형 스케줄링에는 라운드로빈, SRT, Multilevel Queue, Multilevel Feedback Queue가 있다. 아래 그림은 이 중에서 어떤 것을 나타내는 것인지 선택하시오.

문제 5>

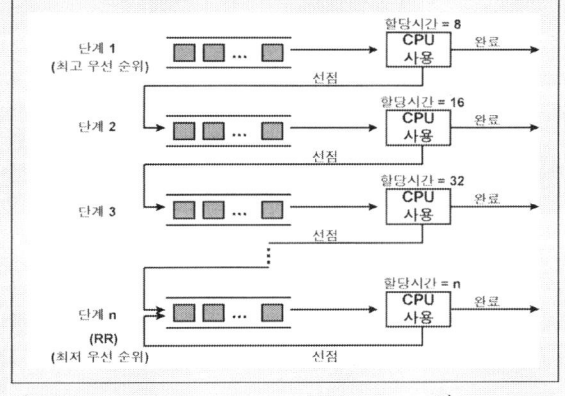

1) SRT   2) HRN

3) Multilevel Queue   4) Multilevel feedback Queue

카테고리   시스템 보안

Multilevel Feedback Queue
- 입출력 위주와 CPU 위주인 프로세스의 특성에 따라 서로 다른 타임 슬라이스를 부여
- 매번 낮은 우선순위 큐로 이동, 낮은 단계로 내려갈수록 우선순위는 낮아지나 상대적으로 시간할당량은 커짐
- 짧은 작업(앞단 큐에서 실행 완료 될 것임)이나 입출력중심 작업(우선순위 높다)가 좀 더 빠르게 처리됨.
- 다단계큐와 차이: 무조건 처음 큐(우선순위 최상위)에 들어감(우선순위 구별이 없음),
  큐마다 시간할당량이 다름, 아래 큐로 이동 가능함.

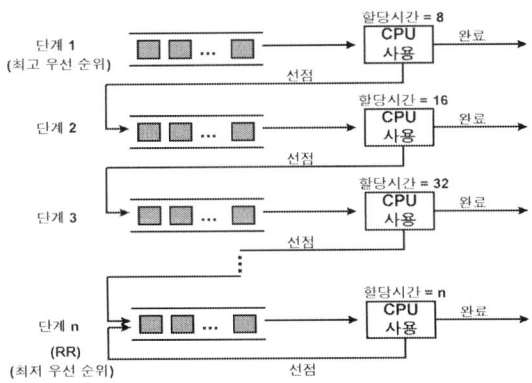

정답   4번

문제 6〉

유닉스 운영체제는 사용자가 로그인 할 때마다, 사용자 환경에 대한 것을 자동으로 실행한다. 이 파일은 종종 악성코드를 실행하게 설정할 수도 있어서 중요하게 관리되어야 한다. 해당되는 파일은 무엇인가?

1) /etc/passwd   2) /etc/profile
3) .login   4) /etc/hosts

카테고리   시스템 보안

유닉스는 사용자마다 기본 환경설정을 위해서 /etc/profile을 기동한다.

정답   2번

문제 7〉

유닉스 시스템은 기동 시에 Run Level이라는 것을 수행한다. 현재 Run Level은 Multiuser Mode이다. 이러한 경우 기동 시마다 자동으로 프로그램을 실행하게 수정하려고 한다면, 가장 올바른 것은 무엇인가?

1) at 유틸리티를 사용하여 Run Level Activity를 등록
2) /etc/init.d를 수정
3) /etc/rc.d/rc3.d
4) /var/rc.d 모두 수정

카테고리   시스템 보안

문제풀이

유닉스 시스템에서 프로세스 실행과 관련한 Run Level은 모두 /etc/rc#.d에 존재한다. 다중 사용자 모드에서 실행되어야 하는 스크립트 수정해야 하므로 Run Level 3단계에 반영되어야 한다.

정답   3번

문제 8〉

/etc/passwd 파일에 대한 설명으로 올바른 것은 무엇인가?

1) /etc/passwd 파일의 첫 번째 필드는 사용자에 대한 암호화된 패스워드
2) /etc/passwd와 /etc/shadow 파일의 동기화를 위해서 pwconv 명령어를 사용할 수 있다.
3) /etc/passwd 파일에는 존재하지 않고 /etc/shadow 파일에만 존재하는 내용으로 /etc/passwd 파일을 갱신할 수 없다.
4) pwconv 명령은 /etc/passwd 파일의 패스워드를 /etc/shadow 파일에 저장하도록 한다.

카테고리   시스템 보안

문제풀이

Pwconv 명령: /etc/passwd 두 번째 필드의 암호화된 패스워드를 /etc/shadow 파일에 저장하거나 /etc/shadow 파일의 패스워드를 다시 /etc/passwd 파일에 저장한다.

정답   4번

문제 9〉 다음은 기억장치 참조 기법이다. 이 중에서 국부성의 특성을 사용하여 기억장치의 페이지를 교체하는 알고리즘으로 가장 오랫동안 사용되지 않는 페이지를 관리하는 것은 무엇인가?

1) FIFO
2) LRU
3) LFU
4) second change

카테고리 시스템 보안

문제풀이

구분	설명
FIFO (First In First Out)	-가장 처음에 들어온 페이지, 즉 가장 오랫동안 있었던 페이지를 교체함. -문제점: 기억장치의 프레임 수가 늘어나면 보통 페이지 부재가 감소해야 하지만, FIFO는 증가함 [FIFO 알고리즘의 이상(anomaly)현상]. -이것은 어떤 페이지가 자주 이용될 지라도 가장 오랫동안 기억장치 있었다면 교체되기 때문(참조 국부성을 반영하지 못하기 때문)
LRU (Least Recently Used)	-가장 오랜 기간 동안 참조되지 않은 페이지 교체 -참조 국부성 활용(참조된 페이지는 또 다시 참조될 경우가 많음)
LFU (Least Frequently Used)	-카운터를 두어 참조 횟수 저장, 가장 적은 수를 지닌 페이지를 교체 -참조 시마다 매번 카운터를 변경 해주어야 하는 오버헤드
이차기회 (second chance)	들어온 순서대로 페이지를 교체한다는 것은 FIFO와 같지만, 한 번은 봐줌. -즉 페이지가 처음 들어왔을 때는 참조비트가 1로 셋팅 -페이지 교체가 요구되면 FIFO순으로 조사하여 참조비트가 0인 페이지 프레임 찾으면 교체하는데, 참조 비트를 조사하는 과정에서 비트를 바꿈(1 → 0), 즉 한 번의 기회를 줌.

정답 2번

문제 10〉 아래의 내용으로 잘못된 것을 선택하시오.

```
r-sr-xr-x root home 2048 Dec 1 11:20 /etc/limbest
```

1) 파일 소유자는 limbest 파일을 읽을 수 있다.
2) limbest 파일은 setgid가 설정되어 있다.
3) limbest 파일 실행 중에 일반 사용자가 Root 권한이 부여될 수 있다.
4) limbest 파일은 실행파일이다.

카테고리 시스템 보안

Limbest 파일의 특별 권한을 나타내는 필드는 소유자 필드에 있으므로 setuid가 설정된 것이다.

정답   2번

아래의 질문에 (   )에 가장 알맞은 것을 선택하시오.

| 솔라릭스 시스템에서 패키지에 대한 설치, 수정, 삭제 등에 관한 명령어는 (   ),(   ),(   )가 있다. |

문제 11〉

1) 모두 admintool
2) pkgadd, pkgmodify, pkgdel, pkginstall
3) pkgadd, pkgrm, pkgchk, pkginfo
4) pkginsert, pkgdel, pkgmodify, pkginfo

카테고리   시스템 보안

소프트웨어 패키지의 설치, 수정, 삭제는 pkginfo, pkgadd, pkgrm, pkgchk가 있다. OpenWindows 환경에서 수행되는 GUI 관리 도구인 admintool의 소프트웨어 메뉴를 이용하여 소프트웨어 패키지를 관리할 수 있다.

정답   3번

아래의 내용 중 유닉스 시스템의 lost+found Directory에 대한 설명으로 틀린 것을 선택하시오.

문제 12〉

1) lost+found는 모든 디렉토리에 존재하고 fsck만 생성시킨다.
2) 파일의 오류로 인하여 잃어버린 상태가 될 수 있는 파일을 말한다.
3) 시스템 부팅단계에서 fsck가 실행되어 디스크 오류 파일을 검색하고 그 내용을 lost+found 폴더에 저장한다.
4) 잃어버린 파일에 대한 디렉토리로 어떤 디렉토리에도 속하지 않는다.

카테고리   시스템 보안

Fsck로 결함이 있는 파일들을 발견하여 파일에 대한 정보를 lost+found 디렉토리에 저장한다.

정답   1번

문제 13〉 아래의 예제와 같이 시스템 계정에 최종 접근내역을 확인할 수 있는 것으로 올바른 것을 선택하시오.

```
kkk ttyp1 xxx.149.42.117 Thu Dec 9 20:49 - 20:57 (00:10)
moof ttyp2 98AE63EE.ipt.aol Thu Dec 9 19:21 - 19:30 (00:09)
moof ttyp2 98AE63EE.ipt.aol Thu Dec 9 19:23 - 19:24 (00:00)
```

1) who 명령어로 utmp를 조회한다.
2) lastcomm 명령어로 sulog를 조회한다.
3) last 명령어로 wtmp를 조회한다.
4) w 명령어로 utmp를 조회한다.

카테고리   시스템 보안

wtmp는 계정 접근내역, 계정에 대한 정보, 시스템 reboot 등을 가지고 있는 Binary Log은 last 명령을 실행하여 로그온, 로그오프에 대한 정보를 출력한다.

정답   3번

문제 14〉 아래의 예제의 로그에 대한 설명으로 가장 올바른 것은 무엇인가?

```
9:11pm up 3 days, 5:01, 2 users, load average: 0.00, 0.00, 0.00
USER TTY FROM LOGIN@ IDLE JCPU PCPU WHAT
chi pts/0 192.11.2.26 Mon11am 7:20m 0.19s 0.04s telnet xxx.xxx.151.39
lim pts/1 lim.limbest.com 5:59pm 0.00s 0.11s 0.01s w
```

1) who 명령어로 utmp를 조회한다.
2) lastcomm 명령어로 sulog를 조회한다.
3) last 명령어로 wtmp를 조회한다.
4) w 명령어로 utmp를 조회한다.

카테고리   시스템 보안

utmp는 현재 로그인한 user의 시스템 상의 활동 내역 정보를 가지고 있고 w 명령어를 통해서 그 내용을 확인할 수 있다.

정답   4번

아래의 내용은 syslogd 데몬 프로세스가 시스템에 대한 정보를 기록하고 Error 메시지를 표현한 것이다. 아래의 메시지 중에서 위험 심각도 순으로 표현한 것으로 가장 올바른 것은 무엇인가?

문제 15〉

1) emerg 〉 alert 〉 crit 〉 err 〉 warn 〉 notice 〉 info 〉 debu
2) emerg 〉 alert 〉 crit 〉 warn 〉 err 〉 notice 〉 info 〉 debu
3) emerg 〉 alert 〉 crit 〉 err 〉 info 〉 notice 〉 warn 〉 debu
4) emerg 〉 info 〉 crit 〉 err 〉 warn 〉 notice 〉 alert 〉 debu

카테고리   시스템 보안

위험의 심각도 순은 emerg 〉 alert 〉 crit 〉 err 〉 warn 〉 notice 〉 info 〉 debu이다. 또한 alert와 emerg는 즉시 대응해야 하는 수준이다.

정답   1번

아래의 내용 중에서 cron daemon Log가 저장되는 것으로 가장 올바른 것은 무엇인가?

문제 16〉

1) /var/cron/log   2) /var/admin/cron
3) /var/adm/cronlog   4) /var/adm/crontab

카테고리   시스템 보안

Cron daemon 로그는 /var/cron/log에 저장된다.

정답   1번

아래의 내용은 /etc/passwd 파일에 대한 설명이다. 그 내용으로 가장 올바른 것은 무엇인가?

```
limbest:x:0:1::/home/limbest:/bin/sh
kimman:x:2101:1::/usr1/server:/usr/local/bin/bash
parkman:x:2102:1::/usr1/parkman:/usr/local/bin/bash
```

문제 17〉

1) 위의 3명의 사용자는 두 번째 필드인 패스워드 필드에 암호화된 패스워드가 존재하지 않으므로 패스워드 없이 로그인이 가능하다. 그러므로 3명의 사용자는 백도어로 판단된다.
2) kimman 사용자는 디폴트 디렉토리는 /usr1/kiman이고 Shell은 bash를 사용한다.
3) limbest의 패스워드 파일은 uid = 1, gid = 0을 갖는다.
4) 위의 패스워드는 별도의 /etc/shadow 파일을 사용한다.

카테고리 　　　　　　　　　　　　　　　시스템 보안

문제풀이

패스워드 파일의 두 번째 필드가 X인 것은 패스워드는 별도의 /etc/shadow 파일에 저장된다는 것을 의미한다. 그리고 limbest 사용자는 uid = 0, gid = 1을 가지고 이것은 Root 권한이 부여된다.

　　　　　　　　　　　　　　　　　　　　　　　　　　　　　정답　　4번

유닉스 시스템 fsck 명령어를 사용하여 파일의 무결성을 점검하였다. 하지만, fsck 명령어가 점검하지 않는 것은 무엇인지 선택하시오.

문제 18〉

1) Bad Sector　　　　　　　　　　2) Directory Size
3) Link Count　　　　　　　　　　4) Inode Format

카테고리 　　　　　　　　　　　　　　　시스템 보안

문제풀이

fsck는 파일시스템의 일관성을 검사하고 대화식으로 파일 시스템을 복원하는 명령어로, 만약 복원하지 못한 오류 내용은 파일 시스템의 lost+found 디렉터리로 이동시킨다. fsck 검사 시 Bad sector는 검사하지 않는다.

　　　　　　　　　　　　　　　　　　　　　　　　　　　　　정답　　1번

유닉스 파일 시스템에서 inode에 대한 설명으로 틀린 것을 선택하시오.

문제 19〉

1) 침입자가 운영체제 파일을 변경해서 백도어를 설치한 경우 inode를 확인하여 침입 이후에 변경된 파일을 확인해야 한다.
2) 유닉스는 모든 하드웨어 및 소프트웨어를 파일단위로 관리하고 이러한 파일들에 대한 정보가 inode이다.
3) inode는 파일형태, 접근 보호모드, 식별자, 크기, 파일 실체의 주소, 작성시간, 최종 접근시간 등에 관한 정보를 가진다.
4) 모든 파일은 하나 이상의 inode를 가질 수 있다.

카테고리   시스템 보안

문제풀이

모든 파일은 반드시 하나의 inode 값을 가진다.

정답   4번

/limbest라는 디렉토리를 조회한 결과 다음과 같이 출력되었다. 제일 뒤에 t의 의미는 무엇인가?

문제 20〉

```
drwxrwxrwt    limbest
```

1) GID bit 설정   2) umask 사용
3) UID bit 설정   4) sticky 설정

카테고리   시스템 보안

문제풀이

제일 뒤의 t는 sticky bit를 의미한다.

정답   4번

문제 21〉

유닉스 시스템에서 네트워크 파일 시스템(Network File System) 정보를 보기 위해서 마운트 정보를 가진 파일은 무엇인가?

1) /etc/mount
2) /etc/mnttab
3) /etc/mounttab
4) /etc/mntlist

카테고리   시스템 보안

문제풀이

운영체제	마운트 정보
IBM AIX	/etc/filesystems
HP-UX	/etc/fstab
Linux	/etc/exports
Solaris	/etc/mnttab

정답   2번

문제 22〉

보안에 위험한 setuid와 setgid를 검색하는 명령어로 가장 올바른 것은 무엇인가?

1) find / -perm -2000 -print
2) find / -perm -6000 -print
3) find / -perm -4000 -print
4) find / -perm -755 -print

카테고리   시스템 보안

문제풀이

권한(-perm)이 755는 "rwxr-xr-x" 권한을 갖는 파일이나 디렉터리를 루트부터 검색하는 명령이다. perm의 옵션으로 사용되는 인수 중 6000은 setuid와 setgid가 설정된 파일을, 4000은 setuid가 설정된 파일을, 2000은 setgid가 설정된 파일을, 그리고 1000은 sticky bit가 설정된 파일을 검색하는 옵션이다. 관리자는 find 명령어와 perm 옵션을 이용하여 시스템에 존재하는 특수 권한을 가지는 파일들을 검색하고 쉽게 관리할 수 있다.

정답   2번

문제 23〉 아래의 명령 중에서 네트워크 상태를 모니터링하고 패킷을 분석할 수 있는 것으로 올바르게 매핑된 것은 무엇인가?

1) netstat, snort
2) snort, wtmp
3) snort, netstat
4) tcpdump, netstat

카테고리   시스템 보안

문제풀이

snort는 네트워크 침입탐지, tcpdump는 네트워크 패킷 분석, netstat는 네트워크 서비스의 상태 확인을 실행한다.

정답   4번

문제 24〉 아래의 기억장치 사상 기법은 무엇인지 선택하시오.

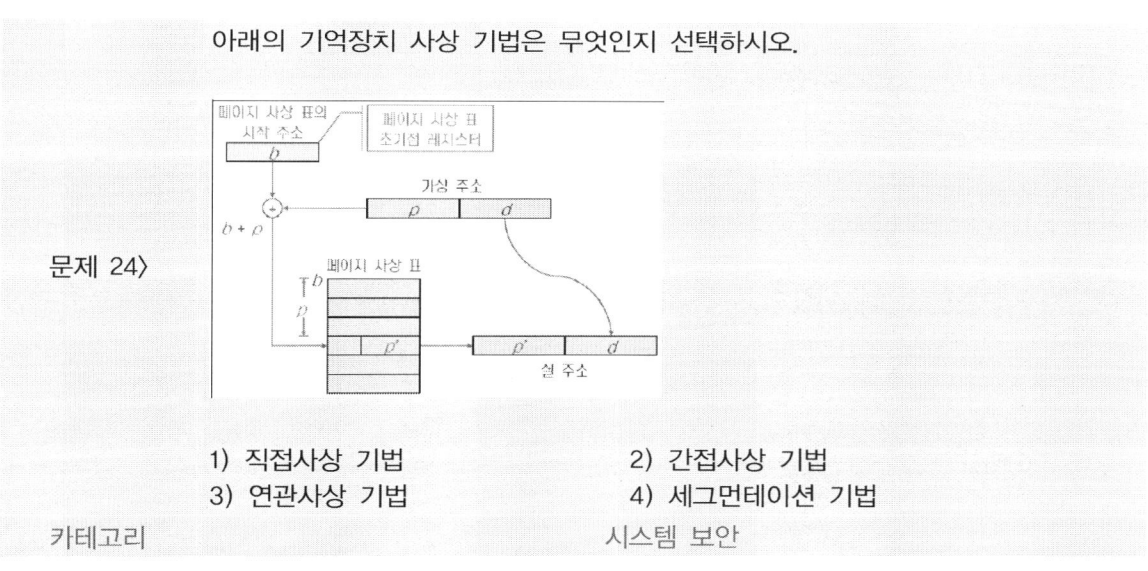

1) 직접사상 기법
2) 간접사상 기법
3) 연관사상 기법
4) 세그먼테이션 기법

카테고리   시스템 보안

문제풀이

① 수행 중인 프로세스 가상주소 V=(p,d)를 참조
② 해당 프로세스의 페이지 사상표의 시작주소를 가지고 있는 레지스터 값(b)과 p를 더하여 사상표 내의 p에 관한 위치 획득
③ p페이지를 기억하고 있는 실기억장치의 페이지 프레임 p'를 사상표에서 구함.
④ p'와 변위 d를 접속하여 실주소를 획득

정답   1번

아래의 내용은 가상기억장치 관리기법이다. (   )에 가장 알맞은 것을 선택하시오.

문제 25〉

| (   ): 고정(정적)할당 기법, 가변(동적)할당 기법 |
| (   ): 요구호출(Demand Fetch), 예상호출(Pre Fetch) |
| (   ): First fit, Best fit, Next fit, Worst fit |
| (   ): 최적(OPT), RANDOM, FIFO, LFU, LRU, NUR |

1) 할당, 호출, 교체, 배치
2) 호출, 할당, 교체, 배치
3) 교체, 배치, 호출, 할당
4) 할당, 호출, 배치, 교체

카테고리   시스템 보안

문제풀이

종류	내용	기법
할당기법(Allocation)	-시스템 내에 있는 프로세스들에게 주기억장치의 양을 얼마나 할당할 것인가를 결정	-고정(정적) 할당 기법 -가변(동적) 할당 기법
호출기법(Fetch Policy)	-저장된 페이지가 보조기억장치에서 언제 주기억장치로 적재할 것인가를 결정	-요구 호출(Demand Fetch) -예상호출(Pre Fetch)
배치기법(Placement)	-주기억장치에서 적재할 페이지를 주기억장치의 어디에 적재시킬지 결정	-First fit, Best fit, Next fit, Worst fit
교체기법(Replacement)	-주기억장치가 이미 페이지에 의해 모두 할당된 경우 교체할 대상 결정	-(OPT), RANDOM, FIFO, LFU, LRU, NUR

정답   4번

네트워크 보안

통신 프로토콜의 Error Control 기법 중에서 그 분류가 다른 것 하나를 선택하시오.

문제 26〉

1) Stop & Wait
2) Go Back N
3) CRC
4) Selective

카테고리   네트워크 보안

Error Control 기법은 Forward Error Control 기법인 Parity bit, CRC가 있고 Backward Error Control 기법으로 Stop & Wait, Go Back N, Selective 기법이 존재한다.

정답   3번

문제 27〉	TCP/IP 프로토콜에 대한 설명으로 그 내용이 틀린 것을 선택하시오. 1) TCP, UDP, ICMP, IP, ARP, RARP 프로토콜로 구성된다. 2) TCP 신뢰성 있는 데이터 전송을 수행하고 전송방식은 Slow Start기법을 사용한다. 3) TCP에서 Error 발생 시에 메시지를 재전송하여 Error를 수정한다. 또한 수신자가 계속 수신을 못하는 경우 재전송 속도를 높여서 Error를 수정한다. 4) ARP는 IP 주소와 MAC 주소를 가지고 있는 ARP Cache 테이블을 유지하고 MAC 주소를 얻기 위해서 새롭게 기동된 컴퓨터는 ARP Broadcast를 전송한다.
카테고리	네트워크 보안

수신자가 계속 메시지를 수신하지 못하는 경우 전송속도를 늦추어서 네트워크 부하를 줄인다.

정답   3번

문제 28〉	아래의 내용은 TCP 프로토콜의 Header 정보이다. 본 정보 중에서 Sliding Window에 관한 정보는 무엇인가? 1) Receive Window 2) Sequence Number 3) Check Sum 4) Ack Number
카테고리	네트워크 보안

슬라이딩 윈도우는 TCP의 전송 효율을 높이기 위한 것으로 수신자의 버퍼에 비여 있으면 메시지를 전송하는 기법이고 이때 수신자의 버퍼 정보를 가지고 있는 것이 Receive Window이다.

정답   1번

문제 29〉

TCP 프로토콜의 기능 중에서 수신자의 Buffer Overflow를 방지하기 위한 기술은 무엇인가?

1) Error Control
3) Flow Control
2) Congestion Control
4) Hamming Code

카테고리   네트워크 보안

문제풀이

Flow Control은 Packet 간의 흐름을 제어하는 방법으로 수신자가 메시지를 수신 받지 못하면 전송 속도를 늦추어 Packet의 간격을 벌려주는 기법이다. 반대로 수신자가 에러 없이 메시지를 빠르게 수신하면 전송 속도를 올린다.

정답   3번

문제 30〉

Network 계층의 라우팅 프로토콜은 라우팅 알고리즘을 통해서 최단경로을 결정하는 역할을 수행한다. 아래의 라우팅 프로토콜 중에서 Link State 기반의 알고리즘을 선택하시오.

1) RIP
3) OSPF
2) BGP
4) Hop 수

카테고리   네트워크 보안

문제풀이

OSPF는 대규모 네트워크에서 사용되는 라우팅 알고리즘으로 경로를 결정할 때 Link 값에 따라 최단 경로를 결정한다. Link 값은 대역폭 및 지연 정보 등을 사용하여 결정하게 된다.

정답   3번

<table>
<tr><td>문제 31〉</td><td>인터넷 보안 프로토콜 중에서 IPSEC에 대한 설명이다. 이 중 그 내용이 틀린 것을 선택하시오.

1) IPSEC은 각 Packet마다 인증의 처리는 Authentication Header가 수행한다.
2) IPSEC은 IP Header에 대해서 암호화를 수행하여 Sniffer를 통해서 Packet을 훔쳐보아서 그 내용을 확인할 수 없다. IPSEC의 암호화는 이러한 장점으로 인하여 일방향 암호화를 수행한다.
3) IPSEC은 IPv6에 탑재되어서 IPv6의 보안성을 강화하고 VPN(Virtual Private Network)에서 터널링 기술로 활용된다.
4) IPSEC의 운영모드는 터널링 모드와 트랜스포트 모드로 분류된다.</td></tr>
<tr><td>카테고리</td><td>네트워크 보안</td></tr>
</table>

문제풀이

IPSEC은 Packet마다 암호화하고 복호화하는 양방향 암호화를 수행한다.

정답   2번

<table>
<tr><td>문제 32〉</td><td>아래의 내용은 TCP Header 중에서 Flag 값에 대한 내용이다. 그 내용이 틀린 것을 선택하시오.

1) TCP의 3-Way Handshaking 연결 시에 SYN, SYN ACK, ACK Flag를 사용한다.
2) TCP의 연결을 정상적으로 종료 하는 경우 FIN ACK, ACK를 사용한다.
3) 연결 종료 시에 RST만을 보낸다.
4) 수신자가 Packet을 수신하면 Ack를 되돌린다.</td></tr>
<tr><td>카테고리</td><td>네트워크 보안</td></tr>
</table>

문제풀이

TCP의 연결종료 Flag는 RST, FIN이고 RST는 비정상적인 종료일 경우를 포함시킨다.

TCP의 Flag의 의미

Flag	설명
SYN	・TCP 연결 시에 동기화 요구
ACK	・응답에 대한 확인
PSH	・데이터 버퍼링을 하지 않고 수신자에게 송신 요구
URG	・긴급 포인터 Flag

FIN	• 정상 접속종료
RST	• 비정상 종료를 위한 Reset

정답   3번

문제 33〉

네트워크 토폴로지 구성은 Peer to Peer, Star, Bus, Mesh형이 존재한다. 이 중에서 Bluetooth가 사용하는 네트워크 토폴로지는 무엇인가?

1) Peer to Peer
2) Star
3) Bus
4) Mesh

카테고리   네트워크 보안

문제풀이

Bluetooth는 Master Slave 구조인 Stat형 형태로 통신을 수행한다. 이것은 한 개의 Master가 최대 7개의 Slave를 연결할 수 있는 구조이다.

정답   2번

문제 34〉

아래의 내용은 네트워크의 Error 검출에 대한 설명이다. 그 중 그 내용이 틀린 것은 무엇인가?

1) Parity Bit는 가장 간단한 방법으로 짝수 및 홀수 패리티 비트가 존재한다.
2) TCP의 Check Sum은 CRC를 사용해서 수행한다. 하지만 Check Sum은 비신뢰성 통신을 수행하는 UDP에는 사용하지 않는다.
3) OSI 7계층에서 Segment를 Frame으로 만들기 위해서 Frame에 오류검출 코드를 삽입할 수 있는데, 이러한 검출코드는 문자, 바이트, 비트 채우기 기법이 존재하고 비트 채우기 기법이 가장 문제점이 적다.
4) 패리티 비트는 블록의 합을 통해서 검사를 수행한다.

카테고리   네트워크 보안

문제풀이

UDP도 Catagram에 대한 무결성은 검사하고 이러한 무결성 검사는 Check Sum을 통해서 이루어진다.

정답   2번

아래의 ARP Table의 내용을 보고 그 설명이 가장 올바르지 않는 것은 무엇인가?

```
#arp -v
Address HWtype HWaddress Flag Mask Iface
192.168.0.3 ether 00:C0:26:65:93:5C C eth1
linux.sis.net ether 00:C0:9F:03:AD:11 C eth0
Entries : 2 Skipped : 0
```

문제 35〉

1) arp -v 명령을 통해서 ARP Cache 테이블의 정보를 보여주고 있다.
2) ARP Redirect 공격은 ARP Cache 테이블을 변조하고 그것을 Sniffer를 통해서 훔쳐보는 기법이다.
3) 위의 예에서 eth1과 eth0이 물리적으로 한 개만 존재한다면 그것은 VLAN(Virtual Lan)기술을 사용한 것이다.
4) ARP Spoofing을 방지하기 위해서는 ARP Cache Table을 암호화하고 ARP Broadcasting을 차단한다.

카테고리   네트워크 보안

문제풀이

물론, ARP Spoofing을 방지하기 위해서 암호화를 수행하고 Broadcasting을 차단하면 될 수 있다. 하지만 이것을 차단하면 ARP을 사용할 수 없는 것이기 때문에 가장 틀린 것이다.

정답   4번

다음은 Bridge Loop를 방지하기 위한 Spanning Tree에 대한 설명이다. 그 내용이 틀린 것은 무엇인가?

문제 36〉

1) Bridge Loop와 같은 현상은 네트워크 비효율의 극단적 예이다.
2) Spanning Tree를 구성할 경우 순환이 발생되게 한다.
3) Spanning Tree는 최단 경로를 통해서 데이터를 효율적으로 전송한다.
4) Multicast Spanning Tree는 IGMP(Internet Group Management Protocol)에 등록된 그룹을 사용하여 구성한다.

카테고리   네트워크 보안

문제풀이

Spanning Tree는 Bridge Loop 현상을 방지하기 위해서 간 노드를 방문하는 Tree이고 이러한 Tree는 순환(환형)이 발생하지 않게 구성해야 한다.

정답   2번

문제 37〉

아래의 내용은 Router에 대한 ACL(Access Control List) 설정이다. 아래의 설명 중에 올바른 것을 선택하시오.

(Access-list 101 permit udp 200.10.172.0 0.0.0.255 any eq 53)

1) 200.10.172.0/24에서 DNS(Domain Name Service)로 접근하는 노드에 대한 허용설정이다.
2) permit는 라우터에 대한 접근통제 거부를 의미한다.
3) 53은 Service Number이다.
4) 200.10.172.1을 서버로 사용하여 Client에 대한 접근허용이다.

카테고리   네트워크 보안

문제풀이

Access-list 번호 101은 출발지 주소가 192.10.172.0의 C class(200.172.10.0 0.0.0.255)이고 목적지 주소가 전체(any)로 향하는 패킷 중 UDP 53번 Port(eq 53)를 사용하는 서비스를 사용하는 IP 패킷을 허용(permit)하도록 설정한 ACL이다.

정답   1번

※ Router Access Control List 설정

"access-list ACL-No [permit|deny] [protocol] s_ip_addr s_net_mask d_ip_addr d_net_mask [eq|gt …] port [established] "
ACL-No: ACL 관리 번호
permit | deny: 라우터에서의 접근 통제 허용/거절의 설정 여부
protocol: IP, TCP, UDP 등 응용프로그램이 사용하는 프로토콜을 정의
s_ip_addr: source IP address
s_net_mask: source network mask wildcard 값
d_ip_acdr: destination IP address
d_net_mask: destination network mask wildcard 값
eq | gt…: 패킷 내의 port 번호와 비교 연산 정의
port: 제한하고자 하는 서비스 포트 번호를 정의

문제 38〉 아래와 같은 Router Access Control List에 대한 해석으로 가장 올바른 것을 선택하시오.

```
# access-list 180 permit ip {local network} {local network mask} any
# access-list 180 deny ip any any
# interface serial 0
# ip access-group 180 out
```

1) 내부자의 IP Spoofing을 방지한다.
2) DDoS 공격에 대한 대책이다.
3) 외부에서 Router에 대한 접속을 차단한다.
4) 불필요한 서비스가 외부에 응답하지 않도록 한다.

카테고리   네트워크 보안

문제풀이

라우터의 Access-list는 설정한 순서대로 router의 config에 적용된다. Access-list 180번은 IP 프로토콜을 사용하는 S-IP와 D-IP(2번째 라인의 ip any any)를 deny한 후 첫 라인의 규칙에 따라 정의된 Local Network의 IP만이 interface serial 0의 outbounding 통신만이 허락되도록 설정되어 있다. 따라서 내부의 지정된 IP를 제외하고는 통신이 거절되어 있으며, 외부로부터의 서비스 요청에도 응답하지 않는 결과를 가져온다.

정답   4번

문제 39〉 아래의 내용은 LAN(Local Area Network)에 대한 설명이다. 그 내용이 틀린 것을 선택하시오.

1) LAN은 근거리 네트워크 통신기술로 유선 LAN의 경우 CSMA/CD, 무선 CSMA/CA라는 MAC(Multi Access Channel)기법이 사용된다.
2) 무선 LAN의 경우 커버리지가 50m 정도되고 2.4GHz ISM 밴드를 사용한다.
3) Fragment Free LAN Switch 방식은 Frame을 전송하기 위해서 512Bit가 수신될 때까지 대기 후 전송하는 방식이다.
4) LAN Switch 방식은 Cut-through와 Store and Forward 방식만 있다.

카테고리   네트워크 보안

LAN Switch 방식	설명
Cut through	• 목적지의 MAC Address만 확인 후 해당 포트로 전송
Stcre and Forward	• 전체 Frame을 모두 저장 후에 Error Check를 수행 후 전송
Fragment Free	• Modify Cut Through • Frame의 64 Bit를 검사, Header의 Error를 검사 후 전송 • 512Bit가 수신될 때까지 대기 후 에러가 존재하지 않으면 전송하는 방식

정답   4번

문제 40〉

아래의 Broadcasting 기법 중에서 Broadcasting 폭풍이 발생하지 않는 기법을 선택하시오.

1) N-Way Unicasting 2) Uncontrolled Flooding
3) Controlled Fooding 4) Multicast

카테고리   네트워크 보안

Controlled Flooding 기법은 최단경로의 패킷만 수신하고 다른 패킷은 Drop하기 때문에 브로드캐스 폭풍이 발생하지 않는다. IPv6에는 Broadcast가 없어졌다.

정답   3번

문제 41〉

Network Packet의 Header를 검사하고 보안정책 적용과 목적지 주소로 전송할 수 있도록 하는 장비를 선택하시오.

1) Gateway 2) Switch
3) Bridge 4) Screened Router

카테고리   네트워크 보안

Screened Router: OSI 3계층에서 접근통제(Access Control)을 수행한다.

정답   4번

문제 42〉

ICMP Flooding을 차단하기 위해서 ICMP를 모두 차단했다. 그럴 경우 제약을 받는 서비스가 아닌 것은 무엇인가?

1) Window 계열의 tracet
2) UNIX 계열의 traceroute
3) ping
4) Routing의 최단경로 Broadcast

카테고리   네트워크 보안

문제풀이

Router의 최단경로 알고리즘은 UDP를 사용한다.

정답   4번

문제 43〉

아래의 내용은 ICMP의 Error Message에 대한 설명이다. 이 중에서 Router가 Host에게 경로를 바꾸게 하는 메시지는 무엇인가?

1) 근원지 엑제(Source Quench)
2) 시간초과(Time Exceeded)
3) 목적지 도착불가(Destination Unreachable)
4) 방향전환(Redirect)

카테고리   네트워크 보안

문제풀이

근원지 억제 (Source Quench)	라우터가 더 이상 유효한 버퍼공간이 없을 만큼 많은 데이터그램을 받을 때마다 근원지 억제 메시지 전송. 근원지 억제를 받으면 호스트는 전송율 감소를 요구 받는다.
시간초과 (Time Exceeded)	라우터가 데이터그램에 있는 TIME TO LIVE 필드를 0으로 감소시킬 때마다 라우터는 데이터그램을 버리고 시간초과 메시지가 전송된다. 주어진 데이터그램으로부터의 모든 단편들이 도착하기 전에 재조립 타이머가 끝날 경우 호스트에 의해 보내진다.
목적지 도착불가 (Destination Unreachable)	라우터가 데이터그램이 최종 목적지에 전달될 수 없다는 것을 결정할 때마다 데이터그램을 생성한 호스트에게 전송된다. 목적지 도착불가 메시지에는 지정 목적지 호스트(특정 호스트의 일시적 Offline) 또는 목적지가 부착된 Net(전체 Net이 일시적으로 인터넷에 연결되지 않은 경우)인지가 명시한다.
방향전환 (Redirect)	라우터가 호스트에게 경로를 바꾸게 하는 메시지. 지정 호스트 변경/네트워크 변경을 명시한다.

단편화 요청 (Fragmentation Required)	라우터가 단편화가 허락되지 않은 데이터그램(Header에 Set 함으로써 명시)의 크기가 전송될 Net의 MTU보다 큰 경우 송신자에게 전송하는 메시지이다. 라우터는 그 데이터그램을 버린다.

정답   4번

문제 44〉

OSI 계층에서 암호화를 수행할 수 없는 계층은 무엇인가?

1) 물리계층
2) 애플리케이션 계층
3) 트랜스포트 계층
4) 데이터 링크 계층

카테고리   네트워크 보안

문제풀이

물리계층은 0 또는 1로 Bit 단위로 데이터를 전송하기 때문에 암호화를 수행할 수 없다.

정답   1번

문제 45〉

침입차단 시스템에서 물리적 NIC(Network Interface Card)를 2개 탑재하여 외부망과 내부망을 분리하는 것을 무엇이라고 하는가?

1) Screened Router
2) Bastion Host
3) Dual Home Gateway
4) Web Firewall

카테고리   네트워크 보안

문제풀이

방화벽 구축 방식 중에 Dual Home은 두 개의 NIC를 사용하여 외부망과 내부망을 분리할 수 있다.

정답   3번

문제 46〉	침입탐지시스템에서 공격을 차단할 수 있도록 Switched 네트워크 환경에서 침입 탐지를 수행하기 위해서 필요한 것은 무엇인가?

1) TAP장비   2) Honeypots
3) Anomaly   4) Hub

카테고리	네트워크 보안

문제풀이

TAP 장비는 원 소스의 패킷을 복제해서 복제본을 만든 후 Log를 기록하게 한다. 이러한 Log를 활용해서 침입탐지시스템은 탐지를 수행한다.

정답   1번

문제 47〉 아래 Log의 원인분석에 대한 설명으로 가장 올바른 것을 선택하시오.

```
(snort 결과)
reply.com 〉 200.100.1.1 : icmp: echo reply
reply.com 〉 200.100.1.1 : icmp: echo reply
...
```

1) ICMP Echo Request를 Reply.com에 보낸다.
2) TFN 프로그램이 수행되고 있다.
3) ICMP로 통신하는 Convert Channel 통신일 수 있다.
4) MTU 사이즈가 맞지 않아 단편화가 발생하고 있다.

카테고리	네트워크 보안

문제풀이

MTU는 한번에 통과할 수 있는 최대 Packet의 크기이다. MTU는 ICMP와 관련이 없다. TFN(Tribe Flood Network)는 ICMP를 사용하는 DoS 공격 Tool이다.

정답   4번

다음 물음에 답하시오

/var/log/httpd/apache Directory에서 httpd log를 확인했다.
Httpd log
"GET /mmback.gif HTTP / 1.0" 404 204

문제 48〉 위의 로그에 대한 설명으로 가장 올바른 것은 무엇인가?

1) HTTP에 대해서 승인 없는 접근이다.
2) 요청된 페이지 혹은 문서를 찾을 수 없는 오류이다.
3) 누가 언제 접속했는지 파악할 수 있다.
4) FTP 및 Telnet 접속로그도 기록된다.

카테고리   네트워크 보안

문제풀이

HTTP 400 오류는 요청된 페이지 혹은 문서를 찾을 수 없는 오류이다.

정답   2번

아래의 보기는 파일을 업로드하거나 다운로드할 때 사용할 수 있는 FTP(File Transfer Protocol)에 대한 설명이다. 그 내용이 틀린 것을 선택하시오.

1) FTP는 TCP 프로토콜을 사용하여 파일을 업로드하거나 다운로드한다.
2) FTP의 파일을 보안을 위해서 sFTP를 사용하면 암호화 기능을 사용할 수 있고,
문제 49〉   빠른 업로드 및 다운로드를 위해서는 UDP를 활용하는 tFTP를 사용할 수 있다.
3) FTP는 데이터를 전송할 때 데이터 채널과 명령채널이 존재하고 명령채널은 서
버는 21번 Port를 사용하고 클라이언트는 1023번 이상의 Port를 사용한다.
4) FTP가 데이터 채널을 설정할 때 일반모드와 수동모드가 존재하고 일반모드는
데이터 채널로 28번 Port를 사용한다.

카테고리   네트워크 보안

문제풀이

FTP의 데이터 채널은 일반모드 및 수동모드가 있다. 일반 모드는 20번 Port를 데이터 채널로 사용하고 수동모드는 1024 이상의 Port를 사용한다. 또 클라이언트는 항상 1024번 이상의 Port를 사용한다.

정답   4번

아래는 tFTP에 대한 inetd.conf 파일이다. 그 설명으로 틀린 것을 선택하시오.

```
tftp dgram udp wait root /usr/sbin/in.tftpd -s /home/limbest
```

문제 50〉

1) tftp를 사용하지 않으면 inetd.conf 파일에서 위의 내용을 삭제하는 것이 좋다. 즉, 삭제를 하면 클라이언트는 tftp를 통해서 연결할 수 없다.
2) inetd.conf 파일에서 -s 옵션을 삭제하면 모든 디렉토리를 모두 다운로드할 수 있다.
3) -s 옵션은 tftp 사용자에게 디렉토리 변경을 가능하게 해서 편의성 있게 자료를 다운로드할 수 있게 한다.
4) xinetd를 사용하면 tftp에 대한 설정을 /etc/xinetd.d/tftp 파일이다.

카테고리   네트워크 보안

문제풀이

-s 옵션은 지정한 디렉토리의 상위 디렉토리로 접근할 수 없게 한다.

정답   3번

애플리케이션 보안

문제 51〉

무분별한 FTP 사용을 제한하기 위해서 LimBest라는 사용자가 FTP로 접속하는 것을 제한하려고 한다. 이러한 경우 어떤 파일에 사용자를 등록해야 하는가?

1) /etc/access   2) /etc/hosts
3) /etc/ftpaccess   4) /etc/ftpusers

카테고리   애플리케이션 보안

문제풀이

/etc/ftpusers 파일에 제한하려는 사용자를 등록하여 ftp 접속을 제한할 수가 있다.

정답   4번

보안상의 취약점을 해소하기 위해서 ftp, telnet과 같은 원격접속을 제한하려고 한다. 이에 대한 설명으로 틀린 것을 선택하시오.

문제 52〉

1) 침입차단시스템에 Access Control List를 설정하여 접근을 제어한다.
2) TCP Wrapper 사용하여 호스트의 접근제어를 실행한다.
3) 침입탐지 시스템에 접근제어를 설정한다.
4) Network device에 Access Control을 설정한다.

카테고리   애플리케이션 보안

문제풀이

침입탐지시스템(IDS)는 이상탐지 및 오용탐지를 수행하여 침입자의 침입패턴을 탐지한다. 침입탐지는 별도의 접근제어는 수행하지 않는다.

정답   3번

아래의 내용 중에서 전자우편과 관련이 있는 것을 선택하시오.

문제 53〉

1) X.400   2) X.500   3) X.509   4) X.600

카테고리   애플리케이션 보안

문제풀이

X.400은 전자우편의 주소부여 및 전송방식에 대한 표준이다.

정답   1번

DNS(Domain Name Service)는 일반 프로그램의 Resolving Query는 UDP ( )번, Port와 Zone 데이터베이스 정보 전송을 위해서 TCP ( )번 Port을 사용한다. ( ) 안에 알맞은 것은 무엇인가?

문제 54〉

1) 53, 54   2) 20, 21   3) 53, 53   4) 54, 55

카테고리   애플리케이션 보안

DNS(Domain Name Service)는 일반 프로그램의 Resolving Query는 UDP 53번 Port와 Zone 데이터베이스 정보 전송을 위해서 TCP 53번 Port을 사용한다.

정답   3번

전자우편의 노출문제를 해소하기 위해서 고려해야 할 내용으로 가장 올바른 것을 선택하시오.

문제 55〉

1) 메시지 다이제스트 및 채널에 대한 암호화
2) 메시지 암호화 및 채널 암호화
3) 전자서명 및 메시지 다이제스트
4) 부인봉쇄 및 암호화

카테고리   애플리케이션 보안

노출에 대한 문제를 해소하기 위해서는 암호화이다. 해시 및 메시지 다이제스트는 무결성에 관한 방법이다.

정답   2번

문제 56〉

DNS를 사용하는 해킹 기법은 무엇인가?

1) 피싱   2) 파밍   3) 스미싱   4) 비싱

카테고리   애플리케이션 보안

파밍은 DNS을 해킹하여 불법적인 사이트로 연결하게 만드는 기법이다.

정답   2번

| 문제 57〉 | 최근 전자우편과 전자서명을 활용하여 전자우편으로 인감 서비스를 하려고 한다. 해당 서비스의 이름은 무엇인가? |

1) S/MIME   2) PGP   3) #Mail   4) Smart Mail

카테고리   애플리케이션 보안

문제풀이

#Mail은 전자서명을 활용하여 인감서비스를 하려는 메일이다.

정답   3번

| 문제 58〉 | DNS를 운영할 때 올바르지 않은 것을 선택하시오. |

1) DNSSEC 기능을 사용한다.
2) recursion 모드로만 사용하는 것이 좋다.
3) Zone Transfer를 제한한다.
4) Dynamic Update는 IP 혹은 TSIG Key를 사용해서 제한한다.

카테고리   애플리케이션 보안

문제풀이

- Zone Transfer : 허가되지 않는 사용자에게 Zone 정보가 유출될 수 있다. 이 경우 네트워크 구성, 호스트 종류, IP List 정보 등이 노출될 수 있다.
- Dynamic Update : DNS 정보에 대한 불법 삭제와 변경을 유발할 수 있다.
- DNSSEC : BIND9.X에서 제공하는 보안표준을 하는 것을 권고한다.
- Recursive Mode : recursive mode는 대규모 트래픽을 발생시킬 수 있으므로 대규모 트래픽을 막기 위해서는 Iterative 모드로 전환해야 한다.

정답   2번

	아래의 내용은 tftp에 대한 설명이다. 그 내용이 틀린 것을 선택하시오.
문제 59〉	1) /etc/ftpusers 파일로 접근 가능한 사용자를 제한한다. 2) /etc/inetd.conf 파일에서 tftp 설정에 -s 옵션을 주어서 상위 디렉토리로 변경하는 것을 제한할 수 있다. 3) tftp는 UDP를 사용한다. 4) TCP Wrapper로 호스트를 제한할 수 있다.
카테고리	애플리케이션 보안

문제풀이

/etc/ftpusers는 FTP에 대한 접근 가능 사용자를 제한할 수 있다.

정답　　1번

	SET와 전자투표에서 사용되는 것으로 올바르게 연결된 것은 무엇인가?
문제 60〉	1) 공정서명, 은닉서명　　　　　2) 이중서명, 지불서명 3) 이중서명, 은닉서명　　　　　4) 공정서명, 지불서명
카테고리	애플리케이션 보안

문제풀이

SET는 가맹점 정보와 구매자 정보를 분리해서 전자서명을 수행하는 이중서명을 사용한다. 전자투표의 경우 내용을 볼 수 없게 은닉서명이 사용될 수 있다.

정답　　3번

	아래의 내용은 전자우편에 대한 보안 프로토콜이다. 해당되지 않는 것을 선택하시오.
문제 61〉	1) PGP　　　　2) PEM　　　　3) S/MIME　　　　4) AES
카테고리	애플리케이션 보안

AES는 □국 NIST 표준으로 대칭키 암호화 기법이다.

정답　4번

문제 62〉 DNS 서버인 BIND 서버 운영 시 해당 서버의 버전 정보를 보여주지 않기 위해서는 다음과 같이 설정한다. 아래의 내용을 설정하는 파일은?

```
options {
directory "/var/named";
version "x.x.x";
};
```

1) /etc/nscd.conf
2) /etc/resolv.conf
3) /etc/named.conf
4) /etc/intd.conf

카테고리　　　　　애플리케이션 보안

구분	설명
/etc/nscd.conf	RRDNS 설정파일
/etc/resolv.conf	DNS Name Server 등록파일
/etc/named.conf	DNS 설정파일
/etc/inetd.conf	인터넷 수퍼데몬

정답　3번

문제 63〉 서로 다른 여러 개의 시스템을 하나의 호스트 이름으로 매핑하는 것은 무엇인가?

1) Mapping I/O
2) Integration Service
3) RRDNS
4) Service Zone

카테고리　　　　　애플리케이션 보안

RRDNS: 서로 다른 여러 개의 시스템을 하나의 호스트 이름으로 매핑하여 호스트명에 대한 IP address lookup 시 DNS 서버에 지정된 여러 개의 IP 주소가 순차적으로 한 번 씩 보여주기 때문에 웹 서버를 제공해 주는 서버 운영 시 시스템 로드를 분산시키고자 할 때 사용한다.

정답   3번

문제 64〉 사용자는 ps -ef | grep httpd 명령어를 사용해서 출력된 것이다. 설명으로 틀린 것은 무엇인가?

```
root 26911 1 0 Jul21 ? 00:00:05 /usr/local/apache/bin/httpd
limbest 2732 26911 0 Jul23 ? 00:00:02 /usr/local/apache/bin/httpd
limbest 2735 26911 0 Jul23 ? 00:00:01 /usr/local/apache/bin/httpd
```

1) 웹서버 구동 시에 자식 프로세스의 User와 Group로 생성되었다.
2) 웹서버는 절대로 root 권한으로 실행되면 안 된다.
3) 멀티프로세스 방식이다.
4) limbest 이외에 다른 사용자 ID를 원하면 서버에 권한이 적은 ID를 생성하여 사용하는 것이 좋다.

카테고리   애플리케이션 보안

Limbest 이외에 다른 시스템 사용자 ID를 원하면 서버에 권한이 없는 계정을 생성하여 사용하는 것이 좋다.

정답   4번

문제 65〉 아래의 내용은 SSL에 대한 설명이다. 그 내용이 틀린 것은 무엇인가?

1) SSL은 무선에서 WTLS로 활용된다.
2) SSL은 전송구간 암호화 기법과 저장소 암호화 기법으로 사용될 수 있다.
3) SSL은 양방향 암호화를 수행한다.
4) SSL은 https로 실행된다.

카테고리   애플리케이션 보안

SSL은 전송구간에 대해서 양방향 암호화를 수행한다.

정답   2번

문제 66〉

클라이언트와 서버 간의 암호화 및 인증을 수행하고 RSA 방식과 X.509를 사용하며 암호화 소켓 채널을 통해서 전송하는 방식은 무엇인가?

1) SSL   2) SHTTP   3) SET   4) IPSEC

카테고리   애플리케이션 보안

SSL에 대한 설명이다.

정답   1번

문제 67〉

아래의 그림은 SSL Handshaking 과정이다. ( )는 무엇인가?

1) Client 암호화   2) Client Key 전송
3) Client 식별자 전송   4) Client 인증서 전달

카테고리   애플리케이션 보안

1. Client Hello
 −Hand Shake Protocol의 첫 단계로 클라이언트의 브라우저에서 지원하는 암호 알고리즘, 키교환 알고리즘, MAC 암호화, HASH 알고리즘을 클라이언트에게 전송한다.
2. Server Hello
 −Client Hello 메시지 내용 중 서버가 지원할 수 있는 알고리즘들을 클라이언트에게 전송한다.
3. Client 인증 요청
 −클라이언트가 서버의 자원을 요청하는 트랜잭션이 있다면 클라이언트의 인증을 요청한다.
4. Server Hello Done
 −클라이언트에게 서버의 요청이 완료되었음을 공지한다.
5. Client 인증서
 −서버에서 클라이언트의 인증 요청 발생 시 클라이언트의 인증서를 전달한다.
6. Premaster Key 전송
 −전달 받은 서버의 인증서를 통해 신뢰할 수 있는 서버인지 확인 후 암호 통신에 사용할 Session Key를 생성하고 이것을 서버의 공개키로 암호화해 Premaster Key를 만들어 서버로 전송한다.
7. Change Cipher Spec
 −앞의 단계에서 협의된 암호 알고리즘들을 이후부터 사용한다는 것을 서버에게 알린다.
8. Finished
 −서버에게 협의의 종료를 전달한다.
9. Change Cipher Spec
 −서버 또한 클라이언트의 응답에 동의하고 협의된 알고리즘들의 적용을 공지한다.
10. Finished
 −클라이언트에게 협의에 대한 종료를 선언한다.

정답   4번

SSL의 구성요소 중에서 Key 교환, MAC 암호화, Hash 알고리즘이 사용되는 것을 클라이언트와 서버 간에 공지하는 것은 무엇인가?

문제 68〉
1) SSL Record Protocol
2) SSL Alert Protocol
3) SSL Change Cipher Spec Protocol
4) SSL Handshaking

카테고리   애플리케이션 보안

Change Cipher Spec Protocol
 −SSL Protocol 중 가장 단순한 Protocol로 Hand Shake Protocol에서 협의된 암호 알고리즘, 키교환 알고리즘, MAC 암호화, HASH 알고리즘이 사용될 것을 클라이언트와 웹 서버에게 공지한다.

Alert Protocol

－SSL 통신을 하는 도중 클라이언트와 웹 서버 중 누군가의 에러나 세션의 종료, 비정상적인 동작이 발생할 시에 사용되는 프로토콜로 내부의 첫 번째 바이트에 위험도 수준을 결정하는 Level 필드가 있는데 필드의 값이 1의 경우는 Warning의 의미로서 통신의 중단은 없고 2를 가지는 필드 값은 Fatal로 Alert 즉시 클라이언트와 서버의 통신을 중단하게 된다. 두 번째 바이트에는 어떠한 이유로 Alert Protocol이 발생하였는지 나타내는 Description 필드가 있다.

Record Protocol

－상위 계층에서 전달받은 데이터를 Hand Shake Protocol에서 협의된 암호 알고리즘, MAC 알고리즘, HASH 알고리즘을 사용해 데이터를 암호화하고 산출된 데이터를 SSL에서 처리가 가능한 크기의 블록으로 나누고 압축한 후에 선택적으로 MAC(Message Authentication Code)를 덧붙여 전송하고 반대로 수신한 데이터는 복호화, MAC 유효성 검사, 압축 해제, 재결합의 과정을 거쳐 상위 계층에 전달하는 역할을 한다.

정답   3번

문제 69〉

전자우편 보안 프로토콜 중에서 SMTP를 사용하는 전자우편의 취약점을 해결한 보안 프로토콜은 무엇인가?

1) PGP   2) PEM   3) S/MIME   4) X.400

카테고리   애플리케이션 보안

문제풀이

PEM

기 능	알고리즘
메시지 암호화	DES-CBC
디지털 서명	RSA, MD2, MD5
인증	DES-ECB, 3중 DES, MD2, MD5
세션 키 생성	{DES-ECB, 3중 DES}, {RSA, MD2}
전자우편 호환성	기수-64 변환

정답   2번

문제 70〉 전자우편 보안 프로토콜 중에서 공개적인 검토를 통해서 안정성을 확인한 보안 프로토콜이고 메시지 암호화는 RSA, IDEA를 사용하는 것은 무엇인가?

1) PGP　　　　2) PEM　　　　3) S/MIME　　　　4) X.400

카테고리　　　　　　　　　　　　　　애플리케이션 보안

문제풀이

PGP

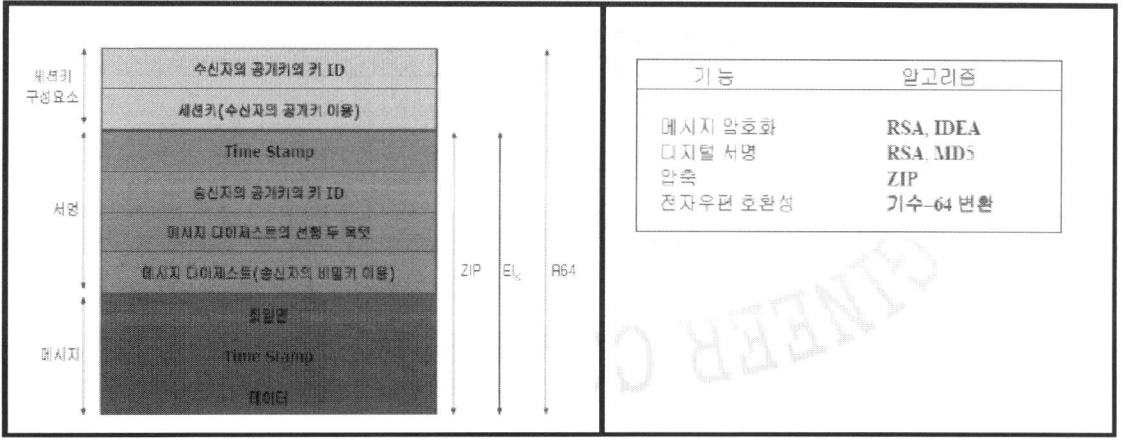

정답　　1번

문제 71〉 RSA사가 개발했고 X.509 인증서를 지원하는 전자우편 보안 프로토콜은 무엇인가?

1) PGP　　2) PEM　　3) S/MIME　　4) X.400

카테고리　　　　　　　　　　　　　　애플리케이션 보안

PGP

➢ Phil Zimmerman
➢ 분산화 된 키 인증
➢ 구현이 용이
➢ 일반 용도의 보안성
➢ 많이 사용

PEM

➢ IETF
➢ Internet 표준안
➢ 중앙 집중화 된 키 인증
➢ 구현이 어렵다
➢ 높은 보안성(군사용, 은행시스템)
➢ 많이 사용되지 않음

S/MIME

➢ RSA에서 개발
➢ 전자우편 메시지 표준 기반
➢ 다양한 상용 툴킷
➢ X.509 인증서 지원

PGP/MIME

➢ 전자우편 메시지 표준 기반
➢ PGP 암호 기법 + 전자우편 시스템
➢ X.509 인증서 지원 안됨

정답   3번

공격자는 DNS를 공격해서 가짜 포털 사이트를 만들고 개인정보를 불법적으로 수집했다. 이러한 공격을 막기 위한 DNS 설정과 관련이 없는 것은 무엇인가?

문제 72〉

1) recursive 모드 해지
2) Named가 응답할 때 Query를 제한
3) Named가 응답할 때 recursive Query를 제한
4) Named를 설정할 때 Root 권한으로 실행

카테고리   애플리케이션 보안

Named를 실행할 때는 Root가 아닌 별도의 계정으로 수행한다.

정답   4번

문제 73〉

아래의 내용은 데이터베이스 보안과 관련된 내용이다. 이 중에서 데이터베이스에 있는 데이터에 대해서 대외비, 공개 등을 설정하는 것을 무엇이라고 하는가?

1) Plug-In 방식의 DB 암호화
2) Access Control List
3) Gateway
4) Security Label

카테고리   애플리케이션 보안

문제풀이

Security Label은 보안등급을 부여하는 것이다.

정답   4번

문제 74〉

아래의 데이터베이스 보안에 관련해서 틀린 것은 무엇인가?

1) Gateway 방식은 접근통제 및 DB 접근에 대한 Log도 관리할 수 있고 성능도 우수해서 많이 활용된다.
2) DB 암호화는 Plug-In 방식과 모듈을 사용하는 방식이 있다.
3) 스니핑 기법은 데이터베이스에서 실행되는 SQL Log를 기록한다.
4) DB 암호화는 양방향 및 일방향 암호화를 지원한다.

카테고리   애플리케이션 보안

문제풀이

Gateway 방식은 접근통제 및 DB 접근에 대한 Log 관리가 가능하지만 성능이 우수하지 않는 문제를 가진다.

정답   1번

문제 75〉

애플리케이션의 취약점을 이용한 공격기법 중에서 Buffer Overflow를 유발할 수 있는 것은 무엇인가?

1) strncpy()   2) snprint()   3) gets()   4) getwd()

카테고리   애플리케이션 보안

Gets()은 읽어 들이는 길이를 제한하지 않기 때문에 Buffer Overflow가 발생될 수 있다.

정답   3번

정보보호개론

문제 76〉 기밀성은 암호화를 통해서 메시지를 암호화하여 원본의 노출을 막고 무결성은 임의적 메시지에 대해 변경하는 것을 차단하는 정보보안의 특성이다. 아래의 내용 중에서 기밀성과 무결성 측면에서 위협요소가 아닌 것은 무엇인가?

1) 위조   2) 차단   3) 변조   4) 가로채기

카테고리   정보보호개론

정보보안의 위험요소는 위조(Fabrication), 변조(Modification), 가로채기(Interception), 차단(Interruption)이 있다. 이 중 차단은 가용성의 위험요소이다.

정답   2번

문제 77〉 사용자 인증 방법 중에서 Challenge/Response 방식이란 서버에서 보내 온 (　　)와 클라이언트 정보를 (　　)한 값을 서버의 기대값과 비교하는 인증 방식으로 (　　)에서 사용된다.

1) 메시지, 대칭, 스마트 카드
2) 메시지, 비대칭, 클라우드 컴퓨팅
3) 난수, 해시, OTP
4) PIN번호, 해시, Web Service

카테고리   정보보호개론

사용자 인증 방법 중에서 Challenge/Response 방식이란 서버에서 보내 온 난수와 클라이언트 정보를 해시한 값을 서버의 기대값과 비교하는 인증 방식으로 OTP에서 사용된다.

정답　3번

문제 78〉 접근통제에서 주체와 권한을 선형 순차리스트 형태로 연결하는 접근통제 방식이 무엇인가?

1) Access Control List　　　　2) Capability List
3) BIBA　　　　　　　　　　4) MAC

카테고리　　　　　　　　　　　정보보호개론

접근통제에서 주체와 객체를 순차형 리스트 연결한 것은 Capability List이고 이것은 객체가 많아지면 탐색 속도가 떨어지는 문제점이 있다.

정답　2번

문제 79〉 아래의 내용으로 가장 알맞은 것은 무엇인지 선택하시오. (Access Control List)

	(2번)				
(1번)	(3번)				

1) 그룹, 권한리스트, 권한　　　　　　2) 주체, 권한리스트, 속성
3) 주체, 권한리스트, Security Label　　4) 주체, 객체, 권한

카테고리　　　　　　　　　　　정보보호개론

Access Control List는 주체와 객체 간의 권한을 행렬로 나타낸다.

정답   4번

문제 80〉

아래의 시나리오에 알맞은 것은 무엇인가?

> 관리자는 A라는 사용자에게 Object 1번에 대한 Read 권한을 부여했다.

1) DAC
2) MAC
3) RBAC
4) Access Control List

카테고리   정보보호개론

관리자에 의해서 객체의 권한을 부여할 수 있는 것은 강제적 접근통제 모델 MAC이다.

정답   2번

문제 81〉

아래의 시나리오에 알맞은 것은 무엇인가?

> 관리자는 Object 1번 ~ 10번까지의 Read 권한을 Tester라는 권한의 묶음으로 만들었다. 그리고 관리자는 Tester를 A라는 사람에게 권한을 부여했다.

1) DAC
2) MAC
3) RBAC
4) Access Control List

카테고리   정보보호개론

권한의 묶음인 Role을 만들고 Role단위 권한 할당을 RBAC라고 한다.

정답   3번

아래의 내용 중에서 그 의미가 다른 것 한 개를 선택하시오.

문제 82〉

1) 정보보호 정책 수립
2) 정보보안 조직 구성과 책임, 역할 정의
3) Firewall 도입으로 내부망과 외부망 분리
4) 지속적인 보안 교육

카테고리   정보보호개론

문제풀이

다른 예제는 관리적 보안기고 Firewall 도입은 기술적 보안에 해당된다.

정답   3번

아래의 설명으로 가장 올바른 것을 선택하시오.

문제 83〉

> 조직의 정보보호 활동에 대한 기본원칙, 방향, 근거를 제시하고 정보보호에 대한 책임과 역할을 명확히 하며, 최고 경영자에게 승인을 받고 배포되는 문서

1) 정보화 윤리   2) 정보보안 규정
3) 정보보안 가이드   4) 정보보호 정책

카테고리   정보보호개론

문제풀이

정보보안정책서는 가장 최상위 규정으로 최고 경영장의 승인을 얻고 배포된다. 정책서는 정보보호의 기본원칙, 방향, 수행 조직, 책임과 역할 등을 정의하는 문서이다.

정답   4번

정보보안 위험관리에 대한 설명으로 그 내용이 틀린 것을 선택하시오.

문제 84〉

1) 위험관리는 조직의 정보자산을 식별하고 관리하기 위한 식별번호를 부여하고 지속적으로 관리해야 한다.
2) 정성적 위험분석은 정보자산에 대해서 위험의 발생가능성과 영향도를 파악하고 우선순위를 부여하는 활동이다.
3) 정량적 위험분석은 위험발생 시에 위험의 영향도를 수치화하는 것이다. 정량적 위험분석 기법에는 Delphi 기법이 있다.
4) 위험은 항상 긍정적인 것과 부정적인 것으로 분류될 수 있다.

카테고리   정보보호개론

문제풀이

Delphi 기법은 정성적인 위험분석기법이다.

정답   3번

아래의 설명으로 가장 올바른 것을 선택하시오.

문제 85〉

| 모든 정보시스템에 대해서 표준화된 보안대책을 제시하며 Check List로 보안대책이 있는지 판단한다. 즉, 적용되지 않은 보안대책을 적용하는 위험분석방법 |

1) 정성적 위험분석   2) 정량적 위험분석
3) 상세 위험분석   4) 베이스라인 접근법

카테고리   정보보호개론

문제풀이

베이스라인 접근법은 적은 비용으로 최소한의 정보보호대책을 수립하기 위한 위험분석 기법으로 질문서 형태로 구성하고 평가하는 특성을 가진다.

정답   4번

문제 86〉

아래의 위험분석기법 중에서 그 의미가 가장 상위에 있는 것을 선택하시오.

1) 정성적 위험분석
2) 정량적 위험분석
3) 민감도 분석
4) 상세 위험분석

카테고리   정보보호개론

문제풀이

위험분석은 베이스라인 접근법과 상세 위험분석으로 분류되고 상세 위험분석은 정성적 기법과 정량적으로 분류된다. 민감도 분석은 정량적 분석기법 중에 하나이다.

정답   4번

문제 87〉

아래의 내용 중에서 위험의 정의로 가장 올바른 것을 선택하시오.

1) 위험 = 위협이 성공할 가능성 × 위협 성공시의 손실 크기
2) 위험 = 위협이 성공할 가능성 + 위협 성공시의 손실 크기
3) 위험 = 위협이 나타날 가능성 × 위협 성공시의 손실 크기
4) 위험 = 위협이 나타날 가능성 + 위협 성공시의 손실 크기

카테고리   정보보호개론

문제풀이

위험 = 위협이 성공할 가능성 × 위협 성공 시의 손실 크기

정답   1번

문제 88〉

정보보안담당자로 정보보안 정책서를 만들기로 했다. 아래의 내용 중에서 정보보안정책서에 포함되어야 할 항목으로 가장 올바른 것은 무엇인가?

1) 절차, 배경, 범위, 정책 기술, 행위
2) 목적, 배경, 책임, 지침, 책임
3) 목적, 배경, 범위, 정책 기술, 행위, 책임
4) 절차, 목적, 범위, 정책 기술, 책임

카테고리   정보보호개론

- 목적(purpose): 해당 보안 정책의 이유
- 관련 문서(Related Documents): 해당 보안 정책의 내용과 관련이 있는 문서 또는 정책의 목록
- 취소(Cancellation): 해당 보안 정책이 적용되므로 취소되는 기존의 정책
- 배경(Background): 해당 보안 정책에 의하여 부각되는 정보
- 범위(Scope): 해당 보안 정책이 적용되는 범위(관련자 또는 부서, 적용대상)
- 정책 기술(Policy Statement): 해당 보안 정책에 의해 달성되어야 할 것들에 대한 실제 원칙
- 행위(Action): 어떠한 행우가 필요한지와 언제 달성되어야 하는 지를 명시
- 책임(Responsibility): 누가 어떠한 것에 대해 책임이 있는 지를 명시

정답   3번

아래의 시나리오를 보고 단일손실기대치와 연간손실기대치를 계산하시오.

문제 89〉

1000경의 종업원을 가진 회사의 종업원의 25%가 1주에 1시간에 해당하는 업무시간에 웹 서핑을 하고 있다. 각 종업원의 시간당 평균임금은 50원이며, 각각 1년에 50주를 근무한다고 가정한다.

1) 12,500원, 525,000원   2) 12,500원, 650,000원
3) 13,500원, 625,000원   4) 12,500원, 625,000원

카테고리   정보보호개론

- SLE(Single Loss Expectancy): 1,000 명의 25%가 주당 1시간 웹 서핑을 한다. 50원(시간당) x 250 = 12,50원
- ALE(Annual Loss Expectancy): 1년에 50주 근무(ALE = SLE x 연간 발생 횟수) 12,500원x 50주= 625,000원

정답   4번

문제 90〉

BCP는 비즈니스 측면에서 기업의 연속성을 보장하기 위한 계획이다. 이러한 BCP는 건설업체를 중심으로 재난 및 화재 등에 대한 보호체계를 수립하였고 BS25999라는 국제표준을 가지고 있다. BCP에서 업무 복구목표, 위험분석, 복구 우선순위 수행하는 단계는 무엇인가?

1) RPO   2) RTO   3) BIA   4) RSO

카테고리   정보보호개론

BIA(Business Impact Assessment)는 BCP에서 가장 핵심적인 활동으로 업무 복구목표, 위험분석, 복구 우선순위를 결정하고 이를 위해서 목표 복구범위 RSO, 목표 복구시간 RTO, 목표 복구시점 RPO을 결정한다.

정답   3번

2002년 미국 테러공격 이후 국내 금융권에서 DRS 구축이 이슈화 되었다. 아래의 DRS에 대한 설명으로 그 내용이 틀린 것을 선택하시오.

1) DRS에서 가장 완벽한 이중화를 위해서 Mirror 사이트로 구축한다. 하지만 Mirror 사이트는 초기 구축비용이 과다하게 발생한다. 또한 유지보수 비용도 지속적으로 증가하는 특성이 있다.
2) BCP를 수립하는 기업은 DRS를 구축한다.
3) DRP는 재해복구에 대한 IT 서비스 연속성 계획으로 일반적으로 DRS 구축을 유발한다. 그리고 DRP 수립 시에 DRS를 어떤 유형으로 할지도 포함되어야 한다.
4) 국내 금융권은 대부분 DRS를 이미 구축했다. 메인 시스템과 DRS 시스템 간에 데이터 동기화를 위해서 Replication, CDC 등의 기술이 사용된다.

카테고리   정보보호개론

DRS는 DRP와 관계되고 BCP를 수립했다고 꼭 DRS를 구축해야 하는 것은 아니다.

정답   2번

BCP에서 위험발생 시에 영향을 최소화하는 행위는 무엇인가?

1) 위험평가   2) 위험분석   3) 위험대응   4) 위험전가

카테고리   정보보호개론

위험대응은 위험발생 시에 영향을 최소회하는 행위이다.

정답   3번

| 문제 93〉 | 정보통신서비스 제공자가 개인정보를 수집하거나 이용 또는 제3자에게 제공하고자 할 때 (   )세 미만의 아동은 법정대리인의 동의를 얻어야 한다. |

1) 만 13세   2) 만 14세   3) 만 18세   4) 만 19세

카테고리   정보보호개론

문제풀이

만 14세 미만은 법정대리인의 동의를 얻어야 한다.

정답   2번

| 문제 94〉 | 제22조 개인정보 수집, 이용 동의 등에서 정보통신서비스 제공자는 이용자의 개인정보를 이용하려고 수집하는 경우에는 모든 사항을 이용자에게 알리고 동의를 받아야 한다. 이에 해당되지 않는 것은? |

1) 개인정보 수집, 이용 목적   2) 수집하는 개인정보의 항목
3) 개인정보 사용처 및 폐기방법   4) 개인정보의 보유, 이용기간

카테고리   정보보호개론

문제풀이

1. 개인정보의 수집 · 이용 목적
2. 수집하는 개인정보의 항목
3. 개인정보의 보유 · 이용 기간

정답   3번

문제 95〉

정보통신서비스 제공자 등이 개인정보를 취급할 때는 개인정보의 분실, 도난, 누출, 변조 또는 훼손을 방지하기 위하여 (   )으로 정하는 기준에 따라 (   ), (   ) 조치를 하여야 한다.

1) 법무부령, 물리적, 개념적
2) 국무총리령, 기술적, 물리적
3) 대통령령, 기술적, 관리적
4) 안전행정부령, 관리적, 물리적

카테고리   정보보호개론

정답   3번

문제 96〉

전자서명법에서 공인인증기관으로 지정받을 수 있는 자는 국가기관, 지방단체 또는 (   )에 한한다. 공인인증기관으로 지정받고자 하는 자는 대통령령이 정하는 (   ) 능력, (   )능력, 시설 및 장비 기타 필요한 사항을 갖추어야 한다.

1) 기업, 보안, 기술
2) 기업, 기술, 재정
3) 법인, 보안, 기술
4) 법인, 기술, 재정

카테고리   정보보호개론

정답   4번

문제 97〉

(   )이란 개인정보를 쉽게 검색할 수 있도록 일정한 규칙에 따라 체계적으로 배열하거나 구성한 개인정보의 집합물(集合物)을 말한다.

1) 개인정보
2) 민감 데이터
3) 개인 프로파일
4) 개인 정보파일

카테고리   정보보호개론

정답   4번

아래의 내용은 개인정보에 대한 제3자 제공에 대한 내용이다. 이 중 틀린 것은 무엇인가?

문제 98〉

1) 정보주체의 동의를 받을 경우
2) 개인정보를 수집한 목적 범위 내에서 개인정보를 제공하는 경우
3) 개인정보를 국외에 제공할 경우 정보주체의 동의가 있어도 불가능하다.
4) 14세 미만의 경우 법정대리인의 동의가 필요하다.

카테고리   정보보호개론

문제풀이

개인정보를 국외에 제공하는 경우는 정보주체의 동의를 얻어서 가능하다.

정답   3번

개인정보를 취급, 활용하는 정보시스템을 신규 구축하거나 기존 정보시스템의 중대한 변경 시 개인정보에 미치는 영향을 사전에 조사, 예측, 검토하여 개선방안을 도출하는 체계적인 절차에 대한 설명으로 그 내용이 틀린 것은 무엇인가?

문제 99〉

1) 사후에 개인정보 침해요인을 파악한다.
2) 공공기관 의무적으로 수행하고 지정된 기관만 수행할 수 있다.
3) 「개인정보 보호법」을 근간으로 만들어졌다.
4) 별도의 교육과 시험을 통과한 사람만이 본 평가 수행이 가능하다.

카테고리   정보보호개론

문제풀이

개인정보영향도 평가는 사전에 개인정보 침해요인을 파악하는 것을 목적으로 한다.

정답   1번

| 문제 100> | 개인정보영향도 평가를 수행하기 위해서 「개인정보 보호법」에서의 고려사항이 아닌 것은 무엇인가?

1) 처리하는 개인정보의 수   2) 개인정보의 제3자 제공 여부
3) 대통령령이 정한 사항   4) 개인정보의 위치 |
|---|---|
| 카테고리 | 정보보호개론 |

문제풀이

개인정보 보호법 제33조(개인정보 영향평가) 제2항: 고려사항
② 영향평가를 하는 경우에는 다음 각 호의 사항을 고려하여야 한다.
1. 처리하는 개인정보의 수
2. 개인정보의 제3자 제공 여부
3. 정보주체의 권리를 해할 가능성 및 그 위험 정도
4. 그 밖에 대통령령으로 정한 사항

정답   4번

제2회 정보보안기사 모의고사

시스템 보안

문제 1〉	병행 시스템에서 프로세스가 두 개 이상의 동작을 동시에 수행하려고 할 때 발생하는 비정상적인 상태를 무엇이라고 하는가?
	1) Thrashing　　　　　　　　　　2) Race Condition 3) Working set　　　　　　　　　4) Deadlock
카테고리	시스템 보안

문제풀이

경쟁조건(Race Condition)
- 병행 시스템에서 프로세스가 두 개 이상의 동작을 동시에 수행하려고 할 때 발생하는 비정상적인 상태
- UNIX에서 실행되는 프로세스 중에 임시로 파일을 만드는 프로세스가 있을 경우, 프로세스의 실행 중에 끼어들어 그 임시파일을 전혀 엉뚱한 파일과 연결하여 악의적인 행동을 할 수 있는 문제가 발생

정답　　2번

문제 2〉	프로세스 메모리 영역에서 Static 변수가 저장되는 영역을 무엇인가?
	1) Text Area　　　　　　　　　　2) Stack Area 3) Data Area　　　　　　　　　　4) Buffer Area
카테고리	시스템 보안

문제풀이

메모리의 3가지 영역
- Text Area: 프로그램 명령어를 저장하는 영역으로 읽기영역으로 되어 있고 해당 영역에 쓰기를 시도하면 바로 에러가 발생한다.
- Data Area: Static 변수가 저장되고, 데이터가 저장되는 영역이다.
- Stack Area: Last in, First Out(LIFO)의 특성으로 함수 혹은 프로시저 사용을 위해서 만들어진 영역이다.

정답　　3번

문제 3〉
유닉스 시스템에서 su(switch user) 명령어에 대해서 로그를 기록하려고 한다. 어떤 것을 수정하여야 하는가?

1) /etc/su.conf
2) /etc/syslog.conf
3) /etc/inetd.conf
4) /etc/hosts

카테고리   시스템 보안

문제풀이

· etc/syslog.conf를 수정

－Reboot 하거나 syslog 설정파일을 다시 읽게 함.

정답   2번

문제 4〉
프로그램 실행 중 응급상태가 발생하여 CPU는 긴급처리를 위해서 현재 수행 중이던 프로그램을 중단하고 이를 처리하는 것을 인터럽트라고 한다. 이러한 인터럽트에서 전원공급, 타이밍 소자 등에 요인에 의해서 발생되는 인터럽트를 무엇이라고 하는가?

1) 외부 인터럽트
2) 기계착오 인터럽트
3) 입출력 인터럽트
4) 수퍼바이저 호출

카테고리   시스템 보안

문제풀이

종류	상세 특징
외부 인터럽트	타이밍소자, 전원 공급 등 외부요인에 의해 발생
기계착오 인터럽트	기계 고장 시 발생
프로그램 검사 인터럽트	－프로그램 수행 중 잘못된 명령으로 발생 －0으로 나눈 경우, 패리티 검사 오류
입출력 인터럽트	－입출력 하드웨어에서 완료 또는 오류 시에 발생
슈퍼바이저 호출	－기억장치의 할당 또는 오퍼레이터와의 대화 모두에서 실행

정답   1번

문제 5〉
Cache 교체 알고리즘 중에서 최초 참조비트를 1로 설정하고 1인 경우 0으로 세트, 0인 경우 교체를 수행하는 Cache 교체 알고리즘은 무엇인가?

1) Random
2) LRU
3) LFU
4) Second Chance Replacement

카테고리   시스템 보안

문제풀이

Cache 교체 알고리즘

종류	상세 설명	특징
Random	교체될 Page들 임의 선정	Overhead가 적음.
FIFO(First In First Out)	캐시 내에 오래 있었던 Page 교체	자주 사용되는 Page가 교체될 우려
LFU(Least Frequently Used)	사용 횟수가 가장 적은 Page 교체	최근 적재된 Page가 교체될 우려
LRU(Least Recently Used)	가장 오랫동안 사용되지 않은 Page 교체	Time stamping에 의한 overhead 존재
Optimal	향후 가장 참조되지 않을 Page 교체	실현 불가능
NUR(Not Used Recently)	참조 비트와 수정비트로 미사용 Page 교체	최근 사용되지 않은 페이지 교체
SCR(Second Chance Replacement)	최초 참조비트 1로 셋, 1인 경우 0으로 셋, 0인 경우 교체	기회를 한 번 더 줌.

정답   4번

문제 6〉
Cache 메모리의 일관성 유지 방법에서 Cache와 Memory 간의 불일치를 해결하기 위해서 Cache 메모리에 기록하고 메모리에 나중에 기록하는 방법은 무엇인가?

1) write back
2) write through
3) write delay
4) write batch

카테고리   시스템 보안

문제풀이

Write Through: 메모리와 캐시 메모리에 동시에 쓰기
Write Back: 캐시에 먼저 쓰고 메모리에 나중에 쓰기

정답   1번

아래의 그림이 의미하는 것이 무엇인가?

문제 7〉

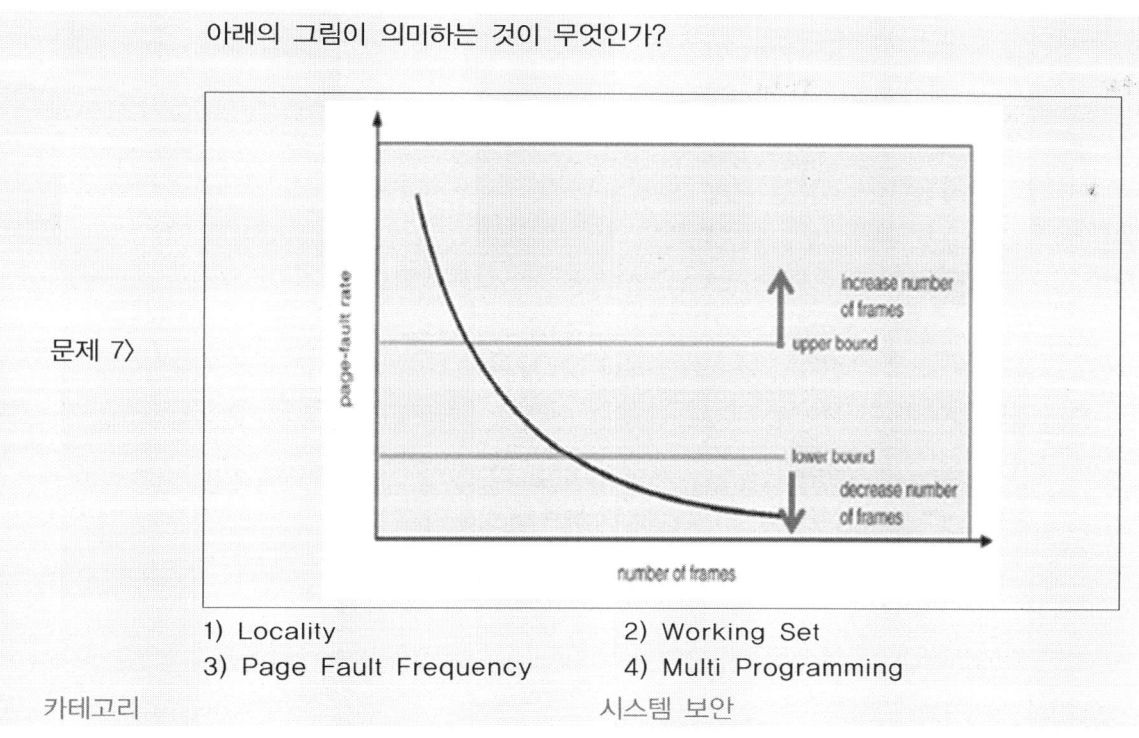

1) Locality 2) Working Set
3) Page Fault Frequency 4) Multi Programming

카테고리 시스템 보안

Thrashing 방지를 위한 페이지 부재 빈도(Page Fault Frequency)
－페이지 부재 비율의 상한과 하한을 설정하여 페이지 부재 빈도를 관리
－페이지 부재 비율이 상한을 넘으면 더 많은 프레임을 할당
－페이지 부재 비율이 하한으로 내려가면 프레임을 회수
－직접적으로 thrashing을 방지를 위해 페이지 부재 비율을 예측하고 관리

정답 3번

문제 8〉
입출력 장치 중에서 CPU가 버스를 사용하지 않는 사이클에만 버스에 접근하는 것을 무엇이라고 하는가?

1) DMA 2) Cycle Stealing
3) Indirect Bus 4) Direct Bus

카테고리 시스템 보안

DMA 동작 방식의 종류
 -Cycle Stealing: DMA 제어기와 CPU가 버스 공유. CPU가 버스를 사용하지 않는 사이클에만 버스에 접근. CPU보다 높은
  우선순위
 -Burst Mode: DMA 제어기가 BUS를 점유. 동작 완료 후 BUS 해제

정답   2번

다음은 유닉스 명령어에 대한 설명이다. 그 내용이 틀린 것을 선택하시오.

문제 9〉

1) file: 파일 타입을 확인할 수 있다.
2) find: 파일 계층을 검색할 수 있다.
3) whereis: 이진 파일을 검색한다.
4) which: 전체 디렉토리에서 실행이 가능한 파일을 검색한다.

카테고리   시스템 보안

---

which 명령은 사용자가 정의한 탐색 경로에 기반을 두어 실행 가능한 명령어 파일을 검색한다. 사용자가 정의한 탐색 경로는
시스템의 디폴트 PATH와 ~/.cshrc 등의 환경 설정 파일에 정의된 PATH 경로의 조합이다. 즉 사용자가 로그인 후 $echo
PATH의 실행 결과로 정의된 경로에서 명령어 파일을 검색한다.

정답   4번

아래의 유닉스 명령어의 실행결과는 무엇인가?

문제 10〉

```
$ umask 022
$ touch hellotest
$ ls -l hellotest
( ) 1 limbest other 0 Jul 14 14:41 hellotest
```

1) -rw-rw-rw-   2) -r-x-x-x
3) -rw-r-r--   4) -rw------

카테고리   시스템 보안

umask 값은 새로이 생성되는 파일과 디렉터리의 기본 퍼미션을 결정하며, 새로운 파일 및 디렉터리를 생성하는 동안 해당되는 퍼미션이 할당되어 적용된다. umask 022는 디렉터리에 대하여 Owner는 모든 권한(rwx), Group과 Others는 read, execute 권한(r-x)을 준다(755). 파일에 대해서는 Owner에게 read, modify 권한(rw-)을 주고, Group과 Others에 대해서는 read 권한(r-)만을 준다(644).

정답   3번

문제 11〉

유닉스의 History 설정에서 History Size에 대한 설명으로 틀린 것은 무엇인가?

1) csh계열: set history = 100
2) ksh계열: export HISTSIZE = 100
3) sh계열: set savehist = 100
4) bash계열: export HISTSIZE = 100

카테고리   시스템 보안

Korn 쉘과 bash 쉘에서는 기본적으로 쉘마다 자신의 히스토리 파일을 저장하기 위하여 "HISTFILE=/tmp/sh_hist$$, HISTFILE=$HOM E/.sh_hist.$$"로 지정되어 /tmp와 홈디렉터리($HOME)에 저장된다. "export HISTSIZE = 100"은 Korn 쉘과 bash 쉘에서 변수 값을 쉘에게 알리는 구문이다. history와 savehist는 C 쉘(csh)에서 저장할 수 있는 history의 수와 C 쉘에서 고정된 파일($HOME/.history)에 저장하도록 명령하는 설정 내용이다.

정답   3번

문제 12〉

유닉스 시스템에서 패치가 있는 디렉토리 정보가 모여 있는 것은 무엇인가?

1) /var/spool/package   2) /var/spool/patch
3) /var/adm/patch   4) /var/sadm/patch

카테고리   시스템 보안

패치란 소프트웨어의 정상적인 실행을 방해하는 다양한 문제를 해결하는 것이다. SunOS에서의 /var/sadm 디렉터리는 System Administration 관련된 디렉터리로 패치와 관련된 정보는 /var/sadm/patch에 위치한다.

정답   4번

문제 13〉

커널 시스템의 자원인 CPU, Memory 등의 관리하기 위해서 커널을 수정하는 데 사용된 파일은 무엇인지 선택하시오. (Solaris)

1) /etc/system
2) /etc/kernel
3) /etc/access
4) /dev

카테고리   시스템 보안

문제풀이

Sun Solaris의 /etc/system 파일은 시스템을 부팅할 때 커널에 의해 로드되는 모듈과 인수를 정의하는 파일로서, 시스템 부팅 후에는 root만이 수정할 수 있도록 권한이 제한되어 있으며, 최초 부팅 시에 "ok〉boot -a"를 통해 부팅되면서 Interactive 형태로 Kernel 인수를 수정하면서 부팅할 수 있다.

정답   4번

문제 14〉

아래의 내용 중에서 윈도우 운영체제에서 지원하지 않는 파일 시스템이 무엇인지 선택하시오.

1) EXT2   2) NTFS   3) FAT32   4) FAT16

카테고리   시스템 보안

문제풀이

EXT2 : 유닉스 운영체제에서 지원하는 파일시스템이다.

정답   1번

문제 15〉

사용자들이 패스워드를 3~4자로 대부분 만들고 있다. 그래서 보안관리자가 유닉스 시스템에서 패스워드의 길이를 제한하려고 한다. 어떤 파일에서 길이를 제한할 수 있는가?

1) /etc/login.defs
2) /etc/login
3) /etc/hosts.conf
4) /etc/hosts.allow

카테고리   시스템 보안

/etc/login.defs: 사용자의 패스워드 만료일, 패스워드 길이, 경고 등을 설정하는 파일이다.

문제 16〉

아래와 같은 limbest.tar라는 백업본을 가지고 있다. 시스템의 장애발생으로 백업받은 파일을 복원하려고 한다. 복원시키는 명령어로 가장 올바른 것은 무엇인가?

1) tar -xvf limbest.tar
2) tar -cvf limbest.tar
3) tar -tvf limbest.tar
4) tar -mvf limbest.tar

카테고리   시스템 보안

백업: tar -cvf limbest.tar
복원: tar -xvf limbest.tar

문제 17〉

Inode가 보유하고 있는 내용으로 틀린 것은 무엇인가?

1) 파일명
2) 파일 타입
3) 파일 접근시간
4) 파일 접근권한

카테고리   시스템 보안

유닉스 inode 구조

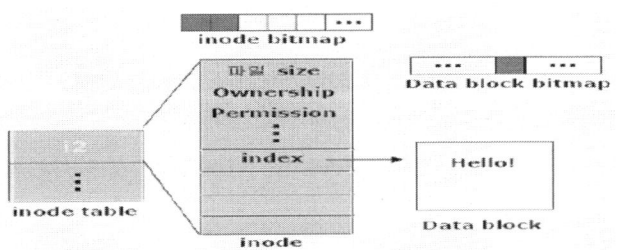

Inode 구성요소

구분	내용
Inode table	- 파일시스템 내에서 파일이나 디렉토리들의 inode들을 저장하는 표
inode	- 파일이나 디렉토리는 64Kbyte 크기 하나의 inode를 가짐 - 소유자 그룹, 접근 모드(읽기, 쓰기, 실행 권한), 파일형태, inode의 숫자 등 해당 파일에 관한 정보를 저장
inumber	- inode가 inode table에 등록되는 entry number
Data block	- 실제로 데이터가 저장되는 공간

Inode 내용

구분	내용
식별	- 소유자의 사용자 식별(User Identification)
그룹식별	- 소유자가 속한 그룹 식별(Group Identification)
보호비트	- 보호비트(파일에 대한 Access Mode)
주소	- 파일 내용의 물리적 디스크 상의 주소
크기 및 시기	- 파일의 크기 및 파일이 만들어진 시기
수정시기	- 파일이 마지막으로 수정된 시기 - Inode가 마지막으로 수정된 시기

정답   1번

문제 18〉	유닉스 파일 시스템의 구성에 파일 시스템의 크기, Free 블록의 수와 같은 정보를 가지고 있는 블록은 무엇인가? 1) Boot Block 2) Super Block 3) Directory Block 4) Data Block
카테고리	시스템 보안

문제풀이

Boot block – File system의 시작 부에 위치하며 파일 시스템의 부팅 정보를 지니고 있음.
Super block – File system의 크기, free block 수, Hist 크기 등의 정보 저장
Directory block – 파일 이름과 아이노드 번호를 저장하는 공간
Hist – 각 inode의 정보를 저장하는 공간
Data block – File에서 data를 저장하기 위해 사용되는 공간

정답   2번

아래에 대한 설명으로 그 내용이 틀린 것을 선택하시오.

문제 19〉

1) SUID, SGID, Sticky bit 설정은 파일의 실행과 관련이 있으므로 해당 파일에 실행 권한이 있을 때만 의미가 있다.
2) SUID가 설정된 파일을 실행하면 EUID(Effective UID)와 Real UID가 모두 변한다.
3) SUID가 설정된 파일을 실행하는 경우에는 잠시 동안 그 파일의 소유자의 권한을 가지게 된다.
4) SUID, SGID, Sticky bit의 설정 시 대문자 S, T(예: -rwSr-r-)인 경우는 파일에 실행 권한이 없는 상태이다.

카테고리   시스템 보안

문제풀이

SUID가 설정된 파일(예, /usr/bin/passwd)의 경우 프로세스가 실행될 때에는 파일의 소유자(owner)의 권한으로 실행되다가 (Effective UID=파일의 소유자) 프로세스의 실행이 완료되면 본래의 UID로 복귀된다.

정답   2번

아래의 내용 중에서 프로세스 메모리 이미지를 가지고 있는 파일은 무엇인가?

문제 20〉

1) dump file   2) core file
3) log file   4) image file

카테고리   시스템 보안

문제풀이

core file은 시스템에 오류가 발생하여 core dump를 만났을 때 생성된다. core dump는 시스템이 여러 다양한 에러, 예를 들어 메모리 주소 충돌, 비정상적인 명령 수행, 버스 에러, 그리고 사용자가 만들어낸 kill 신호 등으로 인하여 발생한다.

정답   2번

아래의 명령어 중에서 윈도우 컴퓨터가 언제 기동(Booting)되었는지 파악하려고
한다. 명령어로 알맞은 것은 무엇인가?

문제 21〉　　1) net statistics workstation
　　　　　　2) net time boot
　　　　　　3) net localgroup
　　　　　　4) net computer boot time

카테고리　　　　　　　　　　　　　　　　시스템 보안

net statistics workstation: 로컬 워크스테이션 및 서버 서비스에 대한 통계를 조회
net localgroup: 컴퓨터 상의 로컬그룹을 수정하거나 정보를 제공함.

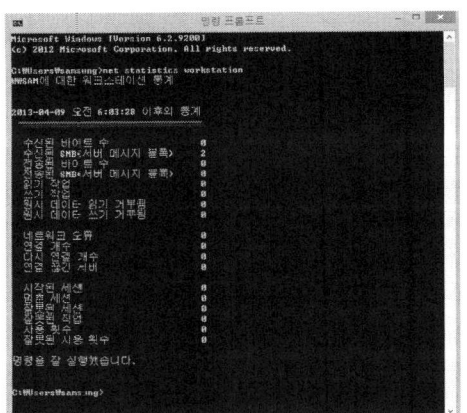 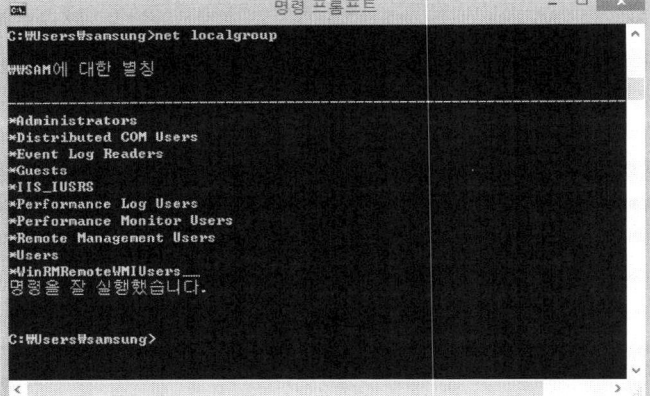

정답　　1번

아래의 내용은 윈도우 시스템에 대한 보안점검 사항이다. 그 내용으로 틀린 것을
선택하시오.

문제 22〉　　1) 익명 사용자를 위해서 Guest계정을 활성화
　　　　　　2) 불필요한 공유폴더를 제거
　　　　　　3) Access Control List를 설정
　　　　　　4) 최신버전으로 패치함.

카테고리　　　　　　　　　　　　　　　　시스템 보안

보안상 Guest 계정을 제거함.

정답   1번

문제 23〉 윈도우 운영체제에서 최신버전의 패치를 확인할 수 있는 명령어는 무엇인가?

1) hfnetchk.exe   2) winhelp.exe
3) wuauclt.exe   4) runas.exe

카테고리   시스템 보안

구분	설명
hfnetchk.exe	운영체제의 패치 상태를 확인
wuauclt.exe	윈도우 업데이트 페이지로부터 윈도우를 업데이트해야 하는지 확인
runas.exe	현재 로그온이 제공하는 권한과는 다른 사용 권한으로 프로그램을 실행할 수 있도록 함.

정답   1번

문제 24〉 윈도우 보안 탬플릿으로 올바르지 않는 것은?

1) 계정정책   2) 로컬정책
3) 레지스트리   4) 네트워크 정책

카테고리   시스템 보안

윈도우 보안 탬플릿

구분	설명
계정정책	암호, Kerberos 정책, 계정 잠금 정책
로컬정책	사용자 권한할당, 보안옵션, 감사정책
이벤트 로그	응용 프로그램, 시스템, 보안 이벤트 로그를 설정
제한된 그룹	보안에 민감한 그룹의 구성원 자격설정

시스템 서비스	시스템 서비스 시작과 사용권한 설정
파일 시스템	폴더 및 파일 사용권한 설정
레지스트리	레지스트리 키에 대한 사용권한 설정

정답   4번

윈도우 레지스트리 중에서 파일의 각 확장자에 대한 정보와 파일과 프로그램 간 연결에 대한 정보를 가진 것은 무엇인가?

문제 25〉

1) HKEY_CLASSES_ROOT 계층
2) HKEY_LOCAL_MACHINE 계층
3) HKEY_USERS 계층
4) HKEY_CURRENT_CONFIG 계층

카테고리   시스템 보안

문제풀이

구분	설명	
HKEY_CLASSES_ROOT	파일의 각 확장자에 대한 정보와 파일과 프로그램 간 연결에 대한 정보	
HKEY_LOCAL_MACHINE	설치된 하드웨어와 소프트웨어 설치 드라이버 설정에 대한 정보	
HKEY_USERS	사용자에 대한 정보	
HKEY_CURRENT_CONFIG	디스플레이 설정과 프린트 설정에 관한 정보	

정답   1번

네트워크 보안

네트워크 장비 중에서 LAN과 LAN을 연결하기 위해서 사용되며 MAC 프로토콜의 변환을 수행하는 장비는 무엇인가?

문제 26〉

1) Repeater   2) Gateway
3) Bridge   4) Router

카테고리   네트워크 보안

Bridge: OSI 7계층에서 데이터 링크 계층에서 작동하며 물리계층과 데이터 링크 계층을 연결하는 기능을 수행한다.

정답　　3번

문제 27〉	NAT를 사용하는 근본적인 이유로 가장 올바른 것을 선택하시오. 1) IP주소 부족 문제를 해결 2) 데이터 암호화 3) 네트워크 세그먼테이션 4) 네트워크 전송 속도 향상
카테고리	네트워크 보안

NAT(Network Address Translation): 내부망에서 내부 IP주소를 사용하고 외부망은 한 개의 공인IP를 사용할 수 있어 부족한 IP주소 문제를 해결

정답　　1번

문제 28〉	아래의 내용 중에서 TCP 프로토콜의 기능으로 올바르지 않은 것을 선택하시오. 1) 중복 Packet 폐기함.　　　　2) 세그먼트를 분할 전송 3) 흐름제어　　　　　　　　　4) 바이트 스트림 교환
카테고리	네트워크 보안

바이트 스트림은 물리계층에서 하는 기능임.

정답　　4번

문제 29〉 다음은 네트워크의 상태를 실시간으로 모니터링할 때 사용하는 SNMP에 대한 설명이다. SNMP의 보안 취약점을 설명한 것으로 가장 틀린 것을 선택하시오.

1) SNMP 1.0에서 암호화를 수행
2) SNMP에 접근하는 IP에 대한 접근제어
3) SNMP 커뮤니티명을 영문자, 숫자, 특수기호를 사용해서 복잡하게 조합
4) SNMP 커뮤니티에 대해서 접근제어를 수행

카테고리   네트워크 보안

SNMP 인증 수단인 Community String을 추정하기 어려운 암호화 및 접근제어를 실시하고 SNMP Version 2.0 이상부터는 암호화 기능을 사용할 수 있다.

정답   1번

문제 30〉 아래의 내용은 에러검출코드인 Parity Check에 대한 설명이다. 그 내용 중에서 올바르지 않은 것을 선택하시오.

1) 에러검출
2) 오류를 검출하기 위해서 체크 디지트 추가
3) 블록단위 문자에러를 검출
4) 짝수와 홀수 패리티 비트 존재

카테고리   네트워크 보안

발생된 에러에 대해 검출하고자 할 때 패리티 검사(Parity Check)와 블록 합 검사 (Block Sum Check) 등의 에러 검출 기법을 사용한다. 패리티 검사기법은 가장 간단하게 사용되는 비트 에러 검출방식이며, 블록 합 검사 기법은 블록단위로 문자 에러를 검출하는 기법이다.

정답   3번

문제 31〉	아래의 내용은 TCP 3-Way Handshaking이다. 그 순서로 가장 올바른 것을 선택하시오.

> (가) SYN 50000
> (나) SYN 3000, ACK 50001
> (다) ACK 3001

1) (가) → (나) → (다) 2) (다) → (나) → (가)
3) (나) → (가) → (다) 4) (가) → (다) → (나)

카테고리   네트워크 보안

문제풀이

TCP 프로토콜의 신뢰성(connection oriented)있는 통신을 위하여, TCP 프로토콜의 최초 접속 시 3-way handshake를 수행한다. 3-way handshake는 SYN, SYN+ACK, ACK의 과정을 수행한다.

정답   1번

문제 32〉	아래의 네트워크 프로토콜 중에서 특정 포트 번호가 없어도 통신을 할 수 있는 것은 무엇인가?

1) TCP   2) ARP   3) RARP   4) ICMP

카테고리   네트워크 보안

문제풀이

ICPMP 프로토콜은 포트번호 없이 통신을 할 수 있는 프로토콜이다.

정답   4번

문제 33〉

아래의 iptables 명령어 중에서 201.1.1.1 주소에 유입되는 모든 패킷을 차단하는 것을 선택하시오. 즉, 201.1.1.1에서 유입되는 모든 패킷 차단, TCP 프로토콜을 모두 허용을 선택하시오.

가. iptables -A INPUT -d 201.1.1.1 -j DROP
나. iptables -A INPUT -d ! 201.1.1.1 -j ACCEPT
다. iptables -A INPUT -p TCP -j ACCEPT
라. iptables -A INPUT -p TCP -dport 80 -j DROP

1) 가, 다   2) 나, 다   3) 다, 라   4) 가, 라

카테고리   네트워크 보안

문제풀이

· iptables -A INPUT -d 201.1.1.1 -j DROP
 : 201.1.1.1에서 유입되는 모든 패킷 차단
· iptables -A INPUT -d ! 201.1.1.1 -j ACCEPT
 : 201.1.1.1로 향하는 패킷을 아니면 모두 차단
· iptables -A INPUT -p TCP -j ACCEPT
 : TCP 프로토콜을 모두 허용
· iptables -A INPUT -p TCP -dport 80 -j DROP
 : 80번 포트로 유입되는 TCP 패킷 차단

정답   1번

문제 34〉

동적으로 IP주소를 할당 받기 위해서 DHCP를 사용한다. DHCP에서 IP주소를 할당 받기 위해서 브로드캐스트 기법을 사용하는데 이 중 유니캐스트 방식을 사용하는 것은 무엇인가?

1) DHCP Discover   2) DHCP Offer
3) DHCP Request   4) DHCP Ack

카테고리   네트워크 보안

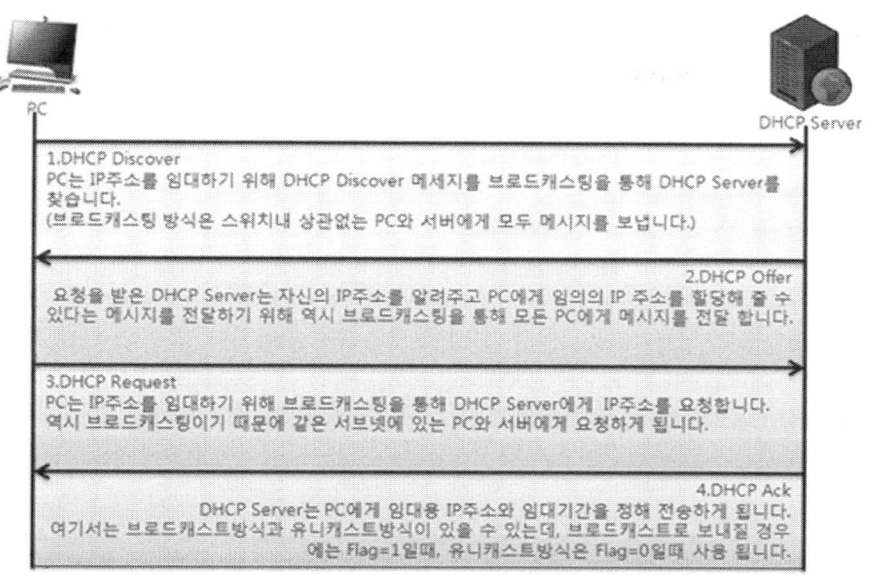

정답   4번

문제 35〉 NAT는 사설IP를 공인IP로 변경한다. NAT 종류 중에서 외부IP와 사설IP를 1:1로
매핑하는 것은 무엇인가?

1) Normal NAT
2) Reverse NAT(Static NAT)
3) Redirect NAT
4) Exclude NAT

카테고리   네트워크 보안

NAT 종류	설명
Normal NAT	·사설IP를 공인IP로 변환해 주는 것으로 N개의 사설IP를 하나의 공인IP로 변환(N:1) ·Normal NAT는 외부에서 요청 시 N개의 사설IP 중 어떤 것으로 변환해야 하는지 알 수 없음.
Reverse NAT	·1:1 매핑, Static 매핑으로 외부에 지정된 공인IP로 접속을 요구하면 해당 공인 IP에 지정된 사설IP로 매핑
Redirect NAT	·목적지 주소를 재지정할 경우 사용되며, 장애 발생 시에 목적지 주소를 변경할 수 있음.
Exclude NAT	·특정 목적지로 접속할 경우 NAT가 적용 받지 않게 함.

정답   2번

문제 36〉 아래의 NAT 종류 중에서 장애처리 시에 유용하게 사용될 수 있는 것을 선택하시오.

1) Normal NAT   2) Reverse NAT(Static NAT)
3) Redirect NAT   4) Exclude NAT

카테고리   네트워크 보안

문제풀이

Redirect NAT: 목적지 주소를 재지정 할 경우 사용되며, 장애 발생 시에 목적지 주소를 변경할 수 있음.

정답   3번

문제 37〉 다음은 IP Datagram을 분석한 내용이다. 아래의 내용을 보고 어떤 공격이 의심되는지 선택하시오.

> ・Datagram Offset 모니터링 내용
> ―IP 패킷의 Offset: 1000~2000, 19000~3000, 30001~40000

1) Hulk DDoS   2) Hash DDoS
3) Tear Drop   4) SYN Fooding

카테고리   네트워크 보안

문제풀이

Tear Drop은 Offset을 조작하여 데이터그램이 분할되고 조합될 때 Offset을 변조하는 방법임.

정답   3번

DDoS 공격기법은 무엇인가?

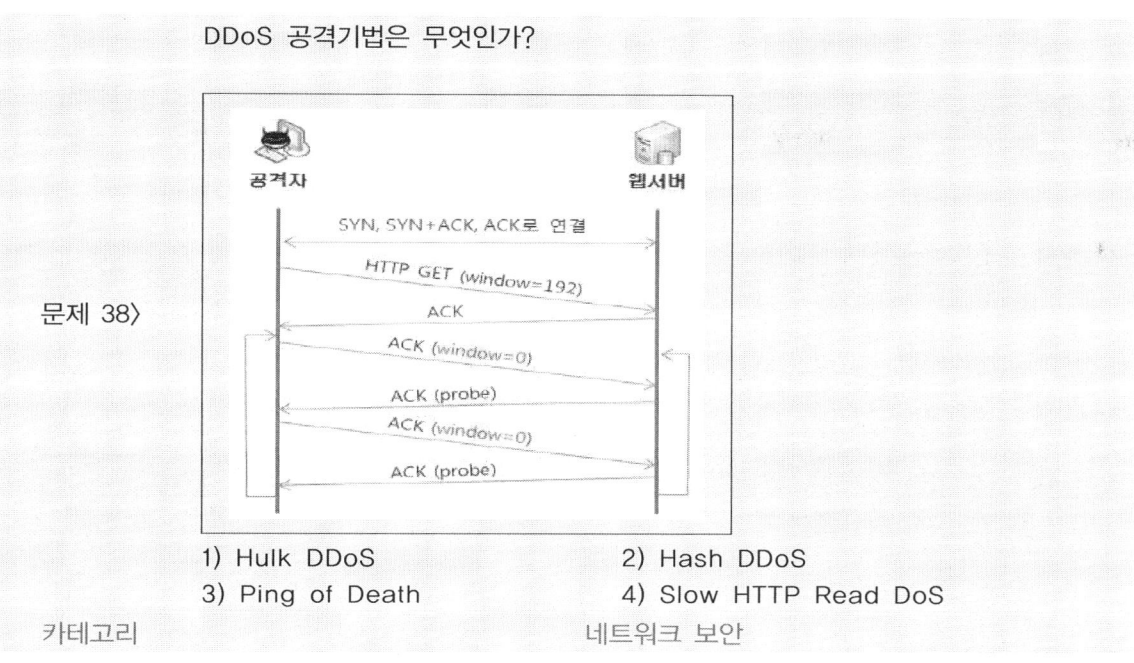

문제 38〉

1) Hulk DDoS   2) Hash DDoS
3) Ping of Death   4) Slow HTTP Read DoS

카테고리   네트워크 보안

문제풀이

- 공격자가 웹서버와 TCP 연결 시에 TCP 윈도우 크기 및 데이터 처리율을 감소시켜 HTTP 데이터를 송신하여 웹서버가 정상적으로 응답하지 못하도록 하는 DoS/DDoS 기법
- TCP 윈도우 크기를 및 데이터 처리율을 감소시키면 서버는 정상상태로 회복될 때까지 대기상태에 빠지게 되어 부하를 유발

정답   4번

아래의 내용은 TCP Segment Format에 대한 설명이다. 그 내용이 틀린 것을 선택하시오.

문제 39〉

1) TCP는 Check Sum의 CRC(Cyclic Redundancy Check)는 Header와 Data 필드의 무결성을 검사
2) TCP은 Flow Control 기능을 위해서 Buffering을 수행할 수 있고 이러한 Buffering을 위해서 사용되는 것이 Window Size임.
3) 송신자와 수신자의 Port 번호를 통해서 Multiplexing 및 DeMultiplexing을 수행
4) TCP는 Physical한 Connection Oriented Service임.

카테고리   네트워크 보안

TCP는 Logical한 Communication을 지원하는 Connection Oriented Service임.

정답   4번

문제 40〉 다음은 ARP 및 RARP에 대한 설명이다. 그 내용이 틀린 것을 선택하시오.

1) ARP Spoofing에 대비하기 위해서 arp -a 명령을 사용해서 Static한 MAC 주소를 부여한다.
2) ARP는 IP주소를 전송하여 MAC주소를 할당하는 인증서비스이다.
3) RARP는 Diskless Host에서 사용된다.
4) RARP는 MAC 주소를 전송하여 IP주소를 할당받는다.

카테고리   네트워크 보안

ARP는 IP주소를 발송해서 MAC주소의 정보를 얻어오지만, 인증 서비스는 아니다.

정답   2번

문제 41〉 Point to Point 프로토콜에서 라우터와 라우터 간의 연결 및 호스트와 네트워크 간의 연결을 제어하기 위한 프로토콜은 무엇인가?

1) NCP(Network Control Protocol)
2) HDLC(High Level Data Link Control)
3) MPLS(Multi Protocol Label Switch)
4) Flow Control

카테고리   네트워크 보안

점 대 점 통신 규약(PPP)은 직렬(serial) 점 대 점 연결된 상태에서 데이터그램의 전송하는 방법을 제공하는 프로토콜이다. PPP는 직렬(serial) 연결 상에서 데이터그램의 캡슐화를 위한 방법, 확장 가능한 Link Control Protocols(LCP), 그리고 서로 다른 네트워크-계층 프로토콜들 간에 연결설정을 위한 네트워크 제어 프로토콜 계열(NCP)의 3부분으로 구성된다. LCP(Link Control Protocol, 연결제어 프로토콜)는 데이터링크의 연결 및 흐름 제어를 담당하고, NCP(Network Control Protocol, 네트워크 제어 프로토콜)는 다른 네트워크 계층과의 연결 기능을 담당한다.

정답   1번

문제 42〉 아래의 내용 중에서 TCP와 UDP에서 사용할 수 있는 Port 범위를 선택하시오.

1) 1~2048 　　2) 1000 이상 　　3) 1~65534 　　4) 1000~65534

카테고리　　　　　　　　　　　　　　네트워크 보안

TCP와 UDP가 사용할 수 있는 Port는 2의 160승 즉, 65535개의 포트를 가질 수 있으며, 범위는 1~65534임.

정답　　3번

문제 43〉 ICMP 프로토콜 Header의 Type 필드에서 Echo Request 혹은 Reply에 해당되는 것은 무엇인가?

1) 3 　　　　　　2) 4 　　　　　　3) 8 혹은 0 　　　　　4) 17 혹은 18

카테고리　　　　　　　　　　　　　　네트워크 보안

Type	Message
3	Destination unreachable
4	Source quench
11	Time exceeded
8 or 0	Parameter problem
13 or 14	Redirection
17 or 18	Echo request or reply
10 or 9	Timestamp request and reply

정답　　4번

Error Control 기법 중에서 아래의 그림에 해당되는 것은 무엇인가?

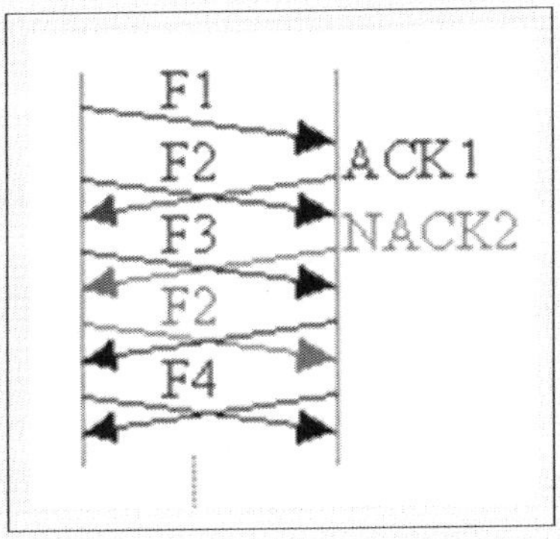

문제 44〉

1) Stop and Wait
3) Selective Repeat

2) Go-Back-N
4) Hybrid ARQ

카테고리   네트워크 보안

문제풀이

Selective Repeat: 오류발생 또는 잃어버린 프레임에 대해서만 재요청 또는 타임이웃으로 인한 자동 재송신

정답   3번

문제 45〉

SMTP 중에서 TCP 110번 포트를 사용하고 메일을 읽은 후에 메일 서버에서 해당 메일을 삭제하는 것은 무엇인가?

1) MTA   2) MDA   3) POP3   4) IMAP/IMAP3

카테고리   네트워크 보안

문제풀이

POP 3

-TCP 110번으로 메일서버에 접속하여 저장된 메일을 내려 받는 MDA프로그램
-메시지를 읽은 후 메일서버에 해당 메일을 삭제함.

정답   3번

문제 46〉 HTTP 프로토콜의 Header와 Body를 구분하는 식별자는 무엇인가?

1) STX   2) ETX   3) /r/n   4) EOF

카테고리   네트워크 보안

HTTP 프로토콜은 Header와 Body로 구성되고 Header와 Body는 개행문자(/r/n)으로 구분됨.

정답   3번

문제 47〉 아래의 내용은 HTTP 프로토콜에 대한 설명이다. 그 내용이 틀린 것을 선택하시오.

1) HTTP 프로토콜은 TCP를 사용한다.
2) HTTP 1.0은 연결할 때 3-Way Handshaking 기법을 사용하고 한 번의 요청에 모든 페이지를 수신받는다.
3) HTTP 1.1은 HTTP 1.0에 비해서 연결이 빈번하지 않다.
4) State-less 방식이다.

카테고리   네트워크 보안

HTTP 1.0
HTML 페이지를 수신받은 후 페이지 내의 이미지를 받기 위해서는 연결을 종료하고 이미지를 받기 위해서 다시 재연결을 수행 후 이미지를 수신받는 구조

정답   2번

문제 48〉	인터페이스를 통해 전달되는 라우팅 업데이트를 제어하는데 사용되는 명령은 무엇인가?

1) passive-interface   2) passive-interface update
3) passive-routing   4) passive-route update

카테고리	네트워크 보안

문제풀이

라우터 간에 라우팅 정보를 동적으로 교환하는 라우팅 프로토콜(RIP, OSPF, BGP, EGP 등)의 동적 라우팅 업데이트를 제거하기 위한 명령어는 'Router(config-router) #passive-interface' 이다.

정답   1번

문제 49〉	RIP(Routing Information Protocol)는 Distance Vector 라우팅 알고리즘을 사용하고, 매 30초마다 모든 전체 라우팅 테이블을 Active Interface로 전송한다. 다음 원격 네트워크에서 RIP에 의해 사용되는 최적의 경로 결정 방법은 무엇인가?

1) TTL(Time To Live)   2) Routed Information
3) Count to information   4) Hop count

카테고리	네트워크 보안

문제풀이

- RIP는 라우팅 테이블을 관리하는 라우팅 프로토콜이다. 라우팅 테이블은 도착지 네트워크에 대한 Hop count 또는 Metric 정보, 그리고 목적지 네트워크에 패킷을 보낼 인터페이스 경로에 대한 정보를 가지고 있다. RIP에서 최적의 경로를 결정하기 위해 Hop Count를 사용한다.

정답   4번

문제 50〉	VLAN에서 스위치 사이에 필요한 것으로 프레임이 어떤 VLAN에 속했는지 식별하기 위해서 Tagging이라는 기능이 사용된다. 아래의 표준 중에서 Tagging 표준에 해당되는 것은 무엇인가?
	1) 802.10 2) 802.1q 3) 802.3a 4) 802.1z
카테고리	네트워크 보안

문제풀이

IEEE 802.10 - LAN 보안에 대한 표준
IEEE 802.1Q - VLAN Tagging
IEEE 802.3x - 흐름제어를 통한 패킷 손실방지를 위한 표준

IEEE 802.11 - 무선 LAN에 대한 표준
IEEE 802.1z - Gigabit 표준

정답   2번

애플리케이션 보안

문제 51〉	아래의 설명으로 가장 올바른 것을 선택하시오.
	1단계: 클라이언트는 서버의 TCP/21번 포터로 접속 후 두 번째 PORT를 질의 2단계: 서버는 클라이언트에게 데이터 연결을 위한 두 번째 PORT(TCP/1024후)를 알려줌 3단계: 클라이언트는 서버가 알려 준 두 번째 PORT로 접속
	1) ftp sequence mode 2) ftp native mode 3) ftp passive mode 4) ftp active mode
카테고리	애플리케이션 보안

문제풀이

λ FTP Active Mode
 −1단계: 클라이언트에서 서버 TCP/21번 PORT로 접속시도 및 클라이언트가 사용할 두 번째 PORT를 서버에게 연결 준다.
    즉, 클라이언트가 서버에게 접속(클라이언트는 TCP/1024 이후 포트 번호를 알려줌)
 −2단계: 서버는 TCP/20번 PORT로 클라이언트 알려 준 두 번째 PORT를 사용하여 연결

λ FTP Passive Mode
 −1단계: 클라이언트는 서버의 TCP/21번 포터로 접속 후 두 번째 PORT를 질의
 −2단계: 서버는 클라이언트에게 데이터 연결을 위한 두 번째 PORT(TCP/1024이후)를 알려줌
 −3단계: 클라이언트는 서버가 알려 준 두 번째 PORT로 접속

정답   3번

문제 52〉 아래의 내용은 FTP 보안 취약점에 대한 설명이다. 인증절차가 없어서 설정이 잘못되어 있으면 누구나 해당 호스트에 접근하여 파일을 다운로드할 수 있는 것은 무엇인가?

1) Bounce Attack
2) tFtp Attack
3) Brute Force Attack
4) Anonymous Ftp Attack

카테고리   애플리케이션 보안

문제풀이

tFTP Attack
−인증절차를 요구하지 않기 때문에 설정이 잘못되어 있으면 누구나 해당 호스트에 접근하여 파일을 다운로드할 수 있음. FTP 보다 간단함.

정답   2번

문제 53〉 FTP의 Bounce Attack 공격을 통해서 전자메일을 발송하는 공격을 (　　　)이라고 한다.

1) Anonymous FTP Attack
2) Fack Mail
3) Hulk Mail
4) Spam Mail

카테고리   애플리케이션 보안

문제풀이

Bounce Attack
−익명 FTP서버를 사용해 그 FTP 서버를 경유해서 호스트를 스캔 네트워크 포트 스캐닝을 위해서 사용
−FTP 바운스 공격을 통해서 전자메일을 보내는 공격을 Fack Mail이라고 함.

정답   2번

아래의 내용은 패킷분석의 결과이다. 아래의 내용을 보고 알 수 있는 것으로 가장 올바른 것은 무엇인가?

문제 54〉

```
62 trim > ftp [SYN] Seq=0 win=16384 Len=0 MSS=1460 S
62 ftp > trim [SYN, ACK] Seq=0 Ack=1 win=16384 Len=0
54 trim > ftp [ACK] Seq=1 Ack=1 win=17424 Len=0
```

1) 클라이언트가 FTP를 사용하고 있다.
2) trim은 서버이름이고 클라이트 호스트 이름이 FTP이다.
3) FTP를 사용해서 TCP 3 Way-hanshaking을 하고 있다.
4) trim이 클라이언트이고 ftp가 서버이다.

카테고리   애플리케이션 보안

문제풀이

FTP를 사용해서 TCP 3 way hanshaking을 하고 있는 것이다.

정답   3번

아래의 파일은 inetd.conf 파일이다. 아래의 커멘드로 ftp는 로그파일을 기록한다. 해당 로그파일의 명으로 올바른 것은 무엇인가?

문제 55〉

```
ftp stream tcp nowait root /var/sbin/in.ftpd in.ftpd -l
```

1) access.log   2) sure.log
3) loginlog   4) xferlog

카테고리   애플리케이션 보안

문제풀이

Xferlog
  -FTP 파일 전송 로그이다. FTP가 inetd 모드로 동작 시, inetd.conf에 FTP 데몬 동작에 -l 옵션을 추가하여야 동작한다.
  -ftp stream tcp nowait root /var/sbin/in.ftpd in.ftpd -l

정답   4번

전자화폐는 불추적성, 오프라인성, 가치 이전성, 분할성, 독립성, 이중 사용방지, 익명성 취소 등의 특징을 가지고 있다. 이러한 전자화폐의 특성 중에서 사생활 보호에 가장 해당되는 것은 무엇인가?

1) 오프라인성　　2) 가치이전성　　3) 익명성 취소　　4) 불추적성

카테고리　　　　　　　　　　　애플리케이션 보안

문제풀이

불추적성은 전자화폐 사용자의 사생활 보호 및 익명성을 위한 특징이다.

전자화폐 유형

분류 기준	유형	특징	예
매체 성격	카드형	① IC칩 내장한 플라스틱 카드 ② 금전등록기, 전화로 가치이전 ③ 처음: 소매거래의 직접 거래 위해 고안 －PC, 전화로도 결제 가능해짐 －네트워크형 화폐의 기능도 가짐	Mondex Visa Cash (Visa International)
	네트워크형	① 은행전상망, 공중정보통신망, 인터넷 ② 쌍방향성	E－Cash (Digicash)
정보 전송 방법	온라인형	① 주컴퓨터의 전상망 통해 거래, 가치이전	Visa Cash
	오프라인형	① 자체 단말기 통해 거래, 가치이전	
거래기록의 유지관리	계좌형	① 전산망이 거래 기록의 유지 관리 ② 거래 추적 가능	
	비계좌형	① 카드, 기록매체에만 거래 기록 ② 전산망에는 거래량만 전송 ③ 거래추적 불가능	E－Cash
사용 용도	범용	① 특정 목적에 한정되지 않음.	Visa Cash
	단일목적용	① 특정 목적만을 위해 존재	
전자화폐 소지자 간 가치이전성	개방형	① 자유로운 화폐가치이전	Mondex
	폐쇄형	① 소지자 간 가치이전 불허용	Cyber Coin 등

정답　　4번

문제 57〉 전자화폐 중에서 가장 대표적인 전자화폐시스템으로 해외에서 사용할 수 있고 외환거래가 가능한 전자화폐는 무엇인가?

1) 몬덱스   2) 비자캐시   3) PC Pay   4) Ecash

카테고리   애플리케이션 보안

문제풀이

몬덱스
- 가장 대표적인 전자화폐 시스템
- 현금지불의 장점과 카드 지불의 편리함을 결합.
- 5개국 통화로 가치를 저장 할 수 있음.
- 해외 사용 및 송금과 외환거래 가능

정답   1번

문제 58〉 전자서명은 은닉서명, 대리서명, 그룹서명, 다중서명, 수신자 지정 서명, 이중서명 방식이 있다. 이 중에서 전자결제시스템 혹은 전자계약시스템에 응용 가능한 방식은 무엇인가?

1) 그룹서명   2) 대리서명
3) 다중서명   4) 수신자 지정 서명

카테고리   애플리케이션 보안

문제풀이

다중서명
- 전자결제시스템 혹은 전자계약시스템에 응용 가능한 방식
- 동시 다중서명: 전자계약시스템의 경우 동시 다중서명을 사용해서 서로 간에 안전한 계약을 수행
- 순차 다중서명: 전자결제의 경우 순차다중성 방식을 이용해 서명

정답   3번

문제 59〉

아래의 IC카드형 전자화폐 중에서 은닉서명 기술을 사용하는 것은 무엇인가?

1) NetCash   2) Ecash   3) PC Pay   4) 비자캐시

카테고리   애플리케이션 보안

문제풀이

ECash
－DigCash 사에서 개발된 전자화페시스템으로 은닉서명 기술을 사용하여 온라인상에서 완전한 익명성을 제공

정답   2번

문제 60〉

디지털 콘텐츠 보호기술 중에서 마치 DNS와 가장 유사한 것은 무엇인가?

1) DRM   2) MPEG 21   3) DOI   4) INDECS

카테고리   애플리케이션 보안

문제풀이

DOI는 디지털 콘텐츠의 식별자를 전송하면 URL을 전송하여 콘텐츠을 참조할 수 있다.

정답   3번

문제 61〉

다음 중 메일 그룹 보안 및 메시지 폭풍에 대한 설명으로 옳지 않은 것은 무엇인가?

1) 메시지 폭풍은 악의에 찬 사용자가 시스템의 성능을 저하시키려고 하는 경우에만 발생한다.
2) 받은 편지함의 오버플로우에 당황한 사용자는 모든 사용자들에게 중지할 것을 촉구하는 전체 회신 메시지를 보내게 되며 이것이 상황을 더욱 악화시킨다.
3) Exchange server에는 메일 그룹 보안을 설정할 수 있는 DL이 있다. 가장 큰 DL을 잠그거나 업무상 반드시 필요할 경우에만 그 DL을 사용하도록 제한하는 것이다.
4) 메시지 폭풍이 진행되는 동안에는 시스템 전체의 성능이 저하된다.

카테고리   애플리케이션 보안

－메시지 폭풍은 아무런 악의 없이도 쉽게, 즉 한 명의 사용자가 한 개의 메시지를 대규모 메일 그룹에 보내는 것만으로도 시작될 수 있다.

정답　　　1번

문제 62〉	다음 중 FTP 프로토콜에 대한 설명으로 틀린 것은? 1) FTP는 TCP/IP를 기반으로 한 파일 전송 서비스이다. 2) 파일 전송 명령어 GET은 RECV 명령어와 같은 작용을 하며, PUT은 SEND 명령어와 같은 작용을 한다. 3) 일반적으로 FTP는 데이터를 전송할 때 21번 포트를 사용한다. 4) FTP에서 이용되는 2개의 연결 방식은 데이터 전송을 위한 데이터 연결과 데이터의 연결을 제어하기 위한 제어 연결이다.
카테고리	애플리케이션 보안

일반적으로 FTP는 데이터를 전송할 때 20번 포트를 사용하며, FTP서버의 제어 연결을 위해서 21번 포트를 사용한다.

정답　　　3번

문제 63〉	S/MIME에 있는 함수이다. 다음 중 S/MIME이 수행하는 기능이 아닌 것은? 1) Signed data　　　　　　　　2) Clear-signed data 3) Signed and enveloping data　　4) Data filtering
카테고리	애플리케이션 보안

S/MIME에서 data filtering의 기능을 수행하지는 않는다.

정답　　　4번

문제 64〉 One-time password에 대한 설명으로 적절한 것은?

1) One-time pad와 같은 의미이다.
2) 기존 패스워드에 대한 재생 공격(replay attack)을 막을 수 있다.
3) 안전하지 않은 인증 방법이다.
4) Challenge-response 인증 방식 보다 안전하다.

카테고리   애플리케이션 보안

문제풀이

One-time password는 기존 패스워드 인증 방법이 재생 공격에 취약하다는 단점을 극복하기 위하여 만들어 졌으며 현재 제품화되어 사용되고 있다.

정답   2번

문제 65〉 FTP프로토콜이 OSI레이어에 의존하여 TCP를 사용하기 때문에 연결과정에서 사용되는 것을 무엇이라고 하는가?

1) IP(Internet Protocol)   2) 소켓(Socket)
3) 포트(Port)   4) 프로토콜(Protocol)

카테고리   애플리케이션 보안

문제풀이

FTP 프로토콜은 OSI 레이어에 의존하게 되므로 TCP 프로토콜을 사용하게 된다. 그러므로 연결 과정에서 소켓이라는 것을 통하여 연결을 관리한다.

정답   2번

문제 66〉

일반 사용자가 특정 프로그램을 실행시켜 해당 시스템에 접근할 수 있는 백도어를 만들게 하거나 시스템에 피해를 주는 공격은 무엇인가?

1) 액티브 컨텐츠 공격
2) 버퍼오버플로우 공격
3) 트로이잔 목마 공격
4) 스팸 메일 공격

카테고리   애플리케이션 보안

문제풀이

일반 사용자가 트로이잔 프로그램을 실행시켜 해당 시스템에 접근할 수 있는 백도어를 만들게 하거나 시스템에 피해를 주게 한다.

정답   3번

문제 67〉

다음은 안전한 E-mail운영 방법으로 제공되는 기본적인 암호 알고리즘이 아닌 것을 고르시오.

1) RSA 암호 알고리즘
2) DES 암호 알고리즘
3) IDEA 암호 알고리즘
4) AES 암호 알고리즘

카테고리   애플리케이션 보안

문제풀이

현재 안전한 E-mail 운영 방법으로 제공되는 암호화 알고리즘은 공개키 암호 알고리즘에서는 RSA, 비대칭 암호 알고리즘에서는 DES, 안전한 해쉬 함수는 MD5가 쓰이고 PGP에서 사영되는 IDEA암호 알고리즘이 사용된다.

정답   4번

문제 68〉

미국의 NIST에서 1991년 8월 30일 발표한 표준 디지털 서명 안은 무엇인가?

1) ElGamal서명 방식
2) DSS 서명 방식
3) Schnorr 서명 방식
4) RSA 복호형 디지털 서명 방식

카테고리   애플리케이션 보안

DSS는 미국 NITS에서 발표한 디지털 서명 표준이다.

정답   2번

문제 69〉	현재 인터넷에서 가장 많이 사용하고 있는 포트 스캐너의 nmap이다. nmap에서 제공하는 다양한 포트 스캐닝 방법이 아닌 것은?
	1) SYN 스캔 2) XMAS 스캔
	3) Null 스캔 4) Host 스캔
카테고리	애플리케이션 보안

Nmap은 일반적인 다른 스캐너보다 단순한 connet()함수를 사용하여 포트 스캐닝을 하지만 nmap은 SYN 스캔, FIN 스캔, XMAS 스캔, NULL 스캔 등을 제공한다.

정답   4번

문제 70〉	S-HTTP 보안 특성에 대한 설명이다. 옳지 않은 것을 고르시오.
	1) 커버로스와 같은 키 유포 체계들은 물론 개인키 및 공용키 암호를 비롯한 많은 암호 포맷을 지원한다.
	2) 개인끼리 사전에 정렬되고 사전에 배포된 개인키를 이용하여 일방적인 공용키 암호화를 제공한다.
	3) S-HTTP 브라우저/서버 간의 대화마다 타협을 거쳐 보호 조치들을 결정한다.
	4) 웹 서버와 웹 브라우저 사이의 응용 매커니즘 지원을 추가 한다는 것을 목적으로 한다.
카테고리	애플리케이션 보안

웹 서버와 웹 브라우저 사이의 대화에 광범위한 보안 매커니즘 지원을 추가한다.

정답   4번

문제 71〉	FTP 제어 파일에 대한 내용으로 옳지 않은 것을 고르시오. 1) E-mail 명령으로 FTP 관리자의 전자우편 주소를 적는다. 2) Loginfails은 뒤에 표기된 값 이상으로 로그인 실패할 경우 repeated login failures 메시지를 기록한다. 3) Message는 FTP 접속하거나 어떤 디렉토리 안으로 들어갈 때 표기되는 메시지이다. 4) Log transfer는 ftp 서버를 통해 누가 접속했는지에 대한 기록을 남긴다.
카테고리	애플리케이션 보안

문제풀이

Log transfer는 FTP 서버를 통해 누가 어떤 파일을 업/다운로드 했는지에 대한 기록이다.

정답   4번

문제 72〉	SSL 프로토콜에서 사용되는 메시지의 내용이다. 잘못된 것을 고르시오. 1) Hello Request: 서버가 클라이언트에게 전송하는 초기 메시지이다. 2) Client Certificate: 서버로부터 클라이언트 인증서를 요청할 경우 클라이언트는 자신의 인증서를 보내야 한다. 3) Client Key Exchange: 비밀 세션하는 단계로서 임의의 비밀 정보인 48바이트 pre-master-secret키를 생성하게 된다. 4) Certificate Verify: 서버의 요구에 의해 전송하는 클라이언트 인증서를 서버가 쉽게 확인할 수 있도록 클라이언트 종결 메시지에 암호화 값을 전송하게 된다.
카테고리	애플리케이션 보안

문제풀이

Certificate Verify: 서버의 요구에 의해 전송하는 클라이언트의 인증서를 서버가 쉽게 확인할 수 있도록 클라이언트는 핸드쉐이크 메시지에 전자서명하여 전송하게 된다.

정답   4번

IPSEC의 SA의 3가지 구성요소 중에서 틀린 것은 무엇인가?

문제 73〉

1) SPI(Security Parameter Index)
2) IP Destination Address
3) Security Protocol Identifier
4) Service Security

카테고리   애플리케이션 보안

문제풀이

· SA 3가지 구성요소

SA 구성요소	설명
SPI(Security Parameter Index)	SA에 할당된 비트 문자열(로컬에서만 의미), SPI는 AH와 ESP 헤더를 통하여 전송
IP Destination Address	SA의 사용자 시스템, 방화벽, 라우터 등 최종 목적지 주소
Security Protocol Identifier	보안 연관이 AH 인지 아니면 ESP 인지를 표시

정답   4번

IPSEC AH(Authentication Header)의 헤더에 대한 내용으로 잘못된 것을 고르시오.

문제 74〉

1) Next Header: 페이로드 타입을 식별하는 8bit 필드이다.
2) 일련번호: 일련번호를 정의하는 부호 없는 32비트 필드를 일정하게 증가하는 카운터 값을 포함한다.
3) 암호화를 위한 패딩: 패딩 필드의 사용이 필요한 것은 사용하는 암호화 알고리즘에서 평문이 정수 배 바이트 길이가 될 것을 요구하는 경우
4) 인증 데이터: 인증 데이터는 패킷에 대한 무결성을 체크하는 값을 포함하는 가변 길이 필드이다.

카테고리   애플리케이션 보안

문제풀이

암호화를 위한 패딩 부분은 ESP 패킷 형식에서 사용되는 내용이다.

정답   3번

문제 75〉	SET에서 사용되는 암호 기술이 아닌 것을 고르시오.	
	1) 공개키 암호	2) 대칭키 암호
	3) 서명	4) 키복구
카테고리		애플리케이션 보안

문제풀이

SET에서 사용되는 암호 기술은 공개키 암호, 대칭키 암호, 서명, 해쉬 함수가 사용된다.

정답   4번

정보보호개론

문제 76〉	기업의 정보보안 취약점 중에서 가장 취약하다고 생각되는 것을 선택하시오.	
	1) 기술적 취약점	2) 물리적 취약점
	3) 인적 취약점	4) 웹 취약점
카테고리		정보보호개론

문제풀이

정보보안에서 가장 통제하기 어려운 것은 인적 자원에서 발생되는 취약점이다. 그러므로 보안의식이 가장 중요한 요소이다.

정답   3번

문제 77〉	아래의 내용 중에서 기밀성 및 무결성의 위협요소가 아닌 것은 무엇인가?			
	1) 차단	2) 위조	3) 변조	4) 가로채기
카테고리		정보보호개론		

기밀성과 무결성에 위협요소는 위조, 변조, 가로채기임.

정답   1번

문제 78〉 아래의 내용은 정보보안정책에 대한 설명이다. 가장 올바른 것을 선택하시오.

1) 보안정책은 한번 정의되면 수정이 필요 없지만, 법률이 변경될 때는 수정한다.
2) 메일을 관리하기 위한 보안정책은 공통정책으로 할 수가 없다.
3) 개인 보안정책은 무조건 승인을 받아야 한다.
4) 보안정책은 반드시 문서화되고 경영층의 승인과 지원을 받아야 한다.

카테고리   정보보호개론

보안 정책은 반드시 문서화되고 경영층의 승인과 지원을 받아야 한다.

정답   4번

문제 79〉 천재지변과 같은 자연재해처럼 손실을 발생시키는 원인이나 행위자를 나타내는 것은 무엇인가?

1) 위험   2) 위협   3) 취약점   4) 보호

카테고리   정보보호개론

위협은 손실을 발생시키는 원인 혹은 행위자를 의미한다.

정답   2번

문제 80〉 아래의 내용 중에서 소극적인 공격기법에 해당되는 것을 선택하시오.

1) 스미싱   2) DDoS   3) 변조   4) 스니핑

카테고리   정보보호개론

문제풀이

소극적 공격(Passive)는 데이터를 도청, 수집해서 데이터를 분석하는 것으로 직접적인 피해를 발생시키지는 않는다.

정답   4번

문제 81〉 아래의 내용 중에서 업무복구 목표와 복구를 위한 우선순위를 결정하는 것은 무엇인가?

1) BCP   2) BIA   3) DRP   4) RTO

카테고리   정보보호개론

문제풀이

BCP에서 BIA(Business Impact Assessment)는 구체적인 업무복구 목표와 복구를 위한 우선순위를 결정하는 것으로 BCP에서 가장 중요한 요소이다.

정답   2번

문제 82〉 개인정보보호에 대한 인증인 PIMS 인증에 대한 설명이다. PIMS는 3가지 요구사항이 있는데 해당되지 않는 것을 선택하시오.

1) 관리적 요구사항   2) 물리적 요구사항
3) 보호대책 요구사항   4) 생명주기 요구사항

카테고리   정보보호개론

PIMS 인증을 위한 요구사항
1) 개인정보관리적 요구사항
2) 개인정보보호대책 요구사항
3) 생명주기 준거 요구사항

정답   2번

문제 83〉

PIMS의 관리적 요구사항은 정책수립, 범위설정, (   ), 구현, 사후관리로 이루어진다.

1) 개인정보 분석   2) 민감 데이터 분석
3) 내부통제계획   4) 위험분석

카테고리   정보보호개론

PIMS의 관리적 요구사항은 정책수립, 범위설정, 위험분석, 구현, 사후관리로 이루어진다.

정답   4번

문제 84〉

아래의 내용 중에서 사회공학적 기법이다. 사회공학적 기법 중에서 관련 내용이 가장 부족한 것을 선택하시오.

1) 설득   2) 질문과 도출
3) 프리텍스팅(Pretexting)   4) 웹 취약점

카테고리   정보보호개론

사람을 해킹하다. 인간의 심리학적 모델링으로 보이스 피싱과 같은 방법이 있다.

프리텍스팅(Pretexting)
–목표물을 설득해서 정보를 누설하거나 어떤 행동을 하도록 만드는 시니라오
–친밀한 조사와 정보수집을 통해서 자신에게 맞는 목소리, 앉는 자세, 의상까지도 모두 계획한다.

정답   4번

아래의 내용은 무엇에 대한 설명인가?

문제 85〉

국내외 표준, 외국 컨설팅 업체의 기본 통제 등을 참조하는 위험관리 방법론으로써, 위험분석을 위한 자원이 필요하지 않고, 보호대책 선택에 들어가는 시간과 노력이 줄어드는 장점이 있다. 만약 기업이 선정한 기본 통제표준과 같은 환경에서 운영되는 조직의 시스템이 많고, 사업 필요성이 비교 가능하다며 비용 효과적인 선택이 될 것이다. 고려사항으로 기본적인 보호대책이 너무 높게 설정되었다면, 어떤 시스템에 대해서는 비용이 너무 많이 들고, 너무 제한적이 되어 버리고, 기본적인 보호대책이 너무 낮게 설정되었다면, 어떤 시스템에 대해서는 보안 결핍을 가져올 수 있다.

1) 기본통제접근법
2) 상세 위험분석
3) 정량적 위험분석
4) 정성적 위험분석

카테고리   정보보호개론

지문은 기본통제접근법(Baseline) 위험분석기법에 대한 설명이다.

정답   1번

아래의 내용으로 가장 올바른 것은 무엇인가?

구분	설명
( )	적극적인 공격형태로 정상적인 참여자로 자신을 위장하여 메시지 통신에 참여, 악의적인 메시지를 보내는 등의 직접적인 공격을 수행
( )	공격자는 송신자의 메시지를 가로챈 뒤 메시지 전부 혹은 일부를 변조하여 수신자에게 전송
( )	수신자에게 전송되는 메시지의 전부 또는 일부가 공격자에 의해 삭제된 것으로 적극적인 공격임.
( )	공격자가 전송되는 메시지를 중간에 가로채어 그 내용을 확인하거나 노출시키는 공격행위로 소극적 공격임.

문제 86〉

1) 도청, 변조, 제거, 위장
2) 변조, 제거, 위장 도청
3) 위장, 변조, 도청, 제거
4) 위장, 변조, 제거, 도청

카테고리   정보보호개론

문제풀이

위장 – 적극적인 공격형태로 정상적인 참여자로 자신을 위장하여 메시지 통신에 참여, 악의적인 메시지를 보내는 등의 직접적인 공격을 수행
변조 – 공격자는 송신자의 메시지를 가로챈 뒤 메시지 전부 혹은 일부를 변조하여 수신자에게 전송
제거 – 수신자에게 전송되는 메시지의 전부 또는 일부가 공격자에 의해 삭제된 것으로 적극적인 공격임
도청 – 공격자가 전송되는 메시지를 중간에 가로채어 그 내용을 확인하거나 노출시키는 공격행위로 소극적 공격임.

정답   4번

다음 중 「정보통신망 이용촉진 및 정보보호 등에 관한 법률」에서 정의한 개인정보로 볼 수 없는 것은 무엇인가?

문제 87〉

1) 성명 및 주민번호
2) 성명 및 신용카드
3) 종이로 출력된 주민등록등본
4) 성명 및 IP주소

카테고리   정보보호개론

문제풀이

종이로 출력된 주민등록등본은 정보통신망법에서 정의한 개인정보에 해당되지 않음.
하지만 개인정보보법에 해당됨.

정답   3번

문제 88〉 (　　　)란 처리되는 정보에 의하여 알아볼 수 있는 사람으로 그 정의 주체가 되는 사람을 말한다. (　　　)이란 개인정보를 쉽게 검색할 수 있도록 일정한 규칙에 따라 체계적으로 배열하거나 구성한 개인정보의 집합물을 말한다.

1) 개인정보처리자, 개인정보파일　　2) 개인정보처리자, 접속기록
3) 정보주체, 개인정보파일　　　　　4) 정보주체, 개인정보취급자

카테고리　　　　　　　　　　　　　　정보보호개론

문제풀이

개인정보의 안전성 확보조치 고시 용어, 정보주체와 개인정보파일에 대한 설명이다.

정답　　3번

문제 89〉 정보통신서비스 제공자 등 주민등록번호, 신용카드번호 및 계좌번호에 대해서는 안전한 암호 알고리즘으로 암호화하여 저장해야 한다. 가장 권고하는 대칭키 알고리즘은 무엇인가?

1) DES　　　　　　　　　　　　　　2) DES, ARIA-192
3) SEED, ARIA-128, AES-128　　　4) ARIA-256, 2TDEA

카테고리　　　　　　　　　　　　　　정보보호개론

문제풀이

권고하는 암호화 방법은 128Bit 이상의 키를 사용하는 암호화 방식으로 SEED, HIGHT, ARIA-128, AES-128 등이 있다.

정답　　3번

아래의 내용 중에서 일방향 암호화 대상을 모두 고르시오.

문제 90〉

| 가. 음성 나. 정맥 다. 얼굴 라. 필적 |

1) 가
2) 가, 나
3) 가, 나, 다
4) 가, 나, 다, 라

카테고리 　　　　　　　　　　　　　　　정보보호개론

문제풀이

바이오 정보는 모두 일방향 암호화 대상이다.

정답　　4번

개인정보 수준 진단 지표 항목 중 수집 동의 단계 지표에 해당되지 않는 것은 무엇인가?

문제 91〉

1) 개인정보를 수집 시 정보주체의 동의 여부
2) 제3자 제공에 대한 고지 및 동의 여부
3) 고유식별정보에 대한 별도의 동의 여부
4) 만 14세 미만 아동의 개인정보를 처리할 때 법정대리인의 동의 여부

카테고리 　　　　　　　　　　　　　　　정보보호개론

문제풀이

제3자 제공에 대한 고지 및 동의여부는 이용 및 제공단계 지표에 포함된다. 특히 처리 단계별 수집, 이용 및 제공, 파기, 침해 대응, 정책기반이 있다.

정답　　2번

기업에서 직원의 퇴사 시에 근무기록 등은 퇴사 후 몇 년간 보관해야 하는가?

문제 92〉

1) 1년 이내　　　2) 2년 이내　　　3) 3년 이내　　　4) 5년 이내

카테고리 　　　　　　　　　　　　　　　정보보호개론

퇴사직원의 근무기록은 3년 이내 보관해야 한다.

정답   3번

문제 93〉 개인정보의 가치산정을 위해서 익명성, 반복성, 통제된 Feedback, 합의도출을 기본 원칙으로 하는 방법은 무엇인가?

1) 가상가치 산정법
2) 개인정보 영향평가
3) Delphi 기법
4) 가치역산정법

카테고리   정보보호개론

Delphi는 익명성, 반복성, 통제된 Feedback, 합의 도출을 원칙으로 하는 결정방법이다.

정답   3번

문제 94〉 다음과 같은 속성을 지니는 저장 장치와 연산 장치로 구성된 정보 시스템의 가용성은 몇 %인가? (소수점 넷째 자리 이하는 절삭)

- 저장 장치와 연산 장치가 모두 사용 가능한 상태인 경우에 정보 시스템의 서비스를 제공할 수 있다.
- 저장 장치의 MTTF(Mean Time To Failure)는 999시간이다.
- 저장 장치의 MTTR(Mean Time To Repair)은 1시간이다.
- 연산 장치의 MTTF는 470시간이다.
- 연산 장치의 MTTR은 30시간이다.

1) 93.523%
2) 93.906%
3) 97.889%
4) 97.933%

카테고리   정보보호개론

- MTBF(Mean Time Between Failure): 하드웨어 제품 및 구성요소가 고장이 없는 시간 즉, 무 중단 시간을 측정하고 시스템 중단에서 다음 중단까지의 평균시간
- MTTF(Mean Time To Failure): 동작 시간의 평균치
- MTTR(Mean Time To Repair): 평균 수리시간

[시스템 가용성 측정]

. MTBF = MTTF + MTTR
. 가용성 = MTTF / (MTTF + MTTR)
　　　　 = 정상 동작시간 / (정상 동작시간 + 장애 복구시간)
　　　　 = 470 / (470 + 30)

정답　　2번

문제 95〉 대칭키 알고리즘과 공개키 알고리즘의 차이에 대한 아래 설명 중 틀린 것은?

1) 대칭키 알고리즘은 공개키 알고리즘에 비하여 계산 속도가 빠르다.
2) 대칭키 알고리즘은 통신의 참여자들이 동일한 키를 공유하고 있어야 한다.
3) 공개키 알고리즘은 통신의 참여자들이 동일한 키를 공유하지 않아도 된다.
4) 공개키 알고리즘은 메시지에 대한 기밀성을 제공하지만, 대칭키 알고리즘은 그렇지 못하다.

카테고리　　　　　　　　　　　　　　정보보호개론

- 대칭키 및 비대칭키 모두 기밀성을 제공한다.

[대칭키 암호화 기법과 비대칭키 암호화 기법]

비교항목	대칭키	비대칭키
키 보관	·개인 비밀키 보관	·개인키: 비밀리 보관 ·공개키: 외부 공개
키 교환	·키 교환이 어렵고 위험	·공개키 교환은 용이
암호화/복호화 속도	·매우 빠름.	·매우 느림.
평문길이	·제한없음.	·제한, 대용량 평문은 시간 및 연산 제약
보안기능	·기밀성 제공 ·무결성, 인증, 부인방지 기능이 없음.	·기밀성, 인증, 부인방지 기능제공 ·무결성 제공하지 않음.
사용분야	·평문 암호화, 네트워크에서 송수신	·키 교환, 메시지 인증(전자서명)

정답　　4번

문제 96〉

다음 빈 칸에 들어갈 내용으로 올바르게 짝지워진 것은?

> WTLS는 두 응용간의 기밀성, 사용자 인증, 메시지 무결성 등의 보안 서비스를 제공하나, ( ) 서비스는 제공하지 않는다. 기밀성 서비스는 ( ) 등과 같은 대칭키 암호 알고리즘을 사용하며, 대칭키 암호를 위한 세션키는 클라이언트와 서버 간의 Handshake 프로토콜을 이용하여 세션개시 시에 생성된다. 클라이언트와 서버간의 상호 인증은 핸드세이크 과정에서 ( )과 무선 X.509 인증서를 이용하여 수행된다. 메시지 무결성 서비스는 ( ) 기법을 이용하여 데이터 변조 여부를 확인할 수 있다.

1) 부인방지 - RSA, IDEA - 키분배 암호방식 - SHA1withDSA
2) 부인방지 - DES, IDEA - 공개키 암호방식 - HMAC
3) 부인방지 - DES, AES - 비밀키 암호방식 -HMAC
4) 부인방지 - Diffie-Hellman, IDEA - 비밀공유방식 - SHA1withDSA

카테고리   정보보호개론

문제풀이

정답   4번

문제 97〉

암호화의 강도가 가장 강력한 암호화는?

1) Transposition Cipher   2) Substitution Cipher
3) Product Cipher   4) Permutation Cipher

카테고리   정보보호개론

문제풀이

> 아래의 각 암호 방식 중 암호화의 강도가 가장 높은 것은 혼합 암호(Product cipher)임.
> o 전치 암호(Transposition Cipher) - 글자를 바꾸지 않고 놓인 위치를 변경하는 방법으로 'Permutation Cipher'라 부르기도 한다.
> o 대치 암호(Substitution Cipher) - 각각의 글자를 다른 글자에 대응시키는 방법
> o 혼합 암호(Product Cipher) - 대치 암호와 전치 암호를 같이 사용

정답   3번

다음 전자서명에 대한 설명 중 틀린 것은?

1) 서명하는 사람이 동일하면, 서명되는 메시지가 다르더라도 전자서명 값은 같다.
2) 전자서명 알고리즘에는 RSA(Rivest, Shamir, Adleman), DSA(Digital Signature Algorithm) 등이 있다.
3) 전자서명만을 사용하여 메시지의 기밀성(Confidentiality)을 제공할 수는 없다.
4) 전자서명은 서명한 사람이 서명한 사실을 부인하지 못하게 하는 부인 봉쇄의 기능을 제공한다.

문제 98〉

카테고리   정보보호개론

문제풀이

전자서명(Digital Signature)는 전자문서를 작성한 자의 신원 및 전자문서 변경 여부를 확인할 수 있도록 비대칭 암호화 방식을 사용하여 생성키로 생성한 정보

정답   1번

정보보호관리 프로세스의 구체적인 과정으로 올바른 것은?

문제 99〉

(1) 전사적인 정보보호정책 수립
(2) 정보보호조직의 역할과 책임
(3) 위험분석전략의 선택
(4) 정보시스템에 대한 정보보호 정책 및 계획 수립
(5) 위험의 평가 및 정보보호(통제)대책의 선택
(6) 정보보호(통제)대책의 설치 및 보안의식 교육
(7) 보안감사 및 사후관리

1) 1 - 2 - 3 - 4 - 5 - 6 - 7   2) 1 - 2 - 4 - 3 - 5 - 6 - 7
3) 1 - 4 - 2 - 3 - 5 - 6 - 7   4) 1 - 2 - 3 - 5 - 4 - 6 - 7

카테고리   정보보호개론

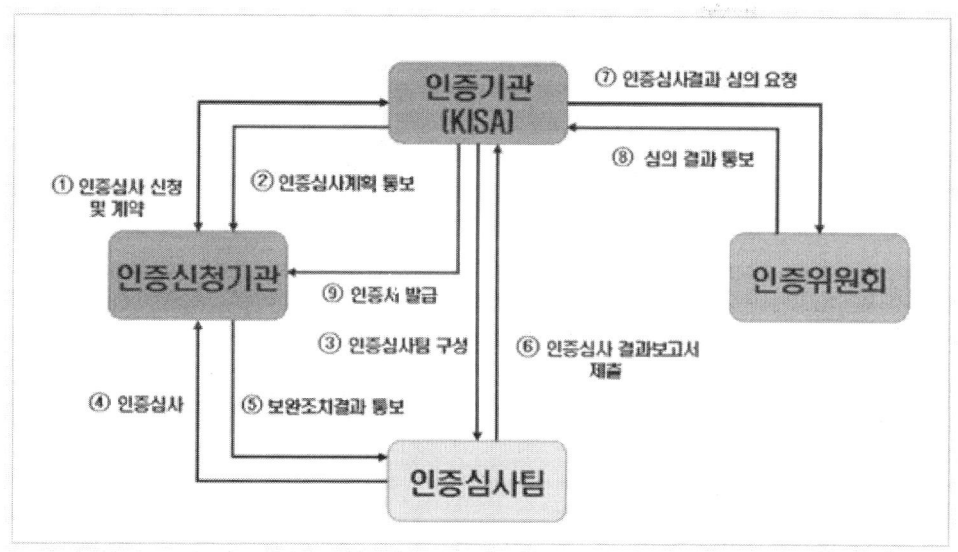

정답   4번

다음 중 인터넷 인증과 암호화에 사용되는 방법 중에 나머지 세 가지와 성격이 다른 하나는?

문제 100〉   1) SET(Secure Electronic Transaction)
2) S/HTTP(Secure HTTP)
3) SSL(Secure Socket Layer)
4) DES(Data Encryption Standard)

카테고리   정보보호개론

SET, S/HTTP, SSL은 인터넷 인증과 암호 알고리즘을 사용하는 보안 프로토콜이며, DES는 암호 알고리즘이다.

정답   4번

제3회 정보보안기사 모의고사

시스템 보안

아래의 그림에 대한 설명으로 틀린 것은 무엇인가?

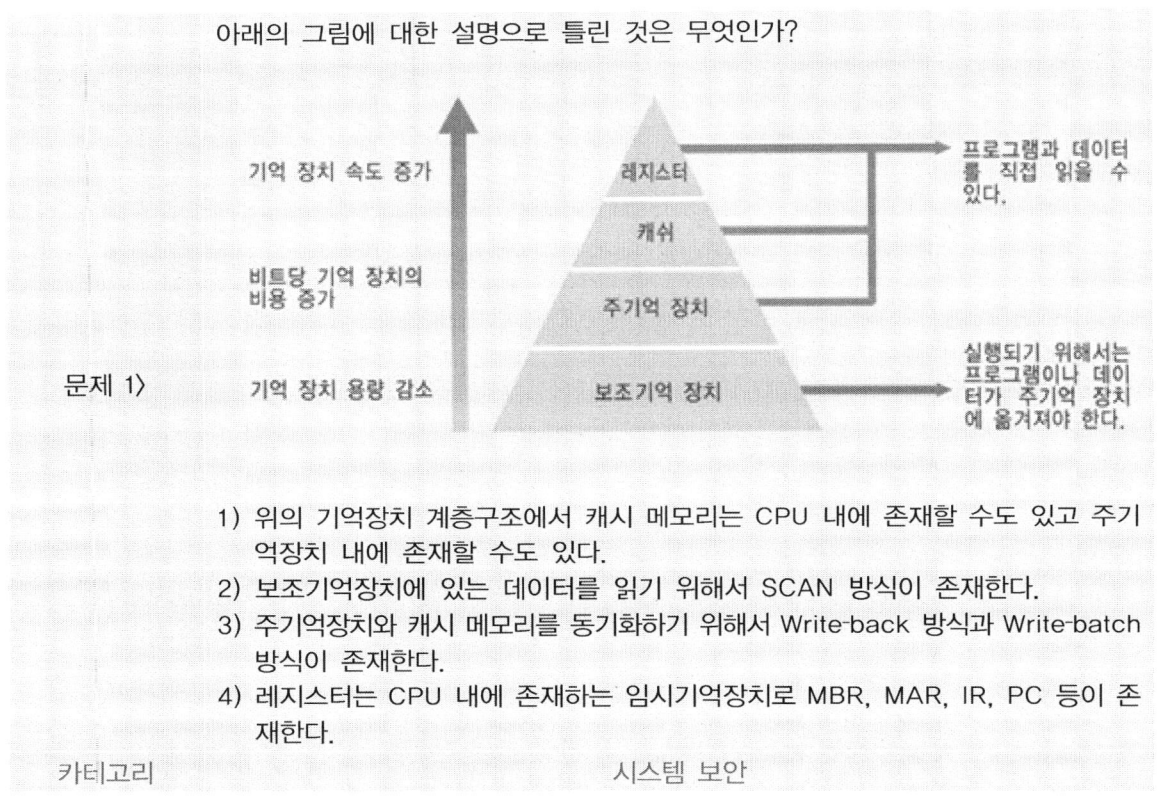

문제 1〉

1) 위의 기억장치 계층구조에서 캐시 메모리는 CPU 내에 존재할 수도 있고 주기억장치 내에 존재할 수도 있다.
2) 보조기억장치에 있는 데이터를 읽기 위해서 SCAN 방식이 존재한다.
3) 주기억장치와 캐시 메모리를 동기화하기 위해서 Write-back 방식과 Write-batch 방식이 존재한다.
4) 레지스터는 CPU 내에 존재하는 임시기억장치로 MBR, MAR, IR, PC 등이 존재한다.

카테고리   시스템 보안

문제풀이

캐시 메모리와 주기억장치 간에 데이터 동기화 방법에는 Write-Back과 Write-Through 방식이 있다.

정답   3번

아래의 그림에 대한 설명으로 틀린 것을 선택하시오.

문제 2〉

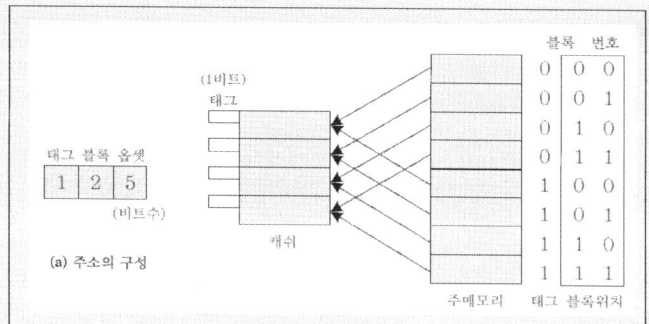

1) 캐시 메모리 매핑 방식이다.
2) 매핑 절차가 복잡하다.
3) 높은 캐시 Miss율이 발생한다.
4) 직접 매핑기법이다.

카테고리   시스템 보안

문제풀이

◆ 직접 사상(Direct Mapping)
- Main Memory를 여러 구역으로 분할하여 Cache 슬롯과 매핑

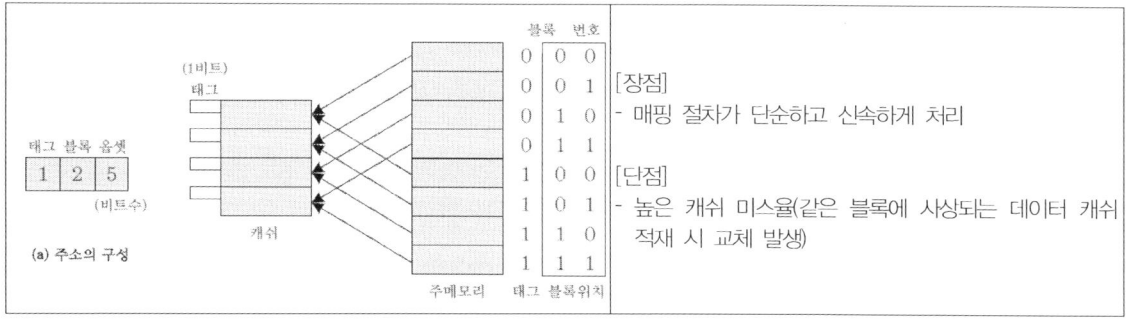

[장점]
- 매핑 절차가 단순하고 신속하게 처리

[단점]
- 높은 캐쉬 미스율(같은 블록에 사상되는 데이터 캐쉬 적재 시 교체 발생)

※ 태그의 크기: 메모리를 2^m개의 구역으로 나눈 경우 m비트의 태그 필요
※ 적재될 Cache의 주소(위치) 결정 방법
  - 방법 1: (메모리 블록 주소) modulo(캐쉬 전체 블록 수)
  - 방법 2: 캐쉬의 블록 수가 2^N개일 경우 메모리 주소의 하위 N비트

정답   2번

아래 표의 내용으로 맞는 것을 선택하시오.

종류	세부내용
(가)	- CPU가 요청한 주소 지점에 인접한 데이터들이 앞으로 참조될 가능성이 높은 현상
(나)	- 최근 사용된 데이터가 재사용될 가능성이 높은 현상
(다)	- 분기가 되는 한 데이터가 기억장치에 저장된 순서대로 순차적으로 인출되고 실행될 가능성이 높은 현상

문제 3〉

1) 가: 순차적, 나: 시간적, 다: 공간적
2) 가: 순차적, 나: 공간적, 다: 시간적
3) 가: 지역성, 나: 시간적, 다: 순차적
4) 가: 공간적, 나: 시간적, 다: 순차적

카테고리   시스템 보안

문제풀이

지역성의 종류

종류	세부내용
공간적 지역성	- CPU가 요청한 주소 지점에 인접한 데이터들이 앞으로 참조될 가능성이 높은 현상
시간적 지역성	- 최근 사용된 데이터가 재사용될 가능성이 높은 현상
순차적 지역성	- 분기가 되는 한 데이터가 기억장치에 저장된 순서대로 순차적으로 인출되고 실행될 가능성이 높은 현상

정답   4번

캐시 메모리 교체 알고리즘 중에서 향후 가장 참조되지 않을 페이지를 교체하는 방법과 참조비트와 수정비트를 사용하는 방법은 무엇인가?

문제 4〉

1) Random, SCR   2) LRU, NUR
3) LFU, SCR   4) Optimal, NUR

카테고리   시스템 보안

종류	상세내용	특징
Random	- 교체될 Page를 임의 선정	- Overhead가 적음.
FIFO (First In First Out)	- 캐쉬 내에 오래 있었던 page 교체	- 자주 사용되는 Page가 교체될 우려
LFU (Least Frequently Used)	- 사용 횟수가 가장 적은 Page 교체	- 최근 적재된 Page가 교체될 우려
LRU (Least Recently Used)	- 가장 오랫동안 사용되지 않은 Page 교체	- Time stamping에 의한 overhead 존재
Optimal	- 향후 가장 참조되지 않을 Page 교체	- 실현 불가능
NUR (Not Used Recently)	- 참조 비트와 Modify비트로 미사용 Page 교체	- 최근 사용되지 않은 페이지 교체
SCR (Second Chance Replacement)	- 최초 참조비트 1로 셋. 1인 경우 0으로 셋. 0인 경우 교체	- 기회를 한 번 더 줌.

정답   4번

문제 5〉

아래의 입출력 방식은 어떤 방식에 대한 설명인지 선택하시오.

- 하드웨어 방식과 동일하나 버스 중재기에 프로그래밍 가능한 프로세스를 탑재
- 하드웨어 방식에 비하여 속도는 느리지만, 융통성은 높음(우선순위 조정이 가능함).
- 결함 발생 시 해당 장치를 제거하는 결함 대응도 가능

1) Channel에 의한 입출력   2) DMA
3) Memory Mapped 입출력   4) 소프트웨어 폴링

카테고리   시스템 보안

폴링방식

CPU가 주변 장치와 통신하는 방식은 폴링과 인터럽트 방식이 존재한다.
폴링은 CPU가 장치를 지속적으로 확인하는 방식이다. 지속적으로 CPU가 개입하기 때문에 Busy waiting이라고 한다.
※ 폴링방식의 종류
(1) 하드웨어 폴링
- 버스 중재기 내의 고정된 하드웨어에 의하여 모든 폴링 동작들과 중재 기능이 수행되는 방식
- 버스 중재기와 버스 마스터 간 별도의 폴링선이 필요
- 폴링선과 별도로 BREQ 선과 BBUSY 선도 필요

정답   4번

아래의 그림은 무엇을 이야기하는 것인가?

문제 6〉

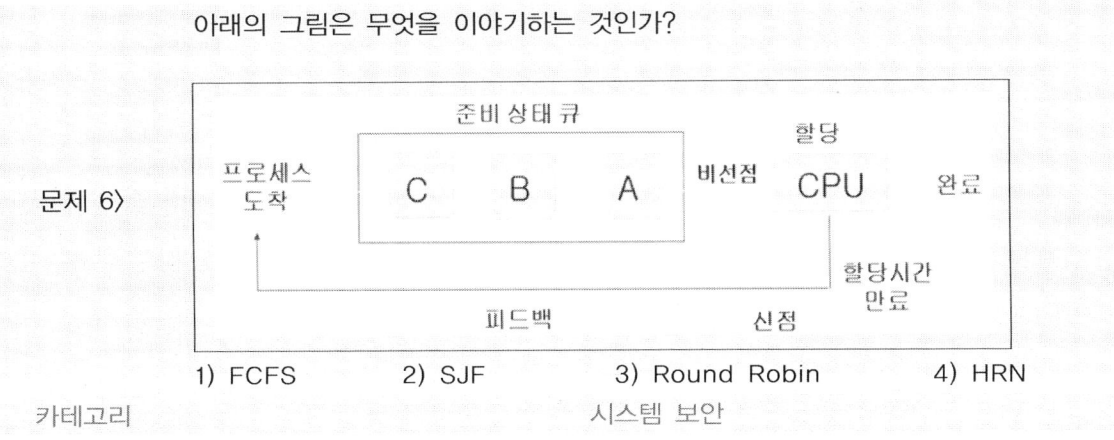

1) FCFS   2) SJF   3) Round Robin   4) HRN

카테고리   시스템 보안

문제풀이

라운드로빈
- FCFS에 의해서 프로세스들이 내보내어지며 각 프로세스는 같은 크기의 CPU 시간을 할당
- CPU 시간이 만료될 때까지 처리를 완료하지 못하면 CPU는 대기 중인 다음 프로세스로 넘어가며(preemptive), 실행 중이던 프로세스는 준비 완료 리스트의 가장 뒤로 보내짐

정답   3번

CPU 스케줄링 기법 중에서 어떤 작업이 시스템의 자원을 차지할 것인지를 결정하는 것은 무엇인가?

문제 7〉

1) 단기 스케줄러   2) 중기 스케줄러
3) 장기 스케줄러   4) Wait up

카테고리   시스템 보안

장기 스케줄러 – 상위(High level, long term) 스케줄링, 작업 스케줄링(Job 스케줄링)
- 어떤 작업이 시스템의 자원들을 차지할 것인지 결정(큐에 적재)
중기 스케줄러 – 어떤 프로세스들이 CPU를 할당 받을 것인지 결정
- CPU를 사용하려는 프로세스 간 중재하여 일시 보류 & 재활성화
단기 스케줄러 – 하위 스케줄링, CPU 스케줄링, 프로세스 스케줄링이라고도 함.
- CPU 스케줄러인 Dispatcher에 의해 동작됨(프로세스에 CPU 할당).

정답　　1번

아래의 내용은 디스크 접근시간에 대한 것이다. 올바른 것은 무엇인가?

문제 8〉

Disk 접근시간	상세설명
(가)	- 탐색 시간 현 위치에서 특성 실린더(트랙)로 디스크 헤드가 이동하는 데 소요되는 시간
(나)	- 가고자 하는 섹터가 디스크 헤드까지 도달하는 데 걸리는 시간
(다)	- 전송 시간데이터를 전송하는 데 걸리는 시간

1) 탐색시간, 회전 지연시간, 전송시간
2) 탐색시간, 전송시간, 회전 지연시간
3) 전송시간, 회전 지연시간, 탐색시간
4) 전송시간, 탐색시간, 회전 지연시간

카테고리　　　　　　　　　　　　시스템 보안

탐색시간(Seek time) – 탐색 시간 현 위치에서 특성 실린더(트랙)로 디스크 헤드가 이동하는 데 소요되는 시간
회전 지연시간(rotation delay time) – 가고자 하는 섹터가 디스크 헤드까지 도달하는 데 걸리는 시간
전송시간(transfer time) – 전송 시간데이터를 전송하는 데 걸리는 시간

정답　　1번

파일시스템 중에서 암호화 지원, 압축, 대용량 파일시스템을 지원하고 가변 클러스터 크기(512~64KB)를 지원하고 트랜잭션을 통한 복구, 오류 수정이 가능한 파일 시스템은 무엇인가?

1) FAT16   2) FAT32   3) NTFS   4) EXT

카테고리   시스템 보안

문제풀이

NTFS(New Technology File System)
- 암호화, 압축 지원, 대용량 파일 시스템 지원
- 가변 클러스터 크기(512~64KB), 기본값은 4KB
- 트랜잭션 로깅 통한 복구/오류 수정 가능
- Window NT 이상에서 지원

정답   3번

문제 10〉

리눅스 파일 시스템으로 16Tera Btye까지 파일을 지원하고 1 Exa byte까지 볼륨을 지원하는 파일 시스템은 무엇인가?

1) EXT   2) EXT2   3) EXT3   4) EXT4

카테고리   시스템 보안

문제풀이

EXT4(Second Extended File System)
- 16TB까지 파일 지원, 볼륨은 1엑사바이트(Exabyte)까지 지원하며, Block Mapping이며, Extends 방식
- 저널 Checksum 기능 추가되어 안전성 강화됨
- 하위 호환성 지원: ext3, ext2와 호환 가능
- Delayed allocation: 디스크에 쓰여지기 전까지 블록 할당을 미루는 기술. 조각화 방지에 효과적
- 온라인 조각 모음: 조각화 방지 위해 커널 레벨의 기술
- Persistent pre-allocation: 파일 전체만큼의 공간을 사전 할당. 스트리밍, 데이터 베이스 등에 유용

정답   4번

문제 11〉

RAID와 가장 반대되는 개념이라고 할 수 있는 것은 무엇인가?

1) Disk Mirror
2) Hamming Code
3) Parity Bit
4) Disk Spanning

카테고리 시스템 보안

문제풀이

Disk Spanning은 여러 개의 디스크를 하나의 논리적인 단위로 묶는 방법이다.

정답 4번

문제 12〉

아래의 그림은 RAID 중 어떤 것에 해당되는지 선택하시오.

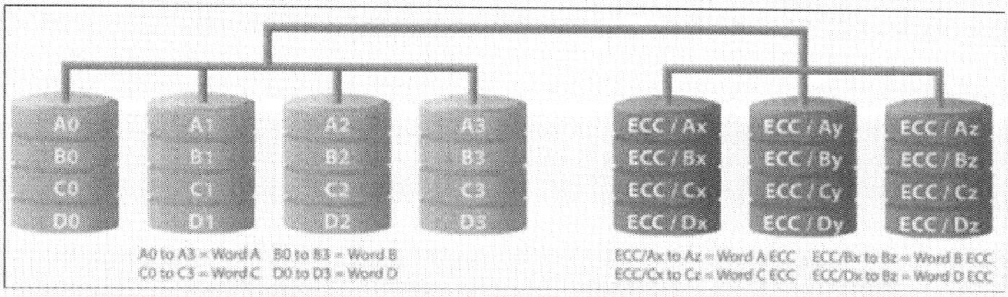

A0
B0
C0
D0
A1
B1
C1
D1
A2
B2
C2
D2
A3
B3
C3
D3
ECC / Ax
ECC / Bx
ECC / Cx
ECC / Dx
ECC / Ay
ECC / By
ECC / Cy
ECC / Dy
ECC / Az
ECC / Bz
ECC / Cz
ECC / Dz
A0 to A3 = Word A B0 to B3 = Word B
C0 to C3 = Word C D0 to D3 = Word D
ECC/Ax to Az = Word A ECC ECC/Bx to Bz = Word B ECC
ECC/Cx to Cz = Word C ECC ECC/Dx to Bz = Word D ECC

- 위의 기법은 Error Correction Code를 가지고 있고 Hamming Code를 활용한 기법

1) RAID 0
2) RAID 1
3) RAID 2
4) RAID 3

카테고리 시스템 보안

문제풀이

- RAID 2는 별도의 디스크에 디스크 장애 시 복구를 위한 ECC를 저장하는 것을 말한다. 위 그림에서 운영 중에 A1 디스크가 장애로 접근이 불가능한 경우가 발생했다고 가정해 보자. 이 경우 기존에 A0, A1, A2, A3 디스크에 저장된 정보로 생성된 ECC 값인 Ax, Ay, Az 값을 통해 A1의 값을 재생성해 낼 수 있다.
- 이렇게 디스크를 복구한다.

정답 3번

유닉스 파일 시스템에서 아래의 정보를 가지고 있는 것은 무엇인가?

문제 13〉

> -파일 소유자의 사용자 ID
> -파일 소유자의 그룹 ID
> -파일크기
> -파일이 생성된 시간
> -최근 파일이 사용된 시간
> -최근 파일이 변경된 시간
> -파일이 링크된 수
> -접근모드
> -데이터 블록 주소

1) /etc/proc   2) inode   3) 심볼링크   4) stick Bit

카테고리   시스템 보안

문제풀이

- 위의 내용은 유닉스 파일시스템에서 inode가 보유한 정보이다.

정답   2번

아래의 디렉토리 구조에서 환경설정과 관련된 정보를 보관하는 디렉토리는 무엇인가?

문제 14〉

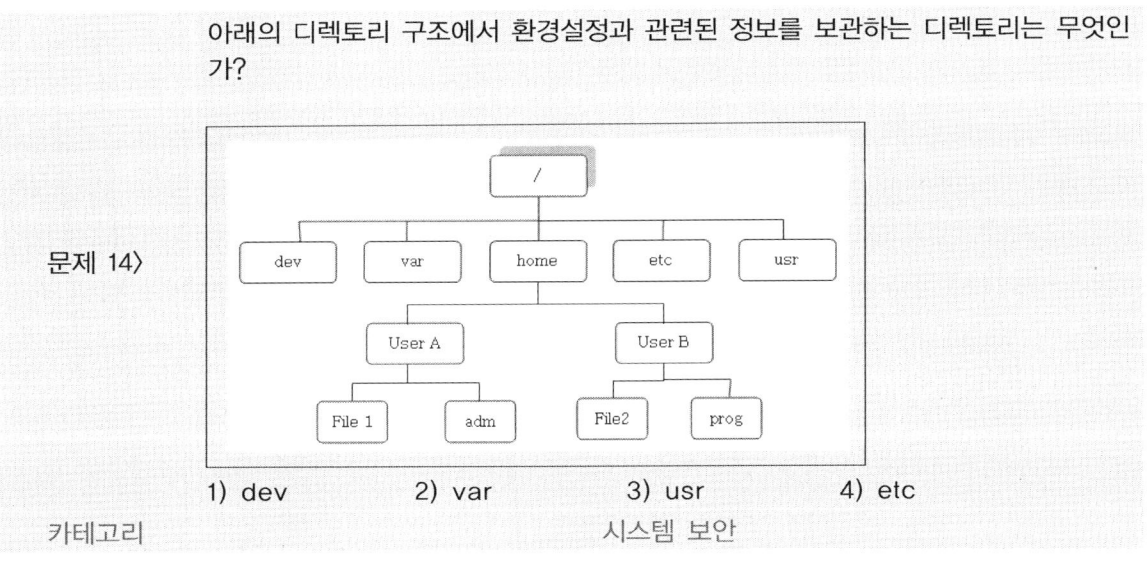

1) dev   2) var   3) usr   4) etc

카테고리   시스템 보안

etc 디렉토리는 환경설정에 관련된 내용을 포함한다.

정답   4번

문제 15〉 유닉스 부팅 단계인 Run Level에서 공유자원을 가지지 않는 다중 사용자 단계는 무엇인가?

1) 0　　　　　2) 1　　　　　3) 2　　　　　4) 3

카테고리　　　　　　　　　　　　시스템 보안

유닉스 Run Level

실행단계	내용
0	- PROM 감사 단계
1	- 관리상태의 단계로 사용자 로그인의 접근이 불가능한 단일 사용자 단계로 여러 개의 파일시스템이 로드(Load)되어 있음.
2	- 공유된 자원을 가지 않은 다중 사용자 단계
3	- 기본 실행단계로 공유 자원을 가진 다중 사용자 단계
4	- 현재 사용되지 않음.
5	- 모든 시스템 프로세스들과 서비스들이 실행을 중지시키는 단계로 모든 파일 시스템들이 언마운트(un-mount)됨
6	- 재부팅 단계로 실행단계 3의 상태로 재부팅
S, s	- 여러 개의 파일시스템이 로드(Load)되어, 원격 사용자 로그인 접근이 불가능한 단일 사용자 단계

정답   3번

문제 16〉 유닉스 로그파일 중에서 로그인 실패 시도에 대한 기록을 가지고 있는 로그파일은 무엇인가?

1) utmp　　　　　2) wtmp　　　　　3) last log　　　　　4) logging

카테고리　　　　　　　　　　　　시스템 보안

로그파일명

a.cct/pacct – 모든 명령어를 기록.

history – 사용자별 명령어를 기록하는 파일

- csh, bash 등 사용하는 셸에 따라 .history, bash_history 파일 등으로 기록

Last log – 최종 로그인 정보를 기록

logging – 로그인 실패 시도 기록

messages – 시스템의 콘솔에서 출력된 Boot 메시지 등의 결과를 기록

- syslogd에 의해 생성된 메시지 또한 기록

sulog – SU(Switch user) 명령어와 관련 기록

syslog – Application 및 OS의 주요 동작내역을 기록

utmp – 현재 로그인한 사용자의 정보를 기록

wtmp – 사용자의 시스템 시작 및 종료 시간, 로그인, 로그아웃 시간 등을 기록

정답   4번

---

netstat 명령으로 확인한 결과 상태가 TIME-WAIT로 조회되었다. 의미는 무엇인가?

문제 17〉
1) 대기상태
2) 원격 호스트에 연결 요청
3) 연결이 종료되지 않고, 마지막 메시지를 받는 상태
4) 연결이 종료되었지만, 메시지를 위해서 열어둔 상태

카테고리   시스템 보안

netstat 출력 내용

- LISTEN: 서버 데몬(Daemon)이 실행되어서 접속을 대기하는 상태
- SYS-SENT: Local 클라이언트 애플리케이션이 원격 호스트에 연결을 요청한 상태
- SYN-RECEIVED: 서버가 원격 클라이언트로부터 접속요구를 받아 클라이언트에게 응답을 요청하였지만, 확인 메시지를 받지 않은 상태
- ESTABLISHED: 3-Way Handshaking(TCP 연결방법을 의미함)이 완료된 후 서로 연결된 상태
- FIN-WAIT1, CLOSE-WAIT, FIN-WAIT2: 서버에서 연결을 종료하기 위해서 클라이언트에게 종료 요청을 하고 회신을 받아 종료하는 과정인 상태
- CLOSING: 확인 메시지가 전송 도중 분실된 상태
- TIME-WAIT: 연결은 종료되었지만 느린 메시지를 위해서 연결을 열어 둔 상태
- CLOSED: 완전히 연결이 종료된 상태

정답   4번

문제 18〉

윈도우 시스템에서 다양한 하드웨어를 쉽게 추가할 수 있는 서비스의 근본적인 기능은 무엇인가?

1) Hardware Abstraction Layer
2) IO Manager
3) Object Manager
4) Local Process Call

카테고리   시스템 보안

문제풀이

HAL(Hardware Abstraction Layer): 새로운 하드웨어가 개발되어 시스템에 장착되어도 드라이버 개발자가 HAL 표준을 준수하면, 하드웨어와 시스템 간 원할한 통신이 가능함.

정답   1번

문제 19〉

아래의 내용은 윈도우 파일 시스템의 구성이다. 빈칸에 가장 알맞은 것은 무엇인가?

( )	부트 레코드	FAT1 파일 위치 정보	FAT2 FAT1의 복사본	루트 폴더

1) FAT32
2) Super Block
3) Master Boot Record
4) Activity list

카테고리   시스템 보안

문제풀이

(   ): 마스터 부트 레코드이다.

정답   3번

문제 20〉

윈도우 인증방법에서 계정과 암호를 검증하기 위해서 암호화 모듈을 로딩하고 계정을 검증하는 것은 무엇인가?

1) Winlogon   2) GINA   3) LSA   4) SAM

카테고리   시스템 보안

윈도우 인증 프로세스 구조

구성내용	세부내용
Winlogon	- 윈도우 로그인 프로세스
GINA(msgina.dll)	- Winlogin은 msgina.dll을 로딩하여 사용자가 입력한 계정과 암호를 LSA에게 전달
LSA(lsas.exe)	- 계정과 암호를 검증하기 위해서 NTLM(암호화)모듈을 로딩하고 계정을 검증 - SRM이 작성한 감사로그를 기록
SAM	- 사용자 계정정보(해시 값)이 저장됨. - 유닉스의 /etc/shadow 파일과 같은 역할을 수행함.
SRM	- 사용자에게 고유 SID를 부여하고 SID에 권한을 부여함.

정답   3번

문제 21〉

윈도우 계정에서 로컬 사용자 계정을 생성할 수 있고 자원을 공유하거나 멈출 수 있다. 시스템 전체 권한은 없지만, 시스템을 관리할 수 있는 계정은 무엇인가?

1) Admin　　　2) Users　　　3) Power Users　　　4) Guests

카테고리　　　　　　　　　　시스템 보안

구분	설명
Administrators	- 해당 컴퓨터의 모든 관리 권한과 사용 권한을 가짐. - 기본적으로 Administrator가 사용자 계정과 Domain Admins를 포함.
Users	- 기본적인 권한은 가지고 있지 않음. - 컴퓨터에서 생성되는 로컬 사용자 계정이 포함. - Domain Users 글로벌 그룹이 구성원으로 포함.
Guests	- 관리자에 의해 허락된 자원과 권한 만을 사용하여 네트워크 자원을 접근 가능
Backup Operators	- Windows 백업을 이용하여 모든 도메인의 컨트롤러에 있는 파일과 폴더를 백업하고 복구할 수 있는 권한
Power Users	- 그 컴퓨터에서 로컬 사용자 계정을 생성하고 수정할 수 있는 권한을 갖고 있으며 자원을 공유하거나 멈출 수 있다. - 시스템에 대한 전체 권한은 없지만 시스템 관리를 할 수 있는 권한이 부여된 그룹

정답   3번

문제 22〉 리눅스 시스템에서 사용자의 계정을 생성하는 명령은 useradd이다. useradd에서 계정의 유효일자를 가장 정확하기 지정한 것은 무엇인가?

1) useradd -f -30 limbest
2) useradd -e 2015-01-01 limbest
3) useradd -g 1000
4) useradd -g 30

카테고리   시스템 보안

-d: 생성하는 계정 사용자의 홈 디렉토리 위치를 지정(예: -d /home/limbest)
-e: 생성하는 계정의 사용 종료일을 지정(예: -e 2015-01-01)
-f: 생성하는 계정의 유효일자(예: -f -30 즉, 30일간 유효한 계정)
-g: 생성하는 계정의 로그인 그룹(예: -g 1005)
-G: 생성하는 계정의 추가등록 계정의 그룹명
-p: 생성하는 계정의 패스워드 지정
-s: 생성하는 계정의 로그인 셸
-u: 생성하는 계정의 UID 지정(예: -u 2000)
-c: 사용자명 입력 혹은 사용자 설명

정답   1번

문제 23〉 리눅스 시스템에서 파일 혹은 디렉토리에 대한 권한 설정에 관련된 파일은 무엇인가?

1) /etc/login
2) /etc/adduser.conf
3) /etc/services
4) /etc/umask

카테고리   시스템 보안

/etc/adduser.conf
-DIR_MODE 수정(기본값: 755)이다. 즉, 소유자 7, 그룹 5, 다른 사용자 5이다.

정답   2번

아래의 내용은 무엇에 대한 설명인가?

문제 24〉

시스템에서 일어나는 모든 상황들이 기록되는 데몬으로 외부 비인가자가 루트 권한을 획득한 후 제일 먼저 kill시키는 행동을 할 만큼 시스템의 모든 기능을 관리 기록하는 데몬

1) xinetd　　　2) inetd　　　3) syslogd　　　4) system

카테고리　　　　　　　　　　　　시스템 보안

문제풀이

공격자는 시스템에 침입하게 되면 가장 먼저 로그를 남기지 않기 위해 우선적으로 로그 데몬을 정지(kill)시킨다. xinetd - 인터넷 슈퍼데몬 inetd - 인터넷 슈퍼데몬 syslogd - 로그 데몬 lpd - 프린터 데몬

정답　　　3번

문제 25〉

TCP Wrapper는 네트워크 접근제어 환경설정을 구성하는 프로그램이다. 사용 시 설정해야 할 설정환경 파일 중 옳은 것을 선택하시오.

1) /etc/passwd　　　　　　　2) /var/log/syslog
3) /etc/rc.d/init.d/lpd　　　　4) /etc/hosts.allow, /etc/hosts.deny

카테고리　　　　　　　　　　　　시스템 보안

문제풀이

TCP Wrapper는 /etc/hosts.allow, /etc/hosts.deny 파일에 접근 통제를 위한 규칙을 설정

정답　　　4번

네트워크 보안

문제 26〉	OSI 7계층에서 반이중, 전이중, 완전이중과 같은 연결방식을 결정하는 계층은 무엇인가?
	1) 애플리케이션 2) 세션
	3) 트랜스포트 4) 네트워크
카테고리	네트워크 보안

문제풀이

반이중, 전이중, 완전이중과 같은 연결방식은 세션계층에서 결정한다.
- 반이중방식(Half-duplex Transmission): 어느 쪽 방향으로도 전송이 가능하지만 양방향을 동시에 전송은 불가능한 데이터 전송방식
- 전이중(Duplex Transmission): 동시에 양방향 전송이 가능한 데이터 회선으로 데이터 전송이 가능함(동시에는 불가능함).
- 완전이중(Full Duplex Transmission): 동시에 양방향 전송이 가능한 데이터 전송

정답   2번

문제 27〉	OSI 7계층에서 Multiplexing과 같은 작업을 수행하는 계층은 무엇인가?
	1) 애플리케이션 2) 세션
	3) 트랜스포트 4) 네트워크
카테고리	네트워크 보안

문제풀이

Multiplexing은 TCP가 수행하는 기능으로 Transport 계층에서 수행된다.

정답   3번

문제 28〉 네트워크 장비 중에서 네트워크와 네트워크의 구조가 다른 경우 연결 기능을 가진 네트워크 장비는 무엇인가?

1) Gateway   2) Switch   3) Bridge   4) Repeater

카테고리   네트워크 보안

문제풀이

Gateway는 다른 네트워크과 연결을 수행하는 장비이다.

정답   1번

문제 29〉 아래의 그림은 HTTP 프로토콜에 대한 것이다. 가장 정확한 것을 선택하시오.

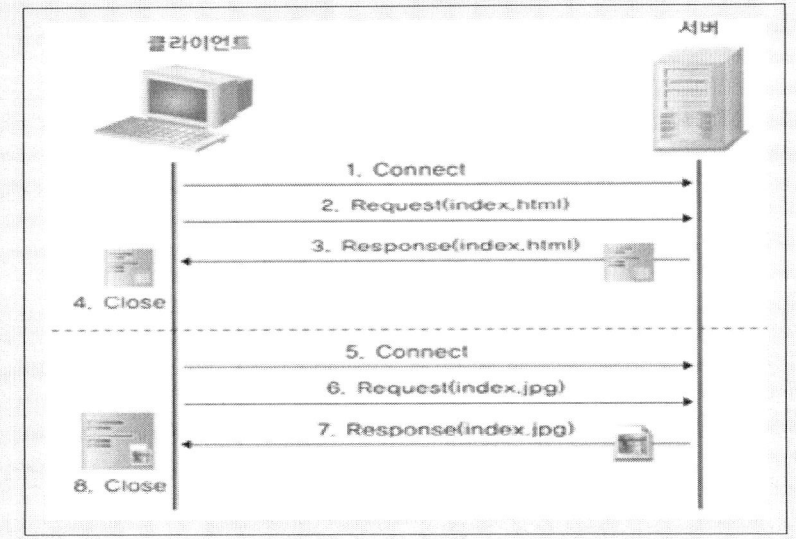

1) HTTP 1.0 방식
2) HTTP 2.0 방식
3) Connection Service를 제공하고 있음.
4) Close는 완전 Disconnection을 수행하지 않고 다음의 연결을 위해서 일정기간 유지함.

카테고리   네트워크 보안

문제의 그림은 HTTP 1.0 방식으로 index.html과 index.jpg 전송을 두 번의 Connect와 Close를 통해서 수행하고 있는 모습을 보여주고 있다.

정답 1번

아래의 내용은 HTTP 프로토콜에 대한 설명이다. 그 내용이 틀린 것을 선택하시오.

문제 30〉

1) HTTP 프로토콜의 연결방식은 3-Way handshaking 기법을 사용하고 페이지를 요청할 때마다 연결하여 페이지를 요청 및 전송받는다.
2) HTTP 프로토콜은 State-less 방식이다.
3) HTTP 프로토콜은 연결종료는 서버가 FIN-WAIT1을 클라이언트에게 보내고 클라이언트는 CLOSE-WAIT, 다시 서버는 FIN-WAIT2를 보내면 종료된다.
4) HTTP 프로토콜은 개방형 표준 프로토콜이고 Get 방식과 Post 방식이 존재한다.

카테고리   네트워크 보안

HTTP 세션 종료과정

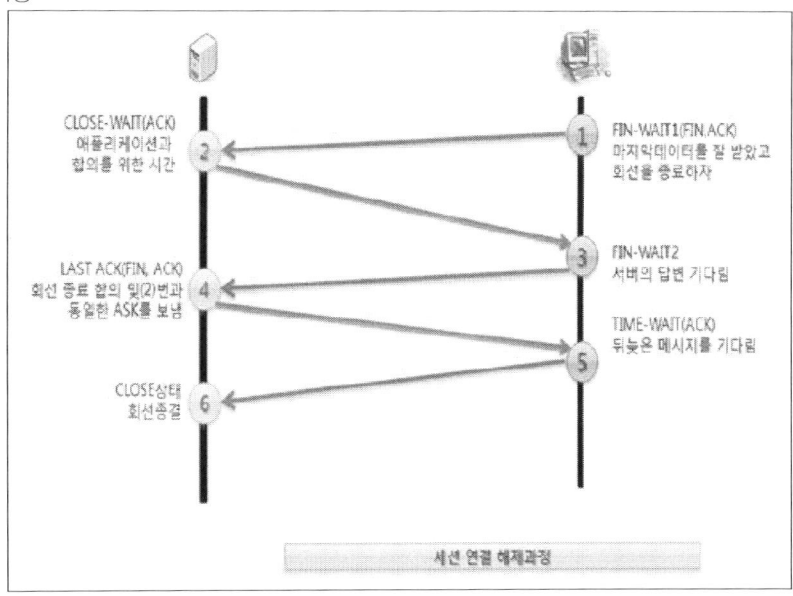

정답 3번

HTTP Get과 Post방식에 대한 설명으로 그 내용이 틀린 것을 선택하시오.

문제 31〉

1) Get 방식은 Get Request와 Response로 이루어지고 Header에 요청 메시지를 담아 전송하며, Body는 표준 메시지를 넣어서 전송한다.
2) Get방식은 메시지의 크기를 나타내는 Contents_Length 필드를 보유하고 이것을 사용해서 Slow Http Get Flooding 공격이 이루어진다.
3) Post방식은 Body에 요청 정보를 담아 전송하고 요청하는 메시지에는 길이 제한이 없다.
4) No_Cache 필드를 사용하여 Cache Control 공격이 가능하다.

카테고리	네트워크 보안

—HTTP Request: 클라이언트가 서버에게 페이지를 요청하는 메시지

```
GET http://www.naver.com/ HTTP/1.0
Accept: */*
Accept-Language: ko
Pragma: no-cache
User-Agent: Mozilla/4.0 (compatible; MSIE 6.0; Windows NT 5.1; SV1; .NET CLR 2.0.50727; .NET CL
R 3.0.4506.2152; .NET CLR 3.5.30729) Paros/3.2.13
Host: www.naver.com
Proxy-Connection: Keep-Alive
Cookie: npic=Iq+Gh1Jxc8N1rLDOW9OVT3gTECjmclEuhDFYx10ED8DBB7NYGY8cDoCkaH207Zlh
CA==; NB=G4ZDEMZWHE3TAMJU; NNB=UGEB2GACD36E4; DA_HC=LZ11230536,LA; nrefreshx=0
; cache=1
```

λ HTTP Request의 GET 방식 호출 시에 Header 메시지
λ Get 방식의 Request라서 Request Body는 비어 있음.

정답   1번

아래의 설명 중에서 틀린 것을 선택하시오.

문제 32〉

1) 쿠키는 클라이언트에 정보를 저장할 수 있는 저장소로 최대 4Kbyte까지 정보를 저장할 수 있다.
2) 쿠키는 Text 형식으로 정보를 저장한다.
3) 한 도메인당 20개, 쿠키 하나 당 100개까지 가능하다.
4) 좀비쿠키란 클라이언트 저장된 정보를 불법적으로 취득하는 악성코드를 의미한다.

카테고리	네트워크 보안

Cookie Session
저장위치 클라이언트 서버
저장형태 Text 형식|Object 형식
종료시점 쿠키 저장 시에 설정함(설정하지 않으면 브라우저 종료시점|정확한 시점을 알 수 없음)
자원 클라이언트 자원|서버 자원
용량 한 도메인당 20개(쿠키 하나에 4KB, 총 300개 용량 제한 없음)

정답   3번

문제 33〉 SMTP 프로토콜에 대한 설명으로 그 내용이 틀린 것을 선택하시오.

1) SMTP는 메일에 사용되는 프로토콜로 OSI 7계층 응용계층에서 수행된다.
2) SMTP는 UDP 25번 포트를 사용한다.
3) SMTP의 MTA는 메일을 전송하는 서버를 의미한다.
4) SMTP의 MDA는 MTA에게 받은 메일을 사용자에게 전달한다.

카테고리   네트워크 보안

SMTP는 TCP 25번 포트를 사용한다.

정답   2번

문제 34〉 네트워크의 트래픽 정보를 전송하는 SNMP에 대한 설명으로 그 내용이 틀린 것을 선택하시오.

1) SNMP는 NMS 솔루션에서 사용되는 UDP기반(162 Port)의 프로토콜이다.
2) SNMP는 get-request, get-response, get-next-request 등이 있고 trap은 SNMP Manager가 요청 시에 정보를 전달한다.
3) MIB는 SNMP에서 사용하는 저장소로 모니터링해야 하는 Object를 관리한다.
4) SNMP의 MIB는 계층형 구조로 되어 있다.

카테고리   네트워크 보안

Trap
관리자에게 보고하는 Event, Agent는 경고, 고장통지 등 미리 설정된 유형의 보고서를 생성

정답   2번

문제 35〉

특정 목적지로 접속할 경우 NAT가 적용받지 않게 하는 것은 무엇인가?

1) Normal NAT
2) Reverse NAT(Static NAT)
3) Redirect NAT
4) Exclude NAT

카테고리   네트워크 보안

NAT 종류	설명
Normal NAT	· 사설IP를 공인IP로 변환해 주는 것으로 N개의 사설IP를 하나의 공인IP로 변환(N:1) · Normal NAT는 외부에서 요청 시 N개의 사설IP중 어떤 것으로 변환해야 하는지 알 수 없음.
Reverse NAT	· 1:1 매핑, Static 매핑으로 외부에 지정된 공인IP로 접속을 요구하면 해당 공인 IP에 지정된 사설IP로 매핑
Redirect NAT	· 목적지 주소를 재지정할 경우 사용되며, 장애 발생 시에 목적지 주소를 변경할 수 있음.
Exclude NAT	· 특정 목적지로 접속할 경우 NAT가 적용받지 않게 함.

정답   4번

문제 36〉

아래의 내용은 OSI 7계층의 네트워크 계층에 대한 매핑 내용이다. 그 내용이 다른 하나는 무엇인가?

1) TCP/IP 프로토콜의 인터넷 계층
2) IP 프로토콜과 ICMP 프로토콜
3) TCP 프로토콜
4) ARP와 RARP 프로토콜

카테고리   네트워크 보안

OSI 7계층과 TCP/IP 프로토콜

OSI 7 계층	TCP/IP 프로토콜	계층별 프로토콜			
애플리케이션 계층	애플리케이션 계층	Telnet, FTP, SMTP, DNS, SNMP			
프로젠테이션 계층					
세션 계층					
트랜스포트 계층	트랜스포트 계층	TCP, UDP			
네트워크 계층	인터넷 계층	IP, ICMP, ARP, RARP, IGMP			
데이터링크 계층	네트워크 인터페이스 계층	Ethernet	Token Ring	Frame Relay	ATM
물리적 계층					

정답   3번

문제 37〉 아래의 내용은 Subnet mask와 관련된 내용이다. 아래의 내용 중에서 IP주소를 효율적으로 할당하기 위한 방법으로 서로 다른 크기의 Subnet을 지원하고 필요한 호스트의 수를 계산해서 호스트의 수가 많은 Subnet를 먼저 계산하는 방식은 무엇인가?

1) Variable Length Subnet Mask
2) CIDR
3) Supernet
4) Subnet

카테고리   네트워크 보안

VLSM(Variable Length Subnet Mask)
- VLSM은 IP를 효율적으로 활당하여 활용하기 위한 방법으로 서로 다른 크기의 서브넷을 지원하기 위한 구조이다. 만일 C class IP주소를 가진 회사에서 100개의 주소를 필요로 하는 부서가 있고 25개의 주소를 필요로 하는 4개의 부서를 서브넷 팅을 하는 경우에 적용이 가능하다(예로, 192.168.120.0의 경우).
- 이때, 필요한 네트워크ID를 지원하기 위해 필요한 비트 수를 계산하는 것이 아니라 필요한 호스트ID를 지원하기 위해 필요한 비트 수를 먼저 계산해야 하며 호스트의 수가 많이 필요한 서브넷부터 먼저 계산해 나간다.
- 100개의 IP 주소 할당
· 필요한 호스트 bit: 7비트
· 서브넷마스크: 255.255.255.128
· 서브넷 IP 대역: 192.168.120.1~128, 192.168.120.129~255
· 사용할 IP 대역: 192.168.120.1~128
- 25개의 IP 주소 할당(상위에서 할당된 서브넷 IP 대역에서 남은 대역을 사용)
· 필요한 호스트 bit: 5비트
· 서브넷마스크: 255.255.255.224

- 서브넷 IP 대역: 192.168.120.128~159, 192.168.120.160~191, 192.168.120.192~223, 192.168.120.224~255

CIDR

CIDR은 부족한 IP주소를 해결하기 위해 CIDR이라는 새로운 주소 지정시스템이 만들어 지게되었는데 이는 IP 주소와 서브넷 마스크를 이진 표기법으로 표현하여 기존의 고정크기 네트워크를 다양하고 세부적으로 분할한다.

CIDR은 기존의 클래스 A, B, C 네트워크 주소의 개념을 무시한다. 이로 인해 IPv4의 주소 공간을 효율적으로 할당할 수 있게 된다. ISP는 자신이 할당받은 주소 공간 중에서 clients의 요구하는 양만큼만 잘라서 공급할 수 있게 되어 귀한 자원인 주소 공간의 낭비를 막을 수 있다.

- 인터넷 라우팅데이블의 비대화를 막아준다는 점이다. 즉, 인터넷을 여러 개의 addressing domain으로 나눔으로써 라우팅 정보량을 줄여준다. 한 도메인 내에서는 그 도메인 내의 모든 라우팅 정보가 공유된다.

정답　　1번

문제 38〉	아래의 내용은 TCP Segment Format에 대한 설명이다. 그 내용이 틀린 것을 선택하시오. 1) TCP는 Check Sum의 CRC(Cyclic Redundancy Check)는 Header와 Data 필드의 무결성을 검사 2) TCP은 Flow Control 기능을 위해서 Buffering을 수행할 수 있고 이러한 Buffering을 위해서 사용되는 것이 Window Size임. 3) 송신자와 수신자의 Port 번호를 통해서 Multiplexing 및 DeMultiplexing을 수행 4) TCP는 Physical한 Connection Oriented Service임.
카테고리	네트워크 보안

문제풀이

TCP는 Logical한 Communication을 지원하는 Connection Oriented Service임.

정답　　4번

문제 39〉 아래의 내용은 네트워크 애플리케이션이 사용하는 Port에 대한 정보이다. 그 내용이 틀린 것을 선택하시오.

1) FTP 21번 2) Telnet 23번
3) Pop3 110번 4) SSH 28번

카테고리　　　　　　　　　　　　　　　네트워크 보안

문제풀이

- 21번: FTP
- 22번: 보안 텔넷(SSH)
- 23번: 텔넷
- 25번: SMTP(메일 발송)
- 42번: 호스트 네임 서버
- 53번: 도메인 메인 서버
- 70번: 고퍼(Gopher)
- 79번: 핑거(Finger)
- 80번: 웹(HTTP)
- 88번: 커베로스 보안 규격
- 110번: POP3(메일 수신)
- 118, 156번: SQL 서비스
- 137~139번: NetBIOS(파일 서버)
- 161번: SNMP(네트워크 관리)

정답　　4번

문제 40〉 아래의 애플리케이션 서비스 중에서 UDP를 사용하지 않는 것을 선택하시오.

1) SNMP 2) NetBIOS Datagram
3) NetBIOS Name Service 4) tFTP

카테고리　　　　　　　　　　　　　　　네트워크 보안

문제풀이

sFTP는 기존 FTP(TCP방식)에 보안기능이 추가된 서비스이고 tFTP는 UDP 방식으로 수행된다.

정답　　4번

아래 두 개의 그림에 해당되는 전송방법은 무엇인가?

문제 41〉

1) Broadcast, Anycast   2) Anycast, Multicast
3) unicast, Multicast   4) Multicast, Broadcast

카테고리   네트워크 보안

문제풀이

첫 번째 그림은 1:1 방식을 의미하는 unicast이고 두 번째 그림은 특정 그룹에만 전송하는 Multicast 기법을 의미한다.

정답   3번

문제 42〉
Tcpdump 명령어 중에서 특정 카운트 수만큼 패킷을 수신받는 옵션은 무엇인가?

1) -c   2) -e   3) -F   4) -i

카테고리   네트워크 보안

문제풀이

Tcpdump Option

Option	Message
-c	- Count 수 만큼 패킷을 받음.
-e	- MAC 주소 형태로 출력
-F	- File에 expression을 입력
-i	- 특정 인터페이스를 지정
-q	- 간결하게 표시

-w	- 패킷을 파일로 저장함.
-r	- 저장한 파일을 읽음.
-t	- Timestamp
-v	- 자세히 표시

정답   1번

아래의 그림은 ARP Spoofing에 대한 내용이다. ARP Spoofing을 방지하기 위해서 IP 주소와 MAC주소를 ARP Cache 테이블에서 고정하기로 했다. 올바른 방법은 무엇인가?

문제 43〉

```
C:\WINDOWS\system32>arp -a

Interface: 192.168.200.128 --- 0x2
  Internet Address        Physical Address        Type
  192.168.200.2           00-50-56-f0-b1-fc       dynamic
  192.168.200.129         00-0c-29-87-95-cc       dynamic
  192.168.200.130         00-0c-29-87-95-cc       dynamic

C:\WINDOWS\system32>arp -a

Interface: 192.168.200.128 --- 0x2
  Internet Address        Physical Address        Type
  192.168.200.2           00-0c-29-87-95-cc       dynamic
  192.168.200.129         00-0c-29-7a-04-a7       dynamic
  192.168.200.130         00-0c-29-87-95-cc       dynamic
```

1) arp -a 명령사용   2) arp -b 명령사용
3) arp -s 명령사용   4) arp -f 명령사용

카테고리   네트워크 보안

문제풀이

ARP Table을 Static으로 설정(arp -s [IP주소][MAC 주소])

정답   3번

아래의 소스코드와 가장 관련성이 있는 DDoS 공격기법은 무엇으로 판단되는가?

문제 44〉

```
63  #builds random ascii string
64 def buildblock(size):
65      out_str = ''
66      for i in range(0, size):
67          a = random.randint(65, 90)
68          out_str += chr(a)
69      return(out_str)
70
```

1) Hash DDoS
2) Hulk DDoS
3) HTTP Cache Control
4) Slow HTTP Read DoS

카테고리   네트워크 보안

Hulk DDoS
-공격대상 URL을 지속적으로 변경하여 DDoS 차단정책을 우회하는 특징을 가짐

정답   2번

침입차단 시스템의 구축 유형 중에서 가장 올바른 것을 선택하시오.

문제 45〉

・전 계층에서 동작
・세션 추적기능, 헤더를 해석하여 순서에 위배되는 패킷 차단
・패킷 필터링 기술 사용

1) Circuit Gateway
2) Application Gateway
3) Packet Filtering
4) Stateful Inspection

카테고리   네트워크 보안

Stateful Packet Inspection

구분	내용
계층	-전 계층에서 동작
특징	-패킷 필터링 방식에 비해 세션 추적 기능 추가 -패킷의 헤더 내용 해석하여 순서에 위배되는 패킷 차단 -패킷 필터링의 기술을 사용하여 Client/Server 모델을 유지하면서 모든 계층의 전후 -상황에 대한 문맥 데이터를 제공하여 기존 방화벽의 한계 극복 -방화벽 표준으로 자리매김
장점	-서비스에 대한 특성 및 통신상태를 관리할 수 있기 때문에 돌아나가는 패킷에 대해서는 동적으로 접근규칙을 자동 생성
단점	-데이터 내부에 악의적인 정보를 포함할 수 있는 프로토콜에 대한 대응이 어렵다.

정답   4번

문제 46〉 침입차단시스템 구성에서 두 개의 NIC(Network Interface Card)를 가지는 방식은 무엇인가?

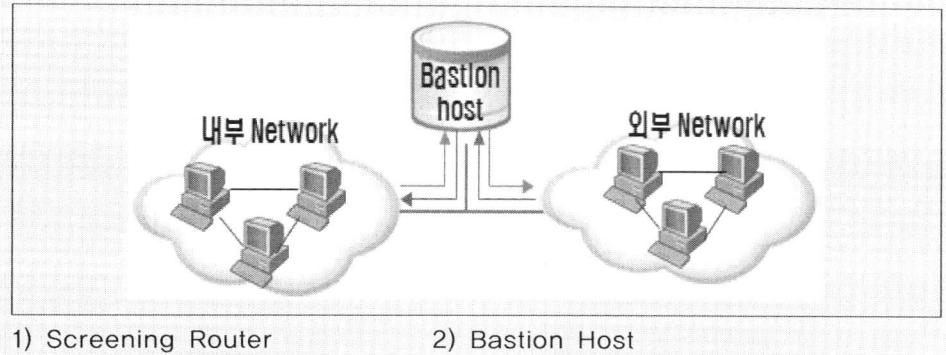

1) Screening Router
2) Bastion Host
3) Dual Home Host
4) Packet Filtering

카테고리   네트워크 보안

Dual Home Host
-2개의 네트워크 인터페이스를 가진 Bastion Host로서 하나의 NIC는 내부 네트워크와 연결하고 다른 NIC는 외부 네트워크와 연결

정답   3번

침입차단 시스템의 탐지방법 중에서 아래의 그림이 해당되는 것은 무엇인가?

문제 47〉

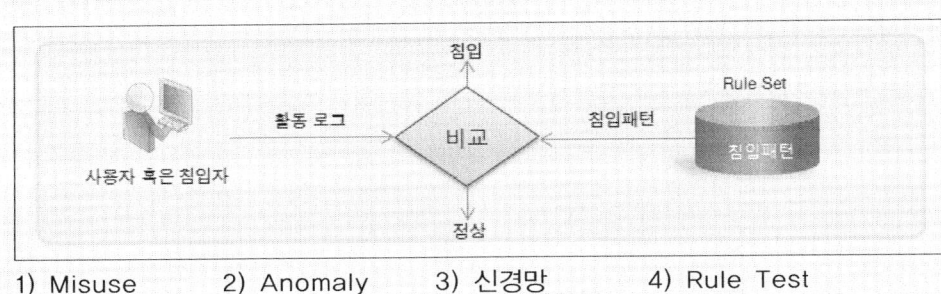

1) Misuse   2) Anomaly   3) 신경망   4) Rule Test

카테고리   네트워크 보안

오용탐지(Misuse)
- 오용탐지는 침입패턴 정보를 데이터베이스화 하고 사용자 혹은 침입자가 네트워크 및 호스트를 사용하는 활동기록과 비교하여 동일하면 침입으로 식별하는 것이다. 이 방법은 오탐율이 낮은 장점은 있지만, 사전에 침입을 탐지하지 못한다. 대부분의 IDS는 오용탐지기반으로 서비스한다. 오용탐지에서는 침입패턴의 최신 패턴 유지가 가장 중요한 요소로 식별되는데 이 부분은 최근의 파악된 침입패턴을 Rule로 관리하여 여러 개의 침입패턴(Rule Set)을 묶어서 IDS 장비에 실시간으로 동기화를 수행한다.

정답   1번

문제 48〉

Zero day 공격과 같은 형태의 탐지방법으로 유용하다고 생각되는 것을 선택하시오.

1) Misuse   2) Anomaly   3) 패턴매칭   4) 전문가 시스템

카테고리   네트워크 보안

Zero day 공격은 소프트웨어 Patch 전에 취약점을 대상으로 수행하는 공격방법으로 사전에 탐지할 수 있는 Anomaly기법이 유용하다.

정답   2번

문제 49〉 댁내에서 본사 시스템에 접속하여 결제업무를 처리하고자 한다. 이러한 작업을 할 때 별도의 클라이언트 소프트웨어를 설치하지 않고 할 수 있는 것은 무엇인가?

1) IPSEC VPN
2) SSL VPN
3) MPLS VPN
4) L2TF VPN

카테고리   네트워크 보안

문제풀이

SSL VPN은 웹 브라우저를 사용해서 별도의 클라이언트 프로그램의 설치 없이 본사에 접속하여 업무를 처리할 수 있다.

정답   2번

문제 50〉 IPSEC의 구성요소 중에서 UDP 프로토콜을 사용하고 키 교환을 담당하는 것은 무엇인가?

1) AH   2) ESP   3) ISKMP   4) IKE

카테고리   네트워크 보안

문제풀이

종류	설명
ISAKMP	−Internet Security Association and Key Management Protocol −Security Association 설정, 협상, 변경, 삭제 등 SA 관리와 키 교환을 정의했으나 키 교환 메커니즘에 대한 언급은 없음.
IKE	−Internet Key Exchange, 키 교환 담당 −IKE 메시지는 UDP 프로토콜을 사용해서 전달되면 출발지 및 도착지 주소는 500 port를 사용하게 됨.

정답   4번

애플리케이션 보안

문제 51〉	아래의 설명은 BOOTP와 DHCP에 대한 설명이다. 그 내용으로 틀린 것을 선택하시오. 1) BOOTP는 DHCP이후에 개발된 것으로 동적 IP주소를 임대한다. 2) BOOTP는 IP주소 임대 만료일은 30일이다. 3) BOOTP는 제한된 부팅 기능을 가지고 있고 디스크가 없는 워크스테이션을 구성하기 위해서 개발되었다. 4) tftp를 사용하여 부팅 이미지 파일을 전송한다.
카테고리	애플리케이션 보안

문제풀이

BOOTP	DHCP
DHCP 앞서서 개발	BOOTP 이후에 개발
제한된 부팅 기능이 있고 디스크가 없는 워크스테이션을 구성하기 위한 프로토콜	로컬 하드 드라이브와 완전한 부팅 기능이 있으며 위치가 자주 바뀌는 네트워크 컴퓨터
동적 BOOTP의 IP 주소 임대 만료일은 30일	DHCP의 IP 주소 임대 만료일은 8일
공급업체 확장이라고 하는 제한된 수의 클라이언트 구성 매개 변수를 지원	옵션이라고하는 크고 확장 가능한 클라이언트 구성 매개 변수 집합을 지원
2단계 bootstrap 구성 프로세스를 설명 –클라이언트는 BOOTP 서버에 연결하여 주소를 결정하고 부팅 파일 이름을 선택 –클라이언터는 TFIP 서버에 연결하여 부팅 이미지의 파일을 전송	DHCP 클라이언트가 그 IP 주소를 결정하고 네트워크 작업에 필요한 모든 초기 구성 세부 사항을 얻기 위해 DHCP 서버와 협상하는 단일 단계 부팅 구성 프로세스를 설명. DHCP 클라이언트는 DHCP 서버로 구성을 다시 바인딩하거나 갱신할 때 시스템을 다시 시작하지 않음.

정답   1번

Telnet에 대한 설명으로 그 내용이 틀린 것은 무엇인가?

1) Telnet은 클라이언트가 서버에 접속하여 구동되는 서비스로 23번 Port를 사용한다.
2) Telnet은 네트워크 가상 단말기(NVT)라는 표준 포맷을 사용하여 문자 혹은 문자열로 구성된 명령어들을 사용하여 서로 통신한다.
3) 명령을 위해서 사용되는 문자집합은 ACSII형태이며, 모든 입출력은 ASCII로만 전송된다.
4) 네트워크 가상 단말기 포맷은 모든 명령어들과 데이터를 6Bit를 사용하여 코드화된다.

카테고리   애플리케이션 보안

문제풀이

8Bit를 사용하여 코드화를 수행

정답   4번

문제 53〉

Telnet 운영모드에서 사용자가 자판을 입력한 내용을 대부분 처리를 위해서 즉시 리모트 시스템으로 보내는 모드는 무엇인가?

1) Character at a time 모드   2) Old line by line 모드
3) 명령모드   4) Trap 모드

카테고리   애플리케이션 보안

문제풀이

Telnet 운영모드

-character at a time 모드: 사용자가 자판을 입력한 내용들 대부분이 처리를 위해 즉시 리모트 시스템으로 보내진다.
-old line by line 모드: 모든 텍스트가 지역적으로 반향(echo)된다. 그리고 보통 완벽한 한 줄만이 리모트 시스템에 보내진다.
-명령모드: 라인모드 옵션이 사용가능 상태가 되거나, localchars 토클이 참값을 가지면(old line by line의 초기값), 사용자의 quit, intr, flush 문자가 지역적으로 trap되어지고, 텔넷 프로토콜 처리로 리모트 시스템에 보내진다. 라인모드 옵션이 사용불가 상태이면, 사용자의 susp(보류-suspend) eof(파일끝) 신호가 텔넷 프로토콜 처리로 리모트 시스템에 보내질 수 있으며, quit 신호는 break 대신에 telnet abort로 보내진다. 리모트 호스트에 연결되어 있을 때는, telnet "escape 문자"(초기값 : "^]")를 사용해서 telnet 프롬프트 상태로 진입할 수 있다. 이때를 명령 모드라 한다. 명령 모드일 때는 일반 터미널 편집 방식이 사용가능 상태가 된다.

Rlogin과 telnet의 차이점

구분	Rlogin	Telnet
Transport 프로토콜	하나의 TCP 연결 긴급(urgent) 모드	하나의 TCP 연결 긴급(urgent) 모드
패킷모드	항상 character at a time 원격 에코	명령 디폴트(character at a time, 원격 에코) 클라이언트 에코(kludge line mode) 서비스싱의 애플리케이션이 필요한 경우 항상 character at a time
흐름제어	일반적으로 클라이언트 수행 서버에 의해 무효 가능	일반적으로 서버 수행 클라이언트가 수행하는 옵션 사용 가능
터미널유형	항상 제공	옵션
터미널속도	항상 제공	옵션
윈도우크기	대부분 서버에 의해 지원되는 옵션	옵션
자동로그인	디폴트 패스워드 입력이 요구 가능 평문으로 전송 최근에 커버로스 로그인 지원	디폴트로 로그인 이름과 패스워드 입력 패스워드는 평문으로 전송 최근에 새로운 인증 옵션 제공

정답　3번

문제 54〉	DNS 레코드 중에서 호스트의 이름을 지정하는 데 사용되는 것은 무엇인가?
	1) A　　　　2) AAAA　　　　3) NS　　　　4) CNAME
카테고리	애플리케이션 보안

문제풀이

A(Address) - 단일 호스트 이름에 해당하는 IP주소가 여러 개 있을 수 있으며 각각의 동일한 IP주소에 해당되는 여러 개의 호스트 이름이 있을 수 있다. 이때 사용되는 레코드 임(호스트 이름을 IPv4 주소로 매핑)

AAAA(IPv6 Address) - 호스트 이름을 IPv6 주소로 매핑한다.

PTR(Pointer) - 특수 이름이 도메인의 일부 다른 위치를 가리킬 수 있다. 인터넷 주소의 PTR 레코드는 정확히 한 개만 있어야 한다.

NS(Name Server) - 도메인에는 해당 이름 서비스 레코드가 적어도 한 개 이상 있어야 하며 DNS 서버를 가리킨다.

MX(Mail Exchanger) - 도메인 이름으로 보낸 메일을 받도록 구성되는 호스트 목록을 지정한다.

CNAME(Canonical Name) - 호스트의 다른 이름을 정의하는 데 사용된다.

SOA(Start of Authority) - 도메인에 대한 권한을 갖는 서버를 표시한다. 도메인에서 가장 큰 권한을 부여 받은 호스트를 선언한다.

Any(ALL) - 위의 모든 레코드를 표시한다.

정답　4번

문제 55〉	DNS Query는 DNS 서버에 이름 확인을 요청하는 것을 의미한다. DNS Query 중에서 Local DNS 서버에 Query를 보내 완성된 답을 요청하는 Query는 무엇인 가?

1) 일시 2) 순환 3) 반복 4) 단순

카테고리 애플리케이션 보안

문제풀이

· Recursive Query(순환): Local DNS 서버에 Query를 보내 완성된 답을 요청
· Iterative Query(반복): Local DNS 서버가 다른 DNS 서버에게 Query를 보내어 답을 요청, 외부 도메인에서 개별적인 작업 을 통해 정보를 얻어와 종합해서 알려줌.

정답 2번

문제 56〉	최근 사회적으로 사이버 테러가 많은 문제가 발생하고 있다. 2008년도 발생한 아 래의 사례는 어떤 공격인가?

-영국RBS 월드페이 해킹사건
2008년 러시아의 해킹 그룹이 영국RBS은행의 월드 페이 시스템에 침투하여 신용카드 정보를 훔치 고 복제카드를 만들어 미국, 러시아, 우크라이나, 이탈리아, 홍콩, 일본, 캐나다 등의 ATM기기에서 약 950만 달러 인출사건

* 2013년 3월 20일 국내에서 발생한 사이버테러도 이와 동일한 방법으로 수행된 것으로 판단되었다.

1) Zero day 2) Replay Attack
3) APT 4) 사회공학적

카테고리 애플리케이션 보안

APT (Advanced Persistent Threat) 공격

- 지능형 지속 해킹으로 하나의 타겟을 선정한 후 장기간 지속적으로 정보를 수집한 뒤 해킹의 대상이 눈치 채지 못하도록 시스템을 우회하여 침투
- 고객 정보 등 중요 정보를 탈취하거나 시스템을 망가트릴 수 있음
- APT 공격은 침해 사고가 일어나기 전에는 자신의 시스템이 침해당했는지 탐지조차 하지 못함

APT 공격의 특징

지능적(Advanced)

- 고도의 지능적인 보안 위협을 동시다발적으로 이용해 표적으로 삼은 목표에 침투시켜 정보를 빼돌림

지속적(Persistent)

- 목표 시스템에 활동 거점을 마련한 후 은밀히 활동함
- 새로운 기술과 방식이 적용된 보안 공격을 지속적으로 가해 피해를 줌

동기(Motivated) 부여와 확실한 공격 목표(Targeted)

- 특정 목적을 달성하기 위해 행해짐
- 정보 유출, 시스템 운영 방해, 물리적 타격까지 노리고 있음

정답   3번

아래의 설정내용은 Apache에서 관련된 것이다. 무엇을 대비하기 위해서 만든 것으로 생각되는지 가장 올바른 것을 선택하시오.

문제 57〉

```
<.htaccess>
<FilesMatch "\.(ph|inc|lib)">
 order allow,deny
 deny from all
</FilesMatch>
AddType text/html .html .htm .php .php3 .php4 .phtml .phps .in .cgi .pl .shtml .jsp
```

1) SQL Injection
2) DLL Injection
3) File upload 취약점
4) Directory Listing 취약점

카테고리   애플리케이션 보안

• 파일 업로드 취약점

－파일 업로드 기능을 사용해서 악성 스크립트를 서버에 업로드 함.
－악성 스크립트를 통해서 시스템 명령 실행 및 시스템 구조 파악이 가능함.
－게시판에 .asp, .php, j네와 같은 악성 스크립트를 업로드

정답　　3번

문제 58〉	Injection 공격방법에서 MySQL과 가장 관련된 공격방법으로 MySQL의 프로시저를 실행하는 공격방법은 무엇인가? 1) Code Injection 　　　　2) Command Injection 3) DLL Injection 　　　　　4) SQL Injection
카테고리	애플리케이션 보안

Command Injection에 대한 설명으로 MySQL의 프로시저를 실행하여 운영체제 명령을 실행하는 방법이다.

정답　　2번

문제 59〉	세션이 가지고 있는 쿠키값을 가로채어 공격하는 방법은 무엇인가? 1) 바운스 공격 　　　　　2) Replay Attack 3) SYN Flooding 　　　　4) Zombie Cookie
카테고리	애플리케이션 보안

Replay Attack는 세션을 담고 있는 쿠키값을 가로채어 다시 사용하는 공격형태

정답　　2번

문제 60〉 Apache 웹서버 세션관리 보안설정 중에서 HTTP 1.1의 세션 유지와 가장 의미적으로 관련이 있는 것은 무엇인가?

1) Timeout
2) MaxKeepAliveRequests
3) KeepAliveTimeout
4) KeepAlive

카테고리   애플리케이션 보안

문제풀이

KeepAliveTimeout
- 클라이언트 최초 요청을 받은 뒤에 다음 요청이 전송될 때까지 대기하는 시간을 설정
- 즉, 설정된 시간 동안 서버는 한 번의 요청을 받고 접속을 끊지 않고 유지한 상태에서 다음의 요청을 받아들임.

정답   3번

문제 61〉 윈도우 기반의 IIS(Internet Information Server)에 대한 설명으로 그 내용이 틀린 것을 선택하시오.

1) IIS의 격리모드는 실행 중인 애플리케이션을 기본적으로 Remote System 계정으로 실행된다.
2) 격리모드는 해당 컴퓨터의 모든 리소스를 접근하거나 변경할 수 있다.
3) 격리모드는 HTTP.sys에 사용자 요청이 도착하고 HTTP.sys는 유효성을 확인한다.
4) HTTP.sys는 작업 프로세스가 처리 결과를 보내고 그 결과를 클라이언트에게 전송한다.

카테고리   애플리케이션 보안

문제풀이

IIS격리모드는 Local 시스템의 계정으로 실행된다.

정답   1번

문제 62〉

웹 서버의 웹 로그를 확인한 결과 다음과 같다. HTTP 200의 의미는 무엇인가?

```
[05/Nov/2003:17:20:40 +0900] "GET /index.htm HTTP/1.1" 200 2854
[05/Nov/2003:17:20:41 +0900] "GET /counter/limbest.php HTTP/1.1" 200 4752
[05/Nov/2003:17:20:44 +0900] "POST / limbest.php HTTP/1.1" 200 3496
[05/Nov/2003:17:20:47 +0900] "POST / limbest.php HTTP/1.1" 200 3636
```

1) Switching Protocols   2) OK

3) Created   4) Accepted

카테고리   애플리케이션 보안

문제풀이

HTTP 상태코드

100	Continue	404	Not Found
101	Switching Protocols	405	Method Not Allowed
200	OK	406	Not Acceptable
201	Created	407	Proxy Authentication Require
202	Accepted	408	Request Time-out
203	Non-Authoritative Information	409	Conflict
204	No Content	410	Gone
205	Reset Content	411	Length Required
206	Partial Content	412	Precondition Failed
300	Multiple Choices	413	Request Entity Too Large
301	Moved Permanently	414	Request-URI Too Large
302	Moved Temporarily	415	Unsupported Media Type
303	See Other	500	Internal Server Error
304	Not Modified	501	Not Implemented
305	Use Proxy	502	Bad Gateway
400	Bad Request	503	Service Unavailable
401	Unauthorized	504	Gateway Time-out
402	Payment Required	505	HTTP Version not supported
403	Forbidden		

정답   2번

문제 63〉

웹 서버의 로그 관련 설정에서 로그파일의 위치를 지정할 수 있는 지시어는 무엇인가?

1) ErrorLog   2) TraceLog   3) TranferLog   4) CustomLog

카테고리   애플리케이션 보안

웹서버 접속 로그 파일의 위치는 TransferLog /var/log/access.log로 설정한다

정답   3번

문제 64〉

> 아래의 웹서버의 로그를 보고 답하시오.

> 211.199.132.77 - - [05/Nov/2003:17:20:40 +0900] "GET /index.htm HTTP/1.1" 200 2854

> 위의 로그를 보면 - - 가 나온다. 여기서 두 번째 -의 의미는 무엇인가?

1) 단순 식별자   2) Common Log Format를 위한 구분자
3) 인증이 있는 경우에 사용   4) 최초 접속 일자

카테고리   애플리케이션 보안

Authuser로 인증이 있는 경우 사용자명이 기록된다.

정답   3번

문제 65〉

> 아래의 내용은 HTTP Get Request이다. 아래의 내용과 차단할 수 있는 보안 솔루션으로 가장 올바른 것은 무엇인가?

> GET /limbest.php?cx%5B%5D=%5B%3Cscript%3Ealert%28%27Watchfire+XSS+Test+Successful%27%29%3C%2Fscript%3E%5D HTTP/1.0

1) 침입차단시스템   2) 침입탐지시스템
3) 허니팟   4) 웹 방화벽

카테고리   애플리케이션 보안

웹방화벽은 SQL Injection, XSS, Buffer Overflow, Directory Listing차단과 같은 기능을 수행한다.

정답   4번

문제 66〉 DNS에서 캐시 포이즈닝과 DNS 보안 취약점을 보완하기 위해서 등장한 기술은 무엇인가?

1) DNSSEC   2) DNS Zone Transfer
3) 웹 방화벽   4) DNS 격리모드 운영

카테고리   애플리케이션 보안

DNSSEC
- DNS 캐시 포이즈닝과 DNS의 보안 취약점을 보완하기 위해서 등장한 기술
- DNS 응답 정보에 전자서명을 값을 첨부하여 보내고 수신측이 해당 서명값을 검증해서 DNS 위변조를 방지, 정보 무결성을 제공

정답   1번

문제 67〉 데이터베이스 보안위협 요소에서 추론(Inference)은 Raw Data로부터 민감한 데이터를 유출하는 행위와 같은 것이 발생할 수 있다. 이러한 추론에 대한 보안대책은 무엇인가?

1) 암호화   2) 접근통제
3) 다중 인스터스화   4) Log 기록

카테고리   애플리케이션 보안

다중 인스턴스화(Polyinstantiation): 추론으로부터 정보 유출을 막기 위한 기술, 변수를 값 또는 다른 변수와 함께 있게 함으로써 상호 작용을 하도록 하는 Process

정답   3번

문제 68〉

데이터베이스 보안기법에서 보안적용 후 성능에 가장 영향이 적은 것은 무엇인가?

1) 데이터베이스 암호화
2) 데이터베이스 스니핑
3) 데이터베이스 게이트웨이
4) 데이터베이스 로그관리

카테고리   애플리케이션 보안

문제풀이

데이터베이스 스니핑은 패킷을 복제해서 로그를 기록한다. 패킷 복제는 TAP장비에서 복제되고 트랜잭션에 영향을 주지 않는다.

정답   2번

문제 69〉

IC카드형 전자화폐에서 스마트 카드와 카드 리더기로 구성된 PC Pay Device와 Interface Software로 구성된 것은 무엇인가?

1) 몬덱스   2) 비자캐시   3) PC Pay   4) Ecash

카테고리   애플리케이션 보안

문제풀이

몬덱스 – 가장 대표적인 전자화폐 시스템
 – 현금지불의 장점과 카드 지불의 편리함을 결합.
 – 5개국 통화로 가치를 저장할 수 있음.
 – 해외 사용 및 송금과 외환거래 가능
비자캐쉬 – 소액지불을 위한 지불수단, 11개국에서 사용
PC Pay – 스마트 카드와 카드 리더기로 구성된 PC Pay Device와 Interface Software로 구성
Ecash - DigCash 사에서 개발된 전자화폐시스템으로 은닉서명 기술을 사용하여 온라인상에서 완전한 익명성을 제공
NetCash – 전자수표 등의 금융도구와 교환이 가능한 분산 Currency Server를 기반으로 하고 있고 전자화폐로 바꾸어 사용이 가능함.

정답   3번

아래의 그림과 같은 OTP단말방식은 무엇인가?

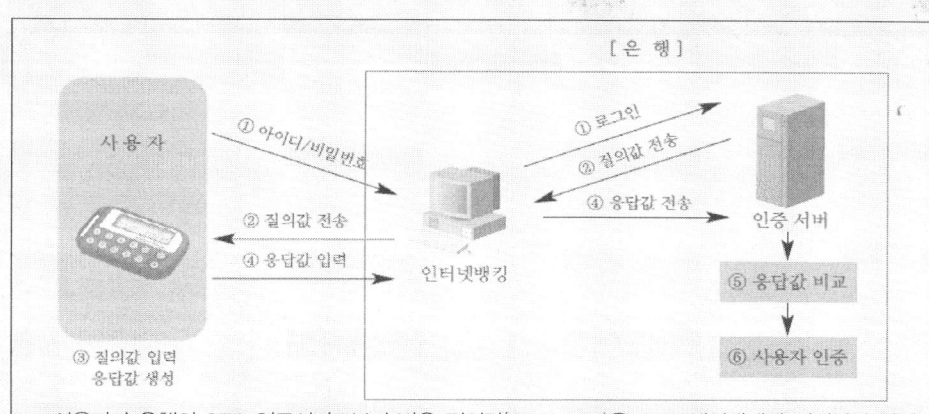

문제 70〉

−사용자가 은행의 OTP 인증서버로부터 받은 질의값(Challenge)을 OTP 생성매체에 직접입력 하면 응답값(Response)가 생성
−사용자가 직접 OTP 생성매체에 질의 값을 입력해야 하며 응답값인 OTP가 생성되기 때문에 전자 금융 사고 발생 시 명백한 책임소재를 가릴 수 있고 보안성도 높은 방식
−직접 질의 값을 확인하여 OTP 생성매체에 입력해야 하므로 은행이 별도의 질의값을 관리해야 함.

1) Challenge-Response
3) Event 동기화

2) Time 동기화
4) Sensor 기반

카테고리   애플리케이션 보안

문제풀이

비동기 방식(Challenge-Response)에 대한 설명이다.

정답   1번

문제 71〉

디지털 컨텐츠 보호기술에서 Dual Watermark의 기능을 가지고 있는 것은 무엇인가?

1) 스테가노그래픽
3) DRM

2) 핑거프린트
4) 워터마크

카테고리   애플리케이션 보안

문제풀이

핑거프린트는 구매자 정보과 저작자 정보를 같이 삽입하는 Dual Watermarking의 특징을 가진다.

정답   2번

문제 72〉 인터넷 또는 허용된 네트워크에 보안 기능을 제공하여 두 네트워크단의 인가된 네트워크를 형성하는 방법으로, 터널링이나 인증기술을 필요로 하는 방법은 무엇인가?

1) PGP   2) SET   3) X.509   4) VPN

카테고리   애플리케이션 보안

문제풀이

터널링 기술은 인터넷 네트워크 상에서 시작지점에서 목표지점까지, 전용회선을 연결한 것과 같은 효과를 위해 두 종단 사이에 가상의 터널을 형성하여 외부의 영향을 받지 않고 정보를 주고받는 것으로, VPN의 전송데이터의 기밀성 보장(암호화 통신)에 사용되는 기술이다.

정답   4번

문제 73〉 DNS가 사용하는 프로토콜은 무엇인가?

1) TCP   2) UDP   3) TCP와 UDP   4) ICMP

카테고리   애플리케이션 보안

문제풀이

DNS는 UDP 53(일반 사용자/프로그램의 resolving query) TCP 53(Zone 데이터베이스 정보의 전송)을 모두 사용한다.

정답   3번

문제 74〉 인터넷 응용 서비스 중 원격지에서 해당 서버의 쉘에 로그인할 수 있어 외부 비인가자가 리모트 공격 시 주로 사용하는 프로토콜은 무엇인가?

1) Telnet   2) SNMP   3) IMAP   4) HTTP

카테고리   애플리케이션 보안

원격에서 해당 서버의 쉘로 로그인할 수 있는 것은 Telnet 프로그램이다.

정답   1번

SSL(Secure Socket Layer)은 웹환경에서의 데이터 암호화를 위해 개발된 프로토콜이다. 다음 중 SSL에 대한 설명으로 올바르지 않은 것은 무엇인가?

문제 75〉

1) TCP/IP 기반의 모든 서비스에 사용 가능하다.
2) 웹브라우저에서 'http://'대신 'shttp//'를 사용한다.
3) 통신채널의 양방향 암호화를 지원한다.
4) X.509 인증서를 지원한다.

카테고리   애플리케이션 보안

SSL을 사용하면 URL이 https://xxx.xxx.xxx.xxx가 된다. shttp://은 S-HTTP를 사용할 경우이다.

정답   2번

정보보호개론

암호학의 발전과정에서 ENGIMA를 사용한 시대는 언제인가?

문제 76〉

1) 고대 암호화   2) 근대 암호화
3) 현대 암호화   4) 시스템 암호화

카테고리   정보보호개론

근대 암호화는 기계를 사용하여 암호화를 실현했고 대표적인 것이 ENGIMA이다.

정답   2번

문제 77〉 아래의 내용은 암호화가 해독되는 이유이다. 그 내용으로 틀린 것은 무엇인가?

1) 암호화 알고리즘이 공개된 경우
2) 해당 문자의 치우침에 따라 통계가 가능한 경우
3) 해당 암호에 대한 예문을 많이 보유하고 있는 경우
4) 암호화 알고리즘이 활용률이 좋은 경우

카테고리   정보보호개론

문제풀이

암호화 알고리즘의 활용률이 좋으면 통계 등이 가능할 확률은 높지만 그 때문에 해독된다고 볼 수 없다.

정답   4번

문제 78〉 암호화 알고리즘 중에서 One Time Pad와 같은 1회용 암호화를 실현한 사람은 누구인가?

1) 시저   2) 다익스트라   3) 멧칼프   4) 버넘

카테고리   정보보호개론

문제풀이

길버트 버넘은 1회만 사용하는 난수를 바탕으로 키를 1회만 사용하고 버리는 기법을 사용하여 절대로 깨지지 않음.

정답   4번

문제 79〉 아래의 내용 중에서 스트림 암호화 방법은 무엇인가?

1) DES   2) IDEA   3) RC4   4) SEED

카테고리   정보보호개론

스트림 암호화는 RC4, SEAL이다.

정답   3번

아래의 그림은 블록암호화 운영모드에서 어떤 것을 의미하는가?

문제 80〉

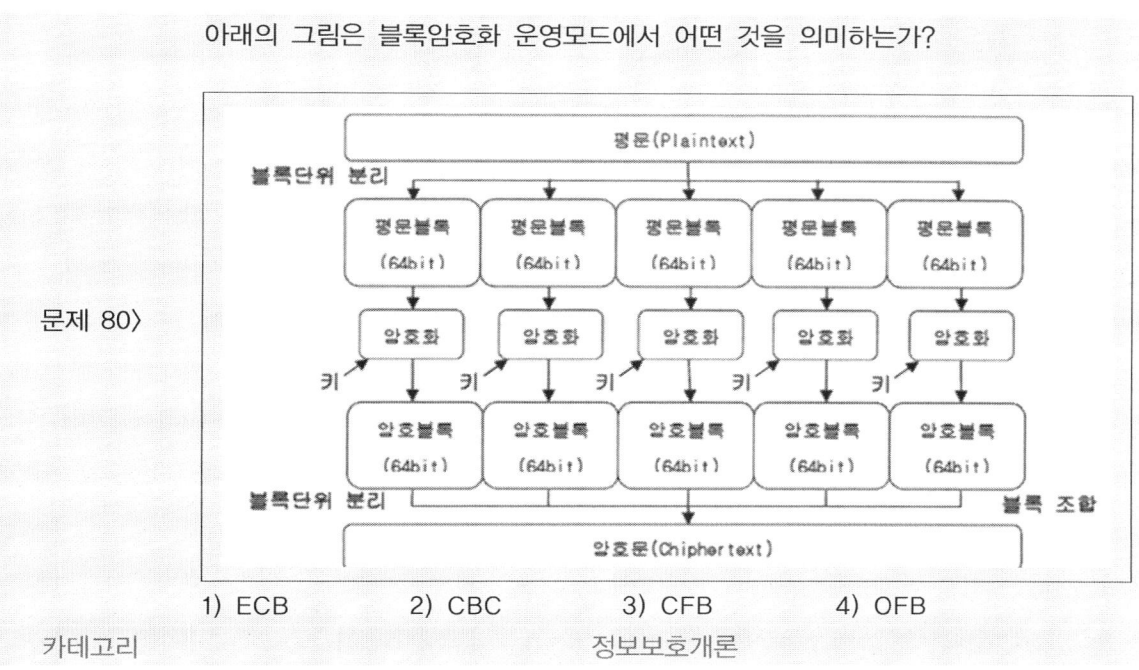

1) ECB   2) CBC   3) CFB   4) OFB

카테고리   정보보호개론

ECB 모드는 가장 단순한 모드로 평문을 일정한 블록단위로 순차적으로 암호화하는 구조

정답   1번

아래의 내용은 DES에 대한 설명이다. (   )에 알맞은 것은 무엇인가?

문제 81〉

| DES는 ( )암호와 ( )암호를 혼합한 혼합 암호(Product Cipher)를 사용한다. |

1) 전치, 순열   2) 순열, 치환   3) 치환, 전치   4) ECB, OFB

카테고리   정보보호개론

DES 특징
- 64Bit 블록단위 암호화를 수행하며 56Bit 키를 사용
- 56Bit라는 키 길이가 작은 문제점을 가짐.
- 64Bit의 평문과 키를 입력으로 받아 64Bit 암호문을 생성
- DES는 56Bit에 8Bit가 늘어난 이유는 7Bit마다 Check Bit를 넣음. 결론적으로 (7+1)*8 = 64Bit가 됨
- 치환암호(Substitution Cipher)와 전치(Transposition Cipher)암호를 혼합한 혼합 암호(Product Cipher)를 사용함.

정답　　3번

문제 82〉

DES를 대신할 차세대 표준 암호화 알고리즘으로 미국상무성 산하 NIST표준 알고리즘으로 그 특징에 대한 내용으로 알맞은 것은 무엇인가?

1) 블록길이 128, 192, 256Bit 3종류로 구성됨.
2) 공개키 암호화 알고리즘
3) 영국 OGC 표준
4) 이론적으로 크기의 제한이 있음.

카테고리　　　　　　　　　　　　정보보호개론

AES(Advanced Encryption Standard)
- 미국 연방표준 알고리즘으로 DES를 대신하는 차세대 표준 암호화 알고리즘으로 미국 상무성 산하 NIST(National Institute of Standards and Technology) 표준 알고리즘
- 블록길이는 128, 192, 256Bit의 3종류로 구성됨.

정답　　1번

문제 83〉

IPSEC에서 IKE의 디폴트 키 교환 알고리즘으로 채택된 최초의 공개키 알고리즘은 무엇인가?

1) RSA　　　　　　　　　　　2) ECC
3) Diffie-Hellman　　　　　　4) Needham-Schroeder

카테고리　　　　　　　　　　　　정보보호개론

Diffie-Hellman
- 최초의 공개 키 암호화 알고리즘으로 1976년 미국 스텐퍼드 대학 연구원인 W.Diffie와 M.Hellman이 공동으로 개발한 암호화 방식
- 공개키는 1개의 정수와 1개의 소수로 통신 직전에 통신하고자 하는 상대방과 공유하도록 하고, 다른 비밀키 전용의 숫자를 통신 상대방 양쪽에서 각각 보유하도록 하여 이들과 공개키의 수치를 사용해서 공통 암호키용 수치를 산출하는 방식임.
- IPSEC에서 IKE의 디폴트 키 교환 알고리즘으로 채택됨.
- Man-in-the-middle(MITM) 공격에 취약한 문제점을 가짐.

정답　　3번

Diffie-Hellman 키 교환 프로토콜에서 man-in-the-middle 공격이 가능한 이유는 무엇인가?

문제 84〉

1) 타임 스탬프를 사용하지 않기 때문이다.
2) 메시지의 인증 과정이 없기 때문이다.
3) 유효기간이 표시되지 않기 때문이다.
4) 난수를 사용하지 않기 때문이다.

카테고리　　　　　　　　　　　정보보호개론

Man-in-the-middle 공격은 서버와 사용자 간에 상호인증이 이루어지면 안전한 통신 채널이 생성되지만 중간자 공격은 통신하는 중간에 불법수정. 거짓 데이터 전송과 같은 행위를 하는 것으로 상호인증이 이루어지지 않은 경우에 발생한다.

정답　　2번

아래의 내용은 무엇에 대한 설명인가?

문제 85〉

> 국내외 표준, 외국 컨설팅 업체의 기본 통제 등을 참조하는 위험관리 방법론으로써, 위험분석을 위한 자원이 필요하지 않고, 보호대책 선택에 들어가는 시간과 노력이 줄어드는 장점이 있다. 만약 기업이 선정한 기본 통제표준과 같은 환경에서 운영되는 조직의 시스템이 많고, 사업 필요성이 비교 가능하다며 비용 효과적인 선택이 될 것이다. 고려사항으로 기본적인 보호대책이 너무 높게 설정 되었다면, 어떤 시스템에 대해서는 비용이 너무 많이 들고, 너무 제한적이 되어 버리고, 기본적인 보호대책이 너무 낮게 설정되었다면, 어떤 시스템에 대해서는 보안 결핍을 가져올 수 있다.

1) 기본통제접근법　　　　　　　2) 상세 위험분석
3) 정량적 위험분석　　　　　　　4) 정성적 위험분석

카테고리　　　　　　　　　　　정보보호개론

지문은 기본통제접근법(Baseline) 위험분석기법에 대한 설명이다.

정답   1번

문제 86〉	다음 중 조직의 자산을 보호하기 위하여 자산에 대한 위험을 분석하고 비용 효과적인 측면에서 적절한 보호 대책을 수립함으로써 위험을 감수할 수 있는 수준으로 유지하는 일련의 과정은 무엇인가?
	1) 위험관리 2) 보안관리 3) 위험분석 4) 정책수립
카테고리	정보보호개론

조직의 위험을 분석하고 적절한 보호대책을 수립하는 일련의 과정은 위험관리이다.

정답   1번

문제 87〉	해시함수에 대한 설명으로 그 내용이 틀린 것은 무엇인가?
	1) 임의의 해쉬값이 주어졌을 때 그것에 해당하는 입력을 구하는 것이 계산적으로 불가능해야 한다.
	2) 가변 길이의 입력을 받아 가변 길이의 해쉬값을 출력한다.
	3) 같은 해쉬값을 가지는 서로 다른 입력을 찾아내는 것이 계산상 불가능해야 한다.
	4) 어떤 길이의 입력이 주어지더라도 해쉬값을 구하는 것이 쉬워야 한다.
카테고리	정보보호개론

해시함수는 가변길이 입력에 항상 고정길이 출력을 발생시킨다.

정답   2번

문제 88〉 전자문서를 작성한 자의 신원과 전자문서의 변경 여부를 확인할 수 있도록 비대칭 암호화 방식을 이용하여 전자서명 생성키로 생성한 정보로서 당해 전자문서에 고유한 것을 무엇이라 하는가?

1) 전자서명   2) 인증업무   3) 사이버몰   4) 인증

카테고리   정보보호개론

문제풀이

전자서명은 비대칭 암호화 기법을 사용하여 서명을 수행하고 무결성과 부인봉쇄 기능을 가진다.

정답   1번

문제 89〉 정보통신망법과 개인정보보호법이 상충될 경우 (   )을 적용한다.

1) 동일하게   2) 각각 적용
3) 개인정보보호법   4) 정보통신망법

카테고리   정보보호개론

문제풀이

───────────── 〈관련 조항〉 ─────────────

개인정보보호법 제6조(다른 법률과의 관계) 개인정보 보호에 관하여는 「정보통신망 이용촉진 및 정보보호 등에 관한 법률」, 「신용정보의 이용 및 보호에 관한 법률」 등 다른 법률에 특별한 규정이 있는 경우를 제외하고는 이 법에서 정하는 바에 따른다.

정답   4번

문제 90〉

전자상거래 등에서의 소비자보호에 관한 법률에서 이용자가 개인정보에 대한 동의를 철회하는 경우는 어떻게 해야 하는가?

1) 즉시 이용자의 개인정보를 파기한다.
2) 정보통신망법에 규정에 따라 처리한다.
3) 개인정보보호법의 규정에 따라 1년 이내 폐기한다.
4) 파기하지 않고 보존해도 된다.

카테고리   정보보호개론

문제풀이

――――――〈관련 조항〉――――――

전자상거래 등에서의 소비자보호에 관한 법률 제6조(거래기록의 보존 등)
① 사업자는 전자상거래 및 통신판매에서의 표시 광고, 계약내용 및 그 이행 등 거래에 관한 기록을 상당한 기간 보존하여야 한다. 이 경우 소비자가 쉽게 거래 기록을 열람·보존할 수 있는 방법을 제공하여야 한다.
② 제1항의 규정에 의하여 사업자가 보존하여야 할 거래의 기록 및 그와 관련된 개인정보(성명·주소·주민등록번호 등 거래의 주체를 식별할 수 있는 정보에 한 한다)는 소비자가 개인정보의 이용에 관한 동의를 철회하는 경우에도 정보통신망이용촉진및정보보호등에관한법률 제30조제3항의 규정에 불구하고 이를 보존할 수 있다.

정답   4번

문제 91〉

개인정보를 취급하는 기관은 중요 개인정보를 암호화(전송구간)해야 한다. 중요 개인정보에 해당되지 않은 것은 무엇인가?

1) 주민번호   2) 계좌번호
3) 신용카드 번호   4) 이름

카테고리   정보보호개론

문제풀이

이름은 중요 개인정보가 아니라 일반 개인정보를 의미한다.

정답   4번

문제 92〉 양방향 암호화 알고리즘으로 합당하지 않는 것은 무엇인가?

1) AES   2) ARIA   3) SEED   4) SHA 256

카테고리   정보보호개론

문제풀이

SHA-256은 일방향 알고리즘이다.

정답   4번

문제 93〉 PIMS인증을 위한 평가 요구사항에 해당되지 않는 것으로 가장 올바르지 않는 것은 무엇인가?

1) 개인정보관리적 요구사항   2) 개인정보보호대책 요구사항
3) 생명주기 요구사항   4) 개인정보기술적 요구사항

카테고리   정보보호개론

문제풀이

PIMS 인증을 위한 요구사항
– 개인정보관리적 요구사항, 개인정보보호대책 요구사항, 생명주기 준거 요구사항

정답   4번

문제 94〉 정보통신기반보호법 제17조에 따라 정보통신부장관이 주요정보통신기반시설의 취약점 분석·평가 업무 및 주요 정보통신 기반시설 보호대책의 수립 업무를 안전하고 신뢰성 있게 수행할 능력이 있다고 인정되는 자를 (   )로 지정할 수 있다. (   ) 속에 들어갈 적합한 단어는?

1) 정보전문업체   2) 정보보호컨설팅전문업체
3) 정보보호컨설팅업체   4) 정보보호컨설팅전문법인

카테고리   정보보호개론

정답   2번

문제 95〉

정보화촉진기본법 제5조 제1항에 의하면 정부는 정보화촉진 등을 위하여 몇 년의 기간을 단위로 하여 정보화촉진기본계획을 수립하여야 하는가?

1) 1년 　　　　 2) 2년 　　　　 3) 3년 　　　　 4) 5년

카테고리　　　　　　　　　　　　　　　　　정보보호개론

정답　　　2번

문제 96〉

「정보통신망 이용촉진 및 정보보호 등에 관한 법률」('본 법'이라 한다)과 다른 법률에서 정보통신망이용촉진및정보보호 등에 관한 특별한 규정('다른 법률상의 특별규정'이라 한다)과의 관계를 바르게 설명한 것은?

1) 정보통신망 이용촉진 및 정보보호 등에 관하여는 어떠한 경우에도 본 법이 가장 우선적으로 적용된다.
2) 정보통신망 이용촉진 및 정보보호 등에 관한 한 본 법의 규정은 다른 법률상의 특별 규정의 상위법이 된다.
3) 정보통신망 이용촉진 및 정보보호 등에 관하여 본 법의 규정과 다른 법률상의 특별 규정이 모순되는 경우 본 법이 우선 적용된다.
4) 정보통신망이용촉진 및 정보보호 등에 관하여 다른 법률 상에 특별규정이 있으면 그 규정이 본 법보다 우선하여 적용된다.

카테고리　　　　　　　　　　　　　　　　　정보보호개론

정답　　　4번

문제 97〉

전자거래기본법상 전자거래를 함에 있어서 전자서명에 관한 사항은 어느 법률에 따라야 하는가?

1) 민법이 정하는 바 　　　　　　　　 2) 전자거래기본법이 정하는 바
3) 전자서명법이 정하는 바 　　　　　 4) 정보화촉진 기본법이 정하는 바

카테고리　　　　　　　　　　　　　　　　　정보보호개론

정답　　　3번

문제 98〉

위험분석 방법에서 미지의 사건을 추정하는 데 사용되는 방법으로 통계적 편차를 사용하여 최저, 보통, 최고의 위험평가를 예측할 수 있는 방법은 무엇인가?

1) 델파이법
2) 시나리오법
3) 확률 분포법
4) 수학공식 접근법

카테고리   정보보호개론

문제풀이

확률 분포법
－미지의 사건을 추정하는 데 사용되는 방법이다.
  이 방법은 미지의 사건을 확률적(통계적)편차를 이용하여 최저, 보통, 최고의 위험평가를 예측할 수 있다. 그러나 확률적으로 추정하는 방법이기 때문에 정확성이 낮다.

정답   3번

문제 99〉

어떤 기대대로 발생하지 않는다는 사실을 근거하여 일정 조건하에서 위협에 대한 발생 가능한 결과들을 추정하는 방법은 무엇인가?

1) 델파이법
2) 시나리오법
3) 확률 분포법
4) 수학공식 접근법

카테고리   정보보호개론

문제풀이

시나리오법
－어떤 사건도 기대대로 발생하지 않는다는 사실에 근거하여 일정 조건하에서 위협에 대한 발생 가능한 결과들을 추정하는 방법이다. 이 방법은 적은 정보를 가지고 전반적인 가능성을 추론할 수 있고, 위험분석팀과 관리층 간의 원활한 의사소통을 가능케 한다. 그러나 발생 가능한 사건의 이론적인 추측에 불과하고 정확도, 완성도, 이용기술의 수준 등이 낮다.

정답   2번

| 문제 100〉 | 전자상거래 등의 e-business 환경에서 유통되는 정보의 안전성과 신뢰성을 확보하기 위해 공개키 암호화 알고리즘과 인증서의 사용을 가능하게 해주는 새로운 기반구조가 필요하게 되는데 이러한 공개키 암호화 기술을 지원하는 기반구조인(①)가 있고, 이를 무선환경으로 확장한 것이 (②)이다. 이 공개키 기반 구조에서 사용되는 인증서는 ITU-T에서 개발한 (③)형식을 사용한다.

1) WPKI, PKI, X.500   2) PKI, VPN, X.500
3) PKI, WPKI, X.501   4) PKI, WPKI, X.509 |
| :--- | :--- |
| 카테고리 | 정보보호개론 |

문제풀이

PKI, WPKI, X.509에 대한 설명이다.

정답   4번

제4회 정보보안기사 모의고사

시스템 보안

문제 1〉

UNIX에서 업무상/보안상 불필요한 telnetd, ftpd 등의 서비스를 제거하려고 한다. 이때 시스템 Administrator가 수정하는 파일은 무엇인가?

1) /var/adm/sulog
2) /etc/passwd
3) /etc/crontab
4) /etc/inetd.conf

카테고리   시스템 보안

문제풀이

- inetd daemon은 FTP, telnet, POP2/3, finger 등과 같은 여러 인터넷 서비스 제공에 사용되기 때문에 'super server'로 불린다.
- inetd daemon은 구동시에 inetd daemon은 /etc/inetd.conf 설정을 읽고, /etc/services에 나열되어 있는 모든 표준 포트에 대한 요구 사항을 읽는다.

정답   4번

문제 2〉

운영체제의 인증 프로토콜 중에서, 클라이언트가 디렉토리 정보에 접근할 수 있도록 하기 위해 만든 것은?

1) SSL
2) SNMP v3
3) LDAP
4) AAA

카테고리   시스템 보안

문제풀이

- LDAP는 조직이나, 개체, 그리고 인터넷이나 기업 내의 인트라넷 등 네트워크 상에 있는 파일이나 장치들과 같은 자원 등의 위치를 찾을 수 있게 해주는 소프트웨어 프로토콜이다.
- LDAP는 DAP의 경량판(코드의 량이 적다는 의미임)이며, 네트워크 내의 디렉토리 서비스 표준인 X.500의 일부이다.
- 넷스케이프는 자신들의 커뮤니케이터 최신판에 LDAP를 포함하였다.
- 마이크로소프트는 액티브 디렉토리라고 부르는 제품의 일부로서 LDAP를 포함하였다.
- 노벨 네트웨어 디렉토리 서비스는 LDAP와 상호 운영된다.
- 시스코 또한 자신들의 네트워킹 제품에서 LDAP를 지원한다.

정답   3번

생체학적 접근 통제 기법에는 지문, 망막, 음성 등이 사용된다. 사전에 등록된 바이오 정보와 비교하여 같은 사람인지 여부를 판별하는 방식을 무엇이라고 하는가?

문제 3〉

1) Identification
2) Authentication
3) Authorization
4) Accountability

카테고리   시스템 보안

문제풀이

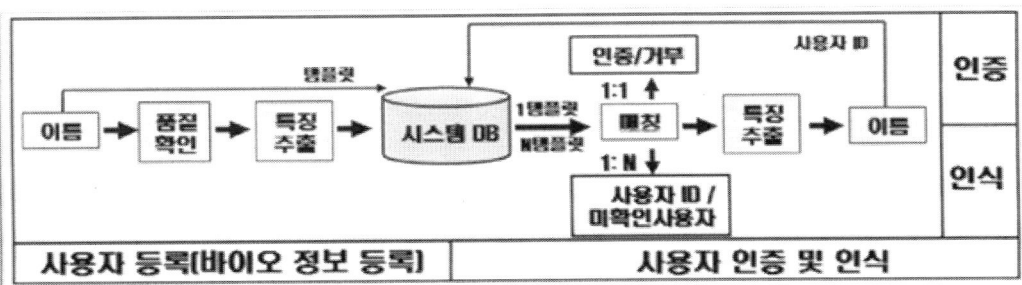

1) 인증
- 사용자가 자신의 신원(identity)을 시스템에 알려주고 바이오정보(image)를 입력할 때, 시스템은 이때 생성된 바이오 인식정보를 사전에 등록된 그 개인의 바이오 인식정보와 자동으로 비교하여 같은 사람인지 여부를 판별(one to one 비교)

2) 인식 (identification, 신원확인)
- 사용자가 자신의 신원을 시스템에 알리지 않은 상태에서 바이오 정보(Image)를 입력할 때, 시스템이 이때 생성된 바이오 인식정보를 사전에 등록된 모든 바이오 인식정보와 자동으로 비교하여 등록된 사람인지 여부를 판별(one to many비교)

정답   2번

유닉스에서 실시간 처리를 위해 사용하고 있는 Round Robin 스케줄링방식에서 time quantum의 크기가 무한히 커질 경우 유사한 효과를 내는 기법은 무엇인가?

문제 4〉

1) SJF 스케줄링
2) SRT 스케줄링
3) FIFO 스케줄링
4) MLQ 스케줄링

카테고리   시스템 보안

라운드 로빈(Round Robin) 스케줄링: Preemptive 방식을 사용하며, FCFS에 의해서 프로세스들이 보내지며 각 프로세스는 같은 크기의 CPU 시간을 할당 받는다. 시분할 방식에 효과적이며, 할당시간의 크기가 매우 중요하다. 할당시간이 크면 FCFS 와 같게 되고, 작으면 문맥교환이 자주 일어난다.

정답   3번

문제 5〉

다음 악성코드나 해킹에 대한 설명 중 잘못된 것은 무엇인가?

1) 웜/바이러스: 자기 복제 및 자체 메일 전송을 통한 복제가 가능
2) 스니퍼(Sniffer): 거짓 IP넷 주소로 시스템에 접근해 정보를 수집함.
3) 트로이목마: 자기복제 기능 없고, 특정 시스템에서만 피해를 준다.
4) 백도어 : 불법적인 비인가된 시스템 접근이 가능하다.

카테고리   시스템 보안

1. 바이러스, 트로이 목마, 웜

구분	바이러스	트로이 목마	웜
전파 방식	-자기 증식, 복제, 기생 등으로 시스템 파괴	-정상(독립) 프로그램으로 가장하여 의도하지 않은 기능수행	-네트워크를 통해 스스로 복제, 전파
주요 특징	-매크로 바이러스는 문서파일을 감염 -복제, 은폐, 파괴 특성	-자기복제 기능 없음. -원격 조정, 패스워드 가로채기 -시스템 보호기능 제거, FTP 포트 개방 등	-바이러스처럼 기생하지 않고, 독자 적으로 행동

2. 스파이웨어(Spyware)
이용자의 동의 없이 또는 이용자를 속여서 설치되어 시스템 설정 변경, 정상 프로그램 방해 등의 행위를 수행하는 프로그램
1) 웹브라우저의 홈페이지 설정, 검색설정 변경 또는 시스템 설정 변경
2) 정상프로그램의 운영을 방해, 중지 또는 삭제
3) 정상프로그램의 설치 방해
4) 다른 프로그램을 download하여 설치
5) 운영체계 타 프로그램 보안설정 제거 또는 낮게 변경
6) 프로그램 종료, 제거를 불가능하게 만듦.
7) 컴퓨터 키보드 입력 내용, 화면 표시내용을 수집하여 전송

정답   2번

문제 6〉

John the ripper에 대한 설명으로 부적절한 것은?

1) john the ripper는 패스워드 크래킹 도구이다.
2) 사전 파일을 이용한 패스워드 공격이 가능하다.
3) 취약한 패스워드를 사용하는 계정으로 경고메일을 발송한다.
4) 패스워드 크랙의 원리는 역암호화 알고리즘을 사용한다.

카테고리　　　　　　　　　　　　　　시스템 보안

문제풀이

Unix/Linux계열의 패스워드 취약점을 점검하고 취약한 패스워드를 사용하는 계정에게 경고 및 패스워드 변경요구를 메일로 발송해 주는 패스워드 점검툴이다.

해쉬값을 패스워드가 저장된 shadow파일에서 찾아 크랙하는 방식을 취한다.

정답　　　4번

문제 7〉

전산실의 서버 관리자가 시스템의 보안 최적화를 수행하는 작업 중 부적합한 것은 무엇인가?

1) 유닉스의 경우 /etc/inetd.conf에서 불필요한 서비스를 제거한다.
2) 백업정책을 만들어 주기적으로 백업을 수행한다.
3) 최신 버전 OS가 나올 때마다 업그레이 한다.
4) PAM을 사용해 인증 프로세스를 최적화 시킨다.

카테고리　　　　　　　　　　　　　　시스템 보안

문제풀이

최신 OS로의 업그레이드를 수행하는 것은 사전 영향도 분석을 면밀하게 수행하여 리스크를 최소화해야 한다. 최신 OS 적용시 일반적으로 시스템 라이브러리, 애플리케이션, 데이터베이스, 미들웨어 등에 대한 호환성이 문제가 발생할 수 있다.

정답　　　3번

새로운 페이지나 세그먼트가 적재될 주기억장치의 공간이 없을 때 주기억장치에 있는 페이지나 세그먼트들 중에 어느 것을 제거할 것인가를 결정짓는 전략을 재배치 전략이라고 한다. 재배치 기법에 대한 설명 중에서 옳지 않은 것은?

문제 8>

1) LRU 기법: 사용횟수가 가장 적은 페이지를 찾아 교체한다.
2) NUR 기법: 최근에 사용되지 않은 페이지를 찾아 교체한다.
3) OPT 기법: 앞으로 가장 오랫동안 사용되지 않을 페이지를 교체한다.
4) LFU 기법: 임의의 페이지를 찾아서 교체한다.

카테고리   시스템 보안

문제풀이

FIFO(First-In-First-Out) 기법
주기억장치에 가장 오랫동안 있었던 페이지를 교체하는 방법. 구현하기가 쉽고 간단한 기법으로 프로세스당 더 많은 페이지 프레임이 할당될수록 더 많은 페이지 부재가 발생하는 FIFO 변칙현상이 일어난다.

LFU(Least Frequently Used) 기법
각 페이지들이 얼마나 자주 사용되었는가에 중점을 두어 참조 횟수가 가장 적은 페이지를 대체시키는 기법

MFU(Most Frequently Used) 기법
각 페이지들이 얼마나 자주 사용되었는가에 중점을 두어 참조 횟수가 가장 많은 페이지를 대체시키는 기법

OPT(Optimal) 기법(=Belady 의 MIN기법)
최적의 성과를 올리기 위해서 앞으로 가장 오랫동안 사용되지 않을 페이지를 대체하는 기법. 가장 효율적이지만 구현이 불가능

LRU(Least Recently Used) 기법
현 시점에서 가장 오랫동안 사용하지 않은 페이지를 교체할 페이지로 선택. 각 페이지의 사용시간을 기억해 두어야 하므로 Overhead가 크다.

NUR(Not Used Recently) 기법(=Page Classes)
시간 오버헤드를 줄이는 기법으로서 각 페이지마다 참조 비트(reference bit)와 갱신 비트(update bit)를 두고 페이지가 참조될 때 가장 최근에 참조되지 않은 페이지를 교체하는 알고리즘이다.

정답   1번

둘 이상의 프로세스들이 서로 다른 프로세스가 차지하고 있는 자원을 요구하여 무한정 기다리게 함으로 인해 결국 해당 프로세서의 진행이 중단되는 현상을 교착상태(Deadlock)라고 한다. 다음 중 교착 상태가 발생하는 필수조건에 해당하지 않는 것은?

문제 9>

1) 상호배제: 각각의 프로세스들이 필요한 자원에 대해 배타적 통제권을 요구할 때
2) 비선점: 프로세스에 할당된 자원은 끝날 때까지 강제로 중단할 수 없을 때
3) 점유와 대기: 프로세스가 다른 자원을 요구하면서 할당받아 점유하고 있는 자원을 해제하지 않을 때
4) 선점: 필요시 프로세스를 중단하여 프로세서를 할당할 수 있을 때

카테고리   시스템 보안

교착상태(Deadlock)의 정의

둘 이상의 프로세스들이 서로 다른 프로세스가 차지하고 있는 자원을 요구하여 무한정 기다리게 함으로 인해 결국 해당 프로세서의 진행이 중단되는 현상

교착상태의 발생 조건

−상호 배제: 각각의 프로세스들이 필요한 자원에 대해 배타적 통제권을 요구할 때
−점유와 대기: 프로세스가 다른 자원을 요구하면서 할당 받아 점유하고 있는 자원을 해제하지 않을 때
−비중단: 프로세스에 할당된 자원은 끝날 때까지 강제로 중단할 수 없을 때
−순환 대기: 프로세스 간의 자원 요구가 원형의 사슬 형태로 존재할 때(=환형 대기)

교착상태의 해결 방법

−예방(Prevention): 교착상태발생조건 중 하나를 부정함으로써 해결
−회피(Avoidance): 상태를 파악하여 발생 가능성이 있는 것을 피함.
−발견(Detection): 사이클의 유무를 판별하여 간선을 제거
−회복(Recovery): 강제적으로 종료시켜서 해결
−자원의 선점에 의한 회복
−복귀(Rollback)에 의한 회복
−프로세스 제거에 의한 회복

정답   4번

문제 10〉	외부의 불법접근에 대한 차단을 수행하는 방화벽에 대한 설명 중 잘못된 것은 무엇인가? 1) 패킷 필터링 유형은 패킷을 분석 후 허가된 패킷만 통과시키는데, XSS, SQL Injection 공격에 취약 2) DMZ에는 가장 안전한 내부 네트워크를 위치시키고, 인가되지 않은 외부에서의 접근은 완전 차단 3) Dual-homed Gateway 유형은 두 개의 NIC를 장착 4) 프록시 서버는 캐시를 통해 성능향상과 함께, 방화벽 기능을 제공
카테고리	시스템 보안

조직의 내부 네트워크와 (일반적으로 인터넷인) 외부 네트워크 사이에 위치한 서브넷이다. 내부 네트워크와 외부 네트워크가 DMZ로 연결할 수 있도록 허용하면서도, DMZ 내의 컴퓨터는 오직 외부 네트워크에만 연결할 수 있도록 한다는 점이다. 즉 DMZ 안에 있는 호스트들은 내부 네트워크로 연결할 수 없다. 이것은 DMZ에 있는 호스트들이 외부 네트워크로 서비스를 제공하면서 DMZ 안의 호스트의 침입으로부터 내부 네트워크를 보호한다.

정답   2번

적절한 패스워드 보호 및 관리체계에 대해 잘못 설명한 것은 무엇인가?

문제 11〉

1) 패스워드를 주기적으로 변경한다.
2) 패스워드는 영문, 숫자, 특수문자를 포함하여 8글자 이상으로 만든다.
3) OTP의 유형인 Challenge Response 방식은 토큰이라 불리는 소형 기기가 필요하다.
4) OTP에서 S/Key 방식이 Challenge Response보다 안전하다.

카테고리   시스템 보안

문제풀이

OTP 생성 매체와 종류
가. OTP 생성 메체
 –개념
 • OTP를 생설할 수 있는 기능을 가진 장치(Device), OTP 토큰
 –특징
 • 사용방법: OTP 생성 기능만 가진 전용 물리적 장치 또는 사용자가 가지고 잇는 다른 매체에 OTP 생성기능 적용하여 이용 가능
 • 종류: 전용 OTP 토큰, 휴대폰에 OTP 기능 탑재, 금융 IC 카드 OTP 토큰 등

나. OTP 생성 매체간 비교

항목	전용 OTP 토큰	기존 매체 활용	기타
종류	전용 토큰(호출기, 포켓용 계산지, USB 모양 등)	휴대폰(OTP 생성 모듈 내장) 금융 IC 카드(OTP 생성 기능 탑재)	디스플에이형 IC카드, 오디오형 IC카드
장점	리더기 불필요(추가장비 필요 없음)	휴대 편리, 기존 매체 활용(경제적)	휴대편리, 리더기 불필요
단점	별도 매체 소지에 따른 불편 은행별 개별 소지에 따른 불편	금융 IC 카드: 리더기 필요 휴대폰: OTP생성 지원 전용 단말기 구입, 인터넷 뱅킹 서비스만 가능	고비용

정답   4번

법정에서 수용되는 방법으로 저장매체에 남아있는 디지털 증거를 확보, 식별 및 보존, 분석 후 리포팅하는 프로세스를 가지는 수사기법을 무엇이라고 하는가?

문제 12〉

1) IDS   2) E-Discovery
3) Computer Forensic   4) Honeynet

카테고리   시스템 보안

기술 유형	상세 내용
Disk Forensics	비휘발성 저장장치로부터 증거물 획득 및 분석
Network Forensics	네트워크 트래픽에서 증거물 획득 및 분석(모니터링 도구)
E-mail Forensics	Email내용, 수신, 발신자 정보획득 및 분석
Web Forensics	Web방문자, 방문시간, 방문 경유지 등 분석
Source code Forensics	프로그램 원시코드의 작성자 확인
Mobile device Forensics	PDA, 전자수첩, 휴대폰 등에 대한 증거물 획득 및 분석

정답   3번

귀하는 보안담당자로서 윈도우 시스템의 보안 점검 리스트를 만들고 있는데, 다음 중 잘못된 것은 무엇인가?

문제 13〉

1) 불필요한 ODBC/OLE-DB 데이터 소스와 드라이버 제거
2) 익명 사용자를 위해 guest 계정을 활성화한다.
3) 도메인 구성원이 해당 컴퓨터의 암호를 변경해야 하는 기간의 결정을 점검
4) 알려진 취약점에 대해 hotfix를 설치한다.

카테고리   시스템 보안

보안향상을 위해 Guest 계정은 Disable시켜야 한다.

정답   2번

다음 중 시스템 내부에 침입한 트로이목마나 백도어 프로그램을 탐지하는 데 사용하는 도구는 무엇인가?

문제 14〉

1) Nlog   2) Saint   3) Tripwire   4) Snort

카테고리   시스템 보안

트로이 목마와 백도어에 대한 대책으로 주기적인 무결성 점검이 필수적이다.
Nlog: nmap 로그파일 분석 및 관리
Saint: 네트워크 상의 호스트와 서비스에 대한 스캔 및 보안평가 도구
Tripwire: 파일/디렉토리 무결성 검사 도구
Snort: IDS
Nessus: 원격 네트워크 보안 스캐너

정답   3번

문제 15〉 프로세스가 일련의 시간 동안 특정 메모리 영역을 집중적으로 참고하는 것을 부르는 용어는 무엇인가?

1) swapping   2) thrashing   3) locality   4) DMA

카테고리   시스템 보안

-locality: 시간지역성(Sub Program, Stack을 활용한 카운팅, 합계 등), 공간지역성(배열과 순차코드)
-Thrashing: 페이지 부재가 매우 자주 발생, 페이지 교체 시간이 증가하여 시스템 이용률과 CPU 사용률이 저하되는 현상
-Thrashing 대응방법
 Working Set, PFF 기법 활용
 하드웨어 증설, 불필요한 프로세스 종료, 다중 프로그래밍 정도를 적정 수준으로 유지

정답   3번

문제 16〉 다음 C언어의 함수 중 포맷 스트링 취약점이 존재하는 함수가 아닌 것은 무엇인가?

1) printf   2) fprintf   3) sprintf   4) socket

카테고리   시스템 보안

c언어 라이브러리 함수인 printf계열의 함수들을 사용하는데 오류가 발생하여 잘못된 동작을 하는 프로그램 취약점이다. 이 취약점을 통해 악의적인 공격자가 원하는 위치의 메모리 값을 덮어 쓸 수 있다. 이로 인해 메모리 접근오류, 프로그램 종료, 시스템 보안 누설 등의 문제가 발생할 수 있다.

정답   4번

문제 17〉

다음 중 UNIX 시스템의 보안을 위한 방법으로 적합하지 않은 것은?

1) root 권한을 가진 다른 일반 계정을 점검한다.
2) /var/adm/messages, /var/adm/sulog 등을 주기적으로 점검한다.
3) 관리자 편의를 위해 'r' commands를 설정한다.
4) root는 콘솔 상에서만 로그인할 수 있게 한다.

카테고리   시스템 보안

보안에 매우 취약하기 때문에 'r' 서비스는 사용을 제한해야 한다.

정답   3번

문제 18〉

다음 보기 중 Unix의 디렉토리 권한관리에 대한 설명으로 적합한 것을 모두 선택하시오.

가. 읽기 권한은 있으면 실행권한이 없어도 파일 리스트를 볼 수 있다.
나. 디렉토리 권한을 0700으로 설정하면 소유자만 디렉토리 내의 파일을 읽을 수 있다.
다. 디렉토리 소유자라도 해당 디렉토리에 대한 실행 권한이 없으면 디렉토리 내의 파일에 접근할 수 없다.
라. 디렉토리 실행 권한이 있으면 디렉토리로 들어갈 수 있다.

1) 가   2) 가, 나
3) 가, 나, 다   4) 가, 나, 다, 라

카테고리   시스템 보안

모두 맞는 설명임.

정답   4번

문제 19〉 다음 중 윈도우 운영체제의 공유폴더 사용의 취약성을 이용한 공격에 대한 설명 중 잘못된 내용은?

1) NetBIOS over TCP/IP 기능이 악용된다.
2) Microsoft 파일/프린터 공유 프로그램 서비스가 공격 대상이 된다.
3) 반드시 해킹툴이 필요하다.
4) 동일 망의 사용자가 원격 PC의 공유된 디스크나 폴더에 접근한다.

카테고리   시스템 보안

공유폴더에 접근하는 것은 해킹툴을 사용하지 않고도 가능하다.

정답   3번

문제 20〉 다음 해킹도구 중 사용자의 key stroke를 훔치는 키로거는 무엇인가?

1) Carko   2) Voob   3) Passpy   4) Nuke

카테고리   시스템 보안

Passpy: 사용자의 키 입력을 훔치는 Key Log 프로그램
Voob: 컴퓨터를 다운시키는 프로그램
satan: 취약점을 찾아주는 취약점 점검 프로그램
Nuke: 컴퓨터를 다운시켜 버리는 Nuking 프로그램
Goldeneye: 웹 사이트를 Hacking하는 프로그램
Nmap: 네트워크 점검 도구
Saint: 취약점 점검 도구인 Satan의 개선된 도구

Tripwire: 파일 내용의 체크썸(CheckSum) 값을 계산하여 무결성을 점검해주는 도구
Snort: 공개용 소프트웨어인 침입탐지도구
nessus: Satan과 마찬가지로 자신의 네트워크의 취약점을 파악해줄 뿐만 아니라 그 해결책도 제시해 주는 도구
LANguard: 네트워크 트래픽을 분석하는 도구
Carko: Stacheldraht의 변종인 DDoS 도구로 Solaris의 snmpXdmid의 취약성을 이용
majormodo: 효율적으로 메일링 리스트를 관리하는 도구

정답   3번

문제 21〉 유닉스 운영체제에서 사용하는 자료구조로서, 파일 시스템 내부의 파일을 유지하는 중요한 정보를 담고 있는 것은 무엇인가?

1) super block 2) inode
3) directory 4) file system

카테고리 시스템 보안

문제풀이

· inode 번호
· stat C 함수에서 사용되는 파일 유형을 이해하기 위한 모드 정보
· 파일 링크 숫자
· 소유주 UID
· 소유주 GID
· 파일 크기
· 파일이 사용하는 실제 블록 개수
· 마지막으로 수정된 시각
· 마지막으로 접근한 시각
· 마지막으로 변경된 시각

정답   2번

문제 22〉 주기억장치에 프로그램을 할당하고 반납하는 과정을 반복하면서 사용되지 않고 남는 기억장치의 영역을 단편화라고 한다. 이 중 내부 단편화(internal fragmentation)에 대한 해결 방법은 무엇인가?

1) Coalescing/ Compaction 2) Thrashing
3) Paging 4) Swapping

카테고리 시스템 보안

내부 단편화는 분할된 영역이 할당된 프로그램의 크기보다 크기 때문에 프로그램이 할당된 후 사용되지 않고 남아있는 빈 공간이다. 즉 내부 단편화는 사용되고 남은 부분이다.

통합기법(Coalescing) 기법
통합기법은 주기억장치 내에 인접해 있는 단편화된 공간을 하나의 공간으로 통합하는 방법이다. 주기억장치에 빈 공간이 발생할 경우 이 빈 공간이 다른 빈 공간과 인접되어 있는지 점검한 후 결합하여 사용한다.

압축(Compaction) 기법
압축 기법은 주기억장치 내에 분산되어 있는 단편화된 빈 공간을 결합하여 하나의 큰 공간을 만드는 작업을 의미한다. 여러 위치에 분산된 단편화된 공간을 주기억장치의 한쪽 끝으로 옮겨서 큰 가용 공간을 만든다.

- 세그멘테이션: 하나의 작업을 논리적인 단위로 적재
- 스레싱: 페이지 부재가 일어나는 현상
- 페이징: 하나의 작업을 똑같은 크기의 페이지라는 물리적인 단위로 나누어 CPU의 프레임에 적재

정답　　1번

문제 23〉 유닉스계열 운영체제에서 컴파일 되며 자신의 컴퓨터나 네트워크뿐만 아니라 원격지 네트워크에서 타겟 시스템의 취약점을 스캔할 수 있고, HTML 형식으로 결과를 리포팅하며, 연관된 호스트의 스캐닝이 가능해서 네트워크의 구조를 파악하기 편리한 시스템 취약점을 스캔하는 도구는?

1) SAINT
2) Nuke
3) Revelation
4) Winspoof

카테고리　　　　　　　　　　시스템 보안

Saint에 대한 설명임.
- Revealation: 패스워드 추출
- Winspoof: ip 스푸핑 발생기
- Kaboom3: mail bomb

정답　　1번

MIME 데이터를 안전하게 송수신할 수 있도록 하는 S/MIME 전자우편 보안 프로토콜에 대해 잘못 설명하고 있는 것은?

문제 24〉

1) 전자우편 SW업체와 보안 서비스 업체들에 의해 제공되고 있다.
2) MIME에 보안기능을 추가된 전자우편 프로토콜이다.
3) RSA암호화 시스템을 사용하여 전자우편을 안전하게 보낸다.
4) S/MIME은 전자인증이 필요 없다.

카테고리   시스템 보안

-**RSA**에서 개발
-전자우편 메시지 표준기반
-다양한 상용 툴킷
-**X.509** 인증서 지원

정답   4번

윈도우즈 운영체제에서 악성 프로그램이 사용하는 자동 실행 설정 방법이 아닌 것은?

문제 25〉

1) 자동 시작 폴더를 이용하는 방법
2) Bat 파일을 이용하는 방법
3) 레지스트리를 사용하는 기법
4) 바탕화면에 숨김 파일로 두는 방법

카테고리   시스템 보안

Ini 파일어 설정, 자동 시작 폴더 이용, bat 파일 이용, 레지스트리 사용하는 기법, 파일 확장자 숨김 방법 등이 있음.

정답   4번

네트워크 보안

	Defacto Standard인 TCP/IP에 대한 설명으로 틀린 것은?
문제 26〉	1) OSI 7계층보다 실제 많이 사용되고 있는 프로토콜이다. 2) TCP/IP는 4계층으로 구성된다. 3) TCP는 비연결형 서비스이다. 4) TCP는 OSI 7계층의 전송계층에 대응한다.
카테고리	애플리케이션 보안

문제풀이

TCP는 신뢰성 있는 연결지향 서비스를 제공하는 프로토콜이다.

정답   3번

	이더넷 환경의 유선랜 환경에서 동시에 data를 전송할 경우 충돌을 일으키게 된다. 이러한 충돌을 감지하여 추후 비어있는 채널을 재사용하게 하는 방식은?
문제 27〉	1) CSMA/CA 2) CSMA/CD 3) Broadcast 4) Token-bus
카테고리	애플리케이션 보안

문제풀이

유선 이더넷 환경(IEEE802.3)의 데이터 링크계층에서 CSMA/CD 방식을 사용함.
무선랜 환경(IEEE802.11)에선 CSMA/CA 방식을 사용함.

정답   2번

문제 28〉

정보보안의 3대 요소는 기밀성, 가용성, 무결성이다. 이가운데 정보의 무결성을 보장하기 위한 방법은 무엇인가?

1) 대칭키 알고리즘　　　　　　　　2) 해쉬 알고리즘
3) PKI 알고리즘　　　　　　　　　4) SEED 알고리즘

카테고리　　　　　　　　　　　　애플리케이션 보안

문제풀이

성은 전송된 메시지가 변조되지 않았음을 나타내는 품질로써, 해쉬함수를 이용한 메시지다이제스트(MD)를 이용하는 방식을 사용한다.

정답　　2번

문제 29〉

TCP/IP프로토콜은 보안 취약점을 가지고 있다. 이로 인한 다양한 공격기법 중 IP를 속여서 공격하는 기법을 무엇이라고 하는가?

1) IP Spoofing　　　　　　　　　2) Syn flooding
3) Denial of service　　　　　　　4) Buffer Overflow

카테고리　　　　　　　　　　　　애플리케이션 보안

문제풀이

TCP/IP가 내포한 취약점인 순서번호를 추측하게 하여 Half-Open시도 등이 결합한 공격기법이다.

정답　　1번

문제 30〉

Victim서버에 많은 수의 거짓 Source IP를 가진 SYN요청을 보내고, ACK를 받을 수 없게 만들어 결국 Victim서버 listen queue가 오버플로우를 일으키게 하는 공격기법은 무엇인가?

1) Buffer Overflow　　　　　　　2) IP Spoofing
3) Denial of Service　　　　　　　4) SYN Flooding

카테고리　　　　　　　　　　　　애플리케이션 보안

거짓된 IP 주소를 가진 임의의 패킷을 만들어서 보내면, 서버에서는 클라이언트의 ACK 패킷을 받을 방법이 없어진다. 공격을 한 시스템에서 임의로 ACK 패킷을 보내주지 않는 한 공격받은 시스템은 Half-Open 상태로 계속 유지될 것이다. 물론, Timeout이 있어서 일정시간이 지나고 나면 할당된 메모리는 원상태로 돌아온다. 그러나, 이 Timeout이 발생하기 전에 많은 양의 패킷을 보내서 Half-Open 상태의 TCP 연결을 가득 만들어 두는 것이 이 공격의 특징이다.

정답   4번

문제 31⟩ DDoS 공격에서 HTTP Content_Length의 크기를 크게 하는 기법은 무엇인가?

1) Slow HTTP Get Flooding   2) Slow HTTP Put Flooding
3) HTTP Header DDoS   4) HTTP Window DDoS

카테고리   애플리케이션 보안

w HTTP Get Flooding은 HTTP의 Header 중에서 Content_Length 필드를 크게 수정하고 데이터를 천천히 전송하는 공격기법이다.

정답   1번

문제 32⟩ 소극적 네트워크 보안공격 기법인 스니핑/도청/감청 등의 특성에 해당하는 것은?

1) 적발이 용이하다.   2) 물리적 조치가 필요하다.
3) 예방이 불가능하다.   4) 예방이 가능하다.

카테고리   애플리케이션 보안

소극적 공격은 메시지를 도청하거나, 전송 트래픽을 분석하는 방법을 이용하여 정보를 취득하는 것을 말한다. 소극적 공격은 발견은 어렵지만, 예방은 가능하다는 특징을 가지고 있다.

정답   4번

문제 33〉 Crack/Keygen 등의 SW를 이용하여 패스워드나 Serial Number 등을 추측해 내기 위해 모든 조합의 경우의 수를 시도하면서 원하는 공격을 시도하는 해킹기법은 무엇인가?

1) IP Spoofing
2) Brute force attack
3) Denial of service
4) Session Hijacking

카테고리 애플리케이션 보안

문제풀이

- 무차별 공격에 대한 설명임.
- Session Hijacking : 공격자가 로컬 네트워크에서 스니퍼를 이용, 패킷을 모니터링 하고 순서제어번호를 가로채어 공격을 수행하는 기법

정답 2번

문제 34〉 네트워크 보안기술 체계인 가상사설망(VPN)에 대한 설명으로 적합하지 않은 것은 무엇인가?

1) VPN 시스템은 IPSEC VPN, SSL VPN, MPLS VPN 등이 있다.
2) 공중망을 통해 사용자 간의 사설 보안망을 설정할 수 있다.
3) 공중망을 통해 그룹 간의 사설 보안망을 설정할 수 있다.
4) 터널링 기능은 제공하지 않는다.

카테고리 애플리케이션 보안

문제풀이

VPN은 터널링을 통해서 안전한 데이터 전송을 지원하는 것이다.

정답 4번

문제 35〉	SITE TO CLINET의 보안향상을 위해 사용하는 Defacto Standard 기술인 SSL 프로토콜에서 세션정보와 연결정보를 공유하기 위해 이용되는 프로토콜을 무엇이라고 하는가?

1) Handshake 프로토콜   2) Alert 프로토콜
3) Change Cipherspec 프로토콜   4) Record 프로토콜

카테고리	애플리케이션 보안

문제풀이

SSL Handshake 프로토콜은 SSL Recode Protocol 상위에서 동작한다. 이 프로토콜은 세션에 대한 세션정보와 연결정보를 공유하기 위하여 이용되며, 이러한 세션정보와 연결정보는 연결이 종료 될 때까지 사용된다.

정답   1번

문제 36〉	다음 중 TCP 프로토콜의 설명으로 부적절한 것은? 1) Transport Layer의 대표적 프로토콜 2) 흐름제어와 오류제어 메커니즘을 제공 3) 연결지향 및 신뢰성 있는 전송을 보장 4) 최소한의 오류제어 기능만 지원

카테고리	애플리케이션 보안

문제풀이

UDP는 오류제어가 미흡하여 신뢰성 있는 전송이 어렵다.

정답   4번

문제 37〉

침입탑지시스템(IDS)에서 사용하는 비정상적 침입행위를 탐지 및 분석(Abnormal Detect/Analysis)하는 기법이 아닌 것은?

1) 통계적인 방법
2) 신경망 분석
3) 예측 가능한 패턴 생성
4) 패턴 매칭

카테고리 　　　　　애플리케이션 보안

문제풀이

패턴매칭 기법은 IDS의 오용탐지 기법(Misuse Detect)이다.

정답　　4번

문제 38〉

침입차단시스템(Fire Wall)이 제공하는 기능으로 부적절한 것은 무엇인가?

1) 접근 통제를 통한 내부 네트워크 보호
2) 접근자에 대한 인증
3) Audit Trail 및 Administration
4) 바이러스의 확산 방지 및 SQL Injection 방지

카테고리 　　　　　애플리케이션 보안

문제풀이

방화벽으로 바이러스를 차단하거나, 방화벽을 우회하는 웹 애플리케이션의 취약점을 악용한 공격을 방어하기 어렵다.

정답　　4번

문제 39〉

네트워크 간에 물리계층, 데이터 링크계층, 네트워크 계층의 프로토콜 변환을 수행하는 장비는 무엇인가?

1) 리피터　　　　2) 브리지　　　　3) 라우터　　　　4) 게이트웨이

카테고리 　　　　　애플리케이션 보안

라우터는 패킷이 목적지까지 갈 수 있는 최적의 경로를 설정하고, 그 경로로 패킷을 스위칭한다. 최적의 경로를 결정하기 위해 다양한 라우팅 알고리즘을 사용한다.

정답   3번

문제 40〉 다음 중 프락시 서버(Proxy Server)의 기능을 올바르게 설명한 것은?

1) 데이터의 일관성을 보장
2) Email 보안 서비스 기능 제공
3) HTTP 서비스만 지원
4) 캐쉬기능 및 인증기능 제공

카테고리   애플리케이션 보안

사용자를 대신하여 서비스를 요청하고, 외부 사용자에게 결과를 제공한다. 프락시 서버는 방화벽에서 사용되는 침입 차단 기능도 수행할 수 있다.

정답   4번

문제 41〉 다음 중 네트워크 가상과 기술인 VLAN의 역할은 무엇인가?

1) Collision 도메인을 분리한다.
2) Routing 도메인을 분리한다.
3) Broadcast 도메인을 분리한다.
4) Fragmentation Segment를 제공한다.

카테고리   애플리케이션 보안

VLAN은 스위치 네트워크에서 Broadcast 도메인을 분리한다.

정답   3번

문제 42〉

DDoS(Distribution Denial Of Service)에 대한 설명 중 부적절한 것은?

1) 인터넷 분산 환경을 이용하는 공격방식이다.
2) 봇넷을 통해 대량의 패킷을 공격 대상 시스템에 전송한다.
3) 다수의 봇이 VICTIM을 공격하게 되어 공격자를 찾기 어렵다.
4) 시스템을 복구할 수 없게 만든다.

카테고리   애플리케이션 보안

문제풀이

DDoS 공격은 서비스의 가용성을 파괴하여, 정상적으로 인가된 사용자의 서비스를 불가능하게 하는 공격이다.

정답   4번

문제 43〉

기업의 침입 차단 시스템 구축을 위한 관리적 보안 정책/전략으로 적합하지 않은 것은?

1) 권한의 다양화   2) 망분리를 통한 내부 네트워크 보호
3) 임무의 분리   4) 취약점 점검과 보완

카테고리   애플리케이션 보안

문제풀이

권한의 최소화는 보안의 가장 기본적인 원칙이다. 어떠한 사용자나 관리자, 혹은 시스템 등도 자신에게 주어진 임무를 수행하는 데 필요한 권한만을 가져야 함을 의미한다.

정답   1번

문제 44〉

다음 중 Dos(Denial Of Service) 공격이 아닌 것은?

1) 스머프 공격   2) SYN FLOOD
3) Ping Of Death   4) 패킷 필터링

카테고리   애플리케이션 보안

문제풀이

−DoS 공격은 정당한 사용자가 시스템이나 서비스를 사용하지 못하게 하는 것
−정당한 네트워크 트래픽을 방해함으로써 시스템을 오버플로우 상태에 빠지게 하거나, 호스트간 연결을 종료시키는 방법, 사용중인 서비스 방해, 특정 시스템 서비스를 방해하는 방법을 사용함.

정답   4번

문제 45〉

다음 중 SSL의 특징으로 부적절한 것은?

1) 웹에서의 데이터 보호를 위해 많이 사용함.
2) 응용계층의 데이터를 보호하는데 있어 이상적임.
3) End-to-End 간의 보안을 위해 TCP계층에 부가적으로 설계됨.
4) 네트워크 계층에서 사용함.

카테고리   애플리케이션 보안

문제풀이

- SSL은 TCP계층 위에 존재한다.

정답   4번

문제 46〉

다음 중 접근통제 매커니즘의 분류에 속하지 않는 것은?

1) ACL(Access Control List)   2) CL(Capability List)
3) SL(Security Label)   4) 운영체제

카테고리   애플리케이션 보안

문제풀이

접근통제 매커니즘 유형
  −ACL
  −CL
  −SL
  −통합정보매커니즘: ACL , CL, SL 중 두 개 이상이 통합된 형태
  −패스워드 기반 매커니즘: 보안상 취약하지만 간단한 제어구조로써 활용되고 있음.
  −Protection Bits: ACL 방식의 수정된 형태, 객체별 접근허가 비트를 관리, UNIX 파일 권한 사례

정답   4번

문제 47〉 해커가 취약성을 가진 서버에 침입하도록 유도하여 해킹 수법이나 해킹 경로 등을 관찰함으로써 해커의 기술수준과 공격의도를 파악할 수 있도록 하는 보안 기술로, 해커 몰래 실시간 모니터링 및 침입 기록 등을 감시하는 능동적 보안기술은 무엇인가?

1) 싱글 사인 온
2) ESM
3) EAM
4) HONEYPOT

카테고리   애플리케이션 보안

문제풀이

Honeypot의 위치 및 형태
가. Honeypot의 위치
1) 방화벽 앞–IDS처럼 Honeypot 공격으로 인한 내부 네트워크 위험도 증가는 없음.
　　　　 –대량의 필요 없는 정보수집으로 효율성 떨어짐.
2) 방화벽 내부–효율성 높아 내부 네트워크에 대한 위험도 커짐.
　　　　 –많은 서비스를 제공 하는 것처럼 설정되어 방화벽 패킷 필터링 규칙에 영향을 주어 내부 네트워크의 보안수준을 떨어뜨림.
3) DMZ 내부–설치시간 소요, 관리불편, 다른 서버와의 연결은 반드시 막아야 함.

나. Honeypot의 형태

구분	Producton Honeypot	Research Honeypot
목적	–조직 또는 특정환경의 보안을 강화, 위험감소	–해커 community에 대한 정보수집으로 연구
특징	–일반적 Honeypot개념의 시스템 –구입하여 설치 및 적용이 쉬움.	–설치 및 적용과 유지가 복잡 –대표 예: Honeynet Project
가치	–침입방지(Prevention), 침입탐지(Detection), 침입대응(Response)	–획득정보에 대한 정확한 이해, 조직보호

정답   4번

문제 48〉 해커가 정상 서비스를 제공하는 시스템들을 활용하여 VICTIM서버의 IP로 많은 연결요청을 보내면서, 응답 패킷이 VICTIM으로 집중되어 정상 서비스를 못하게 하는 공격기법은 무엇인가?

1) DOS   2) DDOS   3) DRDOS   4) 피싱

카테고리   애플리케이션 보안

DRDoS(Distributed Reflecton DOS, 차세대 DOS 공격)

개념	공격자가 공격대상시스템의 IP로 많은 시스템에 연결요청을 보내고, 그에 대한 응답 패킷이 공격대상 시스템으로 집중되어 대상 시스템이 정상적인 서비스를 못하게 하는 공격 방법
특징	정상적 서비스 제공하는 시스템을 이용하므로 공격을 막거나 대응하기 어려움. DOS나 DDOS의 경우 패킷경로 추적을 통한 제어가 가능하나 DrDOS는 경로추적이 불가능함. 탐지 및 빙어의 어려움.
공격 방법	

정답   3번

문제 49〉 다음 중 Standard access list에서 사용되는 access list의 번호는 무엇인가?

1) 1-10　　　　2) 1-99　　　　3) 10-99　　　　4) 100-199

카테고리　　　　　　　　　　애플리케이션 보안

- 라우터로 들어오거나 나가는 액세스를 제어하기 위해 사용하는 기술인 ACCESS LIST는 Standard Access List와 Extended Access List로 구분한다.
- Standard Access List는 경로 설정 시 송신지 어드레스만 검사하며, Access List 구현지침에 따라 1~99, 1300~1999 사이의 번호를 사용한다.
- Access List의 기능: 패킷 필터링 , NAT, 정책 라우팅

정답   2번

문제 50⟩ 침해대응과정에서 다음의 패킷로그를 기준으로 검토해 보았다. 어떤 공격 기법인가?

```
-Source: 203.234.212.10
-Destination: 203.234.212.10
-Protocol: 6
-Source Port: 21845
-Destination Port: 21845
```

1) Land Attack　　　　　　　　2) Syn flooding Attack
3) Smurf Attack　　　　　　　　4) Ping of Death Attack

카테고리　　　　　　　　　　　　애플리케이션 보안

문제풀이

Land Attack는 소스, 목적지 ip 및 port가 같도록 위조한 패킷을 전송하는 공격기법이다.

정답　　　1번

애플리케이션 보안

문제 51⟩ c언어로 프로그래밍시 버퍼 오버플로우를 예방하는 방법 중 프로그래머가 코딩시 입력버퍼의 경계값을 검사하는 안전한 함수를 사용하는 방법이 있다. 다음 중 여기에 해당하지 않는 함수는?

1) strncpy()　　　2) snprintf()　　　3) fgets()　　　4) getopt()

카테고리　　　　　　　　　　　　애플리케이션 보안

문제풀이

```
char * strncpy(char *dst, const char *src, size_t len);
int sprintf(char *str, const char *format, ...);
char * fgets(char *str, int size, FILE *stream);
char * getcwd(char *buf, size_t size);
```

정답　　　4번

문제 52〉

Mysql 데이터베이스 기동 시 다음과 같이 아이디와 패스워드를 입력하여 실행했을 때의 문제점은 무엇인가?

```
# mysql -u〈UID〉 -p〈Password〉 〈DB name〉
```

1) mysqldump를 실행할 수 없다.
2) mysql 서버에 부하가 걸린다.
3) 다른 사용자가 DB의 내용을 볼 수 있다.
4) 다른 사용자가 ps -ef했을 때 패스워드를 볼 수 있다.

카테고리   애플리케이션 보안

문제풀이

시스템에 로그인한 사용자가 top, glance 등 프로세스 상태를 관리하는 명령어를 실행하면 계정과 패스워드가 노출되는 위험이 발생한다.

정답   4번

문제 53〉

다음 중 오라클 DB서버를 관리할 경우 보안상 적절하지 않은 것은?

1) Data Owner와 개발자 계정은 분리시킨다.
2) 디폴트 사용자 ID를 lock시키고 기간 만료시켜야 한다
3) Data Dictionary는 특정 계정만 접근할 수 있도록 한다.
4) DB서버의 OS패치는 수행하지 않는다.

카테고리   애플리케이션 보안

문제풀이

관련된 패치는 적절하게 수행하는 것이 필요하다.

정답   4번

문제 54〉 C 언어로 ftp 서버와 클라이언트 프로그램을 작성하고 있다. 이때 TCP를 사용하기 때문에 클라이언트와 서버의 연결과정에서 사용되는 것은 무엇인가?

1) Data Link   2) 소켓(Socket)   3) 포트(Port)   4) IP address

카테고리   애플리케이션 보안

문제풀이

소켓서버와 클라이언트를 통해 ftp 서버와 ftp 클라이언트를 구현할 수 있다.

정답 3번

문제 55〉 국내 공인 인증기관이 아닌 곳을 고르시오.

1) 한국정보인증   2) 금융결제원   3) KOSCO   M4) KT

카테고리   애플리케이션 보안

문제풀이

전자서명법에 의에 규정된 공인 기관: 한국정보인증, 코스콤, 금융결제원, 한국전자인증, 한국무역정보통신

정답 4번

문제 56〉 보안성이 강화된 E-mail을 운영하기 위해 사용하는 안전한 암호화 알고리즘이 아닌 것은 무엇인가?

1) RSA 암호 알고리즘   2) 3DES 암호 알고리즘
3) MD5 암호 알고리즘   4) DSA암호 알고리즘

카테고리   애플리케이션 보안

MD5는 안전하지 않은 해시알고리즘이다.

[참고] OpenPGP(Open Pretty Good Privacy)
−공개키 암호기술을 이용하여 메일 메시지를 암호화하고 전자서명 하는 보안 프로토콜
−Phil Zimmermann이 개발한 PGP v5.x를 기반으로 개발
−암호화 알고리즘으로는 AES와 3DES, 서명 알고리즘으로는 DSA와 RSA,
−해시함수로는 SHA 등 NIST FIPS PUB 140-2에서 권고하고 있는 모든 암호 알고리즘을 지원

정답   3번

문제 57〉 OSI 7 계층에서 수행되는 인터넷 서비스로서 신뢰성 있는 자료의 전송을 목적으로 하는 것은 무엇인가?

1) Telnet   2) DNS   3) SMTP   4) SNMP

카테고리   애플리케이션 보안

TCP기반 신뢰성 있는 연결 서비스를 제공하는 것은 TELNET이다.

정답   1번

문제 58〉 S-HTTP에 대한 설명으로 부적절한 것은 무엇인가?

1) 개인키 및 공용키 암호를 지원한다.
2) 사용자 인증을 위한 전자서명을 포함한다.
3) S-HTTP 브라아저/서버 간의 대화별 보호조치를 결정한다.
4) 443 포트를 사용한다.

카테고리   애플리케이션 보안

–웹 서버와 웹 브라우저 사이의 대화에 광범위한 보안 매커니즘 지원을 추가한다.
–SHTTP는 월드와이드웹 상의 파일들이 안전하게 교환될 수 있게 해주는 HTTP의 확장판이다.
–각 SHTTP 파일은 암호화되며, 전자서명을 포함한다.
–SHTTP는 잘 알려진 또 다른 보안 프로토콜인 SSL의 대안이다.
–두 가지의 주요 차이점은, SHTTP는 틀림없는 사용자라는 것을 입증하기 위한 인증서를 클라이언트에서 보낼 수 있는 반면에, SSL에서는 오직 서버만이 인증할 수 있다는 점이다.
–SHTTP는 RSA 공개키/개인키 암호화 시스템은 지원한다.

정답   4번

문제 59〉

HTTP 트랜잭션의 특징이 아닌 것은 무엇인가?

1) 연결당 하나의 트랜잭션이 수행
2) 클라이언트에 대한 정보가 서버에 저장되지 않음.
3) TCP서비스를 이용하지만, HTTP는 STATELESS 프로토콜임.
4) 70번 포트를 이용

카테고리   애플리케이션 보안

HTTP는 80번 포트를 이용

정답   4번

문제 60〉

해킹도구로 사용되는 nmap은 포트 스캐닝 도구이다. 다음 중 nmap에서 제공하는 포트 스캐닝 방법이 아닌 것은?

1) SYN 스캔   2) FIN 스캔3)   XMAS 스캔4)   Host 스캔

카테고리   애플리케이션 보안

$ nmap [스캔유형] [옵션] 〈호스트 또는 네트워크〉
주요 스캔 유형
-sT: TCP 연결을 사용한 포트를 스캔한다.
-sS: TCP 헤더의 SYN 비트를 이용한 스텔스포트 스캔 기법에 사용한다. 루트 권한으로 실행돼야 됨.
-sF: FIN을 이용한 스텔스 기법에 이용한다.
-sP: ping을 이용한 스캔으로 ping명령을 사용하여 해당 호스트가 살아 있는지만 확인한다.
-sU: UDP포트를 스캔한다. 루트권한으로 실행되어야 한다.
-b: ftp바운스 공격을 위한 포트스캔이다.
-xmas, null scan 지원

정답   4번

문제 61〉	CGI에 대한 설명으로 부적합한 것은? 1) 서버와 클라이언 사이의 통신 인터페이스이다. 2) 브라우저로부터 사용자의 정보를 입력을 받아 CGI를 실행한다. 3) CGI수행 결과가 클라이언트의 웹브라우저로 전송된다. 4) 보안 취약점은 발생하지 않는다.
카테고리	애플리케이션 보안

CGI는 보안에 취약하다. 접근통제가 미흡하게 설정되거나 부적절한 입력값을 전송하게 되면 SQL injection, Buffer Overflow 공격, Dos공격을 유발할 수 있다.

정답   4번

문제 62〉	대부분의 기관이 기술적/물리적 보호조치를 수행해왔지만, 내부자에 의한 보안사고 발생과 피해사례가 지속적으로 보고되고 있다. 인적자원에 의한 의도적 위협 요소가 아닌 것은? 1) HW 절도/파괴 2) 개인정보 유출 3) 데이터위조/변조/삭제 4) 모니터링, 감사
카테고리	애플리케이션 보안

사람에 의한 의도적 위협은 하드웨어 파괴/절도, 시스템의 불법 사용/방해, 정보의 위조, 변조, 삭제, 유해 프로그램 삽입 등이 있다.

정답   4번

특정 시스템이나 사람에게 대량의 전자우편을 보내는 Mail Bombs에 대한 내용으로 옳지 않은 것은?

문제 63〉
1) 시스템의 정상 서비스를 저해한다.
2) 발신자 추적 방해를 위해 전자우편 중계 서버를 사용한다.
3) 스팸메일과 같은 의미이다.
4) 정보통신망법이나 정보통신기반보호법 등으로 법적 조치를 당할 수 있다.

카테고리   애플리케이션 보안

스팸 메일은 정크 메일, 벌크 메일이라고도 불리우며 일반적으로 받기를 원치 않는 메일을 통틀어 일컫는 말이다.

정답   3번

SSL 프로토콜의 메시지에 대한 설명으로 부적절한 것은?

문제 64〉
1) Hello Request: 서버가 클라이언트에게 전송하는 초기 메시지
2) Server Hello: 서버가 압축 방법, Cipher suit등의 정보를 선택해 클라이언트에게 전송한다.
3) Client Certificate: 서버가 클라이언트 인증서를 요청할 경우 클라이언트는 자신의 인증서를 보내야 한다.
4) Certificate Verify: 서버의 요구에 의해 전송하는 클라이언트 인증서를 서버가 쉽게 확인할 수 있도록 클라이언트 종결 메시지에 암호화 값을 전송하게 된다.

카테고리   애플리케이션 보안

Certificate Verify : 서버의 요구에 의해 전송하는 클라이언트의 인증서를 서버가 쉽게 확인할 수 있도록 클라이언트는 핸드쉐이크 메시지에 전자서명하여 전송하게 된다.

정답   4번

계층의 보안향상을 위한 IPSec 프로토콜에 대한 설명으로 옳지 않은 것은 무엇인가?

문제 65〉   1) 전송모드와 터널모드를 모두 지원한다.
2) 접근통제, 비연결형 무결성, 데이터 근원인증, 리플레이방지, 기밀성 제공
3) IPv6에서는 기본 탑재된다.
4) AH는 암호화를 지원하고, ESP는 인증을 지원한다.

카테고리   애플리케이션 보안

AH는 인증, ESP는 암호화(인증은 옵션)

정답   4번

가상사설망(VPN)에서 사용하는 기술에 대한 설명으로 적적하지 못한 것은?

1) PPTP, LT2P : 인터넷 기반 Access VPN에 사용하는 터널링 프로토콜
2) PPTP : IP, IPX, NetBEUI 트래픽 암호화하고 IP헤더를 캡슐화하여 전송하는 프로토콜

문제 66〉   3) MPLS VPN : 패킷에 VPN 레이블을 붙여 스위칭하는 기술로, 전송품질 보장서비스는 제공하지 못함.
4) L2TP : PPTP와 Cisco의 L2F의 장점을 결합한 PPP Encapsulation Protocol

카테고리   애플리케이션 보안

MPLS VPN은 QoS/CoS 서비스를 제공할 수 있는 기술이다.

정답   3번

문제 67〉

SSL의 무선환경의 표준인 WTLS에서 제공하는 기능과 거리가 먼 것은?

1) 데이터 무결성
3) 인증

2) 프라이버시
4) 부인 봉쇄

카테고리   애플리케이션 보안

WTLS는 데이터의 무결성, 프라이버스, 인증, DoS 프로텍션 기능을 제공한다.
특히, 재성되었거나 검증되지 않은 데이터 검출과 거부기능으로 DoS 공격을 막는다.

정답   4번

문제 68〉

IPv6의 기본 헤더 구조의 내용으로 옳지 않은 것을 고르시오.

1) Version: 4비트로서 버전의 내용이 표기
2) Traffic Class: 8비트 우선 순위 값
3) Flow Label: 20비트, flow label 값
4) Destination Address: 32비트

카테고리   애플리케이션 보안

Version	Traffic class	Flow Label
Payload	Next Header	Hop limit
Source Address		
Destination Address		

- Version(4비트): IPv4이면 4, IPv6이면 6
- Traffic class(8비트) (Priority): 민감한 실시간 응용 및 긴급하지 않은 데이터 패킷 간의 차별적 구분이 가능
- Flow label(20비트): QoS, 우선권을 주기위하여 특정 트래픽 Flow에 대한 라벨링
- Payload length(16비트): 데이터부의 길이(확장헤더 + 상위계층 데이터)
- Next header(8비트): 기본 헤더 다음에 위치하는 확장 헤더의 종류를 표시
- Hop limit(8비트): 버전 4일 때의 TTL과 같은 역할
- Source address(128비트): 발신처 주소
- Destination address(128비트): 목적지 주소

정답   4번

	인터넷 프로토콜인 IPv4와 IPv6 간의 차이점에 대한 설명으로 옳은 것은?
문제 69〉	1) 주소 크기: IPv4는 128비트, IPv6는 32비트 2) Flow Label: IPv4만 제공 3) Header Checksum: IPv6만 제공 4) IPSec: IPv4 옵션, IPv6기본 탑재
카테고리	애플리케이션 보안

IPv6는 128비트 주소 크기에 Flow Label 제공하지만, Header Checksum은 제공하지 않은 반면에 Fragmentation 정보를 옵션 형식으로 제공하고, IPSec을 기본 제공한다.

정답   4번

	전자화폐 시스템 중에 그 종류가 다른 전자화폐를 고르시오.
문제 70〉	1) 선불 카드형 2) 네트워크형 3) 현금형 4) 신용카드형
카테고리	애플리케이션 보안

전자화폐 시스템은 IC 카드형 전자화폐와 네트워크 전자화폐로 나눌 수 있으며, 네트워크 전자화폐는 현금형, 신용카드형, 수표형으로 나누어 볼 수 있다.

구분		화폐명	발행기관	주요특징
IC 카드형	현금형	몬덱스	내셔널 웨스트민스터 미들랜드 은행 등의 공동출자회사	전용기기 또는 몬덱스용 전화기를 이용, 카드 간 가치이전 가능 1995년 이후 전세계로 확산 중
	선불 카드형	비자캐시카드	다수의 미국 지방은행	1996년 ATM, 전화기 등을 통해 가치재충전이 가능한 카드를 발행
네트워크형	현금형	E-Cash	네덜란드의 디지캐시사와 미국의 마크트웨인 은행	네트워크상에 가상의 화폐를 생성시켜 이것을 전자결제에 이용 1995년부터 실용화됨
	신용 카드형	퍼스트 버추얼	미국의 퍼스트버추얼사	일종의 회원등록처럼 신용카드번호를 사전에 등록하고 전용의 회원번호에 따라 인터넷상에서 결제함.
		사이버 캐시	미국의 사이버캐시사	무상으로 제공된 암호통신 소프트웨어를 이용해 인터넷상에서 결제함.
	전자 수표형	ECheck	미국의 카네기 멜론대학	인터넷상에서 기존의 가계당좌수표 사용을 가능하게 함.

정답   1번

문제 71〉

다음 중 B2B 전자지불 서비스 모델에 아닌 것은?

1) 구매 전용 카드　　　　2) 은행 공동 B2B 전자 결재 시스템
3) 기업구매자금 대출　　　4) 신용카드 기반 전자지불 시스템

카테고리　　　　　　　　　　애플리케이션 보안

B2B 전자지불 서비스 모델은 보통 구매 전용 카드, 기업구매자금 대출, 전자외상 매출채권 담보 대출, 은행 공동 B2B 전자 결재 시스템 등이 있다.

정답   4번

문제 72〉 DSS에서 생성하는 디지털 서명의 length는?

1) 64bit   2) 80bit   3) 128bit   4) 160bit

카테고리   애플리케이션 보안

문제풀이

DSS(Digital Signature Standard)
- DSA(Digital Signature algorithm) 명칭으로 연구되다가 미국 NIST에서 발표한 표준 디지털 서명 안으로 해시함수 SHA-1를 사용하는 데 160bits로 출력된다.

정답   4번

문제 73〉 PKI인증서에 접근할 때 가장 많이 사용하는 프로토콜은 무엇인가?

1) SSL   2) LDAP   3) CA   4) SSH

카테고리   애플리케이션 보안

문제풀이

LDAP(Lightweight Directory Access Protocol)은 인증서, 암호키에 대한 저장, 관리, 검색 등의 기능, PKI 관련 정보 공개하는 프로토콜이다.
SSH과 SSL(Secure Socket Layer)은 데이터 전송 및 VPN과 관련된 프로토콜이다.
CA(Certification Authority)는 인증기관에 인증 정책 수립, 인증서 및 인증서 폐기 목록 관리한다.

정답   2번

문제 74〉 DBA 관점에서 보안관리 기준으로 부적합한 것은?

1) 허가된 사용자만이 접속하도록 통제해야 한다.
2) 용량이 작은 경우 보안은 중요하지 않다.
3) 대용량 통합 데이터베이스 일수록 보안이 더욱 중요하다.
4) DBA는 RBAC기반 사용자 권한 관리를 수행해야 한다.

카테고리   애플리케이션 보안

용량에 상관없이 데이터베이스 보안은 매우 중요한 이슈이다.

정답   2번

문제 75〉	WPKI(Wireless Public Key Infrastructure)에 대한 설명으로 올바른 것은? 1) 인증서 검증 메커니즘의 복잡도를 높여야 한다. 2) 표준화가 용이하다. 3) WTLS(Wireless Transport Layer Security) 인증서의 사용을 권고하고 있다. 4) 인증서 검증 시간을 늘림으로써 보안을 강화할 수 있다.
카테고리	애플리케이션 보안

RSA/ECC 암호화 알고리즘을 이용하며, OCSP방식의 인증서 검증방식을 사용한다.
암호화 프로토콜은 WTLS를 사용하며, 제조사별 기술체계를 별도로 구현하고 있기 때문에 표준화가 어렵다.
메모리 CPU 등이 유선환경보다 열악하기 때문에 효율적인 자원활용이 필요하다.

정답   3번

정보보호개론

문제 76〉	암호 시스템을 사용하는 일반적인 원칙에 대한 설명으로 거리가 먼 것은 무엇인가? 1) 암호 시스템에서 키를 제외한 모든 부분은 공개됨을 가정한다. 2) 암호 알고리즘은 비공개가 원칙이다. 3) 암호 키는 자주 변경해야 한다. 4) 암호 알고리즘은 주기적인 재평가가 이루어져야 한다.
카테고리	정보보호개론

- 암호시스템에서 암호 알고리즘을 비공개로 하는 경우도 있지만, 이론적 측면에서는 키를 제외한 모든 부분이 공개됨을 가정하고, 이러한 가정하에서 주어진 암호시스템은 안전해야 한다.
- 암호 알고리즘의 비공개는 해커가 공격하는데 어려움을 주는 요소이지만, 절대적인 것은 아니며, 공개적인 검증절차를 통해 안전성이 확인된 암호 알고리즘을 사용하는 것이 바람직하다.

정답   2번

문제 77〉

다음의 암호 공격기법에 대한 설명 중 부적절한 것은?

1) 단독 공격(Ciphertext OnlyAttack): 암호문만을 가지고 키나 평문을 알아내고자 하는 방식
2) 기지 평문 공격(Known Plaintext Attack): 사전에 동일한 키로 암호화된 여러 개의 암호문과 대응하는 평문 쌍을 획득한 후 주어진 암호문에 대응하는 평문 또는 키를 알아내고자 하는 방식
3) 선택 평문 공격(Chosen Plaintext Attack): 공격자가 임의의 평문에 대한 암호문을 확보할 수 있을 때, 암호문에 대응하는 평문이나 키를 알아내고자 하는 방식
4) 선택 암호문 공격(Chosen Ciphertext Attack): 임의의 암호문을 선택하면 대응하는 평문을 획득할 수 있는 능력을 보유하고서 주어진 암호문에 대응하는 평문이나 키를 알아내고자 하는 방식

카테고리   정보보호개론

선택 암호문 공격기법에서 공격자는 해독하고자 하는 암호문을 제외한 모든 암호문에 대한 평문을 획득할 수 있는 능력이 있다고 가정한다.

정답   4번

문제 78〉

위험분석의 의미와 특징에 관한 설명 가운데 부적절한 것은?

1) 위험분석은 정보보호 대책 구현보다 선행한다.
2) 효과적 정보보안 프로그램의 초석이다.
3) 반드시 정량적 분석방법을 활용해서 정확한 위험수준을 결정한다.
4) 자산식별, 위협분석, 취약성 평가, 영향 평가, 대책선정, 권고안 작성 순으로 진행한다.

카테고리   정보보호개론

- 위험분석은 정보보호 프로그램의 초석과 같은 역할을 수행한다. 즉 정보보호 대책 구현에 앞서 해당 시스템이 가지고 있는 위험을 분석함으로써 효과적인 대책을 선정할 수 있기 때문이다.
- 즉, 위험분석은 해당 시스템의 정보자산 식별 및 가치 산정과 시스템에 대한 위협과 취약성을 분석하여 위험을 계산하고 이에 따라 적절한 대책을 선정할 수 있기 때문에 조직의 특수한 상황을 고려한 정보보호 대책을 선정할 수 있다. 위험분석방법은 크게 정량적, 정성적 방법으로 구분할 수 있는데 어느 방법이 더 우월하냐는 상황에 따라 다를 수 있다.
- 즉 정확한 데이터와 과거 기록이 있다면 정량적 방법이 더 좋을 수 있으나 다른 경우에는 정성적 방법이 더 적절할 것이다

정답   3번

BCMS에 대한 구체적 실행 대안으로서 Hot site, Mirror site, Warm site가 있는데 이 중 가장 빠르게 백업을 제공하고 업무를 재개할 수 있는 것을 순서대로 나열한 것은?

문제 79〉

1) Hot site, Warm site, Mirror site
2) Hot site, Mirror site, Warm site
3) Mirror site, Warm site, Hot site
4) Mirror site, Hot site, Warm site

카테고리   정보보호개론

DR센터 구축모델로써 Mirror site, Hot site, Warm site 등이 있다.

- Mirror site는 메인센터와 동일한 구성의 백업센터를 구축하고 메인센터와 백업센터간 실시간 데이터 동기화를 유지하여 메인센터 재해 발생 시 즉시 백업센터에서 업무대행을 실시간으로 처리할 수 있다.
- Hot site는 메인센터와 동일한 H/W, S/W, 부대설비를 준비하고 실시간 DB Log 전송 및 DB Image Backup을 준비하여 메인센터 재해 발생 시 데이터 복구작업을 실시하여 약 24시간 이내에 재개할 수 있다.
- Warm site는 메인센터 장비 일부 및 Data 백업만을 준비하여 재해 발생 시 주요 업무 데이터만 복구하는 시설로 필요시 Hot Site로 전환 가능하다.

정답   4번

문제 80〉	정보보호 관리책임자(CSO)의 역할로 적절하지 못한 것은 무엇인가?
	1) 조직의 전략 및 계획에 부응되는 정보보호 계획수립
	2) 정보보호 대책에 대한 실제적 구현과 운영
	3) 정보보호 인식제고 / 교육 및 훈련 프로그램 개발
	4) 정보보호 목적, 전략 및 정책을 결정
카테고리	정보보호개론

문제풀이

- 정보보호 관리자는 조직의 정보보호 프로그램을 기획, 관리하는 자로서 매우 중요한 역할을 수행한다.
- 우선 조직의 임무 및 전략을 반영한 정보보호 목적, 전략 및 정책을 개발하고 이에 따른 구체적인 정보보호 계획을 수립하여 이를 실현시켜야 한다. 이에는 인식제고 및 교육 훈련 프로그램도 포함되어야 한다.
- 또한 조직 내 정보보호 활동을 모니터링하고 변경사항을 조정하는 역할을 수행한다.
- 실제로 정보보호대책(예: 침입탐지시스템)을 운영하는 자는 해당 부서의 직원(예: 전산운영 담당자)이 하는 것이고 운영자료의 분석 결과를 통한 조치는 정보보호 관리자의 책임이라고 할 수 있다.

정답   2번

문제 81〉	정보통신망 이용 촉진 및 정보보호 등에 관한 법률상 개인정보보호와 관련하여 이용자에게 인정되는 권리로 부적합한 것은 무엇인가?
	1) 이용자가 개인정보의 이전을 원하지 아니하는 경우 동의를 철회할 수 있는 방법과 절차
	2) 개인정보 열람 요구
	3) 개인정보 오류정정 요구
	4) 자료요청권
카테고리	정보보호개론

문제풀이

개인정보보호를 위해 동의철회, 열람, 오류정정, 손해배상에 대한 책임을 다루고 있다.

정답   4번

문제 82〉 공인 인증기관이 발급하는 인증서(x.509 v3)에 포함되지 않는 정보는 무엇인가?

1) 가입자의 전자서명 검증키
2) 인증서 포맷 버전
3) 인증서의 일련번호
4) 가입자의 전자서명 생성키

카테고리 정보보호개론

문제풀이

인증서에 포함되어야 할 사항은 가입자의 이름, 가입자의 전자서명 검증키, 가입자와 공인인증기관이 이용하는 전자서명 방식, 인증서의 일련번호, 인증서의 유효기간, 공인 인증기관의 명칭, 인증서의 이용범위 또는 용도를 제한하는 경우 이에 관한 사항, 가입자가 제3자를 위한 대리권 등을 갖는 경우 이에 관한 사항 등이 포함되어야 한다.

Certificate format Version		
Certificate Serial Number		
Signature algorithm identifier for CA		
Issuer X.500 Name		
Validity Period		
Subject X.500 Name		
Subject Public Key Information		
Issuer unique identifier		
Subject unique identifier		
Type	Criticality	Value
Type	Criticality	Value
Type	Criticality	Value

Version 2 추가 됨

Extensions
Version 3 추가 됨

CA Signature

정답 4번

문제 83〉 시스템에 관한 전문적인 지식을 가진 전문가의 집단을 구성하고 위험을 분석 및 평가하여 정보 시스템이 직면한 다양한 위협과 취약성을 토론을 통해 분석하는 위험분석 기법은 무엇인가?

1) 신경망기법
2) PI Matrix
3) 델파이법
4) 몬테카를로 시뮬레이션

카테고리 정보보호개론

－델파이 기법: 전문가의 경험적 지식을 통해서 문제를 해결하고 미래를 예측하는 기법

－1948년 미국의 RAND연구소에서 개발된 것으로 어떠한 사항이 있을 때 전문가들의 의견을 토대로 하여 반복적인 피드백을 거친 뒤, 하향식으로 의견을 모아 문제를 해결하는 방법

정성적・정량적 위험분석

구분	정량적 위험분석	정성적 위험분석
개념	－위험 발행확률・손실크기를 통해 기대 위험가치를 분석(척도: 연간기대손실(ALE))	－손실크기를 화폐가치로 표현하기 어려움. －위험크기는 기술변수로 표현(척도: 점수)
기법 유형	－수학공식 접근법, 확률 분포 추정법, 확률지배, 몬테카를로 시뮬레이션, 과거자료 분석법	－델파이법, 시나리오법, 순위결정법, 퍼지행렬법, 질문서법
장점	－비용/가치 분석, 예산 계획, 자료분석이 용이 －수리적 계산으로 논리적이고 객관적 정보를 얻을 수 있음.	－금액화하기 어려운 정보의 평가가 가능 －분석시간이 짧고 이해가 쉬움.
단점	－분석 시간, 노력, 비용이 큼. －정확한 정량화 수치를 얻기 어려움.	－평가결과가 주관적임. －비용효과분석이 용이하지 않음.

정답   3번

문제 84〉

다음 중 암호화 방식별로 적용된 수학적 기법에 대한 매핑이 적절한 것은 무엇인가?

1) RSA － 이산대수 문제
2) ElGamal － 부분집합의 합 문제
3) DSA － 타원곡선 알고리즘 문제
4) Schnorr － 이산대수 문제

카테고리   정보보호개론

공개키 암호

* 인수분해 문제 적용: RSA, Rabin, ESIGN
* 이산대수 문제 적용: DSA, KCDSA, ElGamal, Schnorr
* 타원곡선 알고리즘 문제 적용: ECC

정답   4번

문제 85〉 정보보호 관점에서의 재난 및 위기관리 과정으로 적절한 것은?

1) 위협 - 신호 탐색 - 예방 및 준비 - 손실 축소 - 재난 복구 - 학습
2) 위협 - 신호 탐색 - 예방 및 준비 - 재난 복구 - 손실 축소 - 학습
3) 위협 - 예방 및 준비 - 신호 탐색 - 손실 축소 - 재난 복구 - 학습
4) 학습 - 신호탐색 - 위협 - 예방 및 준비 - 손실 축소 - 재난 복구

카테고리   정보보호개론

문제풀이

정보시스템의 위기관리의 단계: 위협 - 신호탐색 - 예방 및 준비 - 손실 축소 - 재난 복구 - 학습

정답   1번

문제 86〉 내부 접근 통제를 위하여 사용되는 방법으로 부적합한 것은 무엇인가?

1) PASSWORD   2) ENCRYPTION
3) ACL   4) 802.11x

카테고리   정보보호개론

문제풀이

내부 접근 통제를 위하여 패스워드, 암호화, 접근 통제된 제한된 사용자 인터페이스, 보안 레이블 등이 쓰이며, 802.11x, RADIUS 등 포트 보호 장비는 외부의 접근 통제 때 사용된다.

정답   4번

문제 87〉 이중서명을 제공하는 SET 알고리즘에서 사용되는 암호 기술이 아닌 것은 무엇인가?

1) 공개키 암호화 알고리즘   2) 대칭키 암호화 알고리즘
3) 키 복구   4) Message Digest

카테고리   정보보호개론

SET에서 사용되는 암호 기술은 공개키 암호, 대칭키 암호, 서명, 해쉬 함수가 사용된다.
구매정보 전자서명과 결재정보 전자서명과정에서 키 복구 과정은 수행하지 않는다.

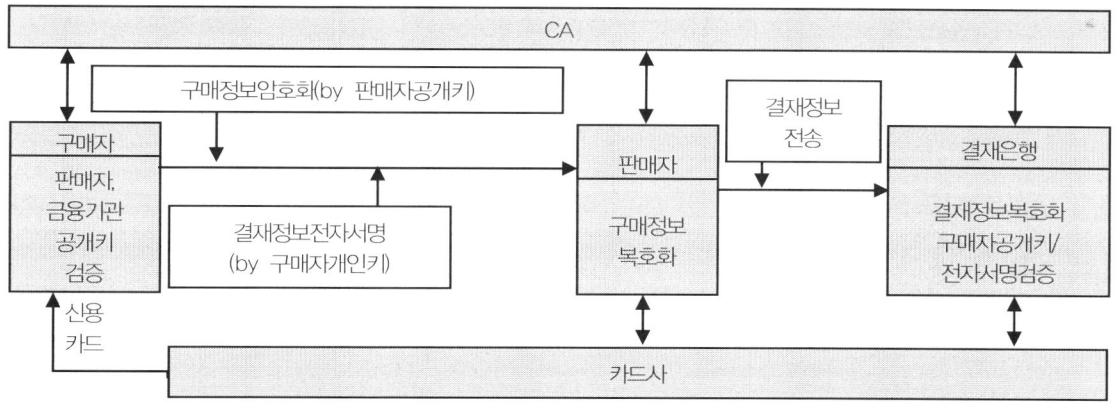

정답   3번

사용자 인증을 위해 개인의 신분을 확인하는 방법은 크게 4가지로 나누어 볼 수 있는데, 적절하지 못한 것은 무엇인가?

1) 사용자가 알고 있는 것   2) 사용자가 가지고 있는 것
3) 사용자의 무의식적인 행동 양식   4) 사용자의 전자서명

카테고리   정보보호개론

전자서명은 메시지 인증을 위한 기술이다.

• 사용자 인증: '사용자'에 대한 인증
- 사용자(개인신분)별로 식별하며 인증, 비밀문자를 이용한 소프트웨어적인 방법과 지문이나 망막 등 개인속성을 이용한 하드웨어적인 방법 등이 가능
- 개인신분의 확인방법 4가지
  사용자가 알고 있는 것(패스워드 등)
  사용자가 가지고 있는 것(여권 등)
  사용자의 물리적 특성(지문 등)
  사용자의 무의식적 행동 양식(서명 등)

정답   4번

문제 89〉

디지털 서명의 효율성을 높이고, 중요 정보의 무결성 확인을 위해 사용하는 해시 함수가 가져야 할 조건으로 옳지 않은 것은 무엇인가?

1) 고정 길이의 입력을 받아 가변 길이의 출력값을 만든다
2) 메시지 원문을 구하는 것은 거의 불가능해야 한다.
3) 다른 메시지가 동일한 해시 값을 가질 확률은 0에 가깝다.
4) 메시지의 한 바이트만 바뀌어도 해시 값은 50%이상 바뀐다.

카테고리   정보보호개론

문제풀이

해시 함수는 가변 길이의 메시지를 입력 받아 고정 길이의 해시값을 만든다.

1. 메시지 다이제스트(MD: Message Digest) 개념
- 키 없고 복호화가 불가능한 특징을 가지는 암호화 방식의 일종 해시(hash) 함수
- 메시지 다이제스트 혹은 해시함수를 통해 생성되는 값(암호화된 값): MD값 혹은 해시값
- MD는 오직 무결성 서비스만 제공하는 메커니즘
- 주요 활용분야: (공개키 암호화+메시지다이제스트)의 조합으로 전자서명에 사용
- 알고리즘 종류: MD4, MD5, SHA-1, RIPEMD-160, HAS160(KISA에서 개발, TTA 표준, 160비트 해쉬값), SMD(ETRI에서 개발, 160비트 해쉬값), HAVAL 등

2. 메시지 다이제스트의 특징

특징	주요내용
압축	임의의 길이의 평문을 고정된 길이의 출력값으로 변환함.
일방향 (One-Way)	메시지(평문)에서 해시값(해시코드)를 구하는 것은 쉽지만 반대로 해시값에서 원래의 메시지를 구하는 것은 매우 어려움.
민감성	평문의 한 비트만 바꿔도, 해시값은 50% 이상이 바뀜.
충돌방지 (Collision-free)	다른 메시지가 같은 해시값을 가질 확률은 거의 0에 가까움.

정답   1번

문제 90〉

대한민국 정보통신기반 보호법에서 정의하고 있는 "정보통신기반시설을 대상으로 해킹, 컴퓨터 바이러스, 논리·메일폭탄, 서비스거부 또는 고출력 전자기파 등에 의하여 정보통신기반시설을 공격하는 행위"를 무엇이라 하는가?

1) 전자금융 거래 침해   2) 전자거래 침해
3) 전자적 침해   4) 침해사고

카테고리   정보보호개론

· **제1조 (목적)** 이 법은 전자적 침해행위에 대비하여 주요정보통신기반시설의 보호에 관한 대책을 수립·시행함으로써 동 시설을 안정적으로 운용하도록 하여 국가의 안전과 국민생활의 안정을 보장하는 것을 목적으로 한다.

· **제2조 (정의)** 이 법에서 사용하는 용어의 정의는 다음과 같다. 〈개정 2007.12.21〉

1. "정보통신기반시설"이라 함은 국가안전보장·행정·국방·치안·금융·통신·운송·에너지 등의 업무와 관련된 전자적 제어·관리시스템 및 「정보통신망 이용촉진 및 정보보호 등에 관한 법률」 제2조 제1항 제1호의 규정에 의한 정보통신망을 말한다.

2. "전자적 침해행위"라 함은 정보통신기반시설을 대상으로 해킹, 컴퓨터바이러스, 논리·메일폭탄, 서비스거부 또는 고출력 전자기파 등에 의하여 정보통신기반시설을 공격하는 행위를 말한다.

3. "침해사고"란 전자적 침해행위로 인하여 발생한 사태를 말한다.

정답　　3번

문제 91〉

금융기관에서 정보 보호에 대한 정책을 개정하고자 한다. 이때 고려할 사항과 거리가 먼 것은 무엇인가?

1) 업무적/기술적/관리적 특성을 고려한다.
2) 정책 적용의 대상이 되는 조직을 충분히 파악해야 한다.
3) 개인정보보호법은 전자금융거래법보다 우선하여 적용한다.
4) 자회사는 지주회사의 정보보호 정책을 준수하면서 세분화한다.

카테고리　　　　　　　　　　정보보호개론

조직/기관/기업의 보안 정책은 기존의 상위 정책이나 규칙, 법령에 부합되어야 한다.

정답　　3번

문제 92〉

위협에 의해 정보자산의 보안에 부정적 영향을 줄 수 있는 정보자산의 속성이나 상태를 의미하는 것은 무엇인가?

1) 자산　　　　2) 취약점　　　　3) 손실　　　　4) 위험

카테고리　　　　　　　　　　정보보호개론

- 자산(Asset): 조직(기업)에 가치가 있는 자원들
- 위협 (Threat): 조직/기업의 자산에 악영향을 끼칠 수 있는 조건/사건/행위
  예) 크래커(해커), 자연 재해 등
- 취약점(Vulnerability): 위협이 발생하기 위한 사전 조건/상황
  예) 오픈 되어 있는 telnet port, 불법 모뎀 사용 등
- 위험(Risk): 위협이 취약점을 이용하여 조직의 자산에 손실, 피해를 가져올 가능성
- 전체 위험(Total Risk) = 자산(A) X 취약점(V) X 위협(T)

정답   2번

문제 93〉

ECC는 타원곡선 문제를 적용한 공개키 암호화 알고리즘이다. ECC와 같은 타원 곡선 암호 시스템에서 사용하는 알고리즘과 거리가 먼 것은 무엇인가?

1) 개인키/공개키 생성 알고리즘
2) 공개키 인증 알고리즘
3) 타원곡선 위의 점의 덧셈 알고리즘
4) 타원곡선 위의 점의 지수제곱 알고리즘

카테고리   정보보호개론

타원곡선 공개키 암호시스템은 덧셈과 배수의 연산을 이용하여 만든 것이다.
공개키 암호화 알고리즘이고, 개인키와 공개키 생성 알고리즘을 사용한다.

정답   4번

문제 94〉

상황에 따라서 하나의 문서에 여러 사용자가 서명을 하는 경우가 있다. 예를 들어 전자 결재 시스템에서 하나의 문서에 다수의 사용자가 서명을 해야만 한다. 이런 경우에 사용할 수 있도록 제안된 서명은 무엇인가?

1) 이중 서명   2) 은닉 서명   3) 전자 서명   4) 다중 서명

카테고리   정보보호개론

−부인방지서명: 서명자의 도움 없이는 서명검증이 불가능한 서명방식
−의뢰부인방지서명: 임의의 검증자가 부인과정을 수행할 수 없도록 함과 동시에 오직 특정인만이 부인과정을 수행하도록 함으로써 익명성 보장에 대한 취약성을 부분적으로 제거한 방식
−수신자지정서명: 지정된 수신자만이 서명을 확인할 수 있는 방식
−은닉서명: 서명자가 서명문의 내용을 확인하지 못한 상태에서 서명을 수행하는 방식
−대리서명: 본인의 부재 중 자신을 대신하여 다른 사람이 자신의 서명을 수행할 수 있도록 하는 서명방식
−그룹서명: 자신이 특정 그룹의 서명자임을 제3자에게 증명하는 방식
−다중서명: 한 명 이상의 서명자가 동일문서에 서명수행이 가능한 방식으로 전자결재나 전자계약 등에 사용

정답   4번

조직에서 관리적/기술적/물리적인 보안의 취약점을 최소화하고, 외부로 정보의 유출을 막기 위한 조치로 부적절한 것은?

문제 95〉
1) 개발자의 전산실에 출입을 통제한다.
2) Audit Trail 등 철저한 보안 감사와 평가가 이루어져야 한다.
3) 엔드포인트/네트워크 DLP 등의 솔루션을 적용한다.
4) 시큐어 코딩은 신규 시스템 개발에만 적용해도 된다.

카테고리   정보보호개론

시큐어 코딩은 신규시스템 개발, 유지보수 업무 모두에 적용해야 한다.

정답   4번

다음 공개키 알고리즘 중 국산 알고리즘은 무엇인가?

문제 96〉
1) DSA   2) KCDSA
3) RSA   4) ElGamal

카테고리   정보보호개론

KCDSA(Korea Certification-based Digital Signature Algorithm)는 이산대수 문제의 어려움에 기반을 둔 전자서명 알고리즘으로서, 한국통신정보보호학회의 주관 하에 우리 나라의 주요 암호학자들이 주축이 되어 1996년 11월에 개발하였으며, 이후 지속적인 수정 및 보완 작업을 거쳐 1998년 10월 TTA에서 단체 표준으로 제정되었습니다. 또한 2000년 7월부터 구현시의 모호성을 배제하고 최소한의 보안강도를 강화하는 개정작업을 거쳐 2000년 12월에 개정되었습니다. 이후 2006년에는 국제 표준인 ISO/IEC 14888-3 표준이 됨.

정답   2번

문제 97〉

위험분석기법은 정량적 분석과 정성적 분석으로 구분되는데, 다음 중 성격이 다른 하나는 무엇인가?

1) Scoring   2) 몬테카를로 시뮬레이션
3) 확률분포법   4) 순위결정법

카테고리   정보보호개론

순위결정법은 정성적 위험분석 기법으로 분류한다.

정답   4번

문제 98〉

다음 중 개인정보의 암호화 조치 시 사용할 수 있는 안전한 암호화 알고리즘으로 부적절한 것은 무엇인가?

1) SEED   2) ARIA   3) SHA-1   4) KCDSA

카테고리   정보보호개론

○ 국내외 전문기관(KISA, NIST, ECRYPT, CRYPTREC 등)의 권고를 중심으로 구성하고 있으며 이에 따른 암호 알고리즘은 [표 1] 과 같다.

[표 1] 안전한 암호 알고리즘(예시)

구분	알고리즘 명칭
대칭키 암호 알고리즘	SEED ARIA-128/192/256 AES-128/192/256 Blowfish Camelia-128/192/256 MISTY1 KASUMI 등
공개키 암호 알고리즘	RSA KCDSA(전자서명용) RSAES-OAEP RSAES-PKCS1 등
일방향 암호 알고리즘	SHA-224/256/384/512 Whirlpool 등

정답   3번

문제 99〉	정보보호 정책의 유형에 대하여 옳지 못한 설명은 무엇인가? 1) 프로그램 정책: 전반적인 정보보호 프로그램을 다룬다. 2) 문제지향 정책: 특정한 관심 분야에 초점을 맞춘다. 3) 문제지향 정책: 환경변화에 무관하게 유지한다. 4) 시스템지향 정책: 특정 시스템에 대한 상세한 보안 정책을 기술한다.
카테고리	정보보호개론

프로그램 정책은 광범위한 것이어서 수정을 자주 해야 할 필요가 없는 반면에, 문제 지향 정책은 기술 변화와 관련 요인이 변화할 경우 더욱 빈번히 수정해야 한다.

정답   3번

「정보통신망 이용촉진 및 정보보호 등에 관한 법률」에서 다루는 분야가 아닌 것은 무엇인가?

문제 100〉

1) 개인정보의 보호
2) 정보통신에서 이용자의 보호
3) 정보통신망의 안전성 확보
4) 인적 보안

카테고리   정보보호개론

문제풀이

정보보호 관련 법령은 정보 자체의 안전성 및 무결성 보호 그리고 정보의 내용 보호 그리고 불건전 정보 유통 방지 분야로 나뉜다.

정답   4번

제5회 정보보안기사 모의고사

시스템 보안

문제 1〉	모든 프로세스는 PCB(Process Control Block)을 가진다. PCB는 프로세스에 대한 정보를 보유하고 있는 메모리이다. PCB가 보유하고 있는 정보로 그 내용이 틀린 것을 선택하시오. 1) 다음에 실행될 프로세스에 대한 포인터 2) 현재의 프로세스 상태로 준비, 대기, 실행 등의 상태정보 3) CPU 사용시간 및 실제 사용되는 시간 정보 4) 입출력 상태 정보 및 사용되는 디스크 스케줄링 기법
카테고리	시스템 보안

문제풀이

－사용되는 디스크 스케줄링 기법에 대해서는 보유하지 않음.
－PCB 구조

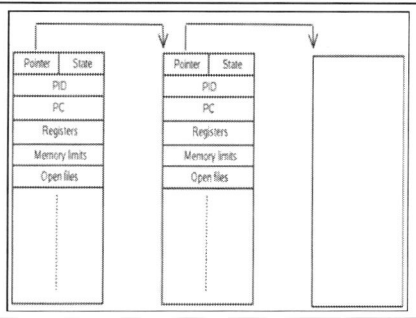

※ PCB에 유지되는 정보
－PID: 프로세스 고유의 번호
－포인터: 다음 실행될 프로세스의 포인터
－상태: 준비, 대기, 실행 등의 상태
－Register save area: 레지스터 관련 정보
－Priority: 스케줄링 및 프로세스 우선순위
－Account: CPU 사용시간, 실제 사용된 시간
－Memory Pointers: 메모리 관리 정보
－입출력 상태 정보
－할당된 자원 정보

정답   4번

문제 2〉 가상기억장치의 메모리 관리 기법은 할당기법, 호출기법, 배치기법, 교체기법이 존재한다. 이 중에서 배치기법은 요구된 페이지를 주기억장치 어디에 적재할 것인지를 결정하는 방법이다. 이러한 배치기법 중에서 가장 큰 메모리 영역에 기억장치를 할당하는 기법은 무엇인가?

1) First Fit　　2) Pre Fetch　　3) Worst Fit　　4) Paging

카테고리　　시스템 보안

문제풀이

· 가상기억장치 배치기법(Placement)는 First fit, Best Fit, Next Fit, Worst Fit 기법이 존재한다.
· 이 중에서 Worst Fit은 가장 큰 영역에 할당하는 방법이고 그 이유는 내부 단편화가 많이 발생하기 때문에 그 부분에 다시 적재할 수 있기 때문이다.

정답　　3번

문제 3〉 아래의 내용은 윈도우에서 net share라는 명령을 실행한 결과이다. 이 중에서 네트워크 프로그램 간의 통신을 위해서 사용되고 네트워크 서버의 원격관리로 사용되는 것은 무엇인가?

1) C$　　　2) G$　　　3) IPC$　　　4) ADMIN$

카테고리　　시스템 보안

문제풀이

- ADMIN$는 공유 폴더로 기본적으로 설정되어 있는 것으로 제거 가능함.
- IPC$는 네트워크 프로그램 간 통신을 위해서 파이프를 사용하고 네트워크 서버의 원격 관리에 사용됨.

정답   3번

문제 4〉 윈도우 레지스트리 중에서 프로그램 간의 연결정보를 가지고 있는 것은 무엇인가?

1) HKEY_CLASSES_ROOT
2) HKEY_CURRENT_USER
3) HKEY_USERS
4) HKEY_CURRENT_CONFIG

카테고리   시스템 보안

문제풀이

Registry
HKEY_CLASSES_ROOT: 파일 확장자 정보, 파일과 프로그램 간 연결 정보가 들어 있다. HEKY_CURRENT_USER: 설치된 컴퓨터 환경설정 정보(응용 프로그램에 대한 정보)가 들어 있다. HKEY_LOCAL_MACHINE: 하드웨어와 소프트웨어 설치 드라이버 설정정보가 들어 있다. HKEY_USERS: 데스크탑 설정, 네트워크환경정보, 사용자정보가 들어 있다. HKEY_CURRENT_CONFIG: 디스플레이와 프린터에 관한 정보가 들어 있다.

정답   1번

문제 5〉 컴퓨터 시스템에 악성코드, 정보유출, 자원고갈 등의 악영향을 발생시키는 것을 무엇이라고 하는지 가장 적당한 것을 선택하시오.

1) 애드웨어   2) 스파이웨어   3) 트로이 목마   4) 맬웨어

카테고리   시스템 보안

맬웨어(Malware)는 악영향을 발생하는 것을 총칭하는 용어이다.

애드웨어(Adware)

Adware, 광고를 보는 것을 전제로 사용할 수 있는 프로그램이다.

스파이웨어(Spyware)

상용 프로그램 등에 적용되어 미리 사용자의 승인을 얻어 설치되는 프로그램이다. 하지만 실행되고 나면 개인정보 유출 및 정보보안 침해를 유발하는 프로그램이다.

트로이 목마(Trojan horse)

트로이 목마 프로그램은 바이러스와 달리 자기 복제능력이 없으며 유틸리티 프로그램 내의 악의적인 기능을 가지는 코드를 내장하여 배포하거나 그 자체(악의적인 기능을 담고 있지만 정상적인 프로그램처럼 위장하여)를 위장하여 배포된다. 이 프로그램은 운영체제 및 실행환경에 따라 도스 트로이 목마와 윈도우 트로이 목마로 분류된다.

정답   4번

아래의 내용은 윈도우 시스템에 관련한 프로세스에 대한 설명이다. 그 내용으로 올바른 것을 모두 선택하시오.

문제 6〉

가. csrss.exe: 윈도우 콘솔을 관리하면서 신규 스레드를 생성하거나 삭제하는 역할을 수행한다.
나. taskmgr.exe: 윈도우 시스템 내에서 실행되는 프로세스 정보를 제공한다.
다. lsass.exe: 시스템에 접하는 사용자를 확인하는 역할을 수행한다
라. mstsc.exe: 원격으로 데스크 톱(Desktop)을 실행하는 경우 사용 된다.

1) 가   2) 가, 나
3) 가, 나, 다   4) 가, 나, 다, 라

카테고리   시스템 보안

윈도우 시스템의 프로세스에 대한 설명으로 모두 올바른 설명이다.

정답   4번

문제 7〉 유닉스의 프로세스 간의 통신기법인 IPC(Inter Process Communication)는 다양한 기법들을 가지고 있다. IPC 기법 중에서 운영체제가 지원하는 상호배제 메소드를 이용한 동기화 방식은 무엇인가?

1) Signal
2) Message Queue
3) Named Pipe
4) Semaphore

카테고리   시스템 보안

File – 프로세스 간 동일한 파일을 통해 정보를 공유하는 방식. Signal – 프로세스 간 시그널을 전송. Socket – 대부분의 운영체제가 지원하는 소켓을 통한 방식. 원격 전송 가능. Message Queue – 메시지 큐를 통해 큐를 공유하는 프로세스 간 메시지 전송. Pipe – 프로세스 fork 시에 생성되는 파이프를 통한 통신. Named pipe – 명시적으로 생성하는 파이프를 통한 통신. Semaphore – 운영체제가 지원하는 상호배제 메소드를 이용한 동기화 방식. Message passing – Java RMI, CORBA 등을 이용한 MPI(Message Passing Interface) 기술. Memory-mapped file – mmap 등과 같이 파일 또는 디바이스를 메모리 특정 영역으로 매핑하여 데이터 전송

정답   4번

문제 8〉 유닉스의 프로세스 간의 통신 기법 중에서 가장 오래된 방법 중의 하나로 하나 이상의 프로세스에 비동기적으로 사건을 알리기 위해서 신호를 전달하는 방법이 Signal이다. 이러한 Signal에서 인터럽트 Signal을 전송하는 것은 무엇인가?

1) SIGHUP   2) SIGINT   3) SIGKILL   4) SIGTRAP

카테고리   시스템 보안

번호	시그널 이름	발생 및 용도	기본 동작
1	SIGHUP(HUP)	hangup 시그널. Configuration 재설정	종료
2	SIGINT(INT)	interrupt 시그널. Ctrl + c. 실행 중지	종료
3	SIGQUIT(QUIT)	quit 시그널; Ctrl + ₩	코어덤프
4	SIGILL(ILL)	잘못된 명령	
5	SIGTRAP(TRAP)	트랩 추적	
6	SIGIOT(IOT)	IOT 명령	
7	SIGBUS(BUS)	버스 에러	
8	SIGFPE(FPE)	부동 소수점 에러	종료
9	SIGKILL(KILL)	무조건적으로 즉시 중지한다	종료

정답   2번

윈도우 패스워드 설정에 대한 설명이다. (   )에 올바른 것을 선택하시오.

> - 패스워드 길이는 최소 (   ) 이상이어야 한다.
> - 패스워드는 영문대문자, (   ), 기본 (   )개 숫자 세 가지 문자를 포함해야 한다.
> - 사용자 (   )이나 연속되는 문자 (   )개를 초과하는 사용자 전체 이름의 일부를 포함하지 않아야 한다.

문제 9〉

1) 6자, 영문소문자, 10, 계정이름, 2
2) 8자, 특수문자, 9, 이전이름, 3
3) 6자, 영문소문자, 10, 이전이름, 3
4) 8자, 특수문자, 10, 계정이름, 4

카테고리   시스템 보안

문제풀이

윈도우 패스워드 생성규칙
- 패스워드 길이는 최소 6자 이상이어야 한다.
- 패스워드는 영문대문자, 영문소문자, 기본 10개 숫자 세 가지 문자를 포함해야 한다.
- 사용자 계정이름 이나 연속되는 문자 2개를 초과하는 사용자 전체 이름의 일부를 포함하지 않아야 한다.

정답   1번

리눅스 시스템에서 로그인 실패 정보를 보유한 것은 (   )이고 이것을 보고 위한 프로그램은 (   )이다.

문제 10〉

1) btmp, lasta   2) btmp, lastb
3) wtmp, lasta   4) wtmp, lastb

카테고리   시스템 보안

문제풀이

리눅스에서 로그인 실패정보는 btmp에 저장되고 lastb 프로그램으로 확인한다.

정답   2번

문제 11〉 201.1.1.1로 접근하는 특정 IP를 차단하려고 한다. 가장 올바른 것을 선택하시오.

1) iptables -A INPUT -s 201.1.1.1 -j DROP
2) iptables -C INPUT -d 201.1.1.1 -J DEL
3) iptables -A INPUT -d 201.1.1.1 -J DEL
4) iptables -A OUTPUT -s 201.1.1.1 -j DROP

카테고리 　　　　　　　　　시스템 보안

문제풀이

iptables로 IP차단은 iptables -A INPUT 201.1.1.1 -j DROP

정답　　1번

문제 12〉 유닉스 Shell은 Bourne Shell, C Shell, Korn Shell, Bash Shell이 존재한다. 이 중에서 AT&T에서 개발된 것으로 대부분의 유닉스에서 기본적인 Shell은 무엇인가?

1) C Shell　　　　　　　　2) Korn Shell
3) Bourne Shell　　　　　4) Bash Shell

카테고리 　　　　　　　　　시스템 보안

문제풀이

Bourne Shell
• AT&T에서 개발된 Shell
• 사용자에게 최소한의 자원만 제공하며 /usr/bin/sbin이 기본위치임.

정답　　3번

윈도우 시스템에 대한 설명으로 그 내용이 틀린 것을 선택하시오.

문제 13〉

1) net share 명령을 통해서 공유 폴더를 확인할 수 있다.
2) $C, $D, $ADMIN의 기본 공유폴더는 Everyone 그룹에게 모든 권한이 주어진다.
3) 윈도우 파일 시스템은 FAT 16, FAT 32, NTFS가 존재하며, NTFS는 윈도우 NT, 윈도우 2000, 윈도우 XP에서 사용된다.
4) 윈도우에서는 Manager에게 작업을 분담시키고 하드웨어를 제어하는 것은 Object Manager이다.

카테고리   시스템 보안

문제풀이

윈도우 구조

구성내용	세부내용
HAL(Hardware Abstraction Layer)	새로운 하드웨어가 개발되어 시스템에 장착되어도 드라이버 개발자가 HAL표준을 준수하면, 하드웨어와 시스템 간 원활한 통신이 가능함.
Micro Kernel	Manager에게 작업을 분담시키고 하드웨어를 제어함.
IO Manager	시스템 입출력을 제어, 장치 드라이버 사이에서 메시지를 전달 응용 프로그램이 하드웨어와 통신할 수 있는 통로를 제공
Object Manager	파일, 포트, 프로세스, 스레드와 같은 각 객체에 대한 정보를 제공
Security Reference Manager	데이터 및 시스템 자원의 제어를 허가 및 거부함으로써 강제적으로 시스템의 보안설정을 책임
Process Manager	프로세스 및 스레드를 생성하고 요청에 따른 작업처리
Local Procedure Call	프로세스는 서로의 메모리 공간을 침범하지 못하기 때문에 프로세스 간에 통신이 필요한 경우에는 이를 처리하는 장치
Virtual Memory Manager	응용 프로그램의 요청에 따라 RAM 메모리를 할당, 가상 메모리의 Paging을 제어

정답   4번

세마포어는 자원을 경쟁적으로 사용하는 다중 프로세스에서 상호배제 및 동기화 기술을 지원한다. 세마포어는 2가지 변수로 상호배제를 실현하고 있다. 아래의 (   )에 알맞은 것은 무엇인가?

문제 14〉

```
P 함수

Wait(2);
s.count-;
if(    ){
  block this process
  place this process in S.queue
}
```

1) s.count = 0   2) s.count 〈 0
3) s.count 〈= 0   4) s.count 〉 0

카테고리   시스템 보안

세마포어의 상호배제 구현방법

구현코드	상세설명

wait(S):
　S.count--;
　if (S.count<0) {
　　block this process
　　place this process in S.queue
　}
 	
signal(S):
　S.count++;
　if (S.count<=0) {
　　remove a process P from S.queue
　　place this process P on ready list
　}
	−P함수 또는 wait함수는 임계영역 진입 가능 여부 판별
	−세마포어 변수 S가 0보다 작으면 대기큐로 보냄.
	−유닉스는 down 함수라고 표현
	−V함수 또는 signal함수는 임계영역 탈출 시 실행
	−세마포어 변수를 1 증가 시키고 대기 프로세스를 깨움.
	−유닉스는 up 함수라고 표현

정답   2번

아래의 내용을 HRN으로 계산하시오.

문제 15〉

프로세스	P1
수행시간	5
대기시간	0
우선순위	( )

1) 1   2) 2   3) 3   4) 4

카테고리   시스템 보안

문제풀이

우선 순위 = (대기시간 + Burst 시간) / Burst 시간이므로 1임.

정답   1번

보안 소프트웨어에 대한 설명으로 올바른 것을 모두 선택하시오.

문제 16〉

> 가. syslog는 로깅 메시지 프로그램 표준으로 다양한 프로그램이 생성하는 메시지들을 저장하고 이들 메시지를 이용해서 다양한 분석 등이 가능하도록 로그 메시지들을 제공한다.
> 나. AWstats는 웹로그 분석을 수행하는 프로그램으로 홈페이지에 접속한 사용자에 대한 분석이 가능하다.
> 다. Webablizer은 로그 분석을 하기 위한 툴로 홈페이지의 트래픽을 분석할 수 있다.
> 라. Nessus는 대표적인 스캐너 프로그램으로 대상 시스템에 대한 빠른 속도의 스캐닝 뿐만 아니라 다양 종류의 취약점 분석이 가능하다.

1) 가   2) 가, 나   3) 가, 나, 다   4) 가, 나, 다, 라

카테고리   시스템 보안

문제풀이

모두 올바른 설명이고 Nessus는 네트워크 스캐닝을 통해서 침투 테스트를 수행하는 데 사용된다.

정답   4번

방화벽 룰셋 정책의 적용여부를 확인할 수 있는 것은 무엇인가?

문제 17〉

1) iptables -A   2) iptables -B   3) iptables -L   4) iptables -S

카테고리   시스템 보안

iptables ㄴ은 방화벽 룰셋 적용을 확인할 수 있다.

정답   3번

문제 18〉	Nmap을 활용하여 UDP Packet을 발생시켜 전송하였다. 공격대상 시스템에서 ICMP unreachable이라는 패킷으로 응답하는 경우 어떤 상태인가? 1) 해당 Port가 닫혀 있다. 2) 해당 Port가 열려 있다. 3) UDP 패킷을 라우터가 Drop시켰다. 4) 잘못 전송되었다.
카테고리	시스템 보안

문제풀이

· UDP Open Scan

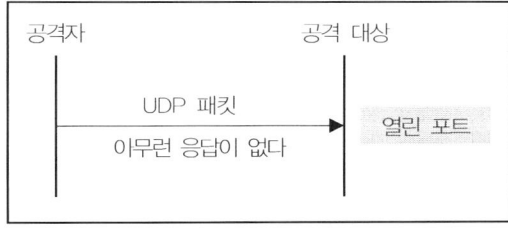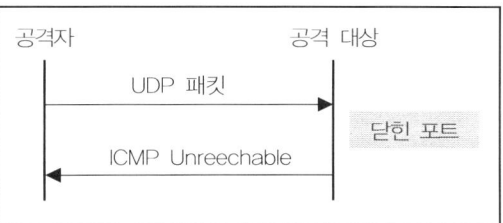

–포트가 열려 있을 경우에 아무런 응답이 없다.
–포트가 닫혀 있을 경우에는 ICMP Unreachable 패킷 수신을 한다.

· TCP Open Scan

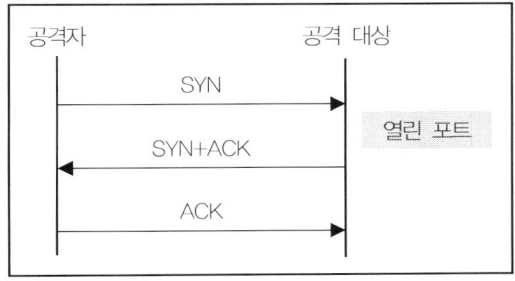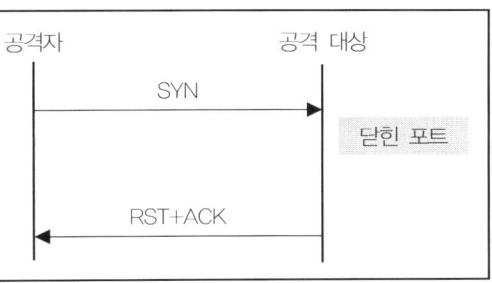

–포트가 열려 있을 경우에 세션을 수립 한다.
–포트가 닫혀 있을 경우에는 RST+ACK 패킷을 수신 한다.

정답   1번

아래의 내용 중에서 nmap에서 지원하는 Stealth 포트 스캐닝 방법만 선택하시오.

문제 19〉

1) Xmas, Fin Scan, Null Scan
2) Ping Scan, TCP Syn Port Scan, Fin Scan
3) TCP Connect Port Scan, UDP Port Scan, Ping Scan
4) Xmas, Ping Scan, UDP Port Scan

카테고리   시스템 보안

문제풀이

Nmap의 Stealth 포트 스캔은 Ping Scan은 지원하지 않고 xmas, Fin, null scan 등을 지원한다.

정답   1번

RAID 구성에서 아래 그림에 해당되는 것은 무엇인가?

문제 20〉

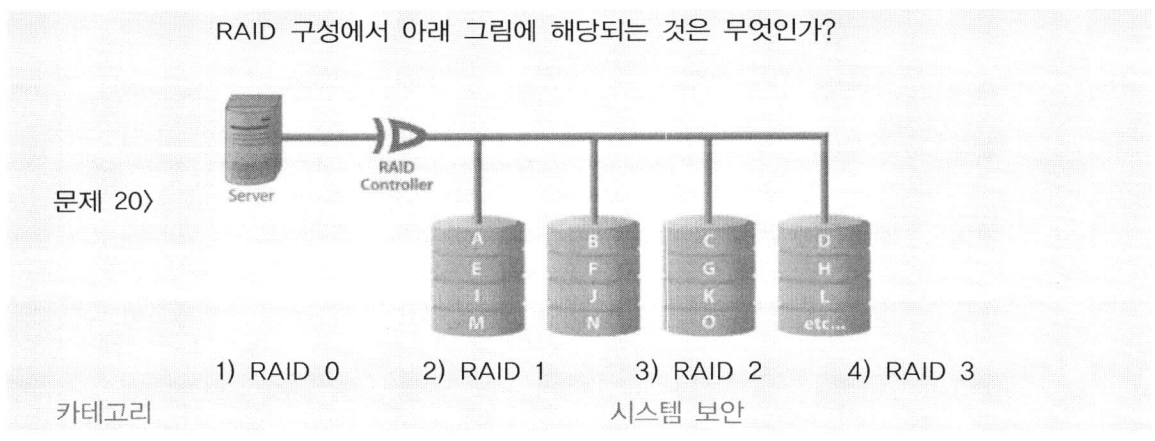

1) RAID 0   2) RAID 1   3) RAID 2   4) RAID 3

카테고리   시스템 보안

문제풀이

RAID 0(Stripe, Concatenate)
- Stripping(구성 디스크에 고르게 분산 저장) 방식과 Concatenate(디스크 배열 순서로 채워짐) 방식 가능
- 최소 2개의 디스크로 구성
- 작은 디스크를 모아 하나의 큰 디스크로 만드는 기술로 장애 대응이나 복구 기능은 별도

정답   1번

실제 메모리가 부족할 경우 디스크 부분을 마치 메모리처럼 사용한 공간으로 메모가 부족할 경우 사용하는 공간은 무엇인가?

1) Real Memory
2) Main Memory Unit
3) Swap Space
4) paging

카테고리   시스템 보안

문제풀이

스완공간(Swap Space): 실제 메모리가 부족할 경우 디스크 부분을 마치 메모리처럼 사용하는 공간으로 메모리가 부족할 경우 사용하는 공간이다.
λ Swap 공간: /etc/vfstab(본 파일로 Swap 공간 할당을 확인함)
λ Swap 관련 명령
−swap -l(Swap space list 표시)
−swap -a(Swap space 추가)
−swap -d(Swap space 삭제)

정답   3번

유닉스 파일 시스템 중에서 inode 목록의 크기, 파일 시스템에 비여 있는 inode 수와 목록을 가지고 있는 것은 무엇인가?

1) 부트블록   2) 수퍼블록   3) 아이노드   4) 데이터 블록

카테고리   시스템 보안

문제풀이

구조	내용
부트 블록 (Boot Block)	- 파일 시스템으로부터 유닉스 커널을 적재시키기 위한 프로그램
슈퍼 블록 (Super Block)	- 파일 시스템의 크기, 블록 수 등 이용 가능 빈 블록 리스트(list) - 빈 블록 리스트에서 그 다음의 빈 블록을 가리키는 인덱스 - 아이노드(inode) 목록의 크기, 파일 시스템에 있는 빈 아이노드(inode)의 수와 목록 - 빈 아이노드(inode) 목록에서 그 다음의 빈 아이노드(inode)의 수와 목록 - 빈 블록과 빈 아이노드(inode) 목록들에 대한 lock필드들 - 슈퍼 블록들이 수정되었는지 나타내는 플래그(flag) - 파일 시스템 이름과 파일 시스템 디스크의 이름

데이터 블록 (Data Block)	- 실제 데이터가 저장되어 있는 파일 형태

아래의 설명으로 맞는 것을 모두 선택하시오.

문제 23〉

> 가. john the Ripper은 윈도우 및 리눅스, MAC 운영체제에서 패스워드 점검에 사용되는 패스워드 크랙툴이다.
> 나. ipccrack는 패스워드에 대해서 사전공격을 지원한다.
> 다. Nuking는 레지스트리, 키 파일, 파일 시스템 등을 훼손시키는 악성 프로그램이다.
> 라. iceword는 윈도우에서 악성 프로그램을 탐지하는 프로그램이다.

1) 가
3) 다, 라

2) 나, 다
4) 가, 나, 다, 라

카테고리   시스템 보안

문제풀이

모두 올바른 설명이다.

정답   4번

서버 보안용 소프트웨어에서 (1) 파일의 무결성을 검사, (2) 오픈 소스로 웹 서버의 취약점 점검, (3) 유닉스 파일 시스템의 변조 여부를 점검하는 도구를 선택하시오.

문제 24〉

1) Hash, NIKTO2, Slipwire
3) SATAN, NIKTO2, Slipwire

2) Tripwire, NIKTO2, Fcheck
4) COSP, Slipwire, NIKTO2

카테고리   시스템 보안

문제풀이

Tripwire 파일 무결성 검사도구. NIKTO2는 오픈 소스 웹 서버 취약점 분석도구. Slipwire는 파일의 SHA-1해시값을 비교하여 변경될 경우 사용자에게 통보를 하는 도구. SATA는 포트 스캔을 기본으로 하는 도구. COPS는 유닉스 보안에 수많은 프로그램을 모아둔 패키지 프로그램

정답   2번

아래의 설명으로 가장 올바른 것을 선택하시오.

문제 25〉

> · 클라이언트 서버 구조에서 동작
> · nmap을 기반하는 보안점검 도구
> · 플러그인 업데이트 및 HTML형태로 보고서를 제공

1) NESSUS   2) Aide   3) Samhal   4) SARA

카테고리   시스템 보안

NESSUS에 대한 설명이다.
- Aide: Message Digest 알고리즘을 사용하여 파일 변조를 점검
- Samhal: 호스트에서 실행되는 모니터링을 하고 정보를 수집
- SARA: 서버 및 라우터, IDS 등의 보안 취약점을 탐지

정답   1번

네트워크 보안

문제 26〉

최근 기업에서는 클라우드 서비스를 지원하기 위해서 SBC(Server Based Computing)을 지원한다. SBC를 지원하기 위해서 네트워크 인프라, 네트워크 가상화 기술로 VPN을 기반으로 하고 있다. 아래의 내용은 VPN에 대한 설명이다. 그 내용으로 틀린 것을 선택하시오.

1) VPN은 암호화를 기반으로 하는 터널링을 지원하며, 이러한 터널링은 데이터그램 네트워크를 마치 전용 네트워크처럼 사용하는 효과를 부여한다.
2) VPN의 터널링 기법은 PPTP, L2TP, IPSEC, SSL, MPLS 등이 존재하며 VPLS(Virtual Private Lan Service)에서는 MPLS VPN이 사용된다.
3) Smart Work를 지원하기 위해서는 사용자의 편의성이 중요하고 사용자의 편의성을 증대하기 위해서 PC에 VPN 소프트웨어를 설치하지 않아도 되는 것이 IPSEC VPN이다.
4) VPN은 안전한 통신을 위해서 암호화를 기반으로 하는 터널링을 지원하지만 네트워크 QoS(Quality of Service)가 보장되지 않으면 사용하기 어렵다.

카테고리   네트워크 보안

PC에 VPN 프로그램을 설치하지 않고 웹브라우저를 활용하여 사용하는 방법이 SSL VPN이다.

정답   3번

문제 27〉 128bit 주소체계를 지원하는 Ipv6는 3개의 주소유형을 제공한다. 이에 해당되지 않는 것은 무엇인가?

1) Unicast   2) Anycast   3) Multicast   4) Broadcast

카테고리   네트워크 보안

IPv4는 32Bit 주소체계를 사용하고 Unicast, Multicast, Broadcast를 지원하고 Ipv6는 Unicast, Multicast, Anycast를 지원한다.

정답   4번

문제 28〉 아래의 내용은 TCP에 대한 설명이다. 해당되는 것은 무엇인가?

> TCP Header 및 Data를 포함하여 TCP Segment의 Error를 체크하고 16Bit 단위의 1의 보수 합을 계산함.

1) Flag & offset   2) Data
3) Check Sum   4) Window Size

카테고리   네트워크 보안

위의 설명은 TCP의 Check Sum에 대한 설명이고 이러한 무결성을 검사하는 연산을 CRC연산이라고 하며 FEC(Forward Error Control)기법을 지원한다.

정답   3번

문제 29〉

메일 전송 프로토콜로 사용되는 SMTP는 25번 Port를 사용하고 메시지 전달을 위해서 (   ) 방식을 사용한다. 가장 올바른 것은 무엇인가?

1) Direct Send
2) End to End
3) Point to Point
4) Store and Forward

카테고리   네트워크 보안

문제풀이

SMTP
- Simple Mail Transfer Protocol
- RFC 821에 명시된 인터넷 전자우편을 위한 프로토콜로 메시지 전달을 위해서 Store and Forward 방식을 사용
- 암호화 및 인증 기능이 없이 사용자의 이메일을 전송하는 프로토콜

정답   4번

문제 30〉

IP 주소체계에서 최상위 비트가 1110으로 시작하는 것은 무엇인가?

1) Class A   2) Class B   3) Class C   4) Class D

카테고리   네트워크 보안

문제풀이

Class A는 0, Class B는 10, Class C는 110, Class D는 1110으로 시작한다.

정답   4번

문제 31〉

스위치는 허브의 확장된 개념으로 패킷을 목적지로 전송하는 역할을 수행한다. 스위칭 기술은 여러 기술들이 존재한다. 스위칭 기술에서 Cut Through와 Store and Forward 방식의 중간으로 대용량의 자료를 많이 전송하는 환경에서 프레임 전송 전에 64Byte를 저장하고 프레임의 충돌을 방지하는 방법은 무엇인가?

1) Store And Forward
2) Cut Through
3) Fragment Free
4) Interim cut Through

카테고리   네트워크 보안

- Fragment Free에 대한 설명이다.
- Store and Forward 방식: 전체 프레임을 수신하고 전송하는 방식으로 프레임이 지연되고 속도가 느린 문제를 가진다.
- Cut Through 방식: 프레임을 수신하면 바로 전송하는 방식으로 전송에 대한 지연이 짧은 장점을 가진다.

정답   3번

문제 32〉 브릿지는 데이터 통신에서 같은 종류의 네트워크를 접속 시키는 장비로 OSI 7계층에서 2계층으로 동작한다. 브릿지의 3가지 기능으로 해당되지 않는 것을 선택하시오.

1) Learning: 패킷 수신 시에 소스 주소를 확인
2) Filtering: 목적지 주소 확인 및 패킷 폐기
3) Forwarding: 주소 테이블을 검색하고 해당 포트로 패킷을 전송
4) Routing: 목적지 주소를 파악하고 경로를 결정

카테고리   네트워크 보안

라우팅(Routing)은 네트워크 계층에서 경로를 결정하는 것으로 라우터의 역할이다.

정답   4번

문제 33〉 VLAN(Virtual LAN)은 불필요한 Broadcast Traffic를 차단하고 보안성을 향상시킬 수 있는 장비로 외부 침입자가 내부의 호스트 정보를 획득하는 것을 방지한다. 이러한 VLAN에서 스위치 포를 각 VLAN에 할당하는 것으로 같은 LAN에 속한 포트에 연결된 호스트들 간에 통신이 가능한 방식은 무엇인가?

1) Port기반 VLAN
2) MAC Address기반 VLAN
3) Network Address기반 VLAN
4) Protocol기반 VLAN

카테고리   네트워크 보안

Port기반 VLAN은 스위치 포트를 VLAN에 할당하는 것이고 VLAN에 속한 연결된 호스트만 통신이 가능한 방식으로 가장 일반적인 방법으로 많이 사용된다.

정답   1번

아래의 설명으로 가장 올바른 것을 선택하시오.

문제 34〉

> • 스위치 간에 VLAN 정보를 공유할 수 있는 기능을 가짐
> • VLAN 정보를 동일하게 유지
> • 추가된 VLAN의 정보를 실시간으로 정보 전송
> • 작동모드는 Server 모드와 Client 모드를 가짐

1) VPN(Virtual Private Network) 2) VLAN Service Protocol
3) VLAN Trunking Protocol 4) VLAN Management Protocol

카테고리   네트워크 보안

지문은 VLAN Trunking Protocol에 대한 설명이다.

Server 모드	Client 모드
• VTP의 기본모드로 VLAN과 다른 설정 변수를 생성 및 수정, 삭제를 지원 • VLAN에 대한 설정값을 NVRAM에 저장	• VLAN을 생성 및 수정, 삭제할 수 없음. • 메시지 전송 불가능

정답   3번

아래의 내용은 무선LAN 표준이다. 무선LAN 표준 중에서 AES 암호화 기법을 사용하는 것은 무엇인가?

문제 35〉

1) IEEE 802.11a 2) IEEE 802.11b
3) IEEE 802.11g 4) IEEE 802.11i

카테고리   네트워크 보안

IEEE 802.11a/b/g는 RC4 알고리즘을 사용하고 단방향 인증 기능을 수행하여 보안에 취약한 문제점을 가진다. 하지만 IEEE 802.11i는 IEEE에서 개발한 무선LAN 표준 규격으로 AES 암호화를 수행한다.

정답   4번

문제 36〉	윈도우 시스템의 운영체제 명령어로 DNS와 직접 연결하여 DNS 설정 상태를 조회할 수 있는 명령어는 무엇인가? 1) route 2) ipconfig 3) nslookup 4) ping
카테고리	네트워크 보안

nslookup은 DNS 설정 상태를 조회하는 명령어로 관리자가 호스트 이름으로 인터넷 주소를 검색하여 제공한다.

정답   3번

문제 37〉	패킷(Packet) 분석도구로 http Header에 관한 패킷을 분석할 수 있는 것은 무엇인가? 1) tcpdtat 2) ngrep, httpry 3) argus 4) syslog
카테고리	네트워크 보안

분석도구	내용
tcpdstat	• 프로토콜의 종류에 관한 정보를 분석, 프로토콜 유형별로 프로토콜 분포 및 트래픽 규모를 파악할 수 있음.
ngrep, httpry	• Http Header에 관한 패킷을 분석 • 접속자의 요청에 대한 통계 및 요청횟수에 대한 정보를 제공
agrus	• Current Connection 패킷 분석으로 특정 시간 동안 연결된 Connection을 파악

정답   2번

아래의 특징을 가지는 공격방법은 무엇인지 선택하시오.

문제 38〉

- 침입탐지시스템 및 패킷필터링 장비를 우회하는 방법
- 패킷을 작은 2개로 나누어 목적지에 전송
- TCP 포트 번호가 첫 번째 패킷이 아닌 두 번째 패킷에 위치하게 함.
- 침입탐지시스템 및 패킷 필터링 장가가 첫 번째 패킷에 포트 번호가 없으므로 첫 번째 패킷을 통과시킴.

1) Tiny Fragment Attack   2) Fragment Overlay Attack
3) TCP Flooding   4) Ping of Death

카테고리   네트워크 보안

문제풀이

－Tiny Fragment Attack에 대한 설명이다.
－Fragment Overlay Attack는 두 개의 패킷 조각을 생성하고 첫 번째 패킷에 포트번호를 기록하고 두 번째 패킷은 Offset을 아주 작게 조작하고 패킷이 재조합될 때 덮어쓰는 방식이다.

정답   1번

아래의 특징을 가지는 공격방법은 무엇인지 선택하시오.

문제 39〉

두 개의 패킷 조각을 생성하고 첫 번째 패킷에 포트번호를 기록하고 두 번째 패킷은 Offset을 아주 작게 조작하고 패킷이 재조합될 때 덮어쓰는 방식이다.

1) Tiny Fragment Attack   2) Fragment Overlay Attack
3) TCP Flooding   4) Ping of Death

카테고리   네트워크 보안

문제풀이

・38번 풀이 참조

정답   2번

아래의 그림을 보고 유도되는 공격방법은 무엇인가?

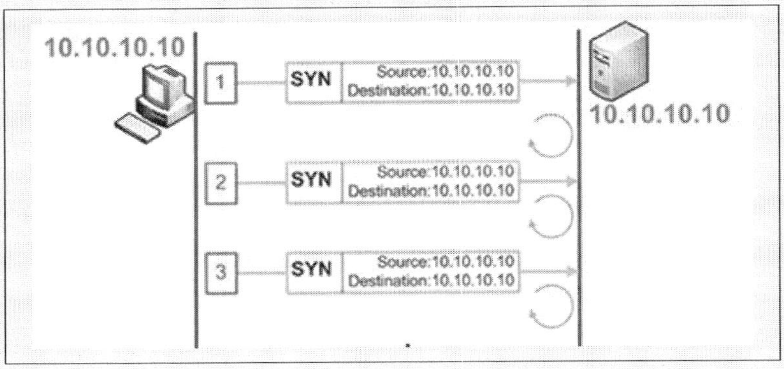

문제 40〉

1) Ping of Death
3) NewTear Attack
2) Land Attack
4) Tear Drop

카테고리   네트워크 보안

Land Attack
 −IP Header를 변조하여 인위적으로 송신자IP 주소 및 Port를 수신자의 IP주소와 Port 주소로 동일하게 설정하여 트래픽을 전
  송하는 공격기법
 −송신자와 수신자의 IP주소와 Port 주소가 동일하기 때문에 네트워크 장비에 부하유발

정답   2번

아래의 특징을 가지는 공격방법은 무엇인지 선택하시오.

문제 41〉

작업 중에 저장 되지않는 데이터를 모두 삭제하는 공격방법으로 패킷을 전송할 때 단편화를 이용하
여 수신자가 재조립 시에 정확한 조립을 위해서 오프셋을 더한다. 이러한 경우 큰 오프셋을 더해서
오버플로우 발생시키는 공격방법

1) Targa Attack
3) Fragment Overlay Attack
2) Tiny Fragment Attack
4) Slow Attack

카테고리   네트워크 보안

Targra Attack에 대한 설명으로 NewTear, Nestea Attack라고도 한다.

정답   1번

문제 42〉

( )은 라우터에 유입되는 SYN 패킷 요청을 서버로 전송하지 않고, 라우터에서 가로채어 SYN 패킷을 요청한 클라이언트와 서버를 대신 연결하는 것이다.

1) Intercept Mode
2) Watch Mode
3) Session Mode
4) SYN Mode

카테고리   네트워크 보안

문제풀이

· CISCO 라우터의 Intercept Mode에 대한 설명이다.
· Watch Mode는 SYN 패킷을 통과시키고 일정 시간 동안 연결이 이루어지지 않으면 라우터가 SYN 패킷을 차단한다.

정답   1번

문제 43〉

SYN Flooding 공격에 대한 대응방법으로 맞는 것을 모두 선택하시오.

```
가. sysctl -w net.ipv4.tcp_max_syn_backlog = 1024
나. sysctl -w net.ipv4.tcp_syncookies = 1
다. 라우터 Watch mode
라. 라우터 Intercept Mode
```

1) 가, 나
2) 가, 다, 라
3) 가, 나, 다, 라
4) 나, 다

카테고리   네트워크 보안

문제풀이

모두 SYN Flooding에 대한 대응방법이다.

정답   3번

문제 44〉

UDP 프로토콜을 제공하는 DNS에 대해서 DNS 쿼리 데이터를 다량으로 전송하여 DNS의 서비스를 방해하는 공격은 무엇인가?

1) IP Fragment Packet Flooding
2) DNS Query Flooding
3) Get Flooding
4) Slow HTTP Post DoS

카테고리   네트워크 보안

문제풀이

· DNS Query Flooding 공격에 대한 설명으로 UDP Flooding 및 ICMP Flooding 공격과 유사한 방법이다.
· DNS Query Flooding 공격은 DNS 대역폭 공격으로 다량의 DNS Query를 발생시켜 서버자원을 고갈시키는 방법이다.

정답   2번

문제 45〉

아래의 내용 중에서 DDoS 공격도구가 아닌 것을 선택하시오.

1) Trinoo   2) TCP Dump   3) Stacheldraht   4) TFN2K

카테고리   네트워크 보안

문제풀이

도구	Trinoo	TFN	Stacheldraht
공격방법	UDP Flood	UPD, ICMP, SYN Flood, Smurf	UPD, ICMP, SYN Flood, Smurf
암호기능	없음	없음	가능
Attacker〈−〉Master	27665/tcp	Telenet 등 방법(별도의 연결없음)	1660/tcp(암호회)
Master〈−〉Agent	27444/udp	ICMP echo Reply	ICMP echo Replay, 65000/tcp
Agent〈−〉Master	313335/ucp	ICMP echo Reply	ICMP echo Reply

정답   2번

문제 46〉

IP Spoofing기법에서 송신자와 수신자 가운데 순차번호를 예측하여 중간에 끼어드는 방식은 무엇인가?

1) Blind Spoofing
2) Non-Blind Spoofing
3) DNS Spoofing
4) Session Hijacking

카테고리   네트워크 보안

문제풀이

Blind Spoofing	Non Blind Spoofing
송신자와 수신자 사이에서 순차번호를 예측하여 중산에 끼어드는 방법	스니핑을 수행하다가 중간에 끼어드는 방법

정답   1번

문제 47〉

패킷을 Null0 인터페이스로 보내져 패킷 필터링을 수행할 때마다 소스IP로 ICMP unreachable이라는 에러 메시지를 전송한다. 이것을 무엇이라 하는가?

1) Blackhole 필터링
2) Session 필터링
3) Packet 필터링
4) Datagram 필터링

카테고리   네트워크 보안

문제풀이

Null 라우팅(Blackhole 필터링)
- NULL이라는 가상 인터페이스로 전송하여 패킷 통신이 되지 않도록 하는 방법이다.
- NULL0 인터페이스로 패킷이 필터링될 때마다 ICMP unreachable 에러가 전송된다.

정답   1번

문제 48〉

IPSEC에서 데이터 무결성과 IP 패킷의 인증을 제공하고 MD5, SHA-1 인증 알고리즘을 이용하여 Key값과 IP 패킷의 데이터를 입력한 인증 값을 계산하여 인증 필드에 기록하는 것은 무엇인가?

1) AH   2) ESP   3) IKE   4) SA

카테고리   네트워크 보안

IPSEC VPN 인증과 암호화를 위한 Header

종류	설 명
AH	−데이터 무결성과 IP 패킷의 인증을 제공, MAC 기반 −Replay Attack로부터의 보호 기능(순서번호 사용)을 제공 −인증 시 MD5, SHA-1인증 알고리즘을 이용하여 Key 값과 IP 패킷의 데이터를 입력한 인증값을 계산하여 인증 필드에 기록 −수신자는 같은 키를 이용하여 인증 값을 검증
ESP	−전송 자료를 암호화하여 전송하고 수신자가 받은 자료를 복호화하여 수신 −IP 데이터그램에 제공하는 기능으로서 데이터의 선택적 인증, 무결성, 기밀성, Replay Attack 방지를 위해 사용 −AH와 달리 암호화를 제공(대칭키, DES, 3-DES 알고리즘) −TCP/UDP 등의 Transport 계층까지 암호화할 경우 Transport 모드 −전체 IP 패킷에 대해 암호화할 경우 터널 모드를 사용

정답   1번

아래의 내용 중에서 스니핑에 대한 방지방법으로 틀린 것을 선택하시오.

문제 49〉

가. VPN을 활용하여 터널링을 수행한다
나. Telnet을 사용하지 않고 SSH를 사용한다.
다. 웹브라우저와 웹서버 간의 Request와 Response 시에 SSL을 사용한다.
라. SHTTP를 사용하여 기업 내부에서 웹브라우저와 웹서버 사이에 사용한다.
마. NAC(Network Access Control) 서버를 사용한다.

1) 가, 나
2) 가, 나, 다
3) 가, 나, 다, 라
4) 가, 나, 다, 라, 마

카테고리   네트워크 보안

NAC는 네트워크에 대한 인증 및 접근제어를 수행하는 솔루션이다. 패킷을 암호화하는 역할은 하지 않는다.

정답   4번

문제 50〉	OSI 계층별 하드웨어 장비 중에서 네트워크 구간 케이블 전기적 신호를 재생하고 증폭하는 장비는 무엇인가?

1) Repeater　　2) Bridge　　3) Router　　4) Gateway

카테고리　　　　　　　　　　　　　　　　네트워크 보안

문제풀이

검출 방법	장비명	설명
Physical	Cable	−Twisted Pair Cable, Coaxial, Fiber-Optic Cable
	Repeater	−네트워크 구간의 케이블의 전기적 신호를 재생하고 증폭하는 장치 −디지털 신호를 제공, 아날로그 신호 증폭 시 잡음과 왜곡까지 증폭
Data Link	Bridge	−서로 다른 LAN Segment를 연결, 관리자에게 MAC 주소 기반 필터링 제공하여 더 나은 대역폭(Bandwidth) 사용과 트래픽을 통제 −리피터와 같이 데이터 신호를 증폭하지만 MAC 기반에서 동작
Network	Router	−패킷을 받아 경로를 설정하고 패킷을 전달 −Bridge는 MAC 주소를 참조하지만 Router는 네트워크 주소까지 참조하여 경로를 설정 −패킷 헤더 정보에서 IP 주소를 확인하여 목적지 네트워크로만 전달하며 Broadcastiing을 차단
	Switch	−목적지의 MAC 주소를 알고 있는 지정된 포트로 데이터를 전송 −Repeater와 Bridge의 기능을 결합 −네트워크의 속도 및 효율적 운영, Data Link 계층에서도 작동
Application	Gateway	−서로 다른 네트워크 망과의 연결(PSTN, Internet, Wireless Network 등) −패킷 헤더의 주소 및 포트 외의 거의 모든 정보를 참조

정답　　1번

애플리케이션 보안

문제 51〉	FTP에 대한 설명으로 그 내용이 틀린 것을 선택하시오. 1) FTP에 대한 사용자 접근제어를 하기 위해서 /etc/ftpusers에 사용자를 등록한다. 2) FTP 전송방식은 Active Mode와 Passive Mode가 있고 이것은 명령과 데이터를 21번 포트를 활용하여 송수신한다. 3) FTP는 암호화 기능이 없고 보안기능이 강화된 sFTP가 존재한다. 4) FTP는 TCP방식으로 동작하고 UDP를 사용하는 tFTP가 존재한다.

카테고리　　　　　　　　　　　　애플리케이션 보안

FTP는 TCP/21번 포트로 명령을 전달하고 데이터는 다른 포트를 사용하여 송수신한다.

정답 　 2번

문제 52〉 FTP에서 Active Mode에서 Passive Mode로 변경하기 위해서 사용되는 명령어는 무엇인가?

1) PASV 　　 2) PASS 　　 3) CDUP 　　 4) PWD

카테고리 　　　　　　　　　　　　애플리케이션 보안

FTP 명령어	세부내용
PASV	· Passive Mode로 변경
PASS	· FTP 로그인 패스워드
CDUP	· 상위 디렉토리로 이동
PWD	· 현재 디렉토리 출력

정답 　 1번

문제 53〉 FTP 응답코드에서 요청된 행위가 강제 종료된 것을 나타내는 코드는 무엇인가?

1) 200 　　 2) 500 　　 3) 451 　　 4) 553

카테고리 　　　　　　　　　　　　애플리케이션 보안

FTP 응답코드 451은 요청된 행위가 강제 종료된 것을 의미한다.
- FTP 응답코드

응답코드	설명	응답코드	설명
110	재시동 표시 응답, 이 경우, 텍스트는 실행되며 특정한 구현 안에 남아 있지 않는다.	120	nnn분 안에 서비스를 준비
125	데이터 커넥션은 이미 열려 있다. 전송이 시작된다.	150	파일 상태는 OK 이다. 데이터 커넥션을 열려고 한다.

200	OK 명령어	211	시스템 상태 또는 시스템 도움말 응답
212	디렉토리 상태	213	파일상태
214	도움말 메시지	215	NAME 시스템 타입
220	새로운 사용자를 위한 서비스를 준비	221	서비스는 제어 커넥션을 닫는다. 만일 적절하다면 로그아웃한다.
225	데이터 커넥션을 연다. 어떤 전송도 처리하는 중이 아니다.	226	데이터 커넥션을 닫는다. 요청된 파일 행위는 성공적이다
227	수동적인 모드를 입력한다.	230	사용자가 로그인 했으면, 처리한다.
250	정보: 요청된 파일 행위는 OK이며 완료되었다.	257	"PATHNAME"을 만든다.
331	사용자 이름은 OK이며 패스워드가 필요하다	332	로그인을 위해서 계정이 필요하다.
350	요청된 파일 행위는 더 많은 정보를 요구한다.	421	서비스가 가용이 아니며 제어 커넥션을 닫는다.
425	데이터 커넥션을 열 수 없다.	426	커넥션을 닫는다. 전송을 회피한다
450	요청된 파일 행위는 일어나지 않는다. 파일을 사용할 수 없다.	451	요청된 행위를 회피한다. 지역 에러를 처리 중이다.
452	요청된 행위가 일어나지 않았다. 시스템의 메모리가 불충분하다.	500	문법 에러 명령어를 인식할 수 없다.
501	파라미터 또는 인수에서의 문법에러	502	명령어가 구현되지 않았다.
503	명령어의 틀린 시퀀스	504	파라미터를 위한 명령어가 구현되지 않았다.
530	로그인이 되지 않았다.	532	저장된 파일들을 위해서 계정이 필요하다.
550	요청된 행위가 일어나지 않음 파일은 사용 가능하다.	551	요청된 행위는 회피 되었음. 알려지지 않은 페이지 타입
552	요청된 파일 행위를 회피한다. 메모리 할당 초과	553	요청된 행위가 일어나지 않음. 파일 이름이 허락되지 않았음.

정답   3번

FTP에 대한 공격방법 설명이다. 가장 올바른 것은 무엇인가?

문제 54〉

(1) 익명 FTP서버를 경유하고 호스트를 스캔
(2) FTP서버를 통해서 임의의 네트워크 접속하고 릴레이를 수행함.
(3) 메일 Header부분을 조작하여 거짓메일을 만듦

1) Bounce Attack   2) tFTP Attack
3) Anonymous FTP Attack   4) FTP 서버 취약점

카테고리   애플리케이션 보안

취약점	내용
Bounce Attack	−익명 FTP서버를 사용해 그 FTP 서버를 경유해서 호스트를 스캔 네트워크 포트 스캐닝을 위해서 사용 −FTP 바운스 공격을 통해서 전자메일을 보내는 공격을 Fack Mail이라고 함.
tFtp Attack	−인증절차를 요구하지 않기 때문에 설정이 잘못되어 있으면 누구나 해당 호스트에 접근하여 파일을 다운로드할 수 있음. −FTP보다 간단함.
Anonymous FTPAttack	−보안 절차를 거치지 않은 익명의 사용자에게 FTP 서버로 접근허용 −익명 사용자가 서버에 쓰기 권한이 있을 때 악성코드 생성이 가능
FTP 서버 취약점	−wuftp 포맷 스트링 취약점 및 각 종 버퍼 오버플로우 공격
스니핑	−ID 및 Password 입력 후 접속 시도 시에 암호화가 이루어지지 않음, 네트워크 스니핑에 취약

정답　　1번

문제 55〉

FTP 명령어 중에서 원격 디렉토리 제거를 수행하는 명령어는 무엇인가?

1) NOOP　　　　　　　　　　2) PASV
3) PASS　　　　　　　　　　4) RMD

카테고리　　　　　　　　　　애플리케이션 보안

FTP 명령어에 대한 설명

명령어	설명	명령어	설명
ABOR	현재 전송 중인 파일 전송 중단	CWD	작업 디렉토리 변경
DELE	원격지 파일 삭제	LIST	원격지 파일 목록보기
MDTM	파일 수정 시간보기	MKD	원격 디렉토리 생성
MODE	전송모드 변경	NLST	원격 디렉토리 목록보기
NOOP	아무 작업을 하지 않음	PASS	패스워드 전송
PASV	Passive 모드로 전환	PORT	데이터 포트 오픈
QUIT	연결종료	RETR	원격지 파일 가져오기
RMD	원격지 디렉토리 제거	SIZE	파일 사이즈 리턴
STOR	원격지 파일 전송	USER	사용자명 전송

정답　　4번

FTP에 대한 설명으로 그 내용이 틀린 것을 선택하시오.

문제 56〉

1) FTP 서비스 기동 시에 -l 옵션을 부여하면 Xferlog 파일을 기록한다.
2) inetd.conf 파일에서 in.ftpd를 제거하면 FTP를 사용할 수 없다.
3) FTP TCP를 사용하여 송수신하고 서버가 데이터 전송 포트를 결정한다.
4) FTP OSI 7계층에서 동작하고 윈도우 시스템에서 FTP를 사용하려면 IIS가 설치되어야 한다.

카테고리   애플리케이션 보안

문제풀이

Active Mode는 클라이언트가 데이터 전송을 위한 포트를 결정한다.

정답   3번

eMail에 대한 설명으로 틀린 것을 선택하시오.

문제 57〉

1) SMTP에서 Mail Transfer Agent가 메일을 목적지로 Replay하는 역할을 수행한다.
2) MTA는 Sendmail 혹은 Exchange 등이 존재한다.
3) Mail User Agent는 메일을 읽는 역할을 수행하고 MS의 Outlook이 존재한다.
4) Sendmail에서 /etc/mail/access는 사용자 메일이 저장되는 폴더이다.

카테고리   애플리케이션 보안

문제풀이

−4번: Sendmail에서 /etc/mail/access는 사용자 메일이 저장되는 폴더는 /etc/spool/mail이다.
−e-Mail의 설정파일에 대한 설명이다.
· /etc/mail/access는 메일 Replay 관련 설정파일
· /etc/spool/mail은 사용자별 메일이 저장되는 폴더
· /etc/sbin/sendmail은 sendmail 데몬 프로세스

정답   4번

문제 58〉 아래의 명령어는 어떤 것을 파악하는 것인가?

```
$ netstat -na | grep 25
```

1) FTP 서비스   2) inetd Daemon
3) SNMP   4) SMTP

카테고리   애플리케이션 보안

문제풀이

netstat는 네트워크 상태정보를 조회하고 25번 Port를 사용하는 SMTP를 조회한다.

정답   4번

문제 59〉 아래의 공격방법으로 올바른 것을 선택하시오.

· 사용자가 메일 열람 시에 하는 공격
· HTML이 포함된 메일
· 스크립트를 실행해서 정보 유출을 수행하는 악성코드

1) PC 악성코드   2) Active Contents 공격
3) 트로이목마   4) Drive by download 공격

카테고리   애플리케이션 보안

문제풀이

위의 지문은 메일을 통한 사용자 공격인 Active Contents 공격이다. Active Contents 공격에 대한 대응방법은 스크립트 기능을 제거, 스크립트 태그를 변경하여 스크립트가 실행되지 못하게 하는 것입니다.

정답   2번

문제 60〉 아래의 메일 보안기술 중에서 Sendmail 등과 연동할 수 있으며 제목, 메일크기, 내용, 보낸사람 등에 대한 필터링 기능을 지원하는 것이 무엇인가?

1) procmail   2) Sanitizer
3) SPF(Send Policy Framework)   4) RBL(Real time Black List)

카테고리   애플리케이션 보안

지문은 procmail에 대한 설명이다.

메일 보안기술	세부내용
RBL(Real time Black List)	· SPAM메일 방지를 위해서 IP Black List 관리
SPF(Send Policy Framework)	· 허용된 도메인 혹은 IP 등에서 발송여부를 확인 · DNS를 설정하여 SPAM 메일을 방지함.
Sanitizer	· 확장자를 사용한 필터링, MS Office 매크로 검사, 악성메일 Score, 감염된 메시지 보관 장소 설정
procmail	· 메일크기, 내용, 보낸사람 등으로 필터링을 지원
inflex	· 내부 혹은 외부로 발송되는 메일을 검사하고 첨부파일을 필터링할 수 있음. · 내용스캔, 메일 In 혹은 Out 정책, 첨부파일 필터링
Spam Assassin	· Rule을 기반으로 하여 메일 헤더 및 내용을 분석하고 RBL 참조하여 Rule 매칭되고 총 점수가 임계치를 넘으면 Spam 메일로 결정

정답   1번

문제 61〉

메일 내용을 스캔해서 메일의 In 혹은 Out 정책을 설정하고 첨부파일을 필터링할 수 있는 것은 무엇인가?

1) procmail
2) inflex
3) Spam Assassin
4) RBL

카테고리   애플리케이션 보안

60번 문제풀이 참조

정답   2번

문제 62〉

아래의 기능을 지원하는 메일 보안기법은 무엇인가?

· 봉인된 데이터, 서명된 데이터
· 순수한 서명, 사용자 인증, 기밀성, 무결성, 부인방지 기능
· X.509 인증서 Version 3을 사용
· MIME 기능을 보강

1) PGP   2) PEM   3) S/MIME   4) 서명된 메시지

카테고리   애플리케이션 보안

• 지문은 S/MIME의 주요기능이다.
• S/MIME(Secure Multi-Purpose Internet Mail Extension)
- 표준 보안 메일 규약, 송신자와 수신자를 인증, 메시지 무결성 증명, 첨부를 포함함 메시지 내용의   Privacy를 보증하는 표준 보안 메일 프로토콜로서 메일 전체를 암호화함.
- 인터넷 MIME 메시지에 전자 서명과 함께 암호화를 더한 프로토콜로서 RSA 암호를 사용
- CA(인증기관)으로부터 자신의 공개키를 보증하는 인증서를 받아야 함.
- 첨부 회일에 대한 보안

정답   3번

문제 63〉

Apache 웹서버 Session 관리부분에서 300초라는 기본값을 가지고 클라이언트 요청에 대해서 서버가 대기하는 시간을 설정하는 것과 접속연결에 대한 재요청을 허용할 것인지를 설정하는 것은 무엇인가?

가. Timeout	마. KeepAliveTimeout
나. Session Timeout	바. KeepAlive
다. Maxtime	사. KeepOn
라. MaxKeepAliveRequest	

1) 나, 마   2) 가, 바   3) 다, 사   4) 라, 사

카테고리   애플리케이션 보안

Apache 웹서버 Session 관리

보안설정	내 용
Timeout	- 웹 브라우저가 웹 페이지에 접근 뒤, 클라이언트의 요청에 서버가 대기하는 시간을 설정 - 기본값은 300초
MaxKeepAliveRequests	- 접속을 허용 할 수 있는 최대 회수를 지정 - 0일 경우 무제한 기본값은 100
KeepAliveTimeout	- 클라이언트 최초 요청을 받은 뒤에 다음 요청이 전송이 될 때까지 대기하는 시간을 설정 - 즉, 설정된 시간 동안 서버는 한 번의 요청을 받고 접속을 끊지 않고 유지한 상태에서 다음의 요청을 받아들임
KeepAlive	- 접속연결에 대한 재요청을 허용할 것인지를 설정 - 기본값은 off이며 on으로 설정되면 MaxKeepAliveRequests 값과 연계됨.

정답   2번

문제 64〉	DNS는 도메인 주소를 관리하는 시스템으로 도메인 단위로 관리를 수행하고 이러한 도메인 단위관리에서 도메인을 ( )이라고 한다. 또한 도메인 서버에서 도메인의 이름은 RFC 표준에 따라 영문자대문자, 영문자소문자, ( ), ( )가 사용된다. 1) Primary DNS, 특수문자, - 2) Cache Only DNS, 숫자, * 3) Zone, 숫자, - 4) 계층구조, 숫자, 특수문자
카테고리	애플리케이션 보안

문제풀이

Zone에 대한 설명이고 도메인 이름은 영문자대문자, 영문자소문자, 숫자, - 가 사용 가능하지만 모두 숫자로 할 수는 없다.(하지만 현재는 숫자로만 이루어지는 WebNum이 존재함)

정답   3번

문제 65〉	DNS에 대한 설명으로 그 내용이 틀린 것을 선택하시오. 1) DNS TCP/UDP 53번 포트를 사용한다. 2) DNS는 Zone은 Public Domain Zone과 Inverse Domain Zone이 존재하고 Public Domain Zone은 IP주소에 대한 도메인 주소로 번역한다. 3) DNS 종류 중에서 Cache Only DNS는 한번 질의 받은 것은 Cache에 저장하여 대역폭의 소모를 줄일 수 있다. 4) Secondary DNS는 서버가 다운되면 주 영역을 대신해서 사용한다.
카테고리	애플리케이션 보안

문제풀이

Zone의 종류

구분	내용
정방향 조회영역(Public Domain Zone)	• 도메인 주소를 IP주소로 변환
역방향 조회영역(Inverse Domain Zone)	• IP주소를 도메인 주소로 변환

정답   2번

문제 66〉 DNS에서 사용자가 내부정보를 수동으로 편집해서 인터넷에 적용되는 것은 무엇인가?

1) Primary DNS
2) Secondary DNS
3) Cache-Only DNS
4) SOA Record

카테고리   애플리케이션 보안

문제풀이

Primary DNS는 다른 이름으로 Master라고 하며 내부정보를 수동으로 편집해서 인터넷에 적용되는 영역이다. Secondary DNS는 Primary DNS와 동일한 정보를 갖는다.

정답   1번

문제 67〉 아래의 DNS 설정의 예를 보고 답을 고르시오.

```
# 호스트에 IP주소를 부여함
WWW    IN    (    )    201.1.1.1
Mail    IN    (    )    201.1.1.1
```

(   ) 안에 알맞은 것은 무엇인가?

1) Name Server Record
2) Mail exchanger Record
3) CNAME
4) Address

카테고리   애플리케이션 보안

문제풀이

A(Address) Record는 도메인에 IP주소를 부여한다.

정답   4번

DBMS 접근제어 방식은 Agent 방식과 Gateway 방식으로 나누어진다. Gateway 방식은 다시 Proxy 방식과 Inline 방식으로 분류할 수 있다. 아래의 내용 중에서 Gateway 방식에 대한 설명으로 틀린 것을 선택하시오.

문제 68〉

1) Proxy 방법은 데이터베이스에 접속하는 모든 IP를 Proxy 서버를 통해서 접근하는 방법이다.
2) Proxy 방법은 강력한 접근제어를 실현하지만 작은 규모의 환경에서는 불리하다.
3) Proxy 방법은 이중화가 가능하므로 업무연속성을 확보한다.
4) Inline 방법은 규모가 크지 않는 환경에서 유리하다.

카테고리   애플리케이션 보안

문제풀이

Proxy 방법은 Proxy 서버를 통해서 접근제어를 수행하므로 대규모 데이터베이스 환경에서 유리한 방법이다.

정답   2번

다음 MS SQL 데이터베이스를 구축하고 보안점검을 하고자 한다. 올바른 활동을 모두 선택하시오.

문제 69〉

가. 물리적 보안과 서비스 격리
나. 데이터베이스 서버와 인터넷 중간에 방화벽 설치
다. 최소한의 권한으로 계정생성
라. 최신 서비스 팩과 주기적 보안 패치를 실시
마. SA계정에 복잡한 패스워드를 설정하고 주기적으로 변경한다.
바. xp_cmdshell을 실행할 수 있도록 설정한다.
사. Null 패스워드를 파악하고 제거 및 사용하지 않는 계정 삭제

1) 가, 나, 다, 라, 마   2) 가, 다, 라, 마, 사
3) 가, 나, 다, 라, 마, 바, 사   4) 나, 다, 라, 마, 사

카테고리   애플리케이션 보안

문제풀이

xp_cmdshell 프로시저는 원격으로 명령을 실행할 수 있는 프로시저이므로 sysadmin구성원만 실행할 수 있게 해야 한다.

정답   3번

아래의 내용에 해당되는 공격방법은 무엇인지 선택하시오.

문제 70〉

공격도구: Havij, Pangolin, HDSL
대응방법: 입력값 필터링, 입력값 크기 제한, ORM 사용, Stored Procedure 사용, Web Firewall 사용

1) SQL Injection
2) Command Injection
3) XSS
4) CSRF

카테고리 애플리케이션 보안

문제풀이

SQL Injection

구분	내용
개념	−사용자가 서버에 제출한 데이터가 SQL Query로 사용되어 데이터베이스 및 응용시스템에 영향을 주는 공격기법 −SQL문을 조작하거나 오류를 발생시켜 정보를 유출하거나 변조 −OWASP TOP 10에서 가장 위험한 공격기법의 하나
발생원인	−공격자의 입력값이 데이터베이스의 쿼리 작성에 이용되는 환경에서 입력값을 미검증 또는 부적절한 검증 −동적으로 Query구문이 완성되는 애플리케이션
결과	−쿼리 조작을 통한 데이터베이스 노출 및 변조 −웹 애플리케이션 인증우회 −데이터베이스 덤프, 파괴 −시스템 커맨드의 실행(주로 MS-SQL에서 발생) −시스템 주요 파일 노출 −DDoS공격
공격도구	−Havij, Pangolin, HDSL
대응방안	−입력값 필터링 −입력값 크기제한 −Dynamic SQL 지양 −ORM 사용 지향 −PreparedStatement 사용 −데이터 타입 패턴 체크 −데이터베이스 권한관리 −공통 오류페이지 사용(오류반환 설정) −WAF/IDS −Stored Procedure 사용

정답 1번

아래의 내용은 Mass SQL Injection에 대한 설명이다. (   ) 내에 올바른 것을 선택하시오.

문제 71〉

(1번)가 아닌 (2번)를 통해서 데이터가 전달되는 방식으로 대부분의 Web Application Firewall조차 (1번) 방식만 검사하기 때문에 우회할 수 있는 통로로 활용되어 공격

1) 1번: Get   2번: Session
2) 1번: Post   2번: Cookie
3) 1번: Get/Post   2번: Session
4) 1번: Get/Post   2번: Cookie

카테고리   애플리케이션 보안

문제풀이

Mass SQL Injection
- 한 번의 공격으로 대량의 DB값이 변조되어 서비스에 치명적인 악영향을 끼치는 확장된 개념의 SQL Injection 공격기법
- IDS/IPS/WAF를 우회하기 위해 공격을 수행할 때 사용되는 값들을 인코딩함.
- DB의 값을 변조할 때 악성 스크립트가 삽입됨.
- 변조된 사이트 방문 시 봇이 설치되어 계정 해킹 및 DDOS공격을 위한 좀비가 되기도 함.
- Mass Sql Injection에 사용되는 구문은 Get/Post가 아닌 Cookie를 통해 전달됨.
- Cookie Injection: Get/Post가 아닌 Cookie를 통해 데이터가 전달되는 방식으로, 대부분의 WAF에서 조차 Get/Post방식만 을 검사하기 때문에 우회할 수 있는 통로로 활용되어 Mass Sql Injection공격에 활용될 수 있음.

정답   4번

XSS공격에서 취약한 웹페이지는 어떤 것인지 모두 선택하시오.

문제 72〉

가. HTML을 지원하는 게시판   나. Search Page
다. Personalize Page   라. Join Form Page
마. 사용자로부터 입력 받아 화면에 출력하는 모든 페이지

1) 가, 나   2) 가, 나, 다
3) 가, 나, 다, 라   4) 가, 나, 다, 라, 마

카테고리   애플리케이션 보안

XSS의 공격 대상

업무	내용
XSS에 취약한 웹 페이지	-HTML을 지원하는 게시판 -Search Page -Personalize Page -Join Form Page -Referer를 이용하는 Page -기타 사용자로부터 입력 받아 화면에 출력하는 모든 페이지에서 발생 가능
공격대상	-이용HTML Tag: 예: 〈script〉, 〈object〉, 〈applet〉, 〈embed〉, 〈img〉 태그 -대상 스크립트 언어/스크립트: Java Script, VB Script, Active X, HTML, Flash -대상 코드의 위치: URL parameter, Form elements, Cookie, DB Query 등
사례	-〈script〉 ... 〈/script〉 -〈img src="javascript:......"〉 -〈div style="background-image:url(javascript...)"〉〈/div〉 -〈embed〉...... 〈/embed〉 〈iframe〉〈/iframe〉

정답   4번

	XSS 공격 유형 중에서 Reflective XSS에 대한 설명으로 틀린 것을 선택하시오.
문제 73〉	1) Non persistent 2) 공격자는 악성 스크립트를 포함한 URL을 Victim에 노출 3) 악성 스크립트는 서버에 저장되지 않음. 4) 악성 스크립트를 서버에 저장
카테고리	애플리케이션 보안

XSS의 유형

구분	내용
C2C 방식 (Client to Client 또는 Stored XSS)	−Persistent −공격자는 악성 스크립트를 XSS에 취약한 웹 서버에 저장(웹 게시판, 방명록 등) −공격자는 해당 게시물을 Victim에 노출시킴. Web Server Posting (악성스크립트) ① — 악성 스크립트가 서버에 저장됨 Request ③ Response (악성스크립트 포함) ④ 5. Client Browser에서 악성 스크립트가 실행됨 Attacker — ② 악성스크립트가 있는 URI — Victim
Client to Itselt (Reflective XSS)	−Non persistent −공격자는 악성 스크립트를 포함한 URL을 Victim에 노출(이메일, 메신저, 웹 게시판 등) −악성 스크립트는 서버에 저장되지 않음 Web Server Request (악성스크립트 포함) ② Response (악성스크립트 포함) ③ 4. Client Browser에서 악성 스크립트가 실행됨 Attacker — ① malicious URL — Victim

정답   4번

문제 74〉	윈도우 웹서버인 IIS 서버에서 사용하는 인증방법이 아닌 것은 무엇인가?
	1) PAM(Pluggable Authentication Module) 인증 2) 윈도우 인증 3) 다이제스트 인증 4) 기본인증
카테고리	애플리케이션 보안

· PAM(Pluggable Authentication Module)는 리눅스에서 사용하는 인증방법이고 사용자의 서비스에 대한 접근을 제어하는 모듈화된 방법이다. PAM은 관리자가 사용자 인증방법을 선택할 수 있다.

· IIS 웹서버 특징

	IIS 5.0	IIS 5.1	IIS 6.0
플랫폼	Windows 2000	Windows XP Pro	Windows Server 2003
아키텍처	32비트	32비트 및 64비트	32비트 및 64비트
응용프로그램 프로세스 모델	TCP/IP 커널	TCP/IP 커널	HTTP.sys 커널
	DLLhost.exe(중급 또는 고급 응용프로그램 격리에서의 다양한 DLL 호스트)	DLLhost.exe(중급 또는 고급 응용프로그램 격리에서의 다양한 DLL 호스트)	IIS 5.0 격리 모드에서 IIS를 실행할 경우: Inetinfo. ext 작업자 프로세스 격리 모드에서 IIS를 실행 할 경우: W3wp.exe
메타베이스	이진	이진	XML
보안	Windows 인증 SSL Kerberos	Windows 인증 SSL Kerberos 보안 마법사	Windows 인증 SSL Kerberos 보안 마법사/Passport 지원
원격관리	HTMLA	HTMLA 없음	원격관리 도구(HTML)
클러스터지원	IIS 클러스터링	Windows 지원	Windows 지원
www 서비스	Windows 9x 개인 웹관리자 /Windows 2000의 IIS	Windows XP Professional의 IIS	Windows Server 2003 제품군 구성원의 IIS

정답　　1번

리눅스에서 사용하는 PAM인증에 대한 설명이다. 틀린 것을 선택하시오.

문제 75〉
1) PAM은 접근제어를 지원하고 모듈화된 방법을 제공한다.
2) PAM 라이브러리는 /etc/pam.d 혹옥 /etc/pam.conf로 설정한다.
3) PAM 모듈은 /lib/security 혹은 /usr/lib/security에 위치하고 정적으로 로딩된다.
4) PAM에 대한 확인은 rpm -qi pam으로 확인할 수 있다.

카테고리　　　　　　　　　애플리케이션 보안

PAM의 모듈은 동적으로 로드 가능한 오브젝트 파일을 제공한다.

> 사용자를 인증하고 그 사용자의 서비스에 대한 액세스를 제어하는 모듈화된 방법을 일컫는다. PAM은 관리자가 응용프로그램들의 사용자인증방법을 선택할 수 있도록 해준다. 즉 필요한 공유라이브러리의 묶음을 제공하여 PAM을 사용하는 응용프로그램을 재컴파일 없이 인증 방법을 변경할 수 있다.

PAM 동작

> 리눅스에서 PAM프로젝트의 목적은 권한을 부여하는 소프트웨어의 개발과 안전하고 적정한 인증의 개발을 분리하려는 데에 있다. 이것은 응용프로그램이 사용자 인증을 처리하기 위해 사용될 함수의 라이브러리를 제공함으로써 가능하다. PAM 라이브러리는 /etc/pam.d(또는 /etc/pam.conf)에서 각 시스템에 맞게 설정하여, 각 시스템에서 사용가능한 인증 모듈을 통해 사용자의 인증 요구를 처리한다. 모듈 자체는 /lib/security(또는 /usr/lib/security)에 위치하고 동적으로 로드가능한 오브젝트 파일의 형태를 갖는다.

정답   3번

정보보호개론

아래의 내용 설명으로 가장 올바른 것은 무엇인가?

문제 76〉

> -( ) 인증 시스템의 취약점 해결방법
> -Time Stamp로 인해서 시간 동기화가 필요함.
> -재생방지 공격에 유효기간을 표시
> -Time Stamp를 사용한 키 확인 과정을 수행
> -비밀키 변경이 필요함.

1) SSO   2) Kerberos   3) EAM   4) NAC

카테고리   정보보호개론

· 커버로스 인증의 문제점은 패스워드에 대한 사전공격에 취약하고 비밀키 및 세션키가 임시로 단말기에 저장되므로 취약성이 발생함.
· 클라이언트와 서버 간의 시간 동기화가 필요함.

정답   2번

문제 77〉

Kerberos에서 일정 시간 제한을 두어 다른 사람이 (1번) 복사하여 재사용 방지 및 재생공격을 방지하는 것은 (2번)이다.

1) 1번: Time Stamp   2번: Ticket
2) 1번: KDC   2번: Time Stamp
3) 1번: Ticket   2번: Time Stamp
4) 1번: TGS   2번: KDC

카테고리   정보보호개론

문제풀이

· Kerberos는 티켓을 복사하여 티켓을 사용에 대한 시간제한을 두는 것이 타임스탬프
· KDC는 키분배 서버로 제3의 기관으로 티켓을 생성 및 인증을 수행
· TGS는 티켓 부여 서비스로 KDC의 일부분
· AS는 인증 서비스로 사용자 인증을 수행하는 KDC의 일부분

정답   3번

문제 78〉

아래의 내용 중에서 그 구성이 다른 것은 무엇인가?

1) CCTV   2) 생체인식   3) 직무분리   4) 경비원

카테고리   정보보호개론

문제풀이

직무분리, 정책, 지침, 감사 등은 관리적 접근통제이고 CCTV, 생체인식, 경비원은 물리적 접근통제이다.

정답   3번

문제 79〉

블록 암호화 운영모드에서 암호화가 각 블록에 독립적으로 작용하는 운영모드는 무엇인가?

1) ECB   2) CBC   3) OFB   4) CFB

카테고리   정보보호개론

- 암호화가 각 블록에 독립적으로 작용하는 운영모드: ECB, CTR
- 이전 블록의 암호화 값이 다음 블록에 영향을 주는 운영모드: CBC, OFB, CFB

정답   1번

문제 80〉 공격자가 Call Center에 전화를 걸어 패스워드를 알아내는 공격방법은 무엇인가?

1) 무차별 공격   2) 사전공격   3) 사회공학적 해킹   4) 전자적 모니터링

카테고리   정보보호개론

사회공학적 해킹은 심리적 공격기법이다. 그러므로 콜센터에 전화를 걸어 패스워드를 획득하는 것은 사회공학적 공격기법이다.

정답   3번

문제 81〉 아래의 내용은 생체인식이 가져야 할 특성 중에서 어떤 문제를 유발시킬 수 있는가?

사용자 A는 오래된 현장 작업으로 지문이 손실되었다.

1) 지속성   2) 유일성   3) 보편성   4) 저항성

카테고리   정보보호개론

생체인식은 누구나 소유한 보편성을 만족해야 하고 위와 같은 문제점을 해결하기 위해서 생체인식은 2-Fact 인증을 지원한다.

- 보편성(University): 모든 사람들이 보편적으로 지니고 있어야 함.
- 유일성(Uniqueness): 개개인별로 특징이 명확이 구분이 되어야 함.
- 지속성(Permanence): 발생된 특징점은 그 특성을 영속해야 함.
- 성능(Performance): 개인 확인 및 인식의 우수성, 시스템 성능
- 수용성(Acceptance): 거부감이 없어야 함.
- 저항성: 위조 가능성이 없어야 함.

정답   3번

문제 82〉 다음 중 위험관리의 순서로 가장 적절한 것은?

가. 위험분석   나. 정보보호대책 수립
다. 위험평가   라. 정보보호계획 수립
마. 위험관리 전략 및 계획 수립

1) 가 - 나 - 다 - 라 - 마   2) 가 - 다 - 나 - 라 - 마
3) 마 - 가 - 나 - 라 - 다   4) 마 - 가 - 다 - 나 - 라

카테고리   정보보호개론

문제풀이

위험관리 절차: 위험관리 전략 및 계획
수립위험분석(정성적 위험분석) → 위험평가(정량적 위험분석) → 정보보호대책 수립(BCP/BIA) → 정보보호 계획수립(DRP/DR)

정답   4번

문제 83〉 보안성 평가를 IT 위한 공통평가기준(Common Criteria)에서 보안기능을 포함한 IT 제품이 갖추어야 하는 보안 요구사항의 집합을 의미하는 것은?

1) TOE(Target of Evaluation)   2) PP(Protection Profile)
3) ST(Security Target)   4) EAL(Evaluation Assurance Level)

카테고리   정보보호개론

문제풀이

구분	내용
보안기능요구사항	– TOE기능에서 요구되는 필요한 보안행동 정의, 제품 영역별 정의 구분 (암호 운용 및 키 관리, 사용자 신원 확인 및 인증, 데이터 보호관리 등)
보증요구사항	– 보안기능의 보안목적 부합여부 나타내기 위한 최소한의 요구정도 (판단대상: 개발과정에 적용되는 개발 절차 및 문서)
보호 프로파일	– Protection Profile(PP) – 시스템 개발 시 이용자 요구에 따른 보안기능 표현 설명서
보안목표명세서	– Security Target(ST) – TOE가 제공하는 보안 기능과 평가대상 범위 설명 문서
보호 프로파일	– 평가대상(Target of Evaluation) – IT제품이나 시스템(일부 또는 전체), 관련 설명서

정답   2번

문제 84〉

개인정보관리체계(PIMS)는 조직의 전반적인 경영을 위한 관리구조의 한 부분으로, 조직의 사업목적을 달성하는 것을 방해하는 다음의 위험들을 관리해야 한다. 아래 표에서 '가', '나', '다'는 각각 어떠한 위험에 대한 설명인가?

가. 개인정보자산이 허가되지 않은 사람에게 노출되는가?
나. 허가되지 않은 사람에 의하여 변경되거나 훼손되는가?
다. 기술적 관리적 물리적 보호조치 또는 개인정보보호 관련 법률 같은 법률적으로 규정된 사항을 지키지 못하는가?

	가	나	다
1)	기밀성	무결성	준거성
2)	기밀성	무결성	가용성
3)	무결성	기밀성	준거성
4)	무결성	기밀성	가용성

카테고리   정보보호개론

문제풀이

- 기밀성: 개인정보자산이 허가되지 않은 자에게 노출되는 위험
- 무결성: 비인가자가 정보를 변경하거나 훼손하는 위험
- 준거성: 기술적 관리적 보호조치 및 개인정보보호법등 법, 규제를 지키지 못하는 위험

주요 보안위협

보안목표	보안위협	내용
가용성 (Availability)	방해 (Interruption)	- 송수신자의 데이터가 수신자에게 전달되지 못하도록 중간에서 하드웨어나 소프트웨어를 파괴하거나 네트워크를 단절 및 전송 중인 패킷 변조
기밀성 (Confidentiality)	가로채기 (Interception)	- 통신서로를 도청하거나 패킷을 스니핑하여 송수신자 간의 데이터를 가로채서 권한이 없는 사람이 그 내용을 보는 것
무결성 (Integrity)	불법수정/변조 (Modification)	- 송신자의 데이터를 중간에서 변조하여 수신자에게 전송. 수신자는 잘못된 정보를 받거나 악의적인 행위를 하는 코드를 내장한 파일을 실행
인증성 (Authenticity)	위조 (Fabrication)	- 악의가 있는 송신자가 인증된 사용자로 가정하여 수신자에게 데이터 전송

정답   1번

문제 85〉

다음 중 상위 등급의 주체가 하위 등급의 객체에 정보의 쓰기를 수행할 수 없도록 하는 속성(no write-down 속성)을 가진 보안 모델은?

1) Take-Grant 모델
2) Biba 모델
3) Clark-Wilson 모델
4) Bell-LaPadula 모델

카테고리   정보보호개론

문제풀이

유형	내용
BLP (Bell-LaPadula , 벨 라파듈라 모델)	−군사용 보안구조의 요구 사항을 충족하기 위해 설계된 모델 −가용성이나 무결성 보다 비밀유출(Disclosure, 기밀성) 방지에 중점, MAC 기법, 최초의 수학적 모델 −No Read Up(NRU or ss−property) , No Write Down: 보안 수준이 낮은 주체는 보안수준이 높은 객체를 읽어서는 안 됨. −제한사항: 접근권한 수정에 관한 정책이 없고, 기밀성만 다루고 있고 무결성은 다루지 않음.
비바모델(BIBA)	−무결성을 강조한 최초의 수학적 모델, BLP모델의 단점인 무결성을 보장할 수 있도록 보완한 모델 −No Read Down(NRD or Simple Integrity Axiom), No Write UP: 보안수준이 높은 주체는 보안수준이 낮은 객체를 읽을 수 없고, 보안수준이 낮은 주체는 보안수준이 높은 객체에 기록해서는 안 됨.
클락/윌슨 모델(Clark & Wilson model)	−well−formed transactions, separation of duties(직무분리) −Addresses all 3 integrity goals: 비 인가자가 수정하면 안 됨. 직무분리, 권한 있는 사람이 부적절한 수정을 하면 안 됨. −Consists of Triples(Triple Access): Subject/Program(신뢰성, 일관성)/Object) and Rules예측 가능하고 완전한 방식으로 일어나야 함(Well−Formed Transaction).
Take−Grant 모델	−권리를 다른 주체나 객체로 전달할 수 있는 방법을 지시하는 그래프를 채용 −grant권리를 가진 주체는 다른 주체, 객체에 권리를 허가(grant)할 수 있고, take권리를 가지는 주체는 다른 주체, 객체로부터 권리를 획득할 수 있음.

정답   4번

문제 86〉

해시 함수에 대한 다음의 설명 중 가장 거리가 먼 것은?

1) 해시 함수는 고정된 길이의 출력을 생성하여야 한다.
2) 해시 함수는 임의의 길이의 데이터 블록에 적용될 수 있어야 한다.
3) 주어진 데이터에 대한 해시 값을 계산하는 것은 어려워야 한다.
4) 같은 해시 값을 가지는 서로 다른 데이터 X와 Y를 찾는 것은 계산상 불가능해야 한다.

카테고리   정보보호개론

3번: 주어진 데이터에 대한 해시값 계산은 쉬워야 함.

해시 함수 특징

유형	내용
압축	-임의의 길이의 평문을 고정된 길이의 출력값으로 변환함.
일방향 (One Way)	-메시지(평문)에서 해시값(해시코드)를 구하는 것은 쉽지만, 반대로 해시값에서 원래의 메시지를 구하는 것은 매우 어려움.
민감성	-평문의 한 비트만 바뀌어도, 해시값은 50% 이상이 바뀜.
충돌방지 (Collision-free)	-다른 메시지가 같은 해시값을 가질 확률은 거의 0에 가까움.

정답   3번

「정보통신망 이용촉진 및 정보보호 등에 대한 법률」및 「개인정보 보호법」의 개인정보의 수집·이용에 관한 조항에서 정보주체에 반드시 알려야 하는 사항이 다르게 정의되어 있다. 공통적으로 정의되어 있지 않은 사항은?

문제 87〉

1) 개인정보의 수집·이용 목적
2) 동의를 거부할 권리가 있다는 사실
3) 개인정보의 보유 및 이용 기간
4) 수집하려는 개인정보의 항목

카테고리   정보보호개론

「개인정보보호법」	「정보통신망 이용촉진 및 정보보호 등에 관한 법률」
② 개인정보처리자는 제1항 제1호에 따른 동의를 받을 때에는 다음 각 호의 사항을 정보주체에게 알려야 한다. 다음 각 호의 어느 하나의 사항을 변경하는 경우에도 이를 알리고 동의를 받아야 한다. 1. 개인정보의 수집·이용 목적 2. 수집하려는 개인정보의 항목 3. 개인정보의 보유 및 이용 기간 4. 동의를 거부할 권리가 있다는 사실 및 동의 거부에 따른 불이익이 있는 경우에는 그 불이익의 내용	① 정보통신서비스 제공자는 이용자의 개인정보를 이용하려고 수집하는 경우에는 다음 각 호의 모든 사항을 이용자에게 알리고 동의를 받아야 한다. 다음 각 호의 어느 하나의 사항을 변경하려는 경우에도 또한 같다. 1. 개인정보의 수집·이용 목적 2. 수집하는 개인정보의 항목 3. 개인정보의 보유·이용 기간

정답   2번

일정량의 평문에 대응하는 암호문을 알고 있는 상태에서 암호문과 평문의 관계로부터 키를 추정하여 해독하는 공격 방법은?

문제 88〉

1) 암호문 단독 공격(ciphertext only attack)
2) 알려진 평문 공격(known plaintext attack)
3) 선택 평문 공격(chosen plaintext attack)
4) 선택 암호문 공격(chosen ciphertext attack)

카테고리   정보보호개론

문제풀이

- 암호문단독공격(COA): 암호문만 알고 있는 상태
- 기지평문공격(KPA): 일정량의 평문에 대한 암호문을 알고 있는 상태
- 선택평문공격(CPA): 암호기에 접근할 수 있는 상태, 평문을 선택하여 암호문을 얻어내어 해독
- 선택암호문공격(CCA): 암호 복호기에 접근할 수 있는 상태, 암호문에 대한 평문을 얻어내어 해독

정답   4번

다음 중 미국 국립기술표준원(NIST)으로부터 AES(Advanced Encryption Standard)로 선정된 Rijndael 암호 알고리즘에 대한 설명으로 가장 거리가 먼 것은?

문제 89〉

1) DES보다 안전하고 3중 DES보다 효율적이라는 선정 조건을 만족한다.
2) 현대 블록 대칭키의 기본이 되는 Fiestel 구조를 잘 유지하고 있다.
3) 키의 크기와 라운드 수를 가변적으로 설정하여 유연하게 사용이 가능하다.
4) 구조가 간단하여 소프트웨어, 하드웨어, 펌웨어로의 구현에 모두 적합하다.

카테고리   정보보호개론

문제풀이

- 미국 NIST가 차세대 암호화 표준(AES; Advanced Encryption Standard)으로 선정한 알고리즘으로 3가지의 키 크기(128비트, 192비트, 256비트)를 지원하는 새로운 대칭 블록암호화 알고리즘임.
- NIST는 보안성, 성능, 효율성, 구현 용이성, 유연성 등의 항목을 비교한 결과 Rijndael을 가장 우수한 기술로 평가하였으며, 중요 정보에 대한 암호화 방식으로 권고하고 있음.
- 또한 SEED와 마찬가지로 대칭키 암호화 알고리즘이기 때문에 암호화된 값에 대한 복호화로 원래 암호화 이전에 값을 알 수 있음.
- SPN 구조: Substitution-Permutation Network, 암호화 과정과 복호화 과정이 다름.

정답   2번

아래의 지문은 「정보통신망 이용촉진 및 정보보호 등에 관한 법률」이다. 올바른 것을 선택하시오.

문제 90〉

"(   )"란 생존하는 개인에 관한 정보로서 성명·주민등록번호 등에 의하여 특정한 개인을 알아볼 수 있는 부호·문자·음성·음향 및 (   ) 등의 정보(해당 정보만으로는 특정 개인을 알아볼 수 없어도 다른 정보와 쉽게 (   )하여 알아볼 수 있는 경우에는 그 정보를 포함한다)를 말한다.

1) 개인정보, 바이오, 구성　　　　　2) 정보시스템, 생체, 연결
3) 개인정보, 구성, 생체　　　　　　4) 개인정보, 영상, 결합

카테고리　　　　　　　　　　　　　정보보호개론

문제풀이

「정보통신망 이용촉진 및 정보보호 등에 관한 법률」
"개인정보"란 생존하는 개인에 관한 정보로서 성명·주민등록번호 등에 의하여 특정한 개인을 알아볼 수 있는 부호·문자·음성·음향 및 영상 등의 정보(해당 정보만으로는 특정 개인을 알아볼 수 없어도 다른 정보와 쉽게 결합하여 알아볼 수 있는 경우에는 그 정보를 포함한다)를 말한다.

정답　　　4번

문제 91〉

(　　　　　　)는 사상, 신념, 과거의 병력 등 개인의 권리, 이익이나 사생활을 뚜렷하게 침해할 우려가 있는 개인정보를 수집하여서는 아니된다. 다만, 제22조 제1항에 따른 이용자의 (　　)를 받거나 다른 법률에 따라 특별히 수집 대상 개인정보로 허용된 경우에는 그 개인정보를 수집할 수 있다. (　　　　　　)에 알맞은 정보통신망법은 무엇인가?

1) 개인정보 취급자, 합의　　　　　2) 개인정보 취급자, 동의
3) 개인정보 이용자, 동의　　　　　4) 정보통신서비스 제공자, 동의

카테고리　　　　　　　　　　　　　정보보호개론

문제풀이

「정보통신망 이용촉진 및 정보보호 등에 관한 법률」
제23조 개인정보의 수집 제한 등
① 정보통신서비스 제공자는 사상, 신념, 과거의 병력(病歷) 등 개인의 권리·이익이나 사생활을 뚜렷하게 침해할 우려가 있는 개인정보를 수집하여서는 아니 된다. 다만, 제22조 제1항에 따른 이용자의 동의를 받거나 다른 법률에 따라 특별히 수집 대상 개인정보로 허용된 경우에는 그 개인정보를 수집할 수 있다.

정답　　　4번

문제 92〉

개인정보보호에서 동의를 받아야 할 정보통신망법상의 항목이 아닌 것은?

1) 개인정보의 파기
2) 개인정보의 이용기간
3) 개인정보의 수집 이용 목적
4) 수집하는 개인정보의 항목

카테고리   정보보호개론

문제풀이

제24조의2(개인정보의 제공 동의 등)
① 정보통신서비스 제공자는 이용자의 개인정보를 제3자에게 제공하려면 제22조
제2항 제2호 및 제3호에 해당하는 경우 외에는 다음 각 호의 모든 사항을 이용자에게 알리고 동의를 받아야 한다. 다음 각 호의 어느 하나의 사항이 변경되는 경우에도 또한 같다.
1. 개인정보를 제공받는 자
2. 개인정보를 제공받는 자의 개인정보 이용 목적
3. 제공하는 개인정보의 항목
4. 개인정보를 제공받는 자의 개인정보 보유 및 이용 기간

정답   1번

문제 93〉

정보통신망법상 동의 없이 개인정보 수집이 가능한 경우는?

1) 세미나를 위한 경우
2) 홍보, 마케팅에 활용하려는 목적인 경우
3) 대리운전을 하기 위한 전화번호 제공하는 경우
4) 이벤트를 위해 경품을 제공하기 위한 경우

카테고리   정보보호개론

문제풀이

제23조(개인정보의 수집 제한 등)
① 정보통신서비스 제공자는 사상, 신념, 과거의 병력(病歷) 등 개인의 권리·이익이나 사생활을 뚜렷하게 침해할 우려가 있는 개인정보를 수집하여서는 아니 된다. 다만, 제22조 제1항에 따른 이용자의 동의를 받거나 다른 법률에 따라 특별히 수집 대상 개인정보로 허용된 경우에는 그 개인정보를 수집할 수 있다.
② 정보통신서비스 제공자는 이용자의 개인정보를 수집하는 경우에는 정보통신 서비스의 제공을 위하여 필요한 최소한의 정보를 수집하여야 하며, 필요한 최소한의 정보 외의 개인정보를 제공하지 아니한다는 이유로 그 서비스의 제공을 거부하여서는 아니 된다.

정답   3번

문제 94〉	정보주체로부터 제3자 제공 시 정보통신망법상 동의받을 사항이 아닌 것은?
	1) 개인정보를 제공받는 자 2) 개인정보보호의 책임 3) 개인정보보호 항목 4) 개인정보를 제공받는 자의 개인정보 이용목적
카테고리	정보보호개론

문제풀이

제17조(개인정보의 제공)

① 개인정보처리자는 다음 각 호의 어느 하나에 해당되는 경우에는 정보주체의 개인정보를 제3자에게 제공(공유를 포함한다. 이하 같다)할 수 있다.

1. 정보주체의 동의를 받은 경우
2. 제15조 제1항 제2호·제3호 및 제5호에 따라 개인정보를 수집한 목적 범위에서 개인정보를 제공하는 경우

② 개인정보처리자는 제1항 제1호에 따른 동의를 받을 때에는 다음 각 호의 사항을 정보주체에게 알려야 한다. 다음 각 호의 어느 하나의 사항을 변경하는 경우에도 이를 알리고 동의를 받아야 한다.

1. 개인정보를 제공받는 자
2. 개인정보를 제공받는 자의 개인정보 이용 목적
3. 제공하는 개인정보의 항목
4. 개인정보를 제공받는 자의 개인정보 보유 및 이용 기간
5. 동의를 거부할 권리가 있다는 사실 및 동의 거부에 따른 불이익이 있는 경우에는 그 불이익의 내용

③ 개인정보처리자가 개인정보를 국외의 제3자에게 제공할 때에는 제2항 각 호에 따른 사항을 정보주체에게 알리고 동의를 받아야 하며, 이 법을 위반하는 내용으로 개인정보의 국외 이전에 관한 계약을 체결하여서는 아니 된다

정답   2번

문제 95〉	「정보통신망 이용촉진 및 정보보호 등에 관한 법률」 중 정보통신망에서의 이용자 보호에 대한 내용으로 틀린 것을 선택하시오.
	1) 개인정보 수집 및 이용에 대한 동의 등 2) 청소년 보호를 위한 시책 마련 등 3) 불법정보의 유통금지 등 4) 영상 또는 음향정보 제공사업자의 보관의무
카테고리	정보보호개론

개인정보 수집 및 이용에 대한 동의는 개인정보보호법의 제22조 개인정보보호에 관한 조항

정답   1번

문제 96〉 아래의 내용 중에서 개인정보보호에서 해당되는 암호화 조치와 관련이 없는 것은 무엇인가?

1) 금융거래 시에 사용되는 계좌번호
2) 회원등록 시에 사용되는 주민번호
3) 개인에 대한 바이오 정보
4) 회원인증에 사용되는 패스워드

카테고리   정보보호개론

계좌번호는 「정보통신망 이용촉진 및 정보보호 등에 대한 법률」에 정의된 것임.

정답   1번

문제 97〉 아래의 내용 중에서 IDEA 암호화 시스템에 대한 설명으로 가장 올바른 것을 선택하시오.

1) 대칭키 암호화 방식, 64비트키
2) 대칭키 암호화 방식, 128비트키
3) 비대칭키 암호화 방식, 64비트키
4) 비대칭키 암호화 방식, 128비트키

카테고리   정보보호개론

IDEA(International Data Encryption Algorithm)
- 64비트 블록에 키 크기 128Bit , 8Round, PGP(E-mail 암호화에 사용)
- 암호화 강도가 DES보다 강하고 2배 빠름.

정답   2번

문제 98〉	암호화 기법 중 스마트 폰, 스마트 카드에 활용할 수 있고, 하드웨어 및 소프트웨어로 구현할 때 코드의 간결성과 효율성이 특징인 암호화 기술은 무엇인가?
	1) AES 2) MD5 3) SHA 4) RSA
카테고리	정보보호개론

문제풀이

AES(Advanced Encryption Standard)
 −DES의 단점을 극복하기 위해 공모를 통해 만들어진 암호화 기법, 현 미국 표준 암호화 알고리즘
 −공모시의 규칙: 공개적으로 밝혀야 함, 로열티 없이 사용 가능, 128 비트 블록을 위한 대칭적인 블록암호이어야 함.
 −128, 192, 256Bit의 키 길이를 제공해야 함, 10/12/14Round
 −Rijndael 알고리즘을 사용
 −AES 선정 기준: Security, Speed, Robustness(구현 용이성)
 −H/W, S/W의 구현이 용이하고 Smart Phone 등 Mobile 단말기 암호화에 좋음, Smart card의 Data 암호화

정답   1번

문제 99〉	BCP에서 가장 중요한 활동은 비즈니스 영향도 분석 작업이다. 비즈니스 영향 분석(BIA)을 수행하는 이유로 적당하지 않은 것은 무엇인가?
	1) 핵심 업무프로세스 식별 2) 핵심 프로세스에 필요한 자원식별
	3) 최대허용 유휴시간 산정 4) DRS 구축 비용산정
카테고리	정보보호개론

문제풀이

−BIA는 핵심 업무프로세스를 식별하고 업무별 등급과 재해 및 재난 발생 시에 영향도를 정량적으로 측정하고 목표 복구시간을 산정하는 BCP의 가장 중요한 활동임.
−DRS 구축 비용에 대한 계획은 BCP 수립에 대한 이행과정에서 고려되어야 할 내용임.

정답   4번

문제 100〉 대칭키 암호화 시스템인 DES 암호화 기법에서 Key의 길이는 무엇인가?

1) 16비트   2) 56비트   3) 64비트   4) 1024비트

카테고리   정보보호개론

문제풀이

DES는 64비트 키를 사용하고 RSA는 1024비트 키를 사용함.

정답   3번

제6회 정보보안기사 모의고사

시스템 보안

문제 1〉 아래의 내용은 운영 보안모드이다. 그 설명에 해당되는 것은 무엇인가?

> 모든 사용자가 시스템에 의해 처리 된 모든 정보에 접근하도록 허가 받았지만 모든 정보에 접근할 필요가 없다.

1) 전용보안모드(Dedicated Security Mode)
2) 시스템 최고 보안모드(System High Security Mode)
3) 구획화 모드(Compartmented Security Mode)
4) 다수준 보안모드(Multilevel Security Mode)

카테고리   시스템 보안

문제풀이

① 전용보안모드(Dedicated Security Mode): 모든 사용자가 허가 또는 인가를 받고 시스템 내부에서 처리된 모든 데이터에 대해 need-to-know를 가지고 있다.
② 시스템최고 보안모드(System-High Security Mode): 모든 사용자가 허가 또는 인가를 받았지만 시스템에서 처리되는 모든 정보에 need-to-know를 가질 필요는 없다.
③ 구획화 보안모드(Compartmented Security Mode): 모든 사용자가 시스템에 의해 처리된 모든 정보에 접근하도록 허가 받았지만 모든 정보에 접근할 필요가 없다.
④ 다수준보안모드(Multilevel Security Mode): 모든 사용자가 시스템에 의해 처리되는 모든 정보에 접근하도록 허가나 공식적 승인을 받은 것이 아니라 동시에 둘 이상의 정보 분류 수준이 허용되면 시스템은 다수준 보안모드에서 작동하고 있는 것이다. Bell-Lapadula는 다수준보안모드의 한 예이다.

정답   3번

문제 2〉 소프트웨어 개발방법인 객체지향 방법론에서 제시된 것으로 시스템의 구성요소는 세부적으로 파악하지 않고 입력구문과 출력으로 표현되는 것만 파악하는 것은 무엇인가?

1) 다형성
2) 추상화
3) 데이터 숨김
4) 다중 인스턴스

카테고리   시스템 보안

추상화는 복잡한 모델을 간략하게 표현하는 특성으로 객체지향의 주요한 특징이다.
이러한 추상화의 개념은 시스템을 구성하는 기술적 방법을 제시한다.

정답   2번

아래의 지문에 알맞은 것을 선택하시오.

문제 3〉

> CPU 스케줄링에 대한 것으로 일정한 시간 할당량 만큼 CPU를 점유하고 시간 할당량을 초과하면
> 다시 준비 큐로 되돌아 온다.

1) 최소작업 우선 스케줄링   2) 우선순위 스케줄링
3) 순환할당 스케줄링   4) 다단계 큐

카테고리   시스템 보안

라운드 로빈(Round Robin)

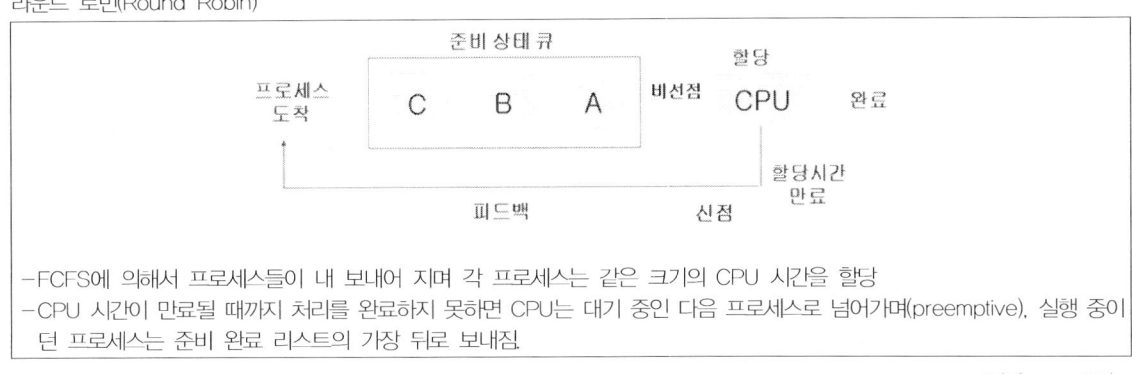

- FCFS에 의해서 프로세스들이 내 보내어 지며 각 프로세스는 같은 크기의 CPU 시간을 할당
- CPU 시간이 만료될 때까지 처리를 완료하지 못하면 CPU는 대기 중인 다음 프로세스로 넘어가며(preemptive), 실행 중이 던 프로세스는 준비 완료 리스트의 가장 뒤로 보내짐.

정답   3번

국내 사이버 침해사고인 1월 25일 사이버 침해의 특징으로 가장 올바른 것은 무엇인가?

문제 4〉
1) 주로 개인용 PC를 대상으로 웜을 전파했다.
2) 사용자가 Active X를 다운로드 받고 좀비PC로 전환되었다.
3) 불법적인 P2P 공유 프로그램 사용자에게 웜이 전파되었다.
4) SQL Server 취약점을 이용했다.

카테고리   시스템 보안

문제풀이

· 1월 25일 사이버 대란은 주로 개인용 PC가 아닌 서버를 대상으로 했고 SQL 서버의 취약점을 사용하여 웜이 전파되었다.
· **최근의 해킹사고 내용도 반드시 학습해야 한다.**

정답   4번

윈도우의 System Configuration Utility로 윈도우의 전체적인 설정 및 관리를 할 수 있는 도구이다. 이것은 system.ini, win.ini, boot.ini와 같은 내용을 열람할 수 있으며 시작 프로그램을 관리할 수도 있는 것은 무엇인가?

문제 5〉
1) ipconfig   2) Event View
3) msconfig   4) confmanager

카테고리   시스템 보안

문제풀이

msconfig 유틸리티에 대한 설명이다.

위의 화면을 보면 msconfig가 어떤 기능을 제공하는지 확인할 수 있음.

정답   3번

문제 6〉	HKLM₩SYSTEM₩CurrentControlSet₩Services₩lanmanserver₩paramet ers에 관련된 것은 무엇인가? 1) LAN 사용자 정보 2) 공유폴더 3) 시작 프로그램 순서 및 제어 4) 서비스 등록 및 시작
카테고리	시스템 보안

· 보안상의 이유로 공유폴더를 제어해야 한다.

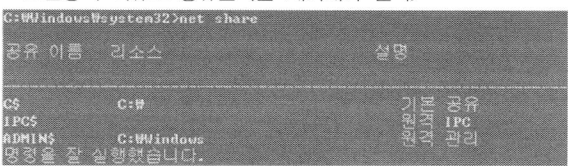

λ Net share로 공유폴더 확인

· 레지스트리 변경

HKLM₩SYSTEM₩CurrentControlSet₩Services₩lanmanserver₩parameters

— 값 이름: AutoShareServer, 값 종류: DWORD, 값 데이터: 0, 기본 값: 1

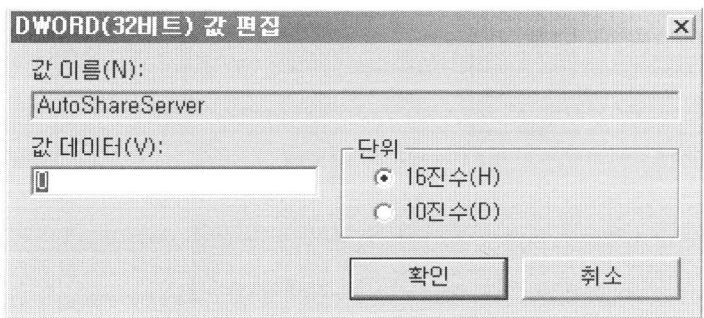

| · net stop과 start | ```
C:₩Windows₩system32>NET STOP SERVER
Server 서비스를 멈춥니다..
Server 서비스를 잘 멈추었습니다.

C:₩Windows₩system32>NET START SERVER
Server 서비스를 시작합니다..
Server 서비스가 잘 시작되었습니다.
``` |

· 공유여부 확인

기본 공유	설명
C$, D$	Windows서버에서 Administrators, Backup Operators, Server Operators 그룹의 멤버만이 접근할 수 있는 권한이 있다.
AMDIN$	%SYSTEMROOT%로 표시되는 시스템 루트 디렉터리로 원격으로 시스템을 관리하기 위해서 사용되는 공유이다.
IPC$	Named pipe를 사용하는 서버 간에 필요한 임시 연결을 위한 것으로 프로그램 간 통신에 필요한 공유이다. 서버의 원격 관리 시 필요하며 해당 컴퓨터의 공유되 자원을 볼 때 필요하다.
PRINT$	%SYSTEMROOT%₩SYSTEM32₩SPOOL₩DRIVERS 디렉터리로 원격 프린터 관리 시 사용된다.
FAX$	Windows가 fax 클라이언트로 사용 시 이용되는 공유 폴더이다.

정답   2번
```

아래의 설정이 무엇을 의미하는지 선택하시오.

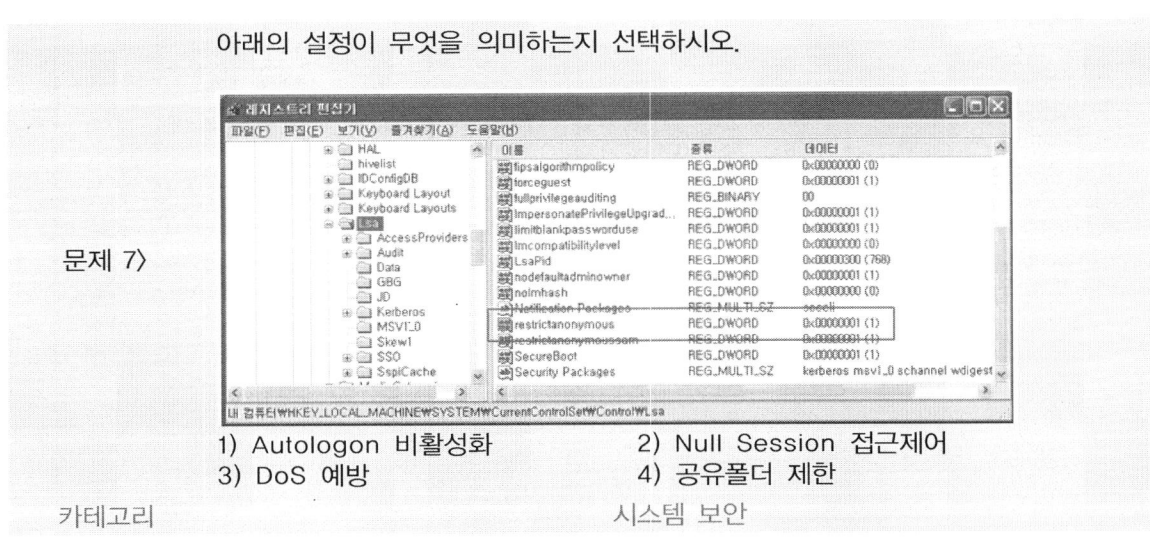

문제 7〉

1) Autologon 비활성화   2) Null Session 접근제어
3) DoS 예방   4) 공유폴더 제한

카테고리   시스템 보안

문제풀이

반드시 학습해야 할 내용

· Null Session 접근제어

> · 윈도우 서버는 SMB와 NetBios를 기본적으로 사용하고 이것은 사용자 인증 없이 TCP/139, 445 포트를 사용하여 원격 호스트에 접근할 수 있음.
> · HKLM₩SYSTEM₩CurrentControlSet₩Control₩Lsa₩restrictanonymous를 1로 설정하여 Null Session접근을 제어해야 함.

· Autologon 비활성화

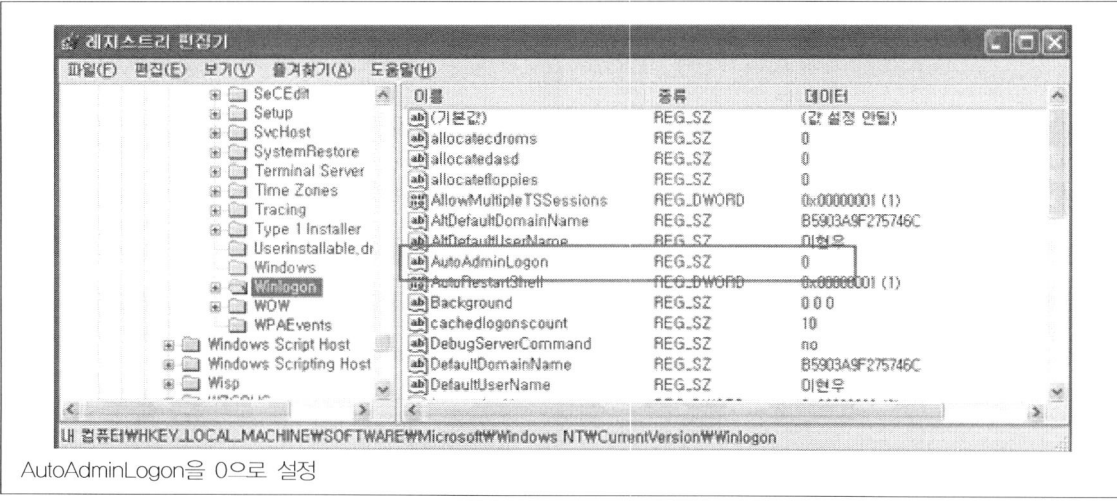

AutoAdminLogon을 0으로 설정

· DoS 공격 예방

HKLM₩SYSTEM₩CurrentControlSet₩Services₩Tcpip₩Parameters 설정값 변경

· 레지스트리 값 설명

레지스트리 값	내용
① SynAttackProtect	- 형식: REG_DWORD - 범위: 0(SynAttack 프로텍션을 사용하지 않음) 　1(재전송 시도를 줄이고 route 캐쉬엔트 리를 지연시킨다) 　2(1의 기능외에도 Winsock에 대한 지시(indication)를 지연시킨다) - 권장값: 2 - 설명: SYN-ACK 패킷을 기다리는 시간을 줄여 SYN 공격에 대한 빙어 기능을 한다.
② TcpMaxHalfOpen	- 형식: REG_DWORD - 범위: 100-0xFFFF - 권장값: 100(W2k Pro, Server), 500(adv. Server) - 설명: SynAttackProtection이 동작하기 전에 허용되는 SYN-RCVD 상태의 connection 수를 나타낸다.
③ TcpMaxHalfOpenRetried	- 형식: REG_DWORD - 범위: 80-0xFFFF - 권장값: 80(W2K Pro, Sever), 400(adv. Server) - 설명: SynAttackProtection이 동작하기 전 Syn 패킷의 재전송이 최소 하나 이상 있는 SYN-RCVD 상태의 connection 수를 나타낸다
④ EnablePMTUDiscovery	- 형식: REG_DWORD - 범위: 0(Falue), 1(True) - 권장값: 0 - 설명: EnablePMTUDiscovery를 1로 설정하면 TCP는 최대 전송 단위(MTU)나 원격 호스트 경로에 대한 최대 패킷 크기의 검색을 시도하며, 0으로 설정하지 않으면 공격자가 강제로 MTU를 이주 작은 값으로 설정하여 스택의 부하가 커진다.
⑤ NoNameReleaseOnDemand	- 형식: REG_DWORD - 범위: 0(Falue), 1(True) - 권장값 :1 - 설명: 컴퓨터가 이름 해제 요청을 받을 때 NetBIOS 이름을 해제할지 여부를 결정한다. 이 값은 관리자가 악의적인 이름 해제 공격으로부터 컴퓨터를 보호한다.
⑥ EnableDeadGWDetect	- 형식: REG_DWORD - 범위: 0(Falue), 1(True) - 권장값: 0 - 설명: EnableDeadGWDetect를 1로 설정하면 TCP는 더 이상 작동하지 않는 게이트웨이를 검색할 수 있으며, 0으로 설정하지 않으면 서버가 강제로 원하지 않는 게이트웨이로 전환될 수 있다.
⑦ KeepAliveTime	- 형식: REG_DWORD - 권장값: 300,000(5분) - 설명: idle connection을 확인하기 위하여 얼마나 자주 Keep-alive 패킷을 보낼지를 결정하는 값이다

⑧ PerformRouterDiscovery	- 형식: REG_DWORD - 범위: 0(disabled), 1(enabled), 　2 (만약 DHCP가 router discoveroption을 전송하는 경우에만 활성화) - 권장값 : 0 - 설명: Windows 2000에서 인터페이스 카드 기반으로 RFC 1256에 해당하는 Router 　discovery를 수행하게 할지를 제어한다.
⑨ EnableICMPRedirects	- 형식: REG_DWORD - 범위: 0(False), 1(True) - 권장값: 0 - 설명: 해당 시스템이 ICMP redirect 메시지를 받았을 경우, 라우팅 테이블을 변경할 　수 있게 하는 값으로 0으로 설정하여 변경되지 않도록 해야 한다.

정답　2번

원도의 취약점이 발견되어서 아래와 같이 윈도우 패치가 나왔고 패치를 자동적으로 업데이트하는 hotfix이다. 이러한 hotfix를 도와주는 MS의 툴은 무엇인가?

문제 8〉

> windows xp 핫픽스 - kb825119
> windows xp 핫픽스 - kb828035
> windows xp 핫픽스 패키지 [자세한 정보:q319580]
> windows xp application compatibility update [q319580]
> windows xp **hotfix** - kb821557
> windows xp **hotfix** - kb823182
> windows xp **hotfix** - kb823980
> windows xp **hotfix** - kb824105
> windows xp **hotfix**(sp1) [see q311967 for more information]
> windows xp **hotfix**(sp1) [see q313450 for more information]
> windows xp **hotfix**(sp1) [see q314862 for more information]
> windows xp **hotfix**(sp1) [see q315000 for more information]
> windows xp **hotfix**(sp1) [see q315403 for more information]
> windows xp **hotfix**(sp1) [see q317277 for more information]
> windows xp **hotfix**(sp1) [see q318138 for more information]
> windows xp **hotfix**(sp1) [see q320174 for more information]
> windows xp **hotfix**(sp1) [see q323172 for more information]
> windows xp **hotfix**(sp1) [see q324096 for more information]
> windows xp **hotfix**(sp1) [see q324380 for more information]
> windows xp **hotfix**(sp1) [see q326830 for more information]
> windows xp **hotfix**(sp1) [see q328940 for more information]

1) patchinstall　　　2) covert　　3) pam　　4) fport

카테고리　　　　　　　　　　시스템 보안

MS patchinstall.vbs은 hotfix를 연속적으로 수행할 수 있는 툴이다.

정답   1번

아래의 설명으로 올바른 것은 무엇인가?

문제 9〉
- 유닉스 계열에서 사용되는 접근제어 툴로 수퍼데몬으로 구동되는 서비스에 대한 접근제어와 로깅을 수행하는 보안도구
- 접근제어를 위한 /etc/hosts.allow와 /etc/hosts.deny 파일을 사용
- 클라이언트가 inetd로 구동되는 서버에 애플리케이션을 요청하고 Inetd는 tcpd에게 제어권을 넘김. Tcpd는 접근제어 목록인 hosts.allow 및 hosts.allow를 검사하고 애플리케이션 접근을 허용

1) tcp wrapper   2) httprint   3) ampa   4) xprobe

카테고리   시스템 보안

- 윈도우 패스워드 생성규칙
λ TCP Wrapper
유닉스 계열에서 사용되는 접근제어 툴, 인터넷 슈퍼데몬으로 구동되는 서비스에 대한 접근제어와 로깅을 하는 보안도구

λ 동작방식
① 클라이언트가 inetd로 구동되는 서버의 애플리케이션을 요청
② Inetd는 tcpd에게 제어권을 넘김
③ Tcpd는 애플리케이션에 대한 접근 제어목록(hosts.allow 및 hosts.deny)을 검사
④ 사용자에게 애플리케이션 접근을 허용

λ 설정방법
 −변경 전: telnet stream tcp nowait root /usr/sbin/in.telnetd in.telnetd
 −변경 후: telnet stream tcp nowait root /usr/sbin/tcpd in.telnetd

λ 접근제어 목록
 −/etc/hosts.allow − in.telnetd : 201.1.1.2, 210.1.2.0/24 EXCEPT 201.1.2.1
 −/etc/hosts.deny − ALL : ALL

λ 로그기록 및 재시작
 −/etc/syslog.conf에서 로그를 설정
 −Inetd 재시작, kill −HUP PID

정답   1번

문제 10〉 다음 중 스파이웨어 감염을 파악할 수 있는 내용으로 가장 거리가 먼 것을 선택하시오.

1) 원하지 않는 광고창이 발생함.
2) 사용자가 광고 프로그램을 종료하지 못하거나, 삭제를 하지 못함.
3) 홈 페이지에서 즐겨찾기 등이 특정 사이트로 임의적 변경되었음.
4) 대량의 트래픽을 발생 시키는 좀비PC가 됨.

카테고리   시스템 보안

문제풀이

스파이웨어
Spyware, 상용 프로그램 등에 적용되어 미리 사용자의 승인을 얻어 설치되는 프로그램이다. 하지만 실행되고 나면 개인정보 유출 및 정보보안 침해를 유발하는 프로그램이다.

정답   4번

문제 11〉 아래의 내용은 서버의 접근통제를 할 수 있는 iptables 설정이다. 해당되는 내용은 무엇인가?

```
iptables -A FORWARD -p udp -m udp -sport 53 -j ACCEPT
iptables -A OUTPUT -p udp -m udp -dport 53 -j ACCEPT
```

1) ICMP ping을 허용하고 있다.
2) HTTP 서비스를 허용하고 있다.
3) FTP 서비스에 대한 허용이다.
4) DNS 서버에 대한 허용이다.

카테고리   시스템 보안

53번에 대한 포트는 DNS가 사용하는 포트이다.

임베스트 보안기사 실기문제풀이 iptables 부분 반드시 참조하세요.

▶ **허용 정책 설정**

① **루프백 접속 허용**

다른 곳과 네트워크가 연결되어 있지 않더라도 시스템의 기본 네트워크이며 로컬 호스트의 인터페이스인 루프백에 대해서는 접속이 이뤄질 수 있도록 해야 하므로, 다음과 같이 설정한다.

```
iptables -A INPUT -i lo -j ACCEPT
iptables -A OUTPUT -o lo -j ACCEPT
```

내부 네트워크 접속

```
iptables -A FORWARD -s 192.168.0.0/24 -d 192.168.0.0/24 -j ACCEPT
iptables -A OUTPUT -s 192.168.0.0/24 -d 192.168.0.0/24 -j ACCEPT
```

내부 -〉 외부 접속

```
iptables -A FORWARD -s 외부주소 -p tcp -m tcp --sport 포트번호 -j ACCEPT
iptables -A OUTPUT -d 외부주소 -p tcp -m tcp --dport 포트 -j ACCEPT
```

② **DNS 포트 허용**

```
iptables -A FORWARD -p udp -m udp --sport 53 -j ACCEPT
iptables -A OUTPUT -p udp -m udp --dport 53 -j ACCEPT
```

③ **ICMP 핑 허용**

```
iptables -A OUTPUT -o eth0 -p icmp --icmp-type echo-request -j ACCEPT
iptables -A FORWARD -i eth0 -p icmp --icmp-type echo-reply -j ACCEPT
iptables -A OUTPUT -o eth0 -p icmp --icmp-type echo-reply -j ACCEPT
```

④ **SSH 포트 허용 (192.168.0.1 -〉 172.16.1.20)**

```
iptables -A fedora -s 172.16.1.20 -p tcp -m tcp --sport 22 -j ACCEPT
iptables -A OUTPUT -d 172.16.1.20 -p tcp -m tcp --dport 22 -j ACCEPT
```

⑤ **HTTP 포트 허용**

```
iptables -A FORWARD -i eth0 -p tcp -m tcp --sport 80 --dport 1024:65535 -j ACCEPT
iptables -A OUTPUT -o eth0 -p tcp -m tcp --sport 1024:65535 --dport 80 -j ACCEPT
```

⑥ FTP 포트 허용
명령(제어) 포트(tcp 21) 접속

```
iptables -A FORWARD-i eth0 -p tcp -m tcp -sport 21 -dport 1024:65535 -j ACCEPT
iptables -A OUTPUT -o eth0 -p tcp -m tcp -sport 1024:65535 -dport 21 -j ACCEPT
```

데이터 포트(tcp20) 접속(능동 모드 접속)

```
iptables -A FORWARD-i eth0 -p tcp -m tcp -sport 21 -dport 1024:65535 -j ACCEPT
iptables -A OUTPUT -o eth0 -p tcp -m tcp -sport 1024:65535 -dport 21 -j ACCEPT
```

데이터 포트(tcp 1024이상의 포트) (Passive 모드 접속)

```
iptables -A FORWARD-i eth0 -p tcp -m tcp -sport 1024:65535 -dport 1024:65535 -j ACCEPT
iptables -A OUTPUT -o eth0 -p tcp -m tcp -sport 1024:65535 -dport 1024:65535 -j ACCEPT
```

외부 -> 내부 접속
① SSH 포트 허용

```
iptables -A FORWARD-i eth0 -p tcp -m tcp -dport 22 -j ACCEPT
iptables -A OUTPUT -o eth0 -p tcp -m tcp -sport 22 -j ACCEPT
```

② http 포트 허용

```
iptables -A FORWARD -i eth0 -p tcp -m tcp -dport 80 -j ACCEPT
iptables -A OUTPUT -o eth0 0p tcp -m tcp -sport 80 -j ACCEPT
```

③ ftp 포트 허용(passive mode)

```
iptables -A FORWARD-i eth0 -p tcp -m tcp -dport 21 -j ACCEPT
iptables -A OUTPUT -o eth0 -p tcp -m tcp -sport 21 -j ACCEPT

iptables -A FORWARD-i eth0 -p tcp -m tcp -dport 1024:65535 -j ACCEPT
iptables -A OUTPUT -o eth0 -p tcp -m tcp -sport 1024:65535 -j ACCEPT
```

정답   4번

유닉스 로그에 대한 설명이다. 그 내용이 틀린 것은 무엇인가?

문제 12〉
1) wtmp: 사용자 로그인과 로그아웃에 대한 정보
2) pacct: 사용자가 로그인 후에 로그아웃할때까지 입력한 명령과 시간, tty 등에 대한 정보
3) lastlog: 루트에 대한 마지막 접근로그
4) btmp: 5번 이상 로그인 실패 시에 기록

카테고리   시스템 보안

 문제풀이

로그(Log)

구분	내용
utmp	−시스템에 현재 로그인한 사용자들에 대한 상태, 정보를 수집한다. −상태정보는 사용자이름, 터미널 장치이름, 원격 로그인 시 원격 호스트이름, 사용자가 로그인한 시간 등을 기록한다. who, w, whodo, users, finger 등의 명령어를 사용하여 분석할 수 있다.
wtmp	−사용자의 로그인, 로그아웃 시간과 시스템의 종료 시간, 시스템의 시작시간 등을 기록한다. last 명령어를 사용하여 분석할 수 있다.
pacct	−사용자가 로그인한 후부터 로그아웃할 때까지 입력한 명령과 시간, 작동된 tty 등에 대한정보를 수집한다. lastcomm 명령어를 이용하여 분석할 수 있다.
History	−사용자 별로 실행한 명령을 기록하는 로그이다. bash,sh, tcsh, csh 등 사용자들이 사용하는 쉘에 따라서 각각 .bash_history, .sh_histo ry, .history 등의 파일로 기록을 남기며, 명령어 뿐만 아니라 파일 위치 및 파일 명까지 기록된다. vi 편집기, history 명령어를 이용하여 로그분석이 가능하다.
sulog	−su명령어를 사용한 결과를 저장하는 로그이다.
Lastlog	−서버에 접속한 사용자의 IP별로 가장 최근에 로그인한 시간을 기록 −lastlog 명령어를 이용하여 분석할 수 있다.
Btmp	−5번 이상 로그인 실패를 했을 경우에 로그인 실패정보를 기록한다. lastb명령어를 이용하여 분석할 수 있다.
message	−syslog 계열의 로그로써 콘솔상의 화면에 출력되는 메시지들을 저장하고 시스템의 장애에 대한 기록뿐만 아니라 보안측면에서 취약점에 의한 공격흔적을 기록으로 남기게 된다. vi 명령어를 이용하여 로그분석이 가능하다.

정답   3번

문제 13〉	다음 중에서 네서스(Nessus) 스캔을 통해서 파악할 수 있는 것이 아닌 것은 무엇인가? 1) HTTP Request에 송신한 문자열을 그대로 반환하는 Method로 XST(Cross Site Tracing) 공격을 받을 수 있는 취약점 파악 2) 서버의 php환경에 대해 자세한 내용 3) 공격자의 로그인 흔적을 파악 4) 웹 페이지 클라이언트의 쿠키 정보
카테고리	시스템 보안

문제풀이

클라이언트의 쿠키 정보는 파악할 수 없다.

정답   4번

문제 14〉	공격도구에 대한 설명으로 그 내용이 틀린 것은 무엇인가? 1) Httprint: HTTP 서버 소프트웨어 버전을 탐지하고 HTTP 서버를 테스트하면서 수신한 시그니처와 저장된 시그니처를 비교 2) nikto는 6500개 이상의 잠재적으로 위험한 파일을 포함한 여러 항목을 웹서버에 대한 포괄적 테스트를 수행 3) xprobe는 웹서비스를 분석할 수 있다. 4) nmap은 네트워크 포트 스캔 툴이다.
카테고리	시스템 보안

문제풀이

xprobe는 운영체제 Fingerprinting Tool이다.

정답   3번

문제 15〉

아래의 crontab에 대한 해석으로 올바른 것을 선택하시오.

> 10 2-5 * * * /home/user/limbest

1) 2시부터 5시까지 10분마다 실행
2) 무조건 10분에 맞추어 limbest 실행
3) 10분에 2번, 5번 limbest 실행
4) 10일날 2시에서 5시 사이에서 실행

카테고리   시스템 보안

문제풀이

- crontab: 자신만의 스케줄로로 특정 스크립트를 주기적으로 실행하기 위해서 사용된다.
  - crontab -l: 예약된 작업 정보를 조회
  - crontab -e: 예약된 작업을 수정
  - crontab -r: 예약된 작업을 삭제

- crontab 사용 예제(구조: 분 시 일 월 요일 명령어)
  - 30 * * * * /home/user/limbest(무조건 30분에 맞추어 limbest를 실행)
  - */10 * * * * /home/user/limbest(무조건 10분마다 limbest를 실행)
  - 10 2-5 * * * /home/user/limbest(2시부터 5시까지 10분마다 실행)

정답   1번

문제 16〉

Code Red Virus와 마찬가지로 DDoS를 실행하여 네트워크 부하를 유발하는 바이러스로 마이크로소프트의 데이터베이스 관리 시스템인 SQL서버의 취약점을 이용한 웜은 무엇인가?

1) 슬래머웜   2) 님다
3) 모리스   4) 코드레드 웜

카테고리   시스템 보안

② 님다: 윈도우 계열의 서버를 사용하는 PC를 공격대상으로 하고 바이러스에 감염된 메일에서 첨부파일을 실행하지 않고 본 문만 읽어도 감염된다.
③ 모리스웜: 최초의 웜으로 유닉스 시스템을 통해서 전파되어 수천대의 서버를 정지시킴
④ 코드레드웜: IIS의 버포 오버플로우 취약점을 이용하여 감염되고 미국 백악관 홈페이지 등 IP에 서비스 거부 루틴도 가지고 있음.

정답   1번

문제 17〉 아래 웜 중에서 IIS의 버퍼오버플로우 취약점을 이용하여 공격한 것은 무엇인가?

1) 슬래머웜   2) 님다   3) 모리스   4) 코드레드 웜

카테고리   시스템 보안

문제 16번 풀이를 참조하세요

정답   4번

문제 18〉 운영체제의 정보를 알 수 있는 것을 모두 선택하시오.

| 가. nmap의 -O 옵션을 사용 |
| 나. host 명령 |
| 다. telnet을 사용하여 원하는 서버로 접속해봄. |
| 라. ping 명령의 TTL 값으로 추정 |

1) 가   2) 나, 다   3) 가, 나, 다   4) 가, 다, 라

카테고리   시스템 보안

TTL의 초기값은 운영체제마다 다르다. 윈도우 98 및 NT는 128이고 리눅스는 64로 확인이 가능하다.

정답   4번

문제 19〉

아래의 공격기법에 대한 설명으로 틀린 것은 무엇인가?

1) Buffer Overflow는 지정된 버퍼의 크기보다 더 많은 데이터를 입력하여 비정상적인 행위를 하게 하는 공격방법이다.
2) Race Condition은 여러 개의 프로세스가 하나의 자원을 사용하기 위해서 경쟁할 때 프로세스 권한을 이용한 공격이다.
3) Format String은 무작위로 단어를 입력하여 패스워드를 파악한다.
4) DOS는 해당 서비스를 사용하지 못하도록 부하를 유발한다.

카테고리   시스템 보안

Format string은 Format Specifier를 허용하는 Object C Method를 부적절하게 사용하여 메모리 취약점을 공격하는 방법이다.

정답   3번

문제 20〉

아래의 내용은 무엇인가?

hcjung	ftpd5812	123.45.4.80	Tue Apr 17 21:44 – 21:59 (00:15)
hcjung	pts/1	hcjung.kisa.or.k	Tue Apr 17 17:59 still logged in
yjkim	pts/1	123.45.2.149	Mon Apr 16 20:06 – 20:34 (00:28)
kong	pts/1	123.45.2.146	Mon Apr 16 16:36 – 18:13 (01:37)
chief	pts/0	123.45.2.26	Mon Apr 16 10:38 – 14:35 (2+03:56)
reboot	system boot		Mon Apr 16 01:52
hcjung	pts/1	hcjung	Mon Apr 15 01:21 – crash (00:30)

1) wtmp   2) utmp   3) sulog   4) lastlog

카테고리   시스템 보안

위의 내용은 wtmp의 내용을 last명령을 사용해서 조회한 것이다.
-utmp: 현재 시스템에 로그인한 사용자 상태를 기록으로 w, who 명령으로 확인 가능
-wtmp: 사용자들의 로그인 및 로그아웃 정보, 시스템 재부팅 정보이고 last로 확인
-lastlog: 가장 최근에 로그인한 정보를 조회

정답   1번

아래의 설명으로 틀린 것은 무엇인가?

문제 21〉

1) L0phtCrackdms 비밀번호 해독 프로그램으로 비밀번호로 사용될 문자를 추정하거나 무차별 대입 방식으로 비밀번호를 해독한다.
2) Iceword는 윈도우 안티 루티킷이다.
3) chkrootkit는 리눅스 안티 루티킷이다.
4) tcpdump는 TCP 패킷으로 DDoS 공격도구이다.

카테고리   정보보호개론

TCP Dump는 네트워크 문제점을 점검할 수 있는 명령어이다.

정답   4번

아래의 출력결과는 어떤 것에 해당되는가?

문제 22〉

```
procs -----------memory---------- ---swap-- -----io--- --system-- ------cpu-----

 r  b  swpd  free  buff  cache  si  so   bi   bo    in    cs us sy id wa st

 0  7   0  75804  820 1709448   0   0 47116  468 38599 1975  0 22  8 70  0

 1  7   0  68240  820 1716080   0   0 56484  556 44765 3087  0 24 14 62  0

 0  7   0  70348  812 1715056   0   0 66044  712 54661 4169  0 30 11 60  0

 0  8   0  71216  812 1714052   0   0 66028  468 55684 4796  0 28 10 62  0

 0  2   0  72208  812 1712584   0   0 47120  580 40183 2691  0 21  4 76  0

 0  7   0  68240  812 1716908   0   0 48160  796 37488 3190  0 22 28 50  0
```

1) top   2) vmstat   3) tcpdump   4) ps

카테고리   시스템 보안

vmstat는 디스크 병목현상 및 시스템 리소스를 확인할 수 있다.

정답   2번

passwd ㅓ limbest는 무슨 명령인가?

1) 패스워드 파일을 생성한다.
2) 패스워드 상태를 출력한다.
3) 패스워드 잠금기능을 수행한다.
4) 패스워드를 NULL로 지정한다.

카테고리   시스템 보안

passwd 명령 옵션
 -d: 패스워드를 NULL 값으로 지정
 -l: 패스워드 잠금기능 수행(비밀번호 변경을 못함)
 -u: 패스워드 잠금기능 해제
 -s: 패스워드 상태 출력

정답   3번

문제 24〉

아래의 내용 중에서 윈도우 공유폴더 포트가 아닌 것은 무엇인가?

1) UDP 137   2) UDP 138
3) TCP 201   4) TCP 445

카테고리   시스템 보안

윈도우 공유폴더의 포트: 원격지 관리를 위해서 아래의 포트가 방화벽에서 오픈되어야 함.
 -UDP: 137, 138
 -TCP: 139, 445

정답   3번

문제 25〉	루트킷(Rootkit)은 시스템 침입 후 침입 사실을 숨긴 채 차후 침입을 위해서 백도워, 트로이목마 설치, 원격접근, 내부 사용흔적 삭제, 관리자 권한획득 등 주로 불법적인 해킹에 사용되는 기능을 제공하는 프로그램 모임이다. 그럼, 안티 루트킷 도구 중에서 시스템 내에 숨겨진 유해파일을 검색하고 복사 및 제어할 수 있는 도구는 무엇인가?

1) GMER
2) NMAP
3) nbtscan
4) MBSA

카테고리   시스템 보안

문제풀이

문제의 지문은 안티 루트킷 도구인 GMER에 대한 설명이다.

정답   1번

문제 26〉	높은 신뢰도 및 제어용 메시지가 필요 없고 비연결형 서비스에 사용되는 것은 무엇인가?

1) ARP
2) RARP
3) UDP
4) OSPF

카테고리   네트워크 보안

문제풀이

UDP의 특징

특징	내용
비신뢰성(Unreliable)	-Packet을 목적지에 성공적으로 전송한다는 것을 보장하지 않음.
비접속형(Connectionless)	-전달되는 Packet에 대한 상태 정보 유지를 하지 않음.
간단한 Header구조	-TCP에 비해서 간단한 헤더구조로 인하여 처리 단순화
빠른 전송	-TCP에 비해 전송속도가 빠름.

정답   3번

문제 27〉 한번에 하나의 컴퓨터에서만 데이터를 전송하기 때문에 사용 경쟁이나 충돌이 발생하지 않으며, 케이블 트래픽이 쌓여 재전송을 해야 하는 경우가 발생하지 않는 것은 무엇인가?

1) CSMA/CD
2) Token Ring
3) FDDI
4) CSMA/CA

카테고리 네트워크 보안

문제풀이

• Token Ring 절차
- 토폴로지가 원형으로 구축된 네트워크에서 사용하는 토큰 전달 엑세스 방식으로 원형으로 설계된 케이블을 따라 한 컴퓨터에서 다른 컴퓨터로 토큰을 전달하는 방법
- 자신에게 빈 토큰이 올 때까지 기다려야 함.

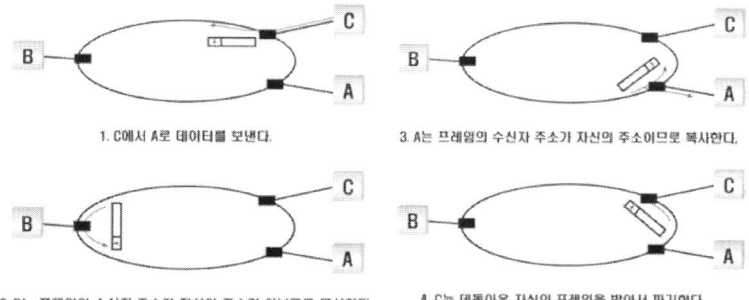

1. C에서 A로 데이터를 보낸다.

2. B는 프레임의 수신자 주소가 자신의 주소가 아니므로 무시한다.

3. A는 프레임의 수신자 주소가 자신의 주소이므로 복사한다.

4. C는 데돌아온 자신의 프레임을 받아서 파기한다.

• Token Bus
- 토큰이라는 패킷을 사용한다는 점에서 토큰 링 네트워크와 같지만 토폴로지가 BUS형
- Token Ring과 같이 순차적으로 전달하는 방식이라서 충돌 및 재전송이 발생하지 않음

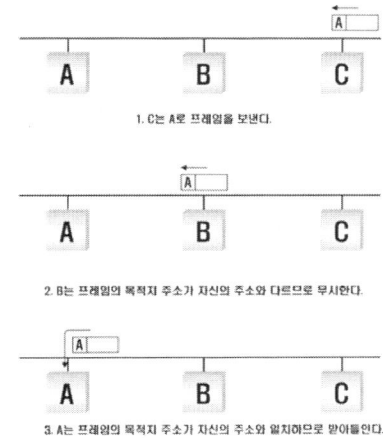

1. C는 A로 프레임을 보낸다.

2. B는 프레임의 목적지 주소가 자신의 주소와 다르므로 무시한다.

3. A는 프레임의 목적지 주소가 자신의 주소와 일치하므로 받아들인다.

정답 2번

문제 28〉	IEEE 802.1x인증이 널리 사용되고 있다. IEEE 802.1x를 사용하는 서버는 무엇인가?
	1) CA서버 2) Kerberos 서버
	3) RADIUS 서버 4) DNS 서버
카테고리	네트워크 보안

문제풀이

IEEE 802.1x 지원 스위치는 유선 연결의 인증과 권한부여를 위해 RADIUS 프로토콜을 사용하여 RADISU 서버에 연결 요청 정보를 보내고 인증한다.

- IEEE 803.1x 네트워크 스위치 인증
  - IEEE에서 제안한 전반적 보안향상 방식으로 EAP(Extensible Authentication Protocol)을 압축해 전송함.

정답   3번

문제 29〉	IPSEC에서 보안정책을 수행하기 위한 정책 데이터베이스는 무엇인가?
	1) SPD 2) AH 3) ESP 4) SAD
카테고리	네트워크 보안

문제풀이

- SPD(Security Policy Database)는 보안정책에 관련된 데이터베이스이다.
- SAD(Security Association Database)는 SA 식별자, 단말의 IP주소, 사용할 암호화 알고리즘, 해시함수 정보, 인증키 및 암호화 키 등

정답   1번

다음 지문은 IPSEC에 대한 설명이다. 그 내용이 틀린 것을 선택하시오.

문제 30〉
1) IPSEC은 재생공격을 막기 위해서 Sequence Number를 붙여서 실현한다.
2) IPSEC은 중간자 공격에 대해서 HMAC(Hash based Message Authentication Code)를 사용하므로 불가능하다.
3) ESP auth는 데이터 무결성을 위해서 HMAC를 계산한 것이다.
4) AH는 인증과 무결성, 기밀성을 제공한다.

카테고리   네트워크 보안

문제풀이

· AH는 인증과 무결성을 지원한다. ESP는 인증, 데이터 무결성, 기밀성을 보장한다. AH는 기밀성을 사용하지 않기 때문에 ESP를 많이 사용한다.
· ESP를 활용한 IPSEC 터널링

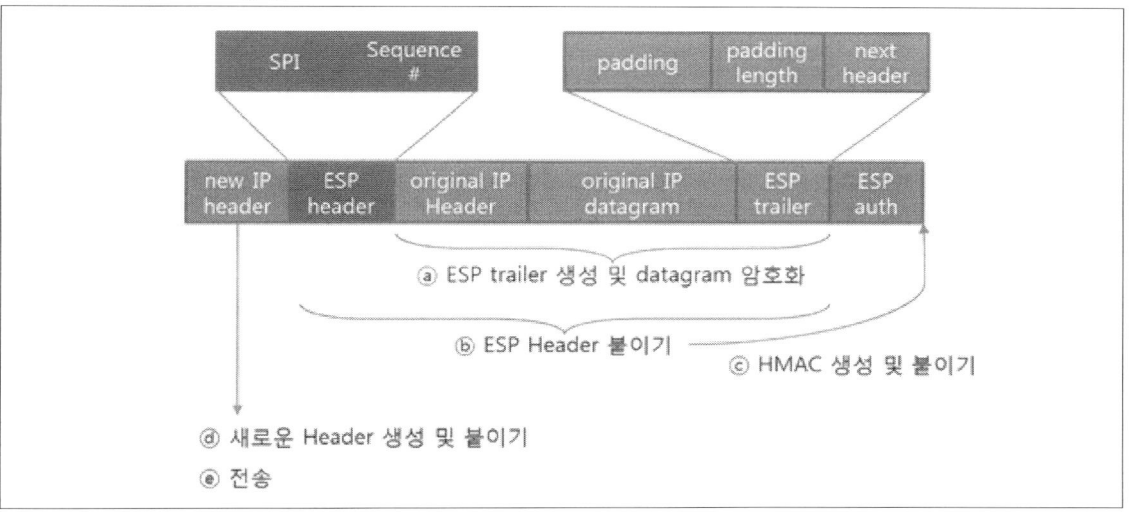

특징	내용
ESP Header	· SPI 수신개체, SPI를 알아야 복호화가 가능함. · Sequence Number는 SA마다 0부터 새로 실시되고 재생공격, 스니핑 방지를 위해서 사용됨. · window sliding 기법으로 모두를 검사하지 않고 몇 개씩 넘어가면서 검사
ESP Auth	· 데이터 무결성을 위해서 HMAC를 계산한 것임.
ESP Trailer	· 블록의 암호화 길이를 맞추기 위한 것임.

정답   4번

문제 31〉

IPSEC의 핵심인 SA(Security Association)에 대해서 가장 바르게 설명한 것은 무엇인가?

1) 송신자와 수신자는 하나의 SA를 공유하는 형태이다.
2) SA는 목적지 단말과 사용되는 프로토콜로 구성된다.
3) 보안연계는 전역적으로 유일한 값을 가진다.
4) 하나의 SA는 단방향 데이터 전송에 적용되며 데이터 보호를 위해서 보안 파라 메터를 포함한다.

카테고리   네트워크 보안

문제풀이

• SA는 단방향이기 때문에 노드가 양방향 통신을 한다면, 두 개의 SA가 연결되어야 함.
• VPN은 수많은 SA가 필요함.
• SA는 데이터 전송이 되기 전에 결정되어야 함.
• SA는 SA식별자(SPI), 양 단말의 IP주소, 사용할 암호 알고리즘 및 해시함수 정보, 인증키 및 암호화 키로 구성되며 SA는 데이터베이스로 관리한다(보안 매개변수).

정답   4번

문제 32〉

IP 주소를 절감하기 위해서 사용되는 NAT 중에서 주소절감의 효과가 가장 큰 것은 무엇인가?

1) Static NAT   2) Dynamic NAT
3) PAT   4) Integration NAT

카테고리   네트워크 보안

문제풀이

• Dynamic NAT

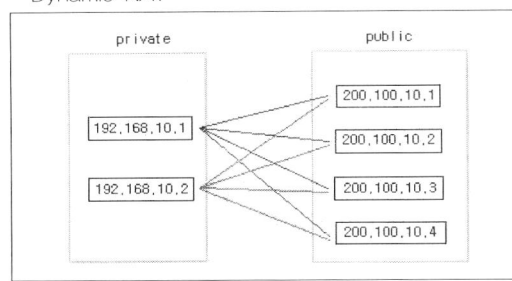

- 내부의 사설IP가 라우터 혹은 NAT 소프트웨어에 의해서 미리 정해진 공인IP로 랜덤하게 매핑되는 방법이다. 정해진 공인IP가 모두 사용 중일 경우 나머지 사설IP는 공인IP로 사용할 수 없음.

• Static NAT

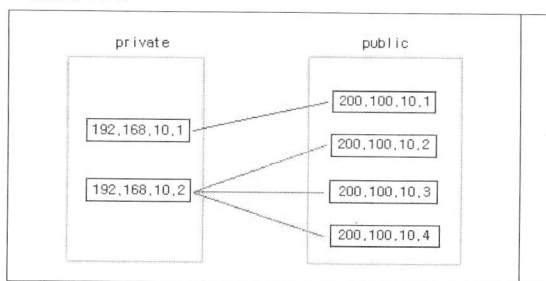

−특정 사셀IP가 특정 공인IP만 사용하도록 관리자가 미리 지정하는 방법이다.

• PAT(Port Address Translation)

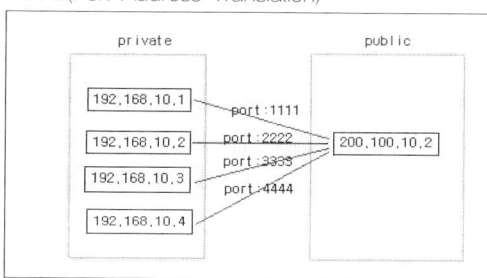

−Static NAT 및 Dynamic NAT의 경우 사용할 수 있는 공인 IP보다 사셀IP의 수가 많다면 부족한 만큼 외부로 나갈 수 없는 사셀IP가 많아짐. 하지만 PAT는 포트변환을 통해서 공인 IP 하나만 있어도 많은 수의 사셀IP가 외부로 나갈 수 있음.
−즉, 사셀IP들은 각각 포트를 다르게 사용함.

정답   3번

	아래는 라우팅 프로토콜에 대한 설명이다. 그 내용이 틀린 것을 선택하시오.
문제 33〉	1) 라우팅 프로토콜은 동작방식에 따라 Distance Vector, Link State, Path Vector(Hybrid) 방식이 존재한다. 2) 라우팅 프로토콜에서 동적경로는 정적경로보다 우선한다. 3) 라우팅 프로토콜은 네트워크의 라우터 장비에 의해서 수행된다. 4) 라우팅 프로토콜은 네트워크 경로 및 상태에 대한 정보를 송신한다.
카테고리	네트워크 보안

라우팅 프로토콜 종류

특징	내용
Distance Vector	· Hop count를 정보로 최단경로를 결정함. · RIP, IGRP
Link State	· Link 변화 발생 시에 Hop count 및 Bandwidth, Delay 등 다양한 정보를 Link 값을 가지고 경로를 결정 · OSPF, EIGRP
Path Vector	· Link 변화 발생 시에 Hop count 및 Bandwidth, Delay 등 다양한 정보를 Link 값을 가지고 경로를 결정 · Distance Vector와 Link State의 Hybrid 형태 · 정책기반으로 라우팅 정보 업데이트 · BGP

정답   2번

Access-list 설정의 예이다. 그 해석으로 올바른 것을 선택하시오.

```
Router# config t
Router(config)# access-list   2   permit   130.100.0.0   0.0.255.255
Router(config)# access-list   2   deny      any
Router(config)# exit
```

문제 34〉

1) 130.100.0.0에 있는 시스템에서 유입되는 패킷만 중계하고 나머지는 모두 거부한다.
2) 130.100.255.255의 패킷은 Drop된다.
3) 포트가 다르게 하면 130.100.0.0이 아닌 주소도 라우터를 통과할 수 있다.
4) 130.100.0.0에서 130.100.256.256까지 중계한다.

카테고리   네트워크 보안

위의 access-list는 130.100.0.0만 패킷을 통과하고 나머지는 모두 필터링된다.

정답   1번

아래의 내용으로 알맞은 것을 선택하시오.

문제 35〉

SYN Flooding은 많은 수의 (　　　　)요청을 하고 (　　　　)을 클라이언트가 보내주지 않는다.

1) SYN, ACK　　　　　　　　　　　2) SYN, IP
3) ACK, SYN　　　　　　　　　　　4) ACK, NACK

카테고리　　　　　　　　　　　　　　　네트워크 보안

문제풀이

TCP SYN Flooding 공격방법

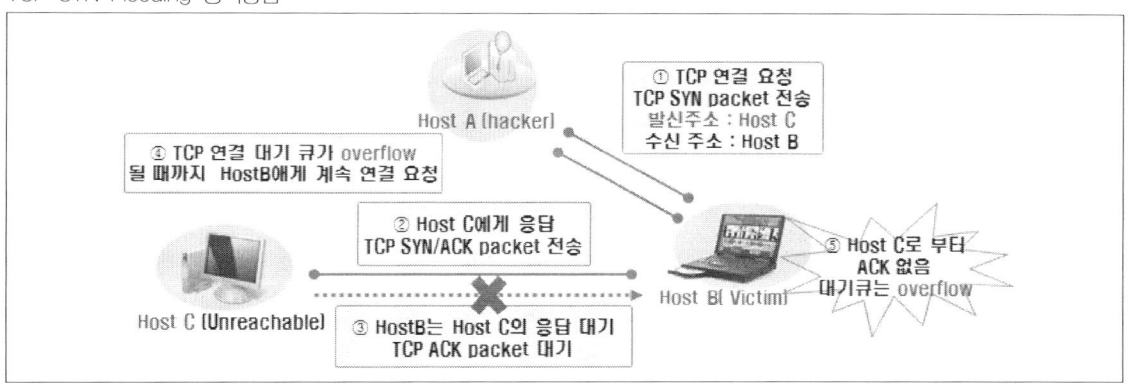

λ TCP 초기 연결 과정(3way-Handshaking) 이용, SYN 패킷을 요청하여 서버가 ACK 및 SYN 패킷을 보내게 함.
λ 전송하는 주소가 무의미한 주소이며, 서버는 대기 상태이고, 대량의 요청 패킷 전송으로 서버의 대기큐가 가득차서 DoS 상태가 됨.

정답　　　1번

Nmap 옵션에 대한 설명으로 틀린 것을 선택하시오.

문제 36〉

Nmap [scan type][Option]　host

1) Scan Type -sT는 TCP Connect() 함수를 사용해서 모든 포트에 대해 스캔하는 방식
2) Scan -sS TCP SYN Scan은 3 Way를 하지 않고 끊기 때문에 Half open 스캐닝이라고 한다.
3) Scan Type -sU는 어떤 TCP 포트가 오픈되었는지 확인한다.
4) Scan Type -b는 익명 FTP 서버를 이용해 그 FTP 서버를 경유해서 호스트를 스캔한다.

카테고리　　　　　　　　　　　　　　　네트워크 보안

문제풀이

sU는 UDP Scan으로 어떤 UDP 포트가 오픈되어 있는지를 확인한다.
NMAP 옵션 참고: http://skysomeone.tistory.com/34

정답   3번

아래의 공격은 어떤 공격인지 선택하시오.

문제 37〉

- 암호화 되어 있고, TCP, UDP, ICMP를 사용할 수 있음.
- TCP Syn Flooding, UDP Flooding, ICMP Flooding, Smurf 공격이 가능함.
- IP Spoofing 기능도 가짐.

1) Shaft   2) TFN2K   3) TFN   4) Trinoo

카테고리   네트워크 보안

문제풀이

· Trinoo, TFN, Stacheldraht

도구	Trinoo	TFN	Stacheldraht
공격방법	UDP Flood	UPD, ICMP, SYN Flood, Smurf	UPD, ICMP, SYN Flood, Smurf
암호기능	없음	없음	가능
Attacker〈-〉Master	27665/tcp	Telenet 등 방법(별도의 연결없음)	1660/tcp(암호화)
Master〈-〉Agent	27444/udp	ICMP echo Reply	ICMP echo Replay, 65000/tcp
Agent〈-〉Master	313335/ucp	ICMP echo Reply	ICMP echo Reply
IP Spoofing 기능	없음	가능	가능
프로세스이름 변경	불가	가능	가능

· Shaft, Mstream, TFN2K

도구	Shaft	Mstream	TFN2K
공격방법	UDP/SYN/ICMPFlood 혼합가능	TCP Ack Flood	UPD, ICMP, SYN Flood, Smurf
암호기능	없음	없음	가능
Attacker〈-〉Master	20432/tcp	6723/tcp	Telenet 등 방법(별도의 연결없음)
Master〈-〉Agent	18753/udp	7983/udp	udp/tcp/icmp를 담하게 사용(암호화)
Agent〈-〉Master	20433/udp	9325/udp	없음
IP Spoofing기능	없음	가능	가능
프로세스이름 변경	불가	불가	가능

정답   2번

네트워크 공격기법에서 출발지 주소와 목적지 주소를 같게 하여 공격하는 방법은 무엇인가?

문제 38〉

1) Land Attack　　　　　　　2) DoS
3) Session Hijacking　　　　4) TCP Syn Flooding

카테고리　　　　　　　　　　　　　　네트워크 보안

출발지와 목적지 주소를 같게 해서 자신에게 패킷이 되돌아오게 하는 공격은 Land Attack이다.

정답　　　1번

SSL 보안 프로토콜에서 Man in the Middle 공격에 대응할 수 있는 것은 무엇인가?

문제 39〉

1) 웹 브라우저가 검증되지 않는 서버 인증서는 사용하지 않는다.
2) 송신되는 데이터를 송신자 컴퓨터의 전자서명 값을 추가하여 송신자의 신원을 확인한다.
3) 클라이언트와 서버가 데이터를 암호화하고 복호화한다.
4) 서버와 클라이언트 인증서를 사용한다.

카테고리　　　　　　　　　　　　　　네트워크 보안

· SSL Handshake 과정 (**반드시 학습해야 함**: http://blog.daum.net/tlos6733/58)

클라이언트	서버
1) 클라이언트가 서버에 SSL 버전번호, 암호화 방법, 임의의 수, 데이터 압축방법 등을 통신에 필요한 정보를 송신한다.	2) 서버가 클라이언트에 SSL 버전번호, 암호화 방법, 임의의 수, 데이터 압축방법 등 통신에 필요한 정보를 송신한다.
	3) 서버가 클라이언트에 서버의 공개키 인증서를 전송한다.
4) 클라이언트는 서버 인증서를 인증한다. 실패하면 세션을 종료한다.	
5) 클라이언트가 handshake에서 얻은 정보로 premaster secret 를 생성하고 서버의 공개키로 암호화해서 서버에 전송한다.	
6) 서버가 클라이언트 인증을 요구하면 클라이언트는 서버의 공개키로 암호화한 pre master secret과 자신의 공개키 인증서를 전송한다.	7) 서버가 클라이언트의 인증서를 인증한다. 실패하면 세션을 종료한다.

8) 클라이언트와 서버 각각이 자신의 개인키로 premaster secret를 복호화하고 master secret를 생성한다. 그다음 master secret를 이용해 세션키를 만든다. 이 세션키를 양쪽이 보유하고 대칭키로 클라이언트와 서버 사이의 데이터 암호화 및 복호화, 무결성 확인을 위해서 사용된다.

9) 클라이언트가 서버에 handshake 종료를 표시하는 암호화된 메시지를 전송한다.	10) 서버가 클라이언트에 handshake 종료를 표시하는 암호화된 메시지를 전송한다.

정답　　　3번

문제 40〉	세션 하이재킹(Session Hijacking)에 대한 설명으로 잘못된 것을 선택하시오. 1) TCP의 취약점을 이용한 능동적 공격방법이다. 2) Telnet, FTP 등 TCP를 사용한 모든 세션의 갈취가 가능하다. 3) TCP의 Sequence Number를 이용한 공격이다. 4) TCP의 취약점을 사용하여 클라이언트와 서버 양쪽 모두 데이터 전송을 못하게 하는 공격이다.
카테고리	네트워크 보안

문제풀이

세션 하이재킹(Session Hijacking)
- 이미 인증을 받아 세션을 생성, 유지하고 있는 연결을 빼앗는 공격을 총칭(스니핑 기술의 일종)
- 인증을 위한 모든 검증을 우회: TCP를 이용해서 통신하고 있을 때 RST(Reset) 패킷을 보내 일시적으로 TCP 세션을 끊고 시퀀스 넘버를 새로 생성하여 세션을 빼앗고 인증을 회피
- 세션을 스니핑 추측(Brute-force guessing)을 통해 도용이나 가로채어 자신이 원하는 데이터를 보낼 수 있는 공격 방법
- 원인: 암호화되지 않은 프로토콜에서 정보를 평문으로 전송, 길이가 짧은 Session ID, 세션 타임아웃 부재

정답　　　4번

문제 41〉	아래의 보안시스템은 무엇인가? 외부의 침입요소를 탐지하고 공격 및 유해 트래픽에 대한 자동 대응 1) IDS　　　　2) ESM　　　　3) IPS　　　　4) SSO
카테고리	네트워크 보안

IPS는 침입탐지 및 능동적 대응이 가능한 보안 솔루션이다.

정답 3번

세션 하이재킹(Session Hijacking)에 대한 설명으로 잘못된 것을 선택하시오.

문제 42〉
1) 원격지 공격(Remote Attack)는 시스템 외부에 목표 호스트 컴퓨터에 침투하는 해킹 과정으로 주로 유닉스를 대상으로 한다.
2) 원격지 공격(Remote Attack)는 공격대상 시스템의 데몬이나 제공하는 서비스의 잘못된 환경설정을 이용하여 불법적으로 권한을 획득하는 공격이다.
3) NIS(Network Information System), NFS(Network File System) 등의 잘못된 서정, 이용자의 정보를 바탕으로 시스템을 공격하는 방식이다.
4) 원격공격의 가능성을 점검하는 도구는 L2K가 있다.

카테고리   네트워크 보안

원격공격의 가능성을 점검하는 도구는 SATAN이 있다. 이것은 시스템 관리자가 자신의 호스트를 검사하기 위해서 개발되었다. 즉, Sendmail, FTP, NIS, NFS, X Window 등의 데몬 프로세스를 공격해 접속하거나 암호가 저장된 파일을 빼돌리는 데 사용된다.

정답 4번

IDS의 비정상탐지 방법은 무엇인지 선택하시오.

문제 43〉
1) Delphi   2) 패턴비교
3) 전문가 시스템   4) 신경망

카테고리   네트워크 보안

침입탐지 방법

구분	오용탐지(Misuse)	비정상탐지(Anomaly)
동작방식	- 시그니처(signature) 기반 = Knowledge 기반	- 프로파일(Profile) 기반 = Behavior 기반 = Statistical 기반
침입판단 방법	- 미리 정의된 Rule에 매칭 - 이미 정립된 공격패턴을 미리 입력하고 매칭	- 미리 학습된 사용자 패턴에 어긋남. - 정상적·평균적 상태를 기준, 급격한 변화 있을 때 침 입판단
사용기술	- 패턴 비교, 전문가시스템	- 신경망, 통계적 방법, 특징추출
장점	- 빠른속도, 구현이 쉬움, 이해가 쉬움. - False Positive가 낮음.	- 알려지지 않은 공격(Zero Day Attack) 대응 가능 - 사용자가 미리 공격패턴을 정의할 필요 없음.
단점	- False Negative 큼. - 알려지지 않은 공격탐지 불가 - 대량의 자료를 분석 부적합	- 정상, 비정상을 결정하는 임계치 설정 어려움. - False Positive가 큼. - 구현이 어려움.

λ False Positive: false(+)로 표현, 공격이 아닌데도 공격이라 오판하는 것
λ False Negative: false(-)로 표현, 공격인데도 공격이 아니라 오판하는 것

정답   4번

문제 44〉	침입차단 시스템의 설명으로 잘못된 것을 선택하시오. 1) 애플리케이션 게이트웨이 방식은 응용 프로그램 데이터까지 점검하므로 높은 보안강도를 가진다. 2) 패킷 필터링 방식은 동작속도가 빠르다. 하지만 IP를 변조하는 IP Spoofing에 취약하다. 3) 패킷 필터링 방식은 헤더 주소가 변경된다. 4) 상태기반 패킷 검사(Stateful Packet Inspection)은 OSI 전 계층에서 동작하고 패킷에 대해서 접속허용을 점검하고 응용 프로그램 데이터까지 점검이 가능하여 방화벽 표준으로 자리를 잡고 있다.
카테고리	네트워크 보안

- 방화벽의 헤더의 주소를 변경하지는 않는다.
- 상태 기반 패킷 검사(Stateful Packet Inspection)

구분	내용
계층	- 전 계층에서 동작
특징	- 패킷 필터링 방식에 비해 세션 추적 기능 추가 - 패킷의 헤더 내용 해석하여 순서에 위배되는 패킷 차단 - 패킷필터링의 기술을 사용하여 Client/Server 모델을 유지하면서 모든 계층의 전후 - 상황에 대한 문맥 데이터를 제공하여 기존 방화벽의 한계 극복 - 방화벽 표준으로 자리매김
장점	- 서비스에 대한 특성 및 통신상태를 관리할 수 있기 때문에 돌아나가는 패킷에 대해서는 동적으로 접근규칙을 자동생성
단점	- 데이터 내부에 악의적인 정보를 포함할 수 있는 프로토콜에 대한 대응이 어렵다.

정답   3번

아래의 보안시스템은 무엇인가?

문제 45〉

> 외부의 침입요소를 탐지하고 공격 및 유해 트래픽에 대한 자동 대응

1) IDS   2) ESM   3) IPS   4) SSO

카테고리   네트워크 보안

IPS는 침입탐지 및 능동적 대응이 가능한 보안 솔루션이다.

정답   3번

VPN에 대한 설명으로 그 내용이 틀린 것은 무엇인가?

문제 46〉

1) 원격으로 LAN과 LAN을 인터넷을 통하여 연결하고 보안서비스를 제공한다.
2) 무결성을 확인하기 위해서 MAC를 사용한다.
3) 출발지와 목적지를 보호하기 위해서 암호화된 터널모드를 제공한다.
4) 공개키 암호 시스템으로 데이터 기밀성을 보장한다.

카테고리   네트워크 보안

VPN은 대칭키 암호화 시스템을 사용한다.

정답 4번

문제 47〉 MTU보다 큰 패킷을 분할하여 전송한 후 패킷의 재조합 과정에서 문제점을 이용한 공격방법은 무엇인가?

1) Ping of Death　　　　　2) SYN Flooding
3) Teardrop Attack　　　　4) Trinoo

카테고리　　　　　　　　　　　　네트워크 보안

MTU는 한번에 통과할 수 있는 패킷의 최대 사이즈이다. 큰 패킷을 발송할 때 분할이 발생하고 조립과정에서 공격을 수행할 수 있고 이러한 공격은 Teardrop이다.

정답 3번

문제 48〉 아래의 내용은 ICMP의 Error Message에 대한 설명이다. 이 중에서 Router가 Host에게 경로를 바꾸게 하는 메시지는 무엇인가?

1) 근원지 억제(Source Quench)
2) 시간초과(Time Exceeded)
3) 목적지 도착불가(Destination Unreachable)
4) 방향전환(Redirect)

카테고리　　　　　　　　　　　　네트워크 보안

근원지 억제 (Source Quench)	라우터가 더 이상 유효한 버퍼공간이 없을 만큼 많은 데이터그램을 받을 때마다 근원지 억제 메시지 전송. 근원지 억제를 받으면 호스트는 전송율 감소를 요구받는다.
시간초과 (Time Exceeded)	라우터가 데이터그램에 있는 TIME TO LIVE 필드를 0으로 감소시킬 때마다 라우터는 데이터그램을 버리고 시간초과 메시지 전송된다. 주어진 데이터그램으로부터의 모든 단편들이 도착하기 전에 재조립 타이머가 끝날 경우 호스트에 의해 보내진다.

목적지 도착불가 (Destination Unreachable)	라우터가 데이터그램이 최종 목적지에 전달될 수 없다는 것을 결정할 때마다 데이터그램을 생성한 호스트에게 전송된다. 목적지 도착불가 메시지에는 지정 목적지 호스트(특정 호스트의 일시적 Offline) 또는 목적지가 부착된 Net(전체 Net이 일시적으로 인터넷에 연결되지 않은 경우)인지가 명시한다.
방향전환 (Redirect)	라우터가 호스트에게 경로를 바꾸게 하는 메시지. 지정 호스트 변경/네트워크 변경을 명시한다.
단편화 요청 (Fragmentation Required)	라우터가 단편화가 허락되지 않은 데이터그램(Header에 Set 함으로써 명시)의 크기가 전송될 Net의 MTU보다 큰 경우 송신자에게 전송하는 메시지이다. 라우터는 그 데이터그램을 버린다.

정답   4번

FTP에 대한 설명으로 틀린 것은 무엇인가?

문제 49〉	1) FTP Bounce 공격은 PORT 명령 주소와 FTP 클라이언트 IP주소가 동일하지 않은 경우 발생할 수 있다. 2) FTP 클라이언트가 동작하는 컴퓨터에 방화벽으로 인해 정상적인 동작이 이루어지는 않는 경우에 수동모드를 이용하여 명령어 전송을 위한 통신채널을 생성한다. 3) FTP는 명령 전송 포트와 데이터 전송 포트가 분리되어 있고 명령전송 포트는 TCP 22번 포트를 사용한다. 4) FTP의 취약점은 서버가 데이터를 송신 시에 클라이언트를 파악하지 않고 전송하는 문제점을 가진다.
카테고리	네트워크 보안

문제풀이

FTP는 명령 전송을 위해서 TCP 21번 포트를 사용하고 데이터는 다른 포트를 통하여 전송한다.

정답   3번

아래의 IPSEC에 대한 설명으로 올바른 것은 무엇인가?

문제 50〉	IPSEC는 네트워크 계층의 보안을 위해서 ( ) 프로토콜과 ( ) 프로토콜을 사용하여 보안 연계 서비스를 제공한다. 1) TCP, ISAKMP 2) AH, TCP 3) AH, ESP 4) ISAKMP, AH
카테고리	네트워크 보안

IPSEC Header 기능에 대한 설명이다.

정답 3번

애플리케이션 보안

문제 51〉

다음 중에서 FTP에 대한 설명으로 그 내용이 틀린 것은 무엇인가?

1) FTP는 TCP/IP 네트워크 상에서 한 호스트에서 다른 호스트로 데이터 파일을 전송하는 표준 프로토콜로 IETF RFC 959이다.
2) FTP Client와 Server는 2개의 Connection인 Protocol Interpreter와 Data Transmission Process로 나누어진다.
3) FTP은 ID와 Password로 인증 시에 제어연결과 데이터 연결이 모두 이루어진다.
4) FTP는 데이터 전송은 20번 포트, 1024 이후 포트를 사용한다.

카테고리   애플리케이션 보안

FTP 데이터 연결은 각 파일 전송을 수행할 때 마다 이루어지고 파일 연결이 완료되면 종료한다. 제어연결과 클라이언트에서 서버로 명령과 서버 응답을 위한 연결로 전체 FTP 세션 동안 계속 연결을 유지한다.

정답 3번

문제 52〉

FTP에 대한 설명으로 틀린 것을 선택하시오.

1) TCP 21포트를 사용하여 서버에게 FTP 명령과 디렉토리 목록을 전송한다.
2) TCP 20포트는 서버와 클라이언트 사이에서 데이터를 전달하고 데이터 전송이 완료되면 종료된다.
3) FTP는 ASCII, Binary 파일의 제안된 파일 및 바이트 스트림, 레코드 형식을 지원한다.
4) FTP는 Port Mode와 Passive Mode로 운영된다.

카테고리   애플리케이션 보안

FTP는 Active Mode와 Passive 모드로 운영된다.

정답   4번

문제 53〉 다음은 tftp에 대한 설명이다. 그 내용이 틀린 것을 선택하시오.

1) tftp는 별도의 인증 없이 빠르게 데이터를 송수신한다.
2) tftp는 UDP를 사용하고 Port 69번을 활용하여 데이터를 전송한다.
3) tftp는 하드디스크가 없는 장비들이 네트워크를 통해서 부팅할 수 있도록 제안된 프로토콜이다.
4) access-list를 통해서 UDP 69번 포트를 오픈할 경우 연결은 되지만 데이터는 전송되지 않는다.

카테고리   애플리케이션 보안

tftp는 연결을 위해서 UDP 69번 포트를 사용하고 데이터 전송은 UDP 1390번 포트를 사용한다. tftp 서비스를 오픈하려면 UDP 69번과 1390번 포트를 오픈해야 한다.

정답   2번

문제 54〉 다음은 PGP 인증에 대한 내용으로 그 내용이 잘못된 것은 무엇인가?

1) PGP 메시지는 메시지 요소, 서명요소, 세션키 요소로 구성된다.
2) 메시지 요소는 파일 이름과 생성된 시간의 타임스탬프, 전송되거나 저장될 실제적인 데이터를 포함한다.
3) 서명요소는 타임스탬프, 메시지 다이제스트, 메시지 다이제스트의 상위 2바이트, 송신자 공개키의 키ID로 구성된다.
4) 세션키는 암호화된 세션키와 세션키를 암호화하기 위해서 송신자가 사용한 송신자의 공개키 식별자를 포함한다.

카테고리   애플리케이션 보안

· 세션키 요소
  암호화된 세션키와 세션키를 암호화하기 위해 송신자가 사용한 수신자의 공개키 식별자를 포함한다.

· PGP 메시지

구분	내용
메시지 요소	· 파일이름과 생성된 시간을 나타내는 타임스탬프, 전송되거나 저장될 실제적인 데이터를 포함.
서명요소	· 타임스탬프: 서명이 만들어진 시간 · 메시지 다이제스트: 128비트 MD5 다이제스트, 다이제스트는 메시지 요소의 데이터 부분과 연결된 서명 타임 스탬프에서 계산됨. 다이제스트에 서명 타임 스탬프를 포함하는 것은 재전송 공격의 유형을 막을 수 있다는 것을 보장함. · 메시지 다이제스트 상위 2바이트: 사용자가 인증을 위해 올바른 RSA키가 메시지 다이제스트를 복호화하는데 사용되었는지를 알 수 있도록 하기 위해 평문 사본의 첫 2바이트와 복호화된 다이제스트의 처음 2바이트를 비교한다. 이러한 바이트들은 또한 메시지의 16비트 프레임 체크 순서로의 역할도 한다. · 송신자 공개키의 키ID: 메시지 다이제스트를 복호화하는데 사용될 공개키를 식별하고 메시지 다이제스트를 암호화하는데 사용되는 비밀키를 식별한다.
세션키 요소	· 암호화된 세션키와 세션키를 암호화하기 위해 송신자와 사용한 수신자의 공개키 식별자를 포함한다

정답   4번

문제 55〉	PGP에서 사용되는 암호화 키 중에서 세션키 암호화 알고리즘으로 사용하는 것은 무엇인가?
	1) IDEA 2) RSA 3) DES 4) SSL
카테고리	애플리케이션 보안

PGP에 사용되는 암호화 키

구분	내용
세션키	· IDEA, 송신을 위해서 메시지를 암호화함, 각 세션키는 한번만 사용되고 랜덤하게 생성됨.
공개키	· RSA, 메시지와 함께 전송할 세션키를 암호화하기 위해 사용. 송신자와 수신자 모두는 각 공개키의 사본을 유지해야 함.
비밀키	· RSA, 디지털 서명을 위한 메시지 암호화에 이용, 단지 송신자만이 자신의 비밀키를 유지할 필요가 있다.
passphrase	· IDEA, 키 송신자가 비밀키에 저장하는 비밀키를 암호화하는 데 사용

정답   1번

문제 56〉 X.509 인증서에서 필수 항목이 아닌 것은 무엇인가?

1) Version 　　2) Issuer 　　3) Subject 　　4) PolicyMappings

카테고리 　　　　　　　　　애플리케이션 보안

문제풀이

· X.509 인증서에서 필수 정보

구분	내용
Version	- 인증서의 버전으로 V3의 값이 들어간다.
SeralNumber	- 인증서 고유의 일련 번호
Issuer	- 발급자의 서명
Validity	- 발급자의 정보, DN(Distinguished name) 형식으로 들어간다.
Subject	- 주체의 정보, DN(Distinguished name) 형식으로 들어간다.
SubjectPublicKeyInfo	- 주체의 공개키

· X.509 인증서에서 Extension[확장(옵션) 정보]

구분	내용
SubjectAltName	- 주체의 다른 이름을 나타낸다. 여기서는 DN형식이 아니라 어떤 종류의 값이라도 들어갈 수 있다. 주로 주체의 도메인 네임이 들어간다.
PolicyMappings	- 정책 정보를 다른 정책들과 연결할 수 있는 정보를 제공한다
NameConstraints	-
PolicyConstraints	- 인증서 경로의 제약 사항을 정한다.
IssuerAltName	- 발급자의 다른 이름. 여기서는 DN형식이 아니라 어떤 종류의 값이라도 들어갈 수 있다. 주로 발급자의 도메인 네임이 들어간다.
AuthotityKeyIdentifier	- 발급자의 키를 나타낼 수 있는 키의 이름을 정한다
SubjectKeyIdentifier	- 주체의 키를 나타낼 수 있는 키의 이름을 정한다.
BasicConstraints	- 제약사항, 주로 이 인증서가 다른 인증서를 발급할 수 있는 권한이 있는지 없는지를 나타낸다.
CRLDistributionPoints	- 이 인증서의 CRL을 얻을 수 있는 곳을 정한다.
KeyUsage	- 인증서에 기입된 공개키가 사용되는 보안 서비스의 종류를 결정한다. 보안 서비스의 종류는 서명, 부인 방지, 전자 서명, 키 교환 등이 있다.

- SubjectAltName, BasicConstraints 필수, 옵션 정보임.

정답 　　4번

문제 57〉 다음은 스팸메일 보안도구에 대한 설명이다. 잘못된 것은 선택하시오.

1) SpamAssassin은 스팸 탐지기술을 사용하여 DNS기반 퍼지 체크섬 기반 스팸 탐지, 베이지안 필터링, 외부프로그램, 블랙리스트 및 온라인 데이터이스를 지원한다.
2) mod Security는 공개용 웹 방화벽으로 아파치에서 모듈형태로 추가할 수 있는 툴이며 XSS, SQL Injection, SPAM 차단의 기능을 가진다.
3) Sanitizer를 사용하여 확장자를 사용한 필터링이 가능하다.
4) Inflex는 데이터를 완전 삭제할 수 있는 도구이다.

카테고리   애플리케이션 보안

문제풀이

· mod Security 기능

정책	비고		
SQL Injection attack	Deny ▼	수정	삭제
XSS attack	Deny ▼	수정	삭제
Command execution attack	Deny ▼	수정	삭제
Frontpage connection attack	Deny ▼	수정	삭제
PUT/DELETE method attack	Deny ▼	수정	삭제
PROPFIND method attack	Deny ▼	수정	삭제
Zeroboard attack	Deny ▼	수정	삭제
XML-RPC attack	Deny ▼	수정	삭제
Nimda/Codred worm attack	Deny ▼	수정	삭제
Spam	Deny ▼	수정	삭제

· Inflex는 바이러스 메일을 필터링하는 메일 서버 스캐너 프로그램이다. 이메일 검사, 첨부 파일만을 필터링할 수 있다
· Sanitizer는 이메일을 사용한 모든 공격에 효과적으로 대응할 수 있다. 즉, 확장자를 이용한 필터링 기능, MS Office 매크로에 대한 검사 기능, 악성 매크로에 대한 Score 기능, 감염된 메시지 보관 장소 설정 기능이 가능하다.

· Spam Assassin은 Perl로 개발되었고 IDS처럼 Rule기반으로 메일의 헤더와 내용
분석과 실시간 차단리스트를 참고하여 Rule에 매칭될 경우 총점수가 기준점수를 초과하는지 여부를 통해서 Spam 메일 여부를 결정한다.
  －헤더검사, 본문 내용검사
  －베이시언 필터링
  －주요 스팸 근원지, 비근원지 목록 자동생성
  －주요 스팸 근원지, 비근원지 목록 수동생성

정답   4번

전자메일 보안기술인 PGP와 S/MIME에 대한 설명이다. 그 내용이 틀린 것은 무엇인가?

문제 58〉

1) PGP 메시지는 메시지 요소, 서명요소, 세션키로 구성된다.
2) S/MIME에서 사용자는 키 생성 등록 및 인증서 저장과 검색을 수행한다.
3) S/MIME는 암호화된 서명방식으로 DSS, RSA를 사용하고 세션키 분배방식으로 Diffile-Helman, RSA 공개키 방식을 사용한다.
4) S/MIME는 세션키를 이용한 컨텐츠 암호화 방식으로 DES를 사용한다.

카테고리   애플리케이션 보안

문제풀이

· S/MIME에서 사용도는 암호, 서명 알고리즘

기능	내용
서명용 메시지 다이제스트 방식	· SHA-1, MD5
암호화된 서명방식	· DSS, RSA
세션키 분배방식	· Diffile-Helman, RSA 공개키 방식
세션키를 이용한 컨텐츠 암호방식	· 3DES, RC2/40bit

· S/MIME 형식

가. Multipart/Signed 형식

－메시지는 평문으로 전송되지만, 메시지에 대한 무결성을 위한 서명을 부착할 때 사용된다. 본문 내용이 평문이므로 S/MIME 기능과 상관없이 본문 내용을 확인할 수 있다.

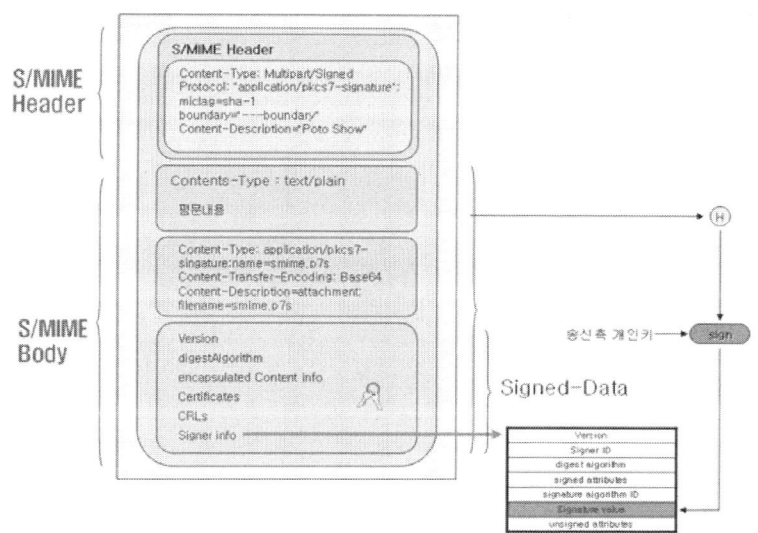

나. Application/pkcs7-mime/signed-data 형식
–본문의 내용이 Encapsulated contents info 영역에 있어 S/MIME 서명에 대한 인증 없이는 본문의 내용을 확인할 수 없다.

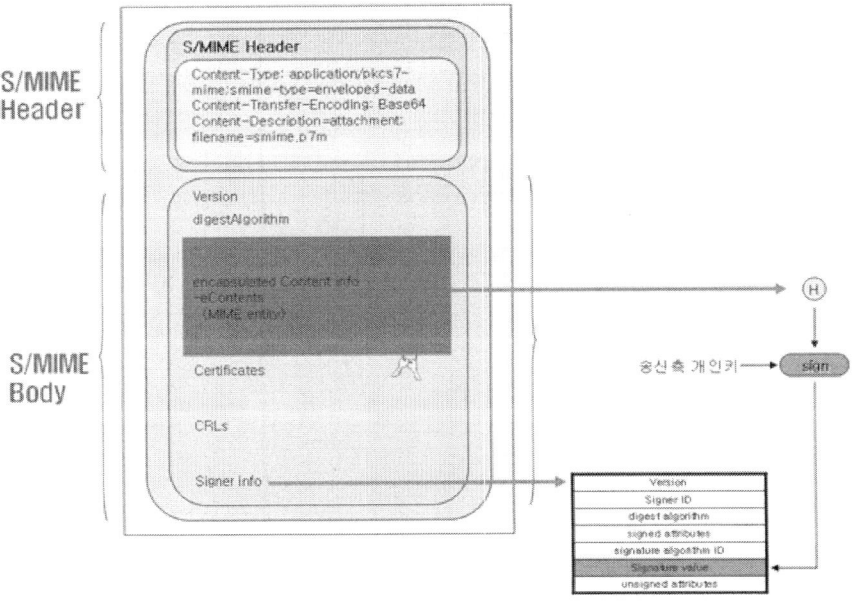

다. Application/pkcs7-mime/enveloped-data 형식
–본문의 내용이 encapsulated contents info 영역에서 암호화되고 contents encryption key(CEY)는 메시지 암호화 시 키를 랜덤하게 생성하여 전송한다. 서명을 하지 않기 때문에 메시지의 무결성은 제공하지 않는다.

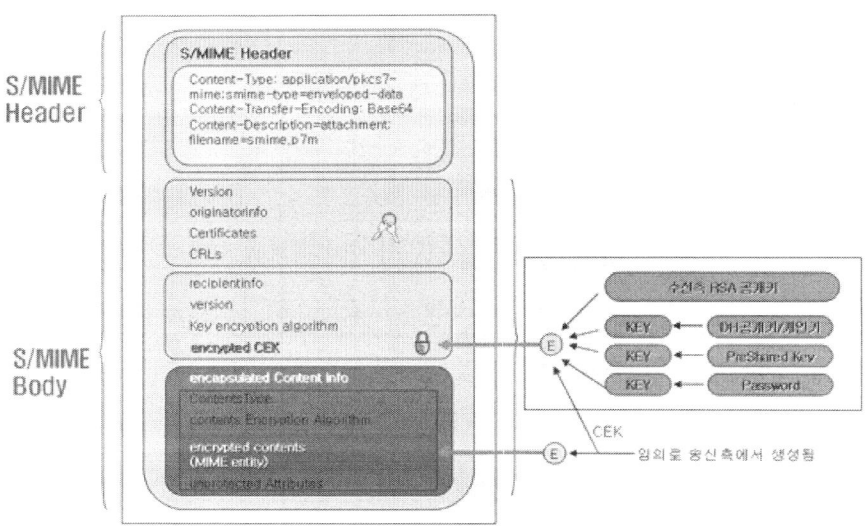

정답   4번

문제 59〉

| 한 호스트에 계속 메일을 보내서 메일 시스템을 마비시키는 것은 메일을 처리하기도 전에 계속 메일이 오기 때문에 /var/spool/mqueue에 계속 쌓여 시스템의 부하를 유발한다. |

1) Mail Storm
2) Active Contents
3) Mail용 Shell Script 공격
4) 트로이 목마

카테고리 　　　　　　　　　　　　　애플리케이션 보안

문제풀이

메일 폭풍 공격에 대한 설명이다.

정답　　　1번

문제 60〉

Apache 웹서버의 디렉토리 리스팅에 대한 설명으로 잘못된 것은 무엇인가?

1) 웹서버의 디렉토리에 접근할 경우 디렉토리 내의 파일목록이 출력되는 것이다.
2) Apache의 httpd.conf 파일에서 디렉토리 리스팅을 설정할 수 있다.
3) 비인가자는 웹서버 디렉토리 구조 파악 및 불법적인 파일 유출로 사용될 수 있다.
4) listing 설정값을 On, Off하여 설정할 수 있다.

카테고리 　　　　　　　　　　　　　애플리케이션 보안

문제풀이

디렉토리 리스팅은 http.conf 파일의 indexes로 설정할 수 있다.

〈Directory "/home/umttumt/public_html/mp3"〉
Options Indexes
〈/Directory〉

정답　　　4번

신용카드 결제 프로토콜 SET에 대한 설명이다. 그 내용으로 틀린 것을 선택하시오.

문제 61〉

1) SET은 Master社와 VISA社에서 만든 신용카드 결제 프로토콜로 지불처리와 이중서명 기능을 가지고 있다.
2) SET은 공개키 암호방식으로 1024비트 RSA를 사용한다.
3) SET은 무결성 확인을 위해서 160비트의 SHA-1을 사용한다.
4) SET은 비밀키 암호를 위한 128비트 AES를 사용한다.

카테고리   애플리케이션 보안

문제풀이

SET 관련 알고리즘
 −공개키 암호방식: 1024Bit RSA(X.509 Version 3)를 이용한 공개키 인증방식
 −서명 알고리즘: 1024Bit RSA
 −비밀키 암호방식: 56Bit DES
 −해시 알고리즘: 160Bit SHA-1

정답   4번

전자상거래 보안 기술인 S-HTTP에 대한 설명으로 잘못된 것을 선택하시오.

문제 62〉

1) S-HTTP는 서명을 위해서 RSA와 DSA를 사용한다.
2) 암호화는 DES, RC2 알고리즘을 사용한다.
3) 메시지 축약을 위해서 MD2, MD5, SHA를 사용한다.
4) 공개키로 PKCS-7 형식과 X.500를 사용한다.

카테고리   애플리케이션 보안

문제풀이

S-HTTP
 −서명: RSA, DSA
 −암호화: DES, RC2
 −메시지 축약: MD2, MD5, SHA
 −키 교환: Diffie-Helman, Kerberos, RSA, in-band
 −공개키: X.509, PKCS-6 형식
 −캡슐화 형식: PGP, MOSS 및 PKCS-7 형식

정답   4번

아래의 설명으로 올바른 것을 선택하시오.

문제 63〉

(ㄱ)에 비해서 강력한 암호화를 실현할 수 있고 폭이 넓은 망의 통신규약에 대응하는 점에서 주목을 끌고 있다.
암호화에는 3개의 다른 데이터 암호화 표준(DES)키를 사용한 트리플 DES기술이 용용되고 있다.
(ㄱ)은 TCP/IP에서만 대응하지만 전송계층 보안은 네트워크나 순차 패킷교환, 애플토크 등의 통신망 통신규약에도 대응이 가능하다. 또 오류메시지 처리 기능이 개선되어 미국 마이크로소프트사. 넷스케이프사가 (ㄴ)을 진화시켰다.

1) SSL, SHTTP
2) TLS, WTLS
3) SSL, TLS
4) WTLS, IEEE 802.1x

카테고리   애플리케이션 보안

문제풀이

위의 설명은 전송계층 보안(TLS: Transport Layer Security)에 대한 설명이다.

정답   3번

아래의 무선랜 보안 표준은 무엇인지 선택하시오.

문제 64〉

· WiFi에서 권고하는 무선랜 표준
· WEP 문제를 해결함
· 현재 대부분의 무선기기에 사용

1) WPA2 혹은 IEEE 802.11i
2) WEP
3) WPKI
4) Wireless LAN Key

카테고리   애플리케이션 보안

문제풀이

· WPA
무선랜 보안 표준의 하나. WEP(Wired Equivalent Privacy) 키 암호화를 보완하는 TKIP(Temporal Key Integrity Protocol)라는 IEEE 802.11i 표준을 기반으로 하고 있으며, 인증 부문에서도 802.1x 및 EAP(Extensible Authentication Protocol)를 도입해 성능을 높인 것이다. 특히 패킷당 키 할당 기능. 키값 재설정 등 다양한 기능이 있기 때문에 해킹이 불가능하고 네트워크에 접근 시 인증 절차를 요구한다.

- IEEE 802.11i 보안
  - WEP 취약점을 해결한 TKIP 사용
  - AES를 사용한 CCMP
  - 키 인증을 위해서 4-Way 핸드쉐이크 방식
- IEEE 802.11i 보안
  - WEP 취약점을 해결한 TKIP 사용
  - AES를 사용한 CCMP
  - 키 인증을 위해서 4-Way 핸드쉐이크 방식

정답　　1번

문제 65〉

아래의 내용 중에서 무선LAN에서 고정된 키가 아니라 동적으로 키를 생성하는 IEEE 802.11i 표준은 무엇인가?

1) WEP　　　　　2) TKIP　　　　　3) CCMP　　　　4) WPA

카테고리　　　　　　　　　　　애플리케이션 보안

문제풀이

동적 키 생성은 TKIP이고 이것은 IEEE 802.11i 표준이 CCMP이다.

정답　　3번

문제 66〉

아래의 설명으로 올바른 것을 선택하시오.

> 가. RSA 암호 알고리즘이 소인수분해 문제의 어려움에 기반한다면 (ㄱ)은 이산대수 문제의 어려움에 기반한 알고리즘으로 난수 k를 이용하여 매 암호화 시 다른 암호문을 얻어 RSA에 비해서 더 안전하다고 볼 수 있다.
>
> 나. (ㄴ)는 1990년대 Hoffstein 등에 제안된 격자기반 공개키 암호체계로 기존 공개키 암호와 비교하여 동일한 안정성을 제공한다. 암호화와 복호화 속도가 빠르고 양자 연산 알고리즘을 이용한 공격에도 강한 장점을 가진다.

1) NTRU, ElGamal　　　　　　　2) ElGamal, NTRU
3) DSS, NTRU　　　　　　　　　4) NTRU, DSS

카테고리　　　　　　　　　　　애플리케이션 보안

지문의 내용을 알아두세요.

정답   2번

	OTP(One Time Password)에 대한 설명 중 틀린 것을 선택하시오.
문제 67〉	1) OTP는 매번 비밀번호를 다르게 발급할 수 있는 방법으로 동기방식과 비동기 방식이 있다. 2) OTP의 비동기방식은 Challenge Response로 일회용 패스워드를 발급한다. 이 방법은 사용자가 임의의 난수를 직접 OTP난수를 입력하여 생성된다. 3) OTP 비동기방식은 시간 혹은 이벤트이 있고 시간 동기화는 매시간 비밀번호를 자동으로 생성하는 방식이다. 일정 기간 동안 OTP를 생성하지 않으면 시간 동기화는 OTP가 생성될 때까지 기다려야 하는 문제점을 가진다. 4) 이벤트 방식은 인증횟수를 기준값으로 동기화 하지만 시간 동기화 같은 대기가 발생한다.
카테고리	애플리케이션 보안

OTP 동기방식의 특징
- 시간 동기화방식은 OTP 생성매체가 매시간 비밀번호를 자동으로 생성하는 형태로 시간을 기준값으로 하여 OTP 생성매체와 OTP 인증서버가 동기화됨
- 시간을 입력값으로 동기화하기 때문에 간편한 장점을 가지지만, 일정 시간 동안 은행에 OTP를 전송하지 못하면 다시 새로운 OTP가 생성될 때까지 기다려야 하는 문제점을 가짐
- 이벤트 동기화 방식은 OTP 생성매체와 인증서버의 동기화 된 인증횟수를 기준값으로 생성. OTP 생성매체에서 생성된 비밀번호 횟수와 인증서버가 생성한 비밀번호 횟수가 자동으로 동기화되기 때문에 시간 동기화의 불편성을 완화함.

정답   4번

아래의 내용은 DNS(Domain Name Server)에 대한 설명이다. 그 내용이 틀린 것을 선택하시오.

문제 68〉

1) DNS은 URL을 해석하기 위해서 순환 및 반복 쿼리를 활용하여 URL을 IP주소로 변환한다.
2) DNS는 named라는 데몬 프로세스가 실행되고 named는 named.conf를 참조하여 실행되고 named는 init 프로세스가 Fork를 통해서 자식 프로세스 형태로 기동시킨다.
3) DNS는 DNSSEC를 사용하여 보안 기능을 제공할 수 있으며 DNSSEC는 암호화를 지원하며 서명 기능은 지원하지 않기 때문에 별도의 서명 기능 모듈을 추가해서 운영해야 한다.
4) DNS 레코드는 DNS에 정보를 제공하는 것으로 AAAA는 호스트의 이름을 IPv6 주소로 매핑한다.

카테고리   애플리케이션 보안

문제풀이

· DNSSEC
- DNS 캐시 포이즈닝과 DNS의 보안 취약점을 보완하기 위해서 등장한 기술
- DNS 응답 정보에 전자서명을 값을 첨부하여 보내고 수신측이 해당 서명값을 검증해서 DNS 위변조를 방지, 정보 무결성을 제공

· DNSSEC 정보 제공

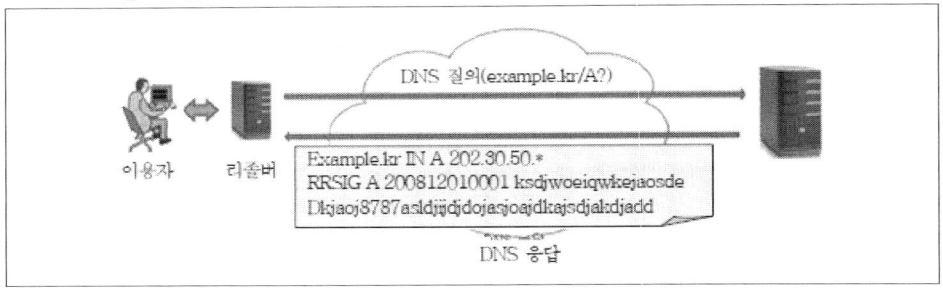

- 서명용 키씽을 생성하여 공개키는 사전에 배포
- 개인키를 가지고 자신이 제공하는 정보의 해시값을 서명처리하여 전자서명 값을 생성
- 원본 데이터와 추가된 전자서명 값을 함께 인터넷 상에 제공

· DNSSEC 정보 이용자
- 정보제공자로부터 수신한 정보의 원본 데이터와 전자서명 값을 분리
- 사전에 정보제공자로부터 수신한 공개키 값을 가지고 전자서명 값을 복호화
- 원본 데이터를 해시 처리한 값과 복원된 전자서명 값을 비교하여 무결성 여부 확인

정답   3번

문제 69〉

아래의 메시지를 보고 발생할 수 있는 취약점은 무엇인가?

> 예) HTTP/1.1 500 Internal Server Error
> 예) 〈p〉SQL Server용 Microsoft OLE DB 공급자〈/font〉 〈font face="Arial" size=2〉error
> '80040e37'〈/font〉

1) 파일 업로드 취약점　　　　　　2) 파일 다운로드 취약점
3) 디렉토리 리스팅　　　　　　　4) 에러 핸들링 차단

카테고리　　　　　　　　　　　　　애플리케이션 보안

문제풀이

Error Handling 차단
- 웹 서버 및 WAS의 에러 값이 노출되지 않도록 차단함.
- Respone 값의 Status Code 및 Error 데이터를 파악하여 탐지함.
- IIS Error, WAS Error, Database Error 패턴

예) HTTP/1.1 500 Internal Server Error
예) 〈p〉SQL Server용 Microsoft OLE DB 공급자〈/font〉 〈font face="Arial" size=2〉error '80040e37'〈/font〉

정답　　4번

문제 70〉

다음은 (　　　　　　　) Poisoning 차단에 대한 설명이다.

> · 인증과 관련된 민감 데이터를 (　　) 인증을 위한 MAC(Message Authenticity Code)를 포함시켜 변조를 차단
> · 도메인 추가 시 보안키를 사용해서 MAC 값을 생성

1) DNS　　　　2) ARP　　　　3) Cookie　　　4) Message

카테고리　　　　　　　　　　　　　애플리케이션 보안

문제풀이

Cookie poisoning 차단
- 인증과 관련된 민감 데이터를 쿠키 인증을 위한 MAC(Message Authenticity Code)를 포함시켜 변조를 차단
- 도메인 추가 시 보안키를 사용해서 MAC 값을 생성함.

정답　　3번

문제 71〉

아래의 내용 중에서 전자지불 시스템의 기술 요건으로 해당되지 않는 것을 선택하시오.

1) 전자지불 시스템 대형화
2) 전송 내용 암호화
3) 위조 및 변조, 부인방지
4) 거래 상대방 신원확인

카테고리   애플리케이션 보안

문제풀이

전자지불 시스템 기술 요건으로 대형화는 해당되지 않는다.

정답   1번

문제 72〉

Apache 웹 서버를 설치하고 아래와 같은 행동을 했다. 이 중에서 가장 중요하다고 생각되는 것은 무엇인가?

1) # chown 0 . bin conf logs
   # chgrp 0 . bin conf logs
   # chmod 755 . bin conf logs
   # chmod 511 /usr/local/httpd/bin/httpd
2) /var/www/manual 및 /var/www/cgi_bin 삭제
3) index.cgi 〉 index.html 〉 index.htm의 순서 결정
4) FollowSymLink를 제거

카테고리   애플리케이션 보안

문제풀이

모두 다 Apache 설치 이후 보안설정에 대한 내용이고 이 중에서 가장 중요한 것 하나는 권한에 대한 설정이다.

정답   1번

IIS 웹서버에 대한 설명이다. 그 내용이 틀린 것을 선택하시오.

문제 73〉

1) IIS는 실행 중인 애플리케이션을 기본적으로 Local System 계정으로 실행된다.
2) IIS는 In-process 및 out-process 요청이 inetinfo.exe 혹은 DLLHost.exe 에 의해서 처리된다.
3) IIS는 익명의 계정이 IWAM_MACHINE이고 웹 애플리케이션이 실행되는 계정 이 IUSR_MACHINE이다.
4) IIS의 패치적용 여부를 확인하는 보안툴은 MBSA이다.

카테고리   애플리케이션 보안

문제풀이

웹서버 IIS구성

IIS 구성요소	내용
서비스	−웹과 FTP 관리를 위한 IIS 관리 서비스 −World Wide Web 서버 서비스 −FTP 서비스 −메일 발송을 위한 SMTP(Simple Mail Transport Protocol) −뉴스그룹을 위한 NNTP(Network News Transport Protocol)
계정 및 그룹	−IUSR_MACHINE(인터넷으로 접근하는 익명 계정) −IWAM_MACHINE(out-of-process로 실행되는 웹 애플리케이션이 실행되는 계정)
폴더	−%windir%\system32\inetsrv(IIS 프로그램) −%windir%\system32\inetsrv\iisadmin(IIS 관리 프로그램) −%windir%\help\iishelp(IIS 도움말 파일) −%systemdrive%\inetpub(웹, FTP, SMTP 루트 폴더)
웹 사이트	−기본 웹 사이트(80번 포트): %systemdrive%\inetpub\wwwroot −관리 웹 사이트(3693번 포트): %systemdrive%\system32\inetsrv\iisadmin

정답   3번

문제 74〉 외부에서 들어오는 사용자 등이 특정 디렉토리에 접근이 불가능하도록 하는 프로 그램은 무엇인가?

1) chroot   2) lpd   3) issac   4) pds

카테고리   애플리케이션 보안

chroot는 리눅스에서 외부에서 들어오는 사용자가 특정 디렉토리에 접근하지 못하게 하는 프로그램이다.

정답   1번

DNS 서버에 대한 대한 설명으로 잘못된 것을 선택하시오.

```
# cat /etc/resolve.conf
nameserver  168.126.100.1
nameserver  164.124.101.2
```

문제 75〉

1) resolve.conf는 DNS 서버를 등록하는 것으로 위의 설정은 주 DNS와 보조 DNS 서버가 설정되어 있다.
2) /etc/hosts 파일에 210.1.1.1 www.limbest.com이 있으면 resolve.conf에 설정된 DNS 서버가 아니라 hosts 파일을 먼저 실행한다.
3) hosts 파일과 resolve.conf 파일의 실행 우선순위는 변경이 불가능하고 변경을 원하면 hosts 파일의 설정을 삭제하면 된다.
4) 168.126.100.1이 주 DNS 서버이다.

카테고리   애플리케이션 보안

hosts 파일과 resolve.conf 파일의 실행 순서는 hosts.conf 혹은 nsswitch.conf로 변경이 가능하다.

정답   3번

정보보호개론

문제 76〉

다음의 지문을 보고 PKI에 대한 설명으로 올바른 것을 모두 선택하시오.

> 가. 인증서를 발급하는 인증기관은 CA이다.
> 나. 인증서 형식은 X.509 인증서를 사용한다.
> 다. 인증서 취소목록이 CRL이다.
> 라. 인증기관 간의 상호인증을 위해서 OCSP 방식을 사용한다.
> 마. 인증기관의 구조는 계층형, 네트워크, 복합형 구조가 있다.

1) 가, 나, 다
2) 가, 다, 라
3) 가, 다, 마
4) 모두

카테고리   정보보호개론

문제풀이

모두 올바른 설명이고 인증기관 구조에서 국내는 계층형 형태를 사용한다. 또한 CA를 대신하여 사용자의 신원확인을 하는 기관을 등록기관(RA)이라고 한다.

정답   4번

문제 77〉

MIT에서 개발한 Kerberos 시스템에서 재생공격(Replay Attack)을 방지하기 위한 것으로 올바른 것은 무엇인가?

1) 발급된 티켓에 대한 암호화
2) Timestamp
3) 티켓서버와 인증서버로 분리하여 관리
4) 클라이언트 인증처리

카테고리   정보보호개론

문제풀이

커버로스는 재생공격을 방지하기 위해서 유효기간을 설정하는 타임스탬프를 추가한다.

정답   2번

문제 78〉

Kerberos에 대한 설명으로 올바르지 않은 것을 선택하시오.

1) 커버로스는 티켓발급와 인증서버를 분리한 구조이다.
2) 커버로스는 재생공격을 하기 위해서 티켓을 복사하여 공격할 수 있다.
3) 커버로스는 클라이언트가 티켓을 보관하는 것이 문제점이다.
4) 커버로스의 문제점을 해결하기 위해서 등장한 것이 EAM이다.

카테고리　　　　　　　　　　　　　　정보보호개론

문제풀이

커버로스의 문제점을 해결하기 위해서 등장한 것은 세사미이고 세미나는 인증에 속성정보를 추가하여 권한을 부여할 수 있다.

정답　　　4번

문제 79〉

블록 암호운영모드 중 스트림 암호화 사용하고 디지털화된 아날로그 신호를 암호화하는 경우 사용되는 암호화 모드는 무엇인가?

1) ECB(Electronic Code Block) 모드
2) CBC(Cipher Block Chaining) 모드
3) CFB(Cipher Block FeedBack) 모드
4) OFB(Output FeedBack) 모드

카테고리　　　　　　　　　　　　　　정보보호개론

문제풀이

OFB(Output FeedBack) 모드
- OFB 또한 평문과 암호문의 길이가 동일함.
- 즉, CFB와 동일하게 패딩을 추가하지 않고 블록단위 암호화를 스트림 암호화 방식으로 구성하며, 다른 점은 암호화 함수는 키의 생성 시에만 사용되어 암호화와 복호화의 방법이 동일하여 암호문을 다시 암호화하면 평문이 나온다. 마찬가지로 최초 키의 생성 버퍼로 IV가 사용됨.
- 암호문 한 개의 블록에서 에러발생 시 현재 복호화되는 평문블록에만 영향을 주므로 영상데이터, 음성데이터와 같은 digitized analog(디지털화된 아날로그) 신호에 주로 사용됨.

정답　　　4번

아래의 설명에 해당되는 것으로 가장 올바른 것은 무엇인가?

문제 80〉

D.Chaum에 의해서 제안된 서명방식으로 서명용지 위에 묵지를 놓아 봉투에 넣어서 서명자가 서명문의 내용을 알지 못하는 상태에서 서명하는 방법

1) 은닉서명　　　2) 부인방지 서명　　　3) 이중서명　　　4) 위임서명

카테고리　　　　　　　　　　　　　　　　정보보호개론

문제풀이

위의 지문은 은닉서명에 대한 설명이다.

정답　　1번

블록 암호공격에 대한 설명으로 그 내용이 틀린 것은 무엇인가?

문제 81〉

1) 암호문 단독 공격은 암호 해독자에게 불리한 방법으로 공격자는 단지 암호문만 가지고 공격을 수행한다.
2) 알려진 평문공격은 암호문에 대응하는 일부 평문이 가용한 상황에서의 공격으로 선형공격이다.
3) 선택 평문 공격은 평문을 선택하면 대응되는 암호문을 얻을 수 없는 상황에서 사용되는 공격이다.
4) 선택 암호문 공격은 암호문을 선택하면 대응되는 평문을 얻을 수 있는 상태에서의 공격으로 적당한 암호문을 선택하고 그에 대응하는 평문을 얻을 수 있다.

카테고리　　　　　　　　　　　　　　　　정보보호개론

문제풀이

공격	주요 설명
암호문 단독 공격 (COA, Ciphertext only Attak)	−암호 해독자에게 가장 불리한 방법 −공격자는 단지 암호문만을 가지고 공격 −암호문으로부터 평문이나 암호키를 찾아내는 방법으로 통계적 성질과 문장의 특성 등을 추정하여 해독
알려진 평문 공격 (KPA, Known Plaintext Attak)	−암호문에 대응하는 일부 평문이 가용한 상황에서의 공격, 선형 공격 −공격자는 약간의 평문에 대응하는 암호문을 가지고 있는 상태에서 나머지 암호문에 대한 공격을 하는 방법으로 이미 입수한 암호문의 관계를 이용하여 새로운 암호문을 해독하는 방법

선택 평문 공격 (CPA, Chosen Plaintext Attak)	– 평문을 선택하면 대응되는 암호문을 얻을 수 있는 상황에서의 공격 – 공격자가 사용된 암호기에 접근할 수 있을 때 사용하는 공격방법 – 적당한 평문을 선택하여 그 평문에 대응하는 암호문을 얻을 수 있음.
선택 암호문 공격 (CCA, Chosen Ciphertext Attak)	– 암호문을 선택하면 대응되는 평문을 얻을 수 있는 상태에서의 공격 – 적당한 암호문을 선택하고 그에 대응하는 평문을 얻을 수 있다.

정답   3번

문제 82〉

정보시스템의 기밀성, 무결성, 가용성에 영향을 줄 수 있는 위협과 취약점을 분석하여 예상손실을 파악하는 것은 무엇인가?

1) 위험관리
2) 위험분석
3) 보안관리
4) 위험처리

카테고리   정보보호개론

문제풀이

취약점을 파악하여 예상손실을 분석하는 것은 위험분석이다.

정답   2번

문제 83〉

정보통신망법의 정보통신 서비스 제공자 및 이용자 책무에 대한 내용으로 틀린 것을 선택하시오.

1) 정보통신서비스 제공자는 이용자의 개인정보를 보호하고 이용자의 권익보호와 정보이용능력 향상에 이바지해야 한다.
2) 이용자는 건전한 정보사회가 정착되도록 노력해야 한다.
3) 정부는 개인정보보호 및 청소년 보호 등의 활동을 지원할 수 있다.
4) 정보통신 서비스 제공자는 정보통신망 표준화를 준수해야 한다.

카테고리   정보보호개론

제2조 정보통신 서비스 제공자 및 이용자의 책무

① 정보통신서비스 제공자는 이용자의 개인정보를 보호하고 건전하고 안전한 정보통신서비스를 제공하여 이용자의 권익보호와 정보이용능력의 향상에 이바지하여야 한다.

② 이용자는 건전한 정보사회가 정착되도록 노력하여야 한다.

③ 정부는 정보통신서비스 제공자단체 또는 이용자단체의 개인정보보호 및 정보통신망에서의 청소년 보호 등을 위한 활동을 지원할 수 있다.

정답   4번

정보통신망법 4조 정보통신 이용촉진 및 정보보호 등에 관한 시책 마련에서 (   )에 알맞은 것은 무엇인가?

문제 84〉

> (ㄱ) 또는 (ㄴ)는 정보통신망의 이용촉진 및 안정적 관리, 운영과 이용자의 개인정보 등을 통하여 정보화사회의 기반을 조성하기 위한 시책을 마련해야 한다.

1) 안전행정부, 방송통신위원회   2) 안전행정부, 인터넷진흥원

3) 안전행정부, 지식경제부   4) 미래창조과학부, 방송통신위원회

카테고리   정보보호개론

제4조 정보통신 이용촉진 및 정보보호 등에 관한 시책의 마련

① 미래창조과학부장관 또는 방송통신위원회는 정보통신망의 이용촉진 및 안정적 관리·운영과 이용자의 개인정보보호 등(이하 "정보통신망 이용촉진 및 정보보호등"이라 한다)을 통하여 정보사회의 기반을 조성하기 위한 시책을 마련하여야 한다.〈개정 2011.3.29, 2013.3.23〉

② 제1항에 따른 시책에는 다음 각 호의 사항이 포함되어야 한다.

1. 정보통신망에 관련된 기술의 개발·보급
2. 정보통신망의 표준화
3. 정보내용물 및 제11조에 따른 정보통신망 응용서비스의 개발 등 정보통신망의 이용 활성화
4. 정보통신망을 이용한 정보의 공동활용 촉진
5. 인터넷 이용의 활성화
6. 정보통신망을 통하여 수집·처리·보관·이용되는 개인정보의 보호 및 그와 관련된 기술의 개발·보급
7. 정보통신망에서의 청소년 보호
8. 정보통신망의 안전성 및 신뢰성 제고
9. 그 밖에 정보통신망 이용촉진 및 정보보호등을 위하여 필요한 사항

③ 미래창조과학부장관 또는 방송통신위원회는 제1항에 따른 시책을 마련할 때에는 「국가정보화 기본법」 제6조에 따른 국가정보화 기본계획과 연계되도록 하여야 한다.〈개정 2011.3.29, 2013.3.23〉

정답   4번

문제 85〉

정보통신망법 제22조 「개인정보의 수집, 이용 동의 등에 관한 법률」에서 이용자의 개인정보를 수집하는 경우 이용자에게 알리고 동의를 받아야 하는 항목이 아닌 것은 무엇인가?

1) 개인정보의 수집, 이용 목적
2) 개인정보 폐기방법
3) 수집하는 개인정보의 항목
4) 개인정보의 보유, 이용 기간

카테고리   정보보호개론

문제풀이

제22조 개인정보의 수집.이용 동의 등

① 정보통신서비스 제공자는 이용자의 개인정보를 이용하려고 수집하는 경우에는 다음 각 호의 모든 사항을 이용자에게 알리고 동의를 받아야 한다. 다음 각 호의 어느 하나의 사항을 변경하려는 경우에도 또한 같다.

1. 개인정보의 수집·이용 목적
2. 수집하는 개인정보의 항목
3. 개인정보의 보유·이용 기간

② 정보통신서비스 제공자는 다음 각 호의 어느 하나에 해당하는 경우에는 제1항에 따른 동의 없이 이용자의 개인정보를 수집·이용할 수 있다.

1. 정보통신서비스의 제공에 관한 계약을 이행하기 위하여 필요한 개인정보로서 경제적·기술적인 사유로 통상적인 동의를 받는 것이 뚜렷하게 곤란한 경우
2. 정보통신서비스의 제공에 따른 요금정산을 위하여 필요한 경우
3. 이 법 또는 다른 법률에 특별한 규정이 있는 경우

정답   2번

문제 86〉

아래의 내용은 정보통신망법의 주민등록번호의 사용제한에 대한 내용이다. (   ) 안에 알맞은 것은 무엇인가?

> ·법령에서 이용자의 주민등록번호 수집, 이용을 허용하는 경우
> ·영업상 목적을 위해서 이용자의 주민등록번호 수집, 이용이 불가피한 정보통신서비스 제공자로서 (   )가 고지하는 경우

1) 대통령
2) 미래창조과학부
3) 방송통신위원회
4) 안전행정부

카테고리   정보보호개론

제23조의 2 주민등록번호의 사용 제한

① 정보통신서비스 제공자는 다음 각 호의 어느 하나에 해당하는 경우를 제외하고는 이용자의 주민등록번호를 수집·이용할 수 없다.

1. 제23조의3에 따라 본인확인기관으로 지정받은 경우
2. 법령에서 이용자의 주민등록번호 수집·이용을 허용하는 경우
3. 영업상 목적을 위하여 이용자의 주민등록번호 수집·이용이 불가피한 정보통신서비스 제공자로서 방송통신위원회가 고시하는 경우

② 제1항 제2호 또는 제3호에 따라 주민등록번호를 수집·이용할 수 있는 경우에도 이용자의 주민등록번호를 사용하지 아니하고 본인을 확인하는 방법(이하 "대체수단"이라 한다)을 제공하여야 한다.

정답   3번

문제 87〉

정보통신망법의 개인정보 폐기에 대한 내용이다. 올바르지 않는 것을 선택하시오.

1) 개인정보는 사용용도가 끝나면 지체 없이 파기해야 하며, 지체 없이는 사용용도가 끝난 시점에 삭제를 의미한다.
2) 동의를 받은 개인정보의 보유 및 이용기간이 끝난 경우
3) 동의를 받은 개인정보의 수집, 이용 목적을 달성한 경우
4) 사업을 폐업하는 경우

카테고리   정보보호개론

지체없이 파기하는 것은 맞지만 그 방법이 그 순간의 삭제를 의미하지 않고 보유 기간까지는 보유하고 파기해도 된다.

제29조 개인정보의 파기

① 정보통신서비스 제공자등은 다음 각 호의 어느 하나에 해당하는 경우에는 해당 개인정보를 지체 없이 파기하여야 한다. 다만, 다른 법률에 따라 개인정보를 보존하여야 하는 경우에는 그러하지 아니하다.

1. 제22조 제1항, 제23조 제1항 단서 또는 제24조의2제1항·제2항에 따라 동의를 받은 개인정보의 수집·이용 목적이나 제22조 제2항 각 호에서 정한 해당 목적을 달성한 경우
2. 제22조 제1항, 제23조 제1항 단서 또는 제24조의2제1항·제2항에 따라 동의를 받은 개인정보의 보유 및 이용 기간이 끝난 경우
3. 제22조 제2항에 따라 이용자의 동의를 받지 아니하고 수집·이용한 경우에는 제27조의2제2항 제3호에 따른 개인정보의 보유 및 이용 기간이 끝난 경우
4. 사업을 폐업하는 경우

② 정보통신서비스 제공자등은 정보통신서비스를 대통령령으로 정하는 기간 동안 이용하지 아니하는 이용자의 개인정보를 보호하기 위하여 대통령령으로 정하는 바에 따라 개인정보의 파기

정답   1번

전자서명법 6조 공인진증업무준칙 등에 대한 내용에서 공인인증기관은 인증업무를 개시하기 전에 공인인증업무준칙을 (　　　　　)에 신고해야 한다.

1) 안전행정부장관　　　　　　2) 방송통신위원회
3) 미래창조과학부장관　　　　4) 한국인터넷진흥원

카테고리　　　　　　　　　　　　　　　정보보호개론

문제풀이

① 공인인증기관은 인증업무를 개시하기 전에 다음 각 호의 사항이 포함된 공인인증업무준칙(이하 "인증업무준칙"이라 한다)을 작성하여 미래창조과학부장관에게 신고하여야 한다.
1. 인증업무의 종류
2. 인증업무의 수행방법 및 절차
3. 공인인증역무(이하 "인증역무"라 한다)의 이용조건
4. 기타 인증업무의 수행에 관하여 필요한 사항

정답　　　3번

문제 89〉

공인인증서 발급에 대한 내용에서 공인인증서에 포함되어야 하는 내용으로 올바르지 않는 것은 무엇인가?

1) 가입자 이름(법인의 경우 대표이사 이름)
2) 가입자의 전자서명검증정보
3) 공인인증서 유효기간
4) 공인인증기관 명칭

카테고리　　　　　　　　　　　　　　　정보보호개론

문제풀이

법인의 경우 법인 명칭을 의미한다.
② 공인인증기관이 발급하는 공인인증서에는 다음 각 호의 사항이 포함되어야 한다.
1. 가입자의 이름(법인의 경우에는 명칭을 말한다)
2. 가입자의 전자서명검증정보
3. 가입자와 공인인증기관이 이용하는 전자서명 방식
4. 공인인증서의 일련번호
5. 공인인증서의 유효기간
6. 공인인증기관의 명칭 등 공인인증기관임을 확인할 수 있는 정보

7. 공인인증서의 이용범위 또는 용도를 제한하는 경우 이에 관한 사항
8. 가입자가 제3자를 위한 대리권 등을 갖는 경우 또는 직업상 자격등의 표시를 요청한 경우 이에 관한 사항
9. 공인인증서임을 나타내는 표시

정답　　1번

문제 90〉

아래의 지문에 해당되는 정보보호 서비스를 선택하시오.

> · 전자서명을 통해서 목적을 달성
> · 전자거래에서 반드시 있어야 하는 서비스
> · 송신자가 송신여부를 인정하지 않음.

1) 기밀성　　　　2) 무결성　　　　3) 인증　　　　4) 부인방지

카테고리　　　　　　　　　　　　　　정보보호개론

문제풀이

부인방지에 대한 설명이다. 부인방지는 외부 인증기관을 통해서 할 수 있고 송신자의 개인키로 암호화된 것은 오직 공개키로만 복호화가 가능하므로 복호화를 통해서 개인키로 암호화된 것을 확인할 수 있으므로 부인방지를 할 수 있다.

정답　　4번

문제 91〉

음악, 비디어, 게임, 소프트웨어 등의 각종 디지털 정보 콘텐츠에 대해서 불법유통을 방지하는 서비스에 대한 설명으로 틀린 것은 무엇인가?

1) 디지털 저작권 관리에서 디지털 콘텐츠에 원저작자의 정보를 삽입하는 Watermarking 기술을 사용한다.
2) 건전한 디지털 콘텐츠의 유통을 유해서 콘텐츠 사용 시에 라이선스를 요구하고 인증된 사용자만 사용할 수 있다.
3) 국사 정보 및 테러정보 등과 같은 중요한 정보를 삽입하는 기술은 반드시 가시성을 확보해야 한다.
4) DRM은 콘텐츠의 유통을 관리하는 시스템이다.

카테고리　　　　　　　　　　　　　　정보보호개론

3번은 스테가노그래픽에 대한 설명이고 정보를 식별할 수 없도록 비가시성을 확보해야 한다.

정답   3번

문제 92〉 **아래의 설명으로 올바른 것을 선택하시오.**

전문지식을 가진 전문가의 집단을 구성하여 위험분석과 평가를 수행한다. 위험평가는 토론을 통해서 하고 자신의 의견은 익명성을 보장하는 방식으로 중재자를 활용한다.

1) 과거자료분석법   2) 전문가 감정
3) 델파이법   4) 순위결정법

카테고리   정보보호개론

델파이(Delphi)법은 중재자를 통해서 전문가의 의견을 익명성을 통해서 수렴하는 방법이다.

정답   3번

문제 93〉 **아래의 탐지방법은 무엇인가?**

담장, 자물쇠, 경비원, 암호화, 방화벽

1) 예방   2) 탐지   3) 저지   4) 교정

카테고리   정보보호개론

통제유형	설명	사례
예방(Preventive)	바람직하지 못한 사건이 발생하는 것을 피하기 위해 사용되는 통제	- 담장, 자물쇠, 보안 경비원, 백신, 직무분리,암호화, 방화벽
탐지(Detective)	발생된 사건을 식별하기 위해 사용	- CCTV, 보안 감사, 감사로그, 침입탐지, 경보
저지(Deterrent)	보안 위반을 단념시키기 위해 사용	- CCTV, 경보, 보안의식 훈련
교정(Corrective)	발생된 사건을 교정하기 위해 사용	- 백신 S/W
복구(Recovery)	자원과 능력을 복구하기 위해 사용	- 백업

정답   1번

문제 94〉

전자서명법에서 인증업무에 관한 설비의 운영에 관한 내용 중 공인인증기관의 시설 및 장비의 안전운영 여부를 (   )으로부터 정기적으로 점검받아야 한다.

1) 미래창조과학부
2) 정보화사회진흥원
3) 인터넷 진흥원
4) 안전행정부

카테고리   정보보호개론

제19조 인증업무에 관한 설비의 운영

① 공인인증기관은 자신이 발급한 공인인증서가 유효한지의 여부를 누구든지 항상 확인할 수 있도록 하는 설비 등 인증업무에 관한 시설 및 장비를 안전하게 운영하여야 한다.
② 공인인증기관은 제1항의 시설 및 장비의 안전운영 여부를 인터넷진흥원으로부터 정기적으로 점검받아야 한다.
③ 공인인증기관은 공인인증기관으로 지정된 후 제1항의 규정에 의한 시설 및 장비를 변경하는 경우 지체없이 미래창조과학부장관에게 이를 신고하여야 한다. 이 경우 미래창조과학부장관은 인터넷진흥원으로 하여금 당해 시설 및 장비의 안전성 여부를 점검하게 할 수 있다.

정답   3번

문제 95〉 인증방법에 대한 설명으로 틀린 것은 무엇인가?

1) Password는 사용자를 인증하는 방법으로 지식에 의한 인증방법이다. 패스워드는 최소 6자리 이상으로 한다.
2) 생체인식은 사용자의 생체 정보를 사용하여 보편성, 유일성, 성능, 지속성의 특성을 갖추어야 하고 생체인식의 평가 기준은 오식율과 오거부율이 있다.
3) 통합인증 시스템에서 각 서브 시스템에 Agent가 설치되어서 인증되는 것은 SSO이고 SSO는 중앙집중적인 인증을 수행한다.
4) EAM는 3A의 기능을 지원하며 인사시스템과 연계하여 직원입사 시에 자동으로 권한이 부여된다.

카테고리   정보보호개론

문제풀이

조직에 기반한 자동권한관리 시스템은 IAM이고 IAM은 통합인증, 접근권한 부여 및 HRM(Human Resource Management)와 연계되어 자동권한 관리를 수행한다.

정답   4번

문제 96〉 해시함수에 대한 설명이다. 그 내용이 틀린 것을 선택하시오.

1) MD2는 Rivest란 사람이 개발한 것으로 8비트 컴퓨터를 위해서 고안된 방법이다.
2) MD4는 MD2에 비해서 압축속도가 향상되었다.
3) MD5는 128비트 출력 해시값을 생성하는 방법이다.
4) SHA-1은 미국표준 메시지 압축 알고리즘으로 160비트의 출력 해시값을 생성하고 국내 공공기관에서 사용하는 방법으로 권고된다.

카테고리   정보보호개론

문제풀이

· 국내 공공기관의 해시는 SHA-256으로 256비트 알고리즘을 권고한다.
· 해시함수의 종류

종류	특징
MD2	−Rivest 란 사람이 개발한 것으로 8비트 컴퓨터를 위해서 고안됨 −매우 안전 하지만 대신 계산할 때 많은 시간이 걸림. −128비트의 출력 해시값을 생성

MD4	−Rivest란 사람이 개발한 것으로 MD2보다는 메시지 압축 속도가 빠름. −속도는 빠른 반면에 안정성에서 뒤떨어짐. −128비트의 출력 해시값을 생성
MD5	−Rivest란 사람이 개발한 것으로 안전성에서 떨어지는 MD4 알고리즘을 수정하여 만든 것임. −128비트의 출력 해시값을 생성
SHA	−Secure Hash Algorithm. MD 계열의 알고리즘과는 달리 160비트의 출력 해시값을 생성
SHA-1	−미국 표준의 메시지 압축 알고리즘으로 마찬가지로 160비트의 출력 해시값을 생성

정답   4번

문제 97〉 아래의 설명에 해당되는 암호화 기법은 무엇인가?

> −강력한 암호화를 요구하는 컴퓨터들의 네트워크에서 잘 작동
> −작의 키의 사이즈로 공개키 암호화 대비 동일한 보안 수준을 제공
> −짧은 키를 가지는 전자서명과 인증 시스템의 구성이 가능
> −하드웨어 및 소프트웨어 싱에서 빠른 암복호화를 제공
>   키 길이에 따른 RSA와 동일 효과: 512/106, 768/132, 1024/160, 2048/211, 5120/320
> −제한된 공간에 보다 많은 키를 줄 수 있기 때문에 스마트카드, 무선전화, 스마트 폰 등과 같은 작은 H/W의 인증 및 서명에 사용(스마트 카드의 데이터 암호화는 AES)

1) ECC   2) SEED   3) KSDSA   4) ECKSDSA

카테고리   정보보호개론

문제풀이

무선에서 사용될 수 있는 ECC 암호화 기법에 대한 설명이다.

정답   1번

문제 98〉 속성 인증서를 발급하는 PMI에서 속성인증서를 발급하는 상위기관은 어디인가?

1) SOA(Source of Authority)   2) AA(Attribute Authority)
3) Privilege Holder   4) Privilege Verifier

카테고리   정보보호개론

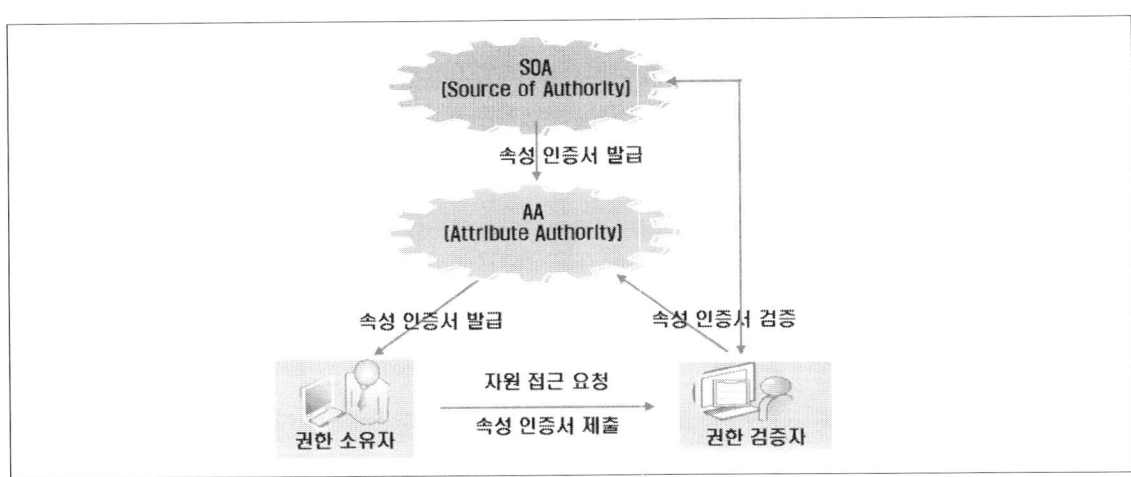

구성요소	세부내용
SOA (Source of Authority)	- PKI의 루트CA와 유사역할 권한검증자가 무조건 신뢰하AA
AA (Attribute Authority)	- SOA로부터 권한의 전부 또는 일부를 위임 받아 인증서 발급업무 수행
권한소유자 (Privilege Holder)	- 인증서를 통해 AA로부터 권한에 대한 소유권을 보증 받은 자 (PKI의 End-Entity에 해당)
권한검증자 (Privilege Verifier)	- 속성인증서를 받아 응용에 맞게 사용하는 자 권한주장자가 권한을 정당하게 소유하고 있는 지 확인

정답   1번

문제 99〉

개인정보보호법에서 개인정보처리자는 변경이 발생하는 경우 정보주체에 알려야 한다. 올바른 것을 모두 선택하시오.

> 가. 개인정보를 제공받는 자
> 나. 개인정보의 이용목적
> 다. 이용 또는 제공하는 개인정보의 항목
> 라. 개인정보의 보유 및 이용기간

1) 가, 나, 다   2) 나, 다, 라   3) 가, 나, 라   4) 모두

카테고리   정보보호개론

③ 개인정보처리자는 제2항 제1호에 따른 동의를 받을 때에는 다음 각 호의 사항을 정보주체에게 알려야 한다. 다음 각 호의 어느 하나의 사항을 변경하는 경우에도 이를 알리고 동의를 받아야 한다.
1. 개인정보를 제공받는 자
2. 개인정보의 이용 목적(제공 시에는 제공받는 자의 이용 목적을 말한다)
3. 이용 또는 제공하는 개인정보의 항목
4. 개인정보의 보유 및 이용 기간(제공 시에는 제공받는 자의 보유 및 이용 기간을 말한다)

정답　　4번

문제 100〉	아래의 내용은 개인정보보호법에 대한 내용이다. 올바른 것은 무엇인가?

（　　　　）으로 정하는 기준에 해당하는 개인정보처리자는 정보주체가 인터넷 홈페이지를 통하여 회원으로 가입할 경우 주민등록번호를 사용하지 아니하고도 회원으로 가입할 수 있는 방법을 제공하여야 한다(2013년 3월 시행됨).

1) 미래창조과학부 장관 　　　　2) 안전행정부장관
3) 방송통신위원회 　　　　　　 4) 대통령령

카테고리　　　　　　　　　　　　정보보호개론

제24조 고유식별정보의 처리 제한
① 개인정보처리자는 다음 각 호의 경우를 제외하고는 법령에 따라 개인을 고유하게 구별하기 위하여 부여된 식별정보로서 대통령령으로 정하는 정보(이하 "고유식별정보"라 한다)를 처리할 수 없다.
1. 정보주체에게 제15조 제2항 각 호 또는 제17조 제2항 각 호의 사항을 알리고 다른 개인정보의 처리에 대한 동의와 별도로 동의를 받은 경우
2. 법령에서 구체적으로 고유식별정보의 처리를 요구하거나 허용하는 경우
② 대통령령으로 정하는 기준에 해당하는 개인정보처리자는 정보주체가 인터넷 홈페이지를 통하여 회원으로 가입할 경우 주민등록번호를 사용하지 아니하고도 회원으로 가입할 수 있는 방법을 제공하여야 한다. [[시행일 2012.3.30]]
③ 개인정보처리자가 제1항 각 호에 따라 고유식별정보를 처리하는 경우에는 그 고유식별정보가 분실·도난·유출·변조 또는 훼손되지 아니하도록 대통령령으로 정하는 바에 따라 암호화 등 안전성 확보에 필요한 조치를 하여야 한다.
④ 안전행정부장관은 제2항에 따른 방법의 제공을 지원하기 위하여 관계 법령의 정비, 계획의 수립, 필요한 시설 및 시스템의 구축 등 제반 조치를 마련할 수 있다.

정답　　4번

임베스트
정보보안(산업)기사
문제풀이집

초판인쇄 2014년 6월 17일
초판발행 2014년 6월 17일

지은이 임호진
펴낸이 채종준
펴낸곳 한국학술정보㈜
주소 경기도 파주시 회동길 230(문발동)
전화 031) 908-3181(대표)
팩스 031) 908-3189
홈페이지 http://ebook.kstudy.com
전자우편 출판사업부 publish@kstudy.com
등록 제일산-115호(2000. 6. 19)

ISBN 978-89-268-6221-6 13560